普通高等教育"十一五"国家级规划教材

教育部普通高等教育精品教材

"十二五"江苏省高等学校重点教材（编号：2014-1-029）

"十三五"江苏省高等学校重点教材（编号：2019-1-126）

重点大学计算机教材

程序设计教程
用C++语言编程
第4版

陈家骏　郑滔　编著
南京大学

Fundamentals of Programming with C++

Fourth Edition

U0378406

机械工业出版社
China Machine Press

图书在版编目（CIP）数据

程序设计教程：用 C++ 语言编程 / 陈家骏，郑滔编著 . —4 版 . —北京：机械工业出版社，2022.8（2023.10 重印）

重点大学计算机教材

ISBN 978-7-111-71697-6

I. ①程… II. ①陈… ②郑… III. ① C++ 语言 - 程序设计 - 高等学校 - 教材 IV. ① TP312.8

中国版本图书馆 CIP 数据核字（2022）第 179801 号

本书以 C++ 为编程语言，介绍程序设计的基本思想、方法和技术。本书内容围绕程序设计的基础知识、过程式和面向对象程序设计展开，主要包括计算机和程序设计基础知识、C++ 程序设计语言基本概念、基本数据类型、常量、变量、操作符、表达式、流程控制、结构化程序设计、过程抽象、递归函数、复杂数据类型（数组、结构等）、数据抽象、继承、类属类型（泛型）、输入 / 输出、异常处理以及事件驱动和基于 MFC "文档 - 视" 结构的面向对象的 Windows 应用框架等。

本书可作为高等院校本科生程序设计课程的教材，也可供程序设计初学者和有一定编程经验的技术人员参考使用。

出版发行：机械工业出版社（北京市西城区百万庄大街 22 号　邮政编码：100037）

责任编辑：胡　静　　　　　　　　　　　　责任校对：史静怡　王明欣

印　　刷：三河市国英印务有限公司　　　　版　　次：2023 年 10 月第 4 版第 2 次印刷

开　　本：185mm×260mm　1/16　　　　　印　　张：25.5

书　　号：ISBN 978-7-111-71697-6　　　　定　　价：69.00 元

客服电话：(010) 88361066　68326294

前　言

自本教材的第 3 版于 2015 年出版以来已经过去 7 年了，根据我们的教学实践以及广大读者的反馈意见，我们对第 3 版内容进行了修订。

第 4 版的变动主要体现在以下几个方面。

1）增加了对函数式程序设计的介绍（10.4 节）。函数式程序设计属于一种声明式程序设计范式，只需要对"做什么"进行描述，而不需要给出具体的操作步骤，它带来的好处是设计出的程序比较精练且具有潜在的并行性。虽然函数式程序设计不是现在的主流程序设计范式，但在程序的局部设计中经常会用到，在 C++ 中主要是通过 STL 提供对函数式程序设计的支持。

2）加强了对类之间的聚合 / 组合关系的介绍（7.5 节），以满足一些不采用继承机制的对象式编程模型对类的复用需求。

3）对第 11 章（事件驱动的程序设计）进行了重新定位，以突出事件驱动的程序设计思想和基于应用框架的程序复用技术。

4）针对 C++ 新的国际标准（C++11 及以后版本），增加了一些对程序设计有良好支持的内容，其中包括类型自动推断 auto、基于范围的 for 语句等，以提高程序的抽象程度。

5）从程序设计的角度，重新梳理了教材各部分的逻辑和文字描述，使得教材内容的安排更合理，可读性更好。书中加"*"标记的内容在初次阅读时可以跳过。

最后，感谢南京大学程序设计课程组的各位老师，他们在教学过程中不断发现教材的不足之处，并提出了很多很好的建议。特别感谢黄书剑老师，在教材的函数式程序设计部分的编写中，他帮助我们厘清了一些模糊的地方。另外，还要感谢策划编辑一直以来对教材的关心与支持，她对教材第 4 版的编写提出了诸多很好的建议。

作者于南京大学

2021 年 10 月

第 3 版前言

自本教材的第 2 版出版以来，根据我们的教学实践以及广大读者的反馈意见，我们发现教材还存在一些不尽如人意的地方，现予以修订。

第 3 版的变动主要体现在以下几个方面：

1. 重新组织和调整了一些章节的内容，使得教材内容安排更加合理，并进一步突出教材对主流程序设计思想、概念和技术的介绍。例如：把整数的补码表示以及实数的浮点表示集中放入 1.1.3 节"机内信息表示"中介绍；把基于断言的程序调试从第 4 章"过程抽象——函数"移至第 10 章"异常处理"中介绍；在第 5 章"复合数据的描述——构造数据类型"的子标题中显式指出每种类型的作用；把"操作符重载"从单独的一章（第 2 版的第 7 章）变成一节（6.6.5 节）放入 6.6 节的"对象与类的进一步讨论"中；把 C++ 的编译预处理命令（包括条件编译）、常用标准函数和 STL 算法以及 MFC 常用类的介绍放到附录中；围绕"消息驱动"和"文档 – 视"软件结构重新组织了第 11 章对基于 MFC 的面向对象程序设计的介绍；等等。

2. 针对 C++ 新的国际标准（C++11），增加一些对程序设计有良好支持的内容。例如：增加了对 λ 表达式的介绍，包括 λ 表达式的定义（4.6.4 节"匿名函数—— λ 表达式"）、实现（6.6.5 节中的"函数调用操作符重载"）以及应用（5.5.6 节"函数指针"和 8.3 节" C++ 标准模板库"），通过 λ 表达式可以实现匿名函数，它把函数定义和使用合二为一，以提高程序中"临时用一下"的小函数的灵活性；增加了对转移构造函数（6.6.4 节"对象拷贝构造过程的优化——转移构造函数"）和转移赋值操作符重载函数（6.6.5 节）的介绍，它们基于"右值引用"参数类型实现把资源从即将消亡的对象转移（而不是复制）到新创建的或已有的对象中，从而提高程序效率；等等。

3. 针对初学者，尤其是自学者，对一些内容的描述进行了完善，并对全书的语言文字和逻辑进行了优化，使得教材更加便于阅读；对教材例子中的程序代码增加了注释，使得它们更加容易理解。另外，尽量减少了在前面出现而在后面才会详细介绍的概念，以避免给初学者带来困扰。对于必须提前出现的概念以"将在……节……中介绍"的引用形式给出，而在后面用到前面介绍的内容时，将采用"参见……节的……"的引用形式。

4. 补充了一些习题，使得读者能更好地理解和掌握核心内容，并有针对性地进行程序设计训练。

5. 修正了第 2 版中的一些错误。

本教材修订过程中得到了很多人的帮助，在第 3 版出版之际向他们表示感谢。特别感谢刘奇志老师和黄书剑老师，他们在与作者一起承担程序设计课程的教学过程中发现了本教材的一些问题，并对本教材的修订提出了很多很好的建议，作者获益良多。另外，还要感谢策划编辑朱劼对我们的鼓励与鞭策，并为教材编写出谋划策。

作者于南京大学

2015 年 2 月

第 2 版前言

本教材第 1 版自 2004 年出版以来，得到了广大读者的热情关注和支持，很多读者还提出了宝贵的建议，我们深表感谢。

在近几年的教学中，我们也发现了本书的一些不足之处。首先，编写该教材的初衷是介绍程序设计的基本思想、概念和技术，C++ 语言是作为编程实现语言的角色出现的，然而，在教材某些内容的表述上违背了这个初衷，教材的一些地方出现了 C++ 语言"喧宾夺主"的情况。其次，教材在一些内容的表达上过于"精练"，使初学者有"看天书"的感觉。再次，教材对现在比较流行的 C++ 标准模板库（STL）以及它所支持的泛型程序设计没有给出足够的介绍，从而给读者学习使用 STL 带来了困难。此外，教材中还存在少量的错误。

针对上述问题，我们对教材进行了修订。第 2 版的变动主要体现在以下几个方面：

1）重新组织了一些章节的内容，并调整了相应章节（主要是节）的标题和次序，进一步突出了程序设计的主流思想、概念和技术。

2）对教材的文字进行了润色，补充了例子，并为例子中的程序代码增加了注释，使之更加容易理解。

3）补充了对 STL 的介绍，包括一些常用的容器和算法以及它们的使用实例，有利于读者更好地进行泛型程序设计。

4）增加了对计算机内部信息表示的介绍，使得读者能更好地理解程序设计中涉及的二进制。

5）补充了一些习题，使读者有更多的机会进行有针对性的训练。

6）对一些重要的程序设计术语用不同的字体进行突出的标注并给出了它们的英文对照，突出了对程序设计重要概念的介绍。

7）修正了上一版中的一些错误。

在教材的修订过程中，得到了很多人的帮助，在第 2 版出版之际向他们表示感谢，并希望继续得到大家的支持，使教材得到进一步完善。

作者于南京大学
2009 年 2 月

第 1 版前言

随着计算机应用领域的不断扩大、应用层次的不断加深，社会对计算机软件的需求急剧增长，这就导致了软件的规模不断扩大、复杂程度不断提高。如何设计出大量的满足用户需求的高质量软件是软件工作者所面临的严峻挑战。

作为计算机软件主要表现形式的计算机程序不同于其他程序（如音乐会程序），它是由计算机来执行的，这就使得计算机程序的编制（程序设计）不能完全以人的思维模式和习惯来进行，它往往要受到计算机解决问题的方式和特点的限制。除此之外，要编制出解决各种问题的程序，程序设计者往往还需要了解与问题领域有关的知识。这些都给程序设计带来一定的难度。

从程序设计的发展历史来看，程序设计经历了从采用低级语言到采用高级语言、从过程式到面向对象、从以编码为中心到面向软件生存周期的软件工程的发展过程。这一过程体现了人们对程序设计活动的不断认识和改进的过程，特别是从过程式程序设计到面向对象程序设计的发展，体现了人们对以自然的方式来描述和解决问题的需求，它使得解题过程更接近于人的思维方式。

有人认为程序设计是一门艺术，而艺术基于的是人的灵感和天赋。对于一些小型程序的设计而言，上述说法可能有一些道理。但是，对于大型、复杂的程序设计问题，灵感和天赋是不能很好地解决问题的，几十年的程序设计实践已证明了这一点。不可否认，程序设计需要灵感和天赋，它们往往在程序的一些局部设计上发挥着作用。但从总体上讲，程序设计是一门科学，它是有规律和步骤可循的。通过对程序设计的基本思想、概念和技术的学习，再加上必要的训练和实践，程序设计的规律和步骤是可以掌握的，这正是本书的主旨所在。本书强调准确的程序设计基本概念、良好的程序设计风格和对编程能力的训练与培养。

程序设计与程序设计语言（编程语言）密不可分。一方面，程序设计的结果必须要用一种能被计算机理解的程序语言表示出来才能在计算机上执行。另一方面，所采用的程序设计语言也会影响程序设计的方式。本书之所以选择 C++ 语言作为编程语言，首先是因为 C++ 语言是从 C 语言扩充而来的，它保留了 C 语言的所有语言成分，而 C 语言是一种流行的高级语言，很多人都在用 C 语言编写实际的程序。其次，C++ 支持大部分基本的程序设计思想、概念和技术，其中包括对过程式及面向对象两种程序设计范式的支持。最后，与其他高级语言相比，C++ 语言具有灵活和高效等特点，这使得一些程序设计思想、概念和技术能够更好地实现。关于 C++ 语言是否适合作为介绍程序设计时的编程实现语言，目前存在不同的看法。持赞成意见的人认为 C++ 对"做事"的方式限制较少，能充分发挥使用者的主观能动性和创造性，是"真正的"程序员使用的语言；而持反对意见的人则认为 C++ 语言太灵活，会使初学者感到无所适从。本书以介绍基本的程序思想、概念和技术为主旨，C++ 服务于这个主旨，在掌握了基本的程序思想、概念和技术之后，初学者在使用 C++ 语言时就能够做到有的放矢，设计出具有良好风格的程序。本书对 C++ 的一些特殊的、用于解决非主流的程序设计问题的成分和技巧不予重点介绍，特别地，本书对一些属于 C++ 语言"文化"范畴的内容不予过分强调。

本书既适合程序设计的初学者使用，同时，对具有一些程序设计经验的人也有较高的参考价值。本书内容分为两大部分：第 1 章至第 5 章为第一部分，该部分主要对程序设计的一些基础知识以及过程式程序设计的基本内容进行介绍，其中包括计算机的工作模型、程序设计范式、简单数据的描述、常量、变量、操作符、表达式、流程控制、结构化程序设计、过程抽象（子程序）、递归函数以及复杂数据的描述等；第 6 章至第 11 章为第二部分，该部分重点介绍面向对象程序设计的基本内容，其中包括数据抽象（类 / 对象）、继承（类的复用）、类属类型（泛型）、输入 / 输出、异常处理以及事件驱动和基于 MFC "文档 – 视"结构的面向对象的 Windows 应用程序框架等。

本书可以作为一学期的程序设计基础课程的教材，主要包括第 1 章到第 5 章的全部内容以及第 6 章的数据抽象基本思想和第 9 章的基于 C 语言标准函数库的输入 / 输出。需要说明的是，由于第 1 章到第 5 章主要是 C 语言支持的内容（除了输入 / 输出采用了更简洁的 C++ 语言形式），因此本书同样适合以 C 语言作为实现语言的程序设计基础课程。如果读者已学过过程式程序设计（如 C 语言程序设计等）的基本内容，则本书也可作为一学期的面向对象程序设计课程的教材，重点介绍第 6 章到 11 章的内容。书中加 " * "标记的节在初次阅读时可以跳过。

本书的编写和完成与很多人的帮助是分不开的。首先，要感谢郑国梁教授对本书编写工作的精心指导。在内容的选取、安排、用语的规范性等方面，郑老师都事无巨细地给予了考虑，并检查了全文（包括教程中的每个示例程序）。值得一提的是，作者编写本书所必备的专业知识和专业素质是在郑老师的长期熏陶下获得的，这些知识和素质使得作者能够完成本书的编写。其次，非常感谢尹存燕老师和戴新宇博士在本书习题的设计和文字易读性方面所做的大量工作；非常感谢孙明欣同学和周明同学对本书内容所做的检查工作，特别是对本书初稿中一些概念上的模糊与谬误、内容安排的合理性与易读性以及在遵守 C++ 标准规范方面所提出的建议；感谢胡昊博士和徐锋博士，作者对一些基本概念的理解是在与他们就相关问题的讨论中获得的。最后，要感谢机械工业出版社的温莉芳对本书编写工作的鼓励和支持。

最后，要感谢我们的家人对本书编写工作的理解和支持，本书的编写占用了大量本应与他们共度的家庭欢乐时光。感谢所有支持和帮助过本书编写工作的人们。

由于作者水平有限，书中的错误和疏漏在所难免，恳请广大读者不吝指教，以便我们在今后的版本中进行改进。

陈家骏

南京大学计算机科学与技术系

chenjj@nju.edu.cn

郑滔

南京大学软件学院

zt@nju.edu.cn

2004 年 4 月

教 学 建 议

教学章节	教学要求	课时	
		基础	高级
第 1 章　概述	• 了解冯·诺依曼体系结构计算机的工作模型以及硬件和软件的基础知识 • 了解计算机内的信息表示 • 了解程序设计范式 • 了解程序设计的基本步骤 • 了解程序设计语言及其翻译（编译和解释） • 了解 C++ 语言的特点、程序的构成以及程序的运行步骤 • 掌握 C++ 语言的词法	4	0.5
第 2 章　简单数据的描述——基本数据类型和表达式	• 了解数据类型的概念 • 掌握 C++ 的基本数据类型 • 掌握常量和变量的使用以及变量值的输入 • 掌握操作符的使用，对操作数的类型转换有一定的认识 • 掌握表达式的使用（包括优先级与结合性、类型转换等）以及表达式的输出 • 了解表达式的副作用问题	8	0.5
第 3 章　程序流程控制（算法）描述——语句	• 了解程序流程控制（算法）的基本思想 • 掌握顺序控制、选择控制、循环控制以及无条件转移控制语句的使用 • 掌握基于循环的问题求解方法（迭代法和穷举法），区分计数循环和事件循环 • 了解程序设计风格和结构化程序设计	6	0.5
第 4 章　过程抽象——子程序	• 了解基于功能分解与复合的过程式程序设计基本思想 • 了解过程抽象以及子程序的概念 • 掌握 C++ 函数的定义、调用以及值参数传递 • 掌握局部变量与全局变量以及变量生存期的概念 • 掌握 C++ 程序的多模块结构以及标识符的作用域 • 掌握"分而治之"的程序设计思想和递归函数的使用 • 了解内联函数、带默认值的形式参数、函数名重载以及匿名函数的基本内容 • 了解 C++ 的标准函数库	8	0.5
第 5 章　复合数据的描述——构造数据类型	• 掌握枚举类型及其应用 • 掌握一维、二维数组以及字符串类型及其应用 • 掌握结构类型及其应用 • 了解联合类型的作用 • 掌握指针类型的基本操作 • 掌握将指针应用于参数传递和动态变量的方法（动态数组和链表） • 了解指针与数组的配合使用 • 了解函数指针的运用 • 掌握引用类型的使用	16	2

（续）

教学章节	教学要求	课时	
		基础	高级
第 6 章　数据抽象——对象与类	• 了解数据抽象和封装以及面向对象的程序设计基本思想 • 掌握 C++ 类的定义、类成员的访问控制、对象的创建和操作、对象的初始化和消亡处理 • 了解 C++ 中 this 指针的作用 • 掌握基于类的程序模块结构 • 了解对常量对象的访问（常量对象）、对象之间的数据共享（静态成员）、提高对象私有成员的访问效率（友元）以及对象拷贝构造过程的优化等问题 • 了解操作符重载的基本思想和实现方法 • 了解 C++ 的几种特殊操作符重载的实现和具体应用	4	12
第 7 章　类的复用——继承	• 理解类继承是软件复用的手段 • 掌握 C++ 单继承的使用 • 了解 C++ 的 protected 访问控制的作用 • 掌握派生类对象的初始化和消亡处理 • 掌握通过虚函数实现消息处理的动态绑定机制 • 掌握抽象类的使用 • 了解多继承及其存在的问题 • 了解类之间的聚合与组合关系	0	8
第 8 章　输入 / 输出	• 了解输入 / 输出的基本思想 • 了解基于 scanf 和 printf 的控制台输入 / 输出 • 掌握基于 cin 和 cout 的控制台输入 / 输出 • 掌握文件的组织方式和面向文件的输入 / 输出 • 了解面向字符串变量的输入 / 输出 • 掌握抽取操作符 ">>" 和插入操作符 "<<" 的重载	2	4
第 9 章　异常处理	• 了解异常处理的基本思想 • 掌握 C++ 异常处理机制 • 了解基于断言的程序调试	0	2
第 10 章　基于泛型的程序设计	• 了解基于泛型的程序设计基本思想 • 掌握函数模板和类模板的基本使用 • 了解模板的复用原理 • 掌握基于 C++ 标准模板库（STL）的基本编程。学会使用 STL 的容器、算法以及迭代器来解决一些程序设计问题 • 了解函数式程序设计的基本做法	0	8
第 11 章　事件驱动的程序设计	• 了解事件驱动的基本控制结构 • 了解基于 "文档 – 视" 结构的应用框架及其复用	0	4
教学总课时建议		48	42

说明：

• 本教材可用于两学期的程序设计课程。第一学期介绍程序设计的基础内容，主要讲授第 1 ～ 5 章的全部以及第 6 章的数据抽象基本思想和第 8 章的过程式输入 / 输出；第二学期介绍程序设计的一些高级内容，主要讲授第 6 章之后的内容。

• 本教材授课课时包含理论讲授、课堂讨论以及习题讲解等必要的课堂教学环节。

目　　录

前言
第 3 版前言
第 2 版前言
第 1 版前言
教学建议

第 1 章　概述 ·························· 1
1.1　计算机的工作原理 ············· 1
1.1.1　冯·诺依曼体系结构 ········· 1
1.1.2　硬件与软件 ················· 2
1.1.3　机内信息表示 ·············· 4
1.2　程序设计概述 ················· 8
1.2.1　程序设计范式 ·············· 8
1.2.2　程序设计步骤 ·············· 9
1.2.3　程序设计语言 ············· 11
1.3　C++ 语言概述 ················ 14
1.3.1　C++ 语言的特点 ··········· 14
1.3.2　C++ 程序的构成 ··········· 15
1.3.3　C++ 程序的运行步骤 ······· 16
1.3.4　C++ 语言的词法 ··········· 17
1.4　小结 ························· 19
1.5　习题 ························· 20
第 2 章　简单数据的描述——基本数据
　　　　类型和表达式 ············· 21
2.1　数据类型概述 ················ 21
2.2　基本数据类型 ················ 22
2.2.1　整数类型 ················· 22
2.2.2　实数类型 ················· 22
2.2.3　字符类型 ················· 23
2.2.4　逻辑类型 ················· 24
2.3　数据的表现形式 ·············· 24
2.3.1　常量 ····················· 24

2.3.2　变量 ····················· 27
2.3.3　变量值的输入 ············· 29
2.4　数据的基本操作——操作符 ···· 30
2.4.1　操作符概述 ··············· 30
2.4.2　算术操作符 ··············· 31
2.4.3　关系与逻辑操作符 ········· 32
2.4.4　赋值操作符 ··············· 34
2.4.5　位操作符 ················· 35
2.4.6　其他操作符 ··············· 37
2.4.7　操作数的类型转换 ········· 38
2.5　数据操作的基本单位——表达式 ·· 42
2.5.1　表达式的构成和分类 ······· 42
2.5.2　操作符的优先级和结合性 ···· 43
2.5.3　表达式中操作数的类型转换 ··· 44
2.5.4　表达式结果的输出 ········· 45
2.5.5　带副作用操作符的表达式计算 ·· 45
2.5.6　左值表达式与右值表达式 ···· 46
2.6　小结 ························· 47
2.7　习题 ························· 48
第 3 章　程序流程控制（算法）描述——
　　　　语句 ····················· 50
3.1　程序流程控制概述 ············ 50
3.2　顺序执行 ···················· 51
3.2.1　表达式语句 ··············· 51
3.2.2　复合语句 ················· 53
3.2.3　空语句 ··················· 53
3.3　选择执行 ···················· 54
3.3.1　两路分支语句——if 语句 ···· 54
3.3.2　多路分支语句——switch 语句 ·· 59
3.4　重复执行 ···················· 62
3.4.1　问题求解的迭代法与穷举法 ··· 62
3.4.2　循环语句 ················· 63

3.4.3 计数循环和事件循环 ············ 66
3.4.4 循环程序设计实例 ············ 69
3.5 无条件转移执行 ················ 74
3.5.1 goto 语句 ················ 74
3.5.2 break 语句 ················ 75
3.5.3 continue 语句 ·············· 76
3.6 程序设计风格 ················· 78
3.6.1 结构化程序设计 ············· 78
3.6.2 关于 goto 语句 ·············· 79
3.7 小结 ····················· 79
3.8 习题 ····················· 80

第 4 章 过程抽象——子程序 ········· 82
4.1 过程抽象概述 ················· 82
4.1.1 基于功能分解与复合的过程式
程序设计 ················ 82
4.1.2 子程序及子程序间的数据传递 ·· 83
4.2 C++ 函数 ··················· 84
4.2.1 函数的定义 ··············· 84
4.2.2 函数的调用 ··············· 86
4.2.3 通过参数向函数传数据的值——
值参数传递 ··············· 89
4.3 变量的局部性 ················· 90
4.3.1 局部变量与全局变量 ·········· 90
4.3.2 变量的生存期（存储分配）······· 93
*4.3.3 基于栈的函数调用 ··········· 96
4.4 程序的多模块结构 ··············· 98
4.4.1 程序的模块化 ············· 98
4.4.2 标识符的作用域 ············ 100
4.4.3 标准函数库 ·············· 108
4.5 递归函数 ··················· 109
4.5.1 什么是递归函数 ············ 109
4.5.2 "分而治之"的程序设计 ········ 110
4.5.3 递归函数应用实例 ··········· 111
4.5.4 递归与循环的选择 ··········· 113
4.6 C++ 函数的进一步讨论 ··········· 114
4.6.1 带参数的宏和内联函数 ········ 114
4.6.2 带默认值的形式参数 ·········· 116
4.6.3 函数名重载 ·············· 117
4.6.4 匿名函数——λ 表达式 ········ 120

4.7 小结 ····················· 121
4.8 习题 ····················· 122

第 5 章 复合数据的描述——构造数据
类型 ·················· 124
5.1 自定义值集的数据描述——枚举
类型 ···················· 124
5.1.1 枚举类型的定义 ············ 124
5.1.2 枚举类型的操作 ············ 125
5.2 由同类型元素构成的复合数据的
描述——数组类型 ············· 128
5.2.1 线性复合数据的描述——
一维数组类型 ············· 128
5.2.2 字符串类型的一种实现——
一维字符数组 ············· 133
5.2.3 二维复合数据的描述——
二维数组类型 ············· 136
5.2.4 数组类型的应用 ············ 140
5.3 由属性构成的复合数据的描述——
结构类型 ·················· 145
5.3.1 结构类型的定义 ············ 145
5.3.2 结构类型的操作 ············ 147
5.3.3 结构类型的应用 ············ 150
5.4 用一种类型表示多种类型的数据——
联合类型 ·················· 153
5.4.1 联合类型的定义与操作 ········ 153
5.4.2 联合类型的应用 ············ 155
5.5 内存地址的描述——指针类型 ······· 157
5.5.1 指针类型概述 ············· 157
5.5.2 指针类型的定义与基本操作 ····· 158
5.5.3 指针类型作为参数——地址
参数传递 ················ 164
5.5.4 指针与动态变量——实现元素
个数可变的复合数据描述
（动态数组与链表）··········· 170
*5.5.5 用指针提高对数组元素的访问
效率 ··················· 182
5.5.6 把函数作为参数传递给函数——
函数指针 ················ 185
*5.5.7 多级指针 ··············· 189

5.6　数据的别名——引用类型 ············ *192*

　　5.6.1　引用类型的定义 ············ *192*

　　5.6.2　引用作为函数参数类型 ············ *193*

5.7　小结 ············ *195*

5.8　习题 ············ *196*

第 6 章　数据抽象——对象与类 ············ *200*

6.1　数据抽象概述 ············ *200*

　　6.1.1　数据抽象与封装 ············ *200*

　　6.1.2　面向对象程序设计 ············ *204*

　*6.1.3　面向对象程序设计与过程式

　　　　　程序设计的对比 ············ *205*

6.2　类 ············ *209*

　　6.2.1　数据成员 ············ *209*

　　6.2.2　成员函数 ············ *210*

　　6.2.3　成员的访问控制——信息隐藏 ··· *211*

6.3　对象 ············ *212*

　　6.3.1　对象的创建 ············ *213*

　　6.3.2　对象的操作 ············ *214*

　　6.3.3　this 指针 ············ *216*

6.4　对象的初始化和消亡前处理 ············ *218*

　　6.4.1　构造函数 ············ *218*

　　6.4.2　析构函数 ············ *222*

　　6.4.3　成员对象的初始化和消亡前

　　　　　处理 ············ *224*

　　6.4.4　拷贝构造函数 ············ *225*

6.5　类作为模块 ············ *229*

　　6.5.1　类模块的组成 ············ *229*

　*6.5.2　Demeter 法则 ············ *230*

6.6　对象与类的进一步讨论 ············ *232*

　　6.6.1　对常量对象的访问——常成员

　　　　　函数 ············ *232*

　　6.6.2　同类对象之间的数据共享——

　　　　　静态数据成员 ············ *234*

　　6.6.3　提高对象私有数据成员的访问

　　　　　效率——友元 ············ *236*

　*6.6.4　对象拷贝构造过程的优化——

　　　　　转移构造函数 ············ *239*

6.7　操作符重载 ············ *240*

　　6.7.1　操作符重载概述 ············ *240*

6.7.2　操作符重载的基本做法 ············ *243*

6.7.3　一些特殊操作符的重载 ············ *247*

6.7.4　操作符重载实例——字符串类

　　　　String 的一种实现 ············ *260*

6.8　小结 ············ *262*

6.9　习题 ············ *263*

第 7 章　类的复用——继承 ············ *267*

7.1　继承概述 ············ *267*

7.2　单继承 ············ *268*

　　7.2.1　单继承派生类的定义 ············ *268*

　　7.2.2　在派生类中访问基类成员——

　　　　　protected 访问控制 ············ *269*

　　7.2.3　基类成员在派生类中对外的

　　　　　访问控制——继承方式 ············ *272*

　　7.2.4　派生类对象的初始化和消亡

　　　　　处理 ············ *274*

　　7.2.5　单继承的应用实例 ············ *276*

7.3　消息（成员函数调用）的动态绑定 ··· *277*

　　7.3.1　消息的多态性 ············ *277*

　　7.3.2　虚函数与消息的动态绑定 ············ *278*

　　7.3.3　纯虚函数和抽象类 ············ *282*

　*7.3.4　虚函数动态绑定的一种实现 ············ *287*

7.4　多继承 ············ *288*

　　7.4.1　多继承概述 ············ *288*

　　7.4.2　多继承派生类的定义 ············ *289*

　　7.4.3　名冲突 ············ *290*

　　7.4.4　重复继承——虚基类 ············ *291*

7.5　类之间的聚合 / 组合关系 ············ *293*

7.6　小结 ············ *296*

7.7　习题 ············ *297*

第 8 章　输入 / 输出 ············ *301*

8.1　输入 / 输出概述 ············ *301*

8.2　面向控制台的输入 / 输出 ············ *302*

　　8.2.1　基于函数库的控制台输入 /

　　　　　输出 ············ *302*

　　8.2.2　基于 I/O 类库的控制台输入 /

　　　　　输出 ············ *305*

　　8.2.3　抽取操作符 ">>" 和插入

　　　　　操作符 "<<" 的重载 ············ *309*

8.3　面向文件的输入 / 输出 ················ 310
　8.3.1　文件概述 ····················· 311
　8.3.2　基于函数库的文件输入 /
　　　　输出 ····················· 311
　8.3.3　基于 I/O 类库的文件输入 /
　　　　输出 ····················· 317
8.4　面向字符串变量的输入 / 输出 ······ 323
8.5　小结 ···························· 325
8.6　习题 ···························· 325

第 9 章　异常处理 ······················· 326
9.1　异常处理概述 ···················· 326
　9.1.1　什么是异常 ··············· 326
　9.1.2　异常处理的基本手段 ······ 327
9.2　C++ 异常处理机制 ··············· 328
　9.2.1　try、throw 和 catch 语句 ··· 328
　9.2.2　异常的嵌套处理 ············ 330
9.3　基于断言的程序调试 ············· 332
9.4　小结 ···························· 333
9.5　习题 ···························· 333

第 10 章　基于泛型的程序设计 ··········· 334
10.1　泛型概述 ······················· 334
10.2　模板 ··························· 335
　10.2.1　函数模板 ················ 335
　10.2.2　类模板 ·················· 338
　10.2.3　模板的复用 ·············· 340
10.3　基于 STL 的编程 ·············· 342

10.3.1　STL 概述 ··············· 342
10.3.2　容器 ···················· 343
10.3.3　迭代器 ·················· 346
10.3.4　算法 ···················· 348
10.4　函数式程序设计概述 ········· 353
　10.4.1　什么是函数式程序设计 ······· 353
　10.4.2　函数式程序设计中的常用
　　　　操作 ··················· 355
10.5　小结 ··························· 360
10.6　习题 ··························· 361

第 11 章　事件驱动的程序设计 ··········· 362
11.1　事件驱动程序设计概述 ············· 362
11.2　面向对象的事件驱动程序设计 ······ 365
　11.2.1　Windows 应用程序中的对象
　　　　及微软基础类库 ············· 365
　11.2.2　基于"文档 – 视"结构的
　　　　应用框架 ················· 368
11.3　小结 ··························· 370
11.4　习题 ··························· 370

附录 ································· 372
附录 A　ASCII 字符集及其编码 ········· 372
附录 B　IEEE 754 浮点数的内部表示 ····· 373
附录 C　C++ 标准函数库中的常用函数 ··· 374
附录 D　C++ 编译预处理命令 ········· 376
附录 E　C++ 标准模板库常用功能 ······· 381
附录 F　MFC 常用类的功能 ············· 390

第 1 章　概　　述

自 1946 年第一台数字电子计算机 ENIAC 问世以来，计算机在理论、技术以及应用等方面都有了很大的发展。特别是计算机的应用，它已从早期的数值计算应用扩展到现在大量的非数值计算应用，如信息管理、文字处理、面向 Internet 的应用（如电子邮件、Web 搜索 / 浏览、电子商务等）以及嵌入式应用（智能家居等）。现在，计算机已经渗透到人类社会活动的各个领域并发挥着巨大的作用。

一台计算机由硬件和软件两部分构成。硬件是指计算机的物理构成，软件主要是指计算机程序（指令序列）。没有硬件就没有计算机，但如果只有硬件没有软件，那么可以说计算机几乎什么事情也做不了。因此，要想用计算机来解决各种问题，必须要有相应的软件。

随着计算机应用领域的不断扩大、应用层次的不断加深，社会对计算机软件的需求急剧增长，这就导致了软件的规模不断扩大、复杂程度不断提高，如何设计出大量的满足用户需求的高质量软件是软件工作者所面临的严峻挑战。

本章从计算机的工作原理、程序设计的基本思想以及具体的程序设计语言三个方面对与计算机程序设计相关的基本内容进行概述。

1.1　计算机的工作原理

计算机程序不同于其他程序（如会议程序、菜谱等），它是由计算机来执行的，因此，计算机程序的编制（程序设计）通常要考虑到计算机解决问题的方式和特点，需要对计算机的工作模型有一定的了解。下面分别从计算机的体系结构、硬件、软件以及计算机内部的信息表示等几个方面来了解计算机的工作模型。

1.1.1　冯·诺依曼体系结构

虽然现在计算机的计算能力与早期的计算机相比已经有了很大的提升，但计算机所采用的体系结构基本上还是传统的冯·诺依曼体系结构（von Neumann architecture）。冯·诺依曼结构的计算机（简称为冯·诺依曼计算机）由存储、运算、控制、输入以及输出五个单元构成（如图 1-1 所示），其中，存储单元用于存储程序（指令序列）和数据[⊖]，运算单元用于进行算术 / 逻辑运算，控制单元用于控制程序的执行流程和根据指令向其他单元发出控制信号，输入单元和输出单元作为计算机与外界的接口，分别用于实现系统的输入和输出功能。

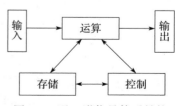

图 1-1　冯·诺依曼体系结构

冯·诺依曼计算机的工作过程是：把待执行的程序通过输入单元装入存储单元中，控制单元从存储单元中逐条地取程序中的指令来执行，把其中的运算指令交给运算单元完成；程序在执行过程中从输入单元或存储单元中获得所需要的数据；程序执行中产生的临时结果保存在存储单元中，程序的最终执行结果通过输出单元输出。冯·诺依曼计算机的本质是通过不断地改变程序的状态来完成程序的功能，程序的状态由存储单元中的数据构成，状态的转换是通过程序中的指令对数据的操作来实现的。

冯·诺依曼计算机所能执行的指令主要包括：

- 算术指令：进行加、减、乘、除等运算。
- 逻辑指令：比较两个数据的大小等逻辑运算。
- 数据传输指令：实现各单元之间的数据传输。
- 流程控制指令：指定下一条指令在存储单元中的地址。通常情况下，计算机从某个存储地址开始依次取指令来执行（顺序执行）。流程控制指令可以通过转移、循环以及子程序调用来改变指令顺序执行这个默认行为。

从上述冯·诺依曼计算机所能执行的指令可以看出，程序设计的任务是十分艰巨的，它要把各种应用问题落实到用一些简单的指令来解决！

1.1.2 硬件与软件

一台计算机由硬件和软件两部分构成。硬件是计算机的物质基础，软件是计算机的灵魂，两者相辅相成。从某种意义上讲，一台计算机的性能主要由硬件决定，而它的功能则主要由软件来提供。

1. 硬件

硬件（hardware）是指构成计算机的元器件和设备。计算机元器件是指电阻、电容、二极管、三极管等电子器件，它的发展经历了电子管、晶体管、集成电路以及超大规模集成电路等几个阶段，体现为元器件的集成度和速度在不断提高，而体积和功耗在不断降低。计算机设备主要包括中央处理器、内存以及外围设备等部件，它们之间通过用于传递数据、地址和控制信号的总线来连接（如图 1-2 所示）。

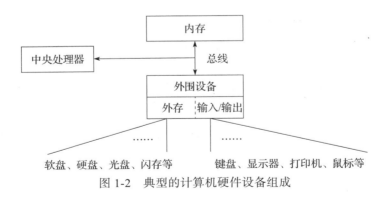

图 1-2　典型的计算机硬件设备组成

（1）中央处理器

中央处理器（Central Processing Unit，CPU）构成了计算机的核心部件，它用于执行指令以完成计算任务。CPU 由控制器、运算器、寄存器等构成。控制器负责从内存中取指令并根据指令发出控制信号以引起其他部件的动作。运算器执行运算指令所规定的算术和逻辑运算。寄存器主要用于暂时存放当前指令所需要的数据和计算结果（供后续指令使用）、记录当前指令的执行状态以及下一条指令的内存地址等，其主要作用是减少访问（存 / 取）内存的次数，以提高指令的执行效率。

（2）内存

内存（memory）是内部存储器（或主存储器）的简称，它用于存储正在运行的程序和正在使用的数据。内存由许多存储单元构成，每个存储单元都有一个地址，对存储单元的访问是通过其地址来进行的。内存单元的数目（内存的容量）要比 CPU 内寄存器的数目大得多，但指令访问内存单元的速度要比访问寄存器的速度慢得多，因为访问内存要通过外部总线来进行。

内存分为只读存储器和随机存取存储器两部分。只读存储器（Read Only Memory，ROM）中的内容一般只能读取不能修改，它主要用于存储一些固定的特殊程序（如开机引导程序）；随机存取存储器（Random Access Memory，RAM）中的内容可以读取也可以修改，用于存储可变的程序和数据。内存中大部分是 RAM，ROM 只占很少一部分。需要注意的是，断掉计算机电源（如关机）后，ROM 中的内容是一直存在的，而 RAM 中的内容就丢失了，下次开机后需要重新从外存中加载。

（3）外围设备

外围设备（peripheral device）简称外设，提供了计算机与外界的接口，主要用于计算机的输入 / 输出并为计算机提供大容量的信息存储。外设分为输入 / 输出设备和外部存储器两类。输入 / 输出设备（input/output device）用于从计算机外部输入程序和其所需要的数据并把计算结果输出到计算机外部，例如，键盘和鼠标等属于输入设备，而显示器和打印机等则属于输出设备。外部存储器（external storage）简称外存，是大容量的低速存储设备（与内存相比），用于永久性地（断电后仍然保持其中的内容不丢失）存储程序、数据以及各种文档信息。外存包括软盘、硬盘、光盘、闪存（U 盘）、磁带等。存储在外存中的信息通常以文件的形式进行组织，通过文件名来访问它们。外存与内存除了在容量和速度上不同外，另一个区别在于：内存中存储的是正在运行的程序和正在使用的数据，而外存中存储的则是大量的当前没有使用的程序和数据。

由于构成计算机的各个设备存在着速度上的差别，快速设备往往要花费大量的时间等待慢速设备的操作，因此，在冯·诺依曼结构计算机中存在着几个影响程序执行效率的瓶颈，它主要体现在 CPU、内存以及外设之间的数据交换上。为了解决设备之间速度不匹配的问题，现在的计算机中往往利用程序执行以及程序对数据的访问（在某段时间内通常在一个小范围内进行）所具有的局部性特征，在快速设备中为慢速设备设置一个高速缓存（cache）。高速缓存中存储的是近期用过的以及在今后一段时间内可能将要用到的内容，这些内容是通过快速设备的并行机制预先从慢速设备中读取来的，当快速设备中需要这些内容时就不需要再从慢速设备中读取了，可以直接从高速缓存中获得，从而提高了访问慢速设备的效率。例如，现代的计算机大都在 CPU 中为内存提供高速缓存（cache memory）并在内存中为外存提供磁盘高速缓存（disk cache），以减少 CPU 访问内存和外存的次数，提高计算机的整体性能。

2. 软件

计算机硬件只是提供了执行指令的能力，而执行的指令是需要额外提供的，它们属于软件。软件（software）是计算机系统中的程序以及相关的文档。程序（program）是对计算任务的处理对象（数据）和处理规则（算法）的描述，它体现为指令序列，由程序开发者提供，由计算机来执行；文档（document）是为了便于人们理解程序所需要的说明资料，它供程序的使用者以及开发与维护者使用。

软件一般可以分为系统软件和应用软件。系统软件（system software）是计算机系统中直接让硬件发挥作用和实现计算机基本功能的软件，如操作系统（Windows、UNIX、Linux、Mac OS 等）以及设备的驱动程序，它们与具体的应用领域无关。应用软件（application software）则是指用于特定领域的专用软件，如文字处理软件、人口普查软件、财务软件、学生信息管理软件等。另外，在软件中还有一类特殊的软件——支撑软件，支撑软件（supporting software）是指用于软件开发与维护的软件，如集成开发环境 Visual C++ 等，它们一般由软件开发人员使用。支撑软件常被归入系统软件中。图 1-3 给出了各类计算机软件之间以及它们与计算机硬件之间的关系。

从图 1-3 可以看出，与硬件"打交道"最多的是系统软件，它直接对硬件进行操作，其他软件一般通过系统软件来操作硬件。有时，为了提高效率和灵活性，在某些场合下，也允许其他软件直接对硬件进行操作。

由硬件构成的计算机常被称为裸机，在它之上，每加上一个软件就得到一个功能更强的计算机——虚拟机（virtual machine）[⊖]。例如，硬件加上操作系统就构成了最基本的虚拟机，我们在计算机上的大部分操作都是在这个虚拟机上进行的。再例如，硬件构成的裸机只能识别用机器语言表示的指令，但如果在它上面加上 C++ 语言的翻译程序，则这个虚拟机就能执行由 C++ 语言所表示的指令（语句）了。

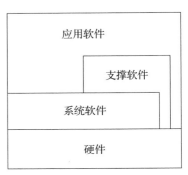

图 1-3　各类软件之间以及它们与硬件之间的关系

1.1.3 机内信息表示

在计算机的内部，任何信息（指令、数据和地址）都是用"0"和"1"组成的二进制数字序列来表示的。计算机内部之所以采用二进制来表示信息，是因为"0"和"1"分别对应着电气设备的两个稳定状态，如开关的关/开、电压的低/高、电流的小/大等。

对于基于"0"和"1"表示的信息，其常用的计量单位有：

- 二进制位（bit，简写成 b）：由一个"0"或"1"构成。
- 字节（byte，简写成 B）：由 8 个二进制位构成。
- 千字节（kilobyte，简写成 KB）：由 1024 个字节构成。
- 兆字节（megabyte，简写成 MB）：由 1024 个千字节构成。
- 吉字节（gigabyte，简写成 GB）：由 1024 个兆字节构成。
- 太字节（terabyte，简写成 TB）：由 1024 个吉字节构成。
  ……

在内存与外存中，通常把字节作为基本存储单位（每次存取至少为一个字节）。内存与

外存的容量常常也是以字节数来计算的。例如，内存的容量通常为 2GB、4GB、8GB 等，硬盘的容量通常为 320GB、500GB、1TB 等。

在计算机的信息表示中，数据的表示占有很重要的地位。在日常生活中，数一般采用十进制来表示，而在计算机中，数则是以二进制来表示的。下面先简单介绍数的几种常见进制表示以及它们之间的转换规则，然后介绍整数和实数在计算机内部的二进制表示方法。

1. 数的几种进制表示

数的常见进制表示有十进制、二进制、八进制和十六进制。表 1-1 给出了一些数的几种进制表示，它们有以下特征：

- 十进制（decimal）：由 0 ~ 9 组成，计数时逢十进一。
- 二进制（binary）：由 0 ~ 1 组成，计数时逢二进一。
- 八进制（octal）：由 0 ~ 7 组成，计数时逢八进一。
- 十六进制（hexadecimal）：由 0 ~ 9 以及 A ~ F 组成，计数时逢十六进一。

表 1-1 一些数的几种进制表示

十进制	二进制	八进制	十六进制
0	0	0	0
1	1	1	1
2	10	2	2
3	11	3	3
4	100	4	4
5	101	5	5
6	110	6	6
7	111	7	7
8	1000	10	8
9	1001	11	9
10	1010	12	A
11	1011	13	B
12	1100	14	C
13	1101	15	D
14	1110	16	E
15	1111	17	F
16	10000	20	10
$\vdots$	$\vdots$	$\vdots$	$\vdots$
30	11110	36	1E

例如，对于十进制数 13，它的二进制表示为 1101，八进制表示为 15，十六进制表示为 D。再例如，对于十进制数 13 加上 3，与它对应的各种进制数的加法运算如下：

$$
\begin{array}{cccc}
(13)_{10} & (1\ 1\ 0\ 1)_2 & (1\ 5)_8 & (\ \ D)_{16} \\
+(\ \ 3)_{10} & +(\ _1\ _1 1 1)_2 & +(\ _1 3)_8 & +(\ _1 3)_{16} \\
\hline
(16)_{10} & (1\ 0\ 0\ 0\ 0)_2 & (2\ 0)_8 & (10)_{16}
\end{array}
$$

数的各种进制之间是可以相互转换的。下面简单介绍各种进制数之间的转换。

2. 十进制与其他进制之间的转换

（1）十进制转换成二进制

对于一个十进制数的整数部分，可以把它连续除以基数 2，直到商为 0，所得的各个余数的倒序即为对应的二进制数。例如，对于十进制整数 29，其二进制表示的计算过程如图 1-4 所示（结果为 11101）。

对于一个十进制数的小数部分，可以把它连续乘以基数 2，每次去掉乘积的整数位，直到乘积只包含整数为止，最后的转换结果由各个乘积的整数位构成。例如，对于十进制小数 0.8125，其二进制表示的计算过程如图 1-5 所示（结果为 0.1101）。需要注意的是，有些十进制小数是无法精确转换成二进制小数的。例如，十进制小数 0.1 转换成二进制是多少呢？（请读者自己算一算。）

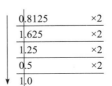

图 1-4　十进制整数转换为二进制整数的过程　　　图 1-5　十进制小数转换为二进制小数的过程

（2）二进制转换成十进制

对于一个二进制数的整数部分，可以把它的各位分别乘以基数 2 的相应正数（包括零）次幂，然后求和。例如：

$$(11101)_2 = 1 \times 2^4 + 1 \times 2^3 + 1 \times 2^2 + 0 \times 2^1 + 1 \times 2^0 = (29)_{10}$$

对于一个二进制数的小数部分，可以把它的各位分别乘以基数 2 的相应负数次幂，然后求和。例如：

$$(0.1101)_2 = 1 \times 2^{-1} + 1 \times 2^{-2} + 0 \times 2^{-3} + 1 \times 2^{-4} = (0.8125)_{10}$$

（3）十进制与八进制和十六进制之间的转换

对于十进制与八进制和十六进制之间的转换，其转换过程与上述的十进制与二进制之间的转换类似，只要把上面的基数 2 改为 8 或 16 即可。除此之外，还可以通过二进制来实现十进制与八进制和十六进制之间的转换。

3. 二进制与八进制、十六进制之间的转换

二进制与八进制、十六进制之间的转换相对简单。当把二进制转换成八进制时，只要以小数点为中心，分别向左和向右按 3 位一组划分，不足 3 位的，整数部分在左补 "0"，小数部分在右补 "0"，然后把每一组分别转换成八进制。例如：

$$(11101.1101)_2 = (\underline{011}\ \underline{101}.\underline{110}\ \underline{100})_2 = (35.64)_8$$

反过来，当把八进制转换成二进制时，只要把每一个八进制位转成 3 位二进制数，最后去掉多余的 "0" 即可。例如：

$$(35.64)_8 = (\underline{011}\ \underline{101}.\underline{110}\ \underline{100})_2 = (11101.1101)_2$$

同理，当把二进制转换成十六进制时，只要以小数点为中心，分别向左和向右按 4 位一组划分，不足 4 位的，整数部分在左补 "0"，小数部分在右补 "0"，然后把每一组分别转换成十六进制。例如：

$$(11101.1101)_2 = (\underline{0001}\ \underline{1101}.\underline{1101})_2 = (1D.D)_{16}$$

反过来，当把十六进制转换成二进制时，只要把每一个十六进制位转成 4 位二进制数，最后去掉多余的 "0" 即可。例如：

$$(1D.D)_{16} = (\underline{0001}\ \underline{1101}.\underline{1101})_2 = (11101.1101)_2$$

4. 整数和实数的机内表示

在计算机中，数虽然是以二进制来表示和存储的，但具体表示形式和存储方式通常会根据计算机的特点来设计。下面分别介绍整数和实数的常见机内表示方法。

（1）整数的原码表示

整数的一种机内表示方法是采用固定长度的二进制原码来表示，即用一个二进制位（通常为最高位）表示它的正负号（0 表示正，1 表示负），用其他二进制位表示它的绝对值。例如，如果用一个字节存储整数，则 12 和 –12 的原码分别为 00001100 和 10001100。对于由 n 个二进制位构成的原码，它能表示的整数范围是 $-(2^{n-1}-1) \sim 2^{n-1}-1$。其中，$01\cdots1$ 表示最大的正整数，$11\cdots1$ 表示最小的负整数，零有两个，即 $00\cdots0$（正零）和 $10\cdots0$（负零）。

（2）整数的补码表示

整数的另一种机内表示方法是采用固定长度的 2 的补码（2's complement）来表示。正整数的补码为它的二进制原码，负整数的补码为把与之对应的正整数的补码表示中各个二进制位分别取反后得到的二进制数加 1。例如，如果用一个字节存储整数，则 12 和 –12 的补码分别为 00001100 和 11110100。需要注意的是，在整数的补码表示中，负整数的补码最高位虽然也是 1，但其余的二进制位不是它的绝对值。另外，对于负整数的补码，把其各个二进制位分别取反后加 1 则能得到对应正整数的补码。对于由 n 个二进制位构成的补码，它能表示的整数范围是 $-2^{n-1} \sim 2^{n-1}-1$。其中，$01\cdots1$ 表示最大的正整数，$10\cdots0$ 表示最小的负整数，零只有一个，即 $0\cdots0$，没有负零。

用补码表示整数的好处是可以简化加减运算，特别是减法可以转换成加法来做。对于加法，两个数的补码直接相加，舍去最高位的进位；对于减法，只要把减数取负（可以通过把它的各个二进制位分别取反后加 1 得到），然后与被减数相加即可。例如，对于用一个字节表示的整数，5 加 –2 的计算过程如下：

$$
\begin{array}{r}
00000101 \quad (5\text{的补码}) \\
+\ 11111110 \quad (-2\text{的补码}) \\
\hline
\boxed{1}00000011 \quad (\text{去掉最高位的进位，得到 3 的补码})
\end{array}
$$

再例如，对于 2 减 8，则可以按 2 加 –8 计算：

$$
\begin{array}{r}
00000010 \quad (2\text{的补码}) \\
+\ 11111000 \quad (-8\text{的补码}) \\
\hline
11111010 \quad (-6\text{的补码})
\end{array}
$$

现代计算机 CPU 的整数运算指令一般是针对 2 的补码表示来设计的。

（3）实数的浮点表示

实数在计算机内部一般采用固定长度的基于科学记数法的二进制形式来表示，即把实数表示成 $a \times 2^b$。其中，a 是一个固定长度的二进制小数，称为尾数（mantissa）；b 是一个固定长度的二进制整数，称为阶码或指数（exponent）。在计算机内部，实数存储的是它的符号、尾数和指数三个部分，并且在存储实数前，首先需要对其进行规格化，即把尾数调整为 1.xxx... 形式，其中的整数位 "1" 和小数点不存储。由于在实数的这种表示中，小数点的位置并不表示它的实际位置，其真正位置是 "浮动" 着的，要由尾数和指数共同来决定，因此，在计算机中实数常常又称为浮点数（float-point number）。关于浮点数的具体机内表示可参见附录 B。需要注意的是，对于一些实数（如 0.1），浮点表示法是不能精确表示它们的！

现代计算机 CPU 的实数运算指令一般是针对实数的浮点表示来设计的。

（4）实数的 BCD 码表示

对于实数，在计算机内还常采用另一种二进制表示法，即 BCD 码（binary coded decimal code），它对十进制数的每一位分别用一个二进制码来表示。BCD 码有多种形式，常用的是 8421 码，它用四位二进制来表示十进制数的一位数字，其范围是 0000 ~ 1001，分别对应着十进制数字 0 ~ 9。例如，表 1-2 给出了一些十进制数的 BCD 码表示。

表 1-2　一些十进制数的 BCD 码表示

十进制数	BCD 码	十进制数	BCD 码	十进制数	BCD 码
0	0000	5	0101	10	0001 0000
1	0001	6	0110	12	0001 0010
2	0010	7	0111	123	0001 0010 0011
3	0011	8	1000	1234	0001 0010 0011 0100
4	0100	9	1001	…	…

在十进制数的 BCD 码表示中，可用不允许在 BCD 码中出现的六个编码（1010、1011、1100、1101、1110 和 1111）中的三个来分别表示小数点、正号和负号。例如，如果用 1010 表示正号，用 1011 表示负号，1111 表示小数点，则 –123.4 可表示成 1011 0001 0010 0011 1111 0100。BCD 码的长度是不固定的，为了节省存储空间，常常采用压缩形式来存储 BCD 码，即用一个字节存放两个 BCD 码。

BCD 码表示的好处是能用二进制来精确表示十进制小数并能表示长度较长的十进制数，它的不足之处在于，CPU 指令一般不能直接对 BCD 码表示的数进行操作，它需要通过若干条指令（一段程序）来实现。

1.2　程序设计概述

要使得计算机能完成各种任务，就必须为它编写相应的程序。为计算机编制完成各种任务所需程序的过程称为程序设计（programming），它涉及程序设计范式、步骤和语言等方面的内容。

1.2.1　程序设计范式

从本质上说，用计算机来解决实际问题就是通过对反映问题本质的数据进行处理来实现的，因此，一个程序包含数据和对数据的加工（操作）这两部分的描述，下面的经典公式反映了程序的这一本质特征，其中，算法（algorithm）是对数据的加工步骤的描述，而数据结构（data structure）则是对反映待解问题本质的数据的描述。

程序 = 算法 + 数据结构

虽然程序包含数据和对数据的操作两部分，但在进行程序设计时如何看待和组织它们存在着不同的做法，从而形成不同的程序设计范式。程序设计范式（programming paradigm）是设计、组织和编写程序的一种方式，它往往要基于一组概念、原则和理论。不同的范式将采用不同的程序结构和程序元素来描述程序，并且范式具有针对性，不同的范式往往适合解决不同类型的问题。

目前存在多种程序设计范式，其中，典型的程序设计范式有：过程式、对象式、函数式以及逻辑式等。

1. 过程式程序设计

过程式程序设计（procedural programming）是一种以功能为中心、基于功能分解和过程抽象的程序设计范式。一个过程式程序由一些完成特定功能的子程序构成，每个子程序包含一系列的操作，它们是操作的封装体，实现了过程抽象（子程序的使用者只需要知道它们的功能而不需要知道这些功能是如何实现的）。过程式程序的执行过程体现为一系列的子程序调用。在过程式程序中，数据处于附属地位，它们独立于子程序，在子程序调用时通过参数或全局变量传给子程序使用。早期的程序设计大都采用了过程式程序设计范式，它与冯·诺依曼计算模型有着直接的对应关系。

2. 对象式（面向对象）程序设计

对象式程序设计是一种以数据为中心、基于数据抽象的程序设计范式，它通常被称为面向对象程序设计（object-oriented programming）。一个面向对象程序由一些对象构成，对象是由一些数据及可施于这些数据上的操作所组成的封装体，它们实现了数据抽象（数据的使用者只需要知道对数据能进行什么操作而不需要知道数据是如何表示的）。对象的特征由相应的类来描述，一个类描述的对象特征可以从其他的类获得（继承）。面向对象程序的执行过程体现为各个对象之间相互发送和处理消息。在面向对象程序中，数据表现为对象的属性，对数据的操作是通过向包含数据的对象发送消息（调用对象提供的操作）来实现的。

3. 函数式与逻辑式程序设计

函数式程序设计（functional programming）是围绕函数和表达式计算来进行的，其中，函数被作为数据来看待，即函数的参数和返回值也可以是函数。函数式程序的计算过程体现为一系列的函数应用（把函数作用于数据），它基于的理论是递归函数理论和 λ 演算。逻辑式程序设计（logic programming）是把程序组织成一组事实和一组推理规则（它们都可被看作数据），程序在事实基础上运用推理规则来实施计算，计算过程由系统自动实现，它基于的理论是谓词演算。上述两种程序设计范式有良好的数学理论支持，易于保证程序的正确性，并且设计出的程序比较精练，具有潜在的并行性。

在上述程序设计范式中，过程式和面向对象程序设计强调对"如何做"的描述，即程序要给出明确的操作步骤（先做什么，再做什么），因此它们常被称为命令式程序设计（imperative programming）；而函数式和逻辑式程序设计则强调对"做什么"的描述，在程序中只需要描述要达到的目标而不需要给出具体的操作步骤，因此它们常被称为声明式程序设计（declarative programming）。

目前，使用较广泛的是过程式和面向对象这两种程序设计范式，它们已成为现在主流的程序设计范式，适合于解决大部分的实际应用问题，已被广大的程序设计者所熟悉和采用，因此，本教程重点围绕这两种程序设计范式来介绍程序设计的基本思想、概念和技术。

1.2.2　程序设计步骤

有人认为程序设计是一门艺术，而艺术在很大程度上依赖于人的灵感和天赋，它往往没有具体的规则和步骤可循。对于一些小型程序的设计，上述说法有一些道理，灵感和天赋往往会在程序的一些局部设计上发挥作用。但是，对于大型、复杂的程序设计问题，灵感和天赋是不能很好地解决问题的，几十年的程序设计实践已表明了这一点。从总体上讲，程序设计是一门科学，而科学的东西是有规律和步骤可循的。

一个软件从无到有，一直到最后的消亡（报废），通常要经历一个过程，这个过程称为软件生命周期（software life cycle）。软件生命周期分为若干阶段：软件需求分析、软件系统设计、编程实现、测试以及运行与维护，早期的软件开发工作主要集中在编程实现阶段。随着计算机应用领域的不断扩大和应用层次的不断加深，软件的规模不断扩大、软件的复杂度不断提高，早期的软件开发模式难以驾驭软件开发过程，程序的正确性难以保证，软件生产率急剧下降，出现了"软件危机"。为了解决软件危机，软件工程（software engineering）应运而生，其主要思想是采用工程方法来开发软件，强调对软件开发过程的管理并加强各个阶段的文档制作。

从软件工程的角度来讲，程序设计是指软件生命周期中编程实现阶段的工作。而实际上，由于程序设计概念的出现早于软件工程，因此，通常所说的程序设计也包含软件生命周期中其他阶段的一些工作，只是更多地考虑实现技术。因此，不能把程序设计仅仅理解成用某种语言来实现设计好的软件，还必须考虑需求分析、系统设计、测试以及维护等问题。

一般来说，程序设计要遵循以下步骤。

1. 需求分析

用计算机程序来解决实际问题，首先需要明确要解决的问题是什么，即程序要做什么（what to do）。如果对待解决的问题都没弄清楚或理解错了，就试图去解决它，会有什么结果是可想而知的。所以，首先弄清楚要解决的问题并给出问题的明确定义是解决问题的关键，这一步工作称为需求分析（requirement analysis）。

2. 系统设计

明确问题之后，接下来就要考虑如何解决它，即程序如何做（how to do）。在解决如何做之前，首先要以计算机解决问题的方式设计出一个解决方案，这一步工作称为系统设计（system design）。系统设计可分为概要设计和详细设计。概要设计是给出程序的总体结构，即程序由哪几部分构成以及它们之间的关系；详细设计是针对程序的每个部分给出具体的解决方案。

不同的程序设计范式决定了不同的设计方案和设计结果。对于过程式程序设计范式，概要设计采用的是功能分解和复合策略，它要指出系统包含哪些子功能以及它们之间的关系；对于面向对象程序设计范式，概要设计采用的是数据抽象策略，它要指出系统包含哪些对象和类以及它们之间的关系。在进行详细设计时，则给出数据结构和算法的描述。至于如何组织数据结构和算法的描述，不同的范式是有区别的。在过程式程序设计中，数据结构和算法描述是分开的，而在面向对象程序设计中，则把两者结合成对象和类来考虑。

在进行系统设计时，往往采用某种抽象的不依赖于具体程序设计语言的形式来描述设计的结果，如采用功能模块结构图、流程图、类图以及伪代码等，这样做的目的是避免一开始就陷入某种程序设计语言的实现细节中，因为过多地涉及实现细节，不利于从较高抽象层次考虑问题的本质，导致难以把握和理解设计过程，失去设计方向。

3. 系统实现

用流程图、伪代码等描述的设计方案是不能直接在计算机上执行的，必须要用某种实际的能被计算机理解的程序语言把它们表示出来，才能在计算机上执行，这一步工作称为系统实现（system implementation），也叫编程（coding）[⊖]，所采用的语言称为编程语言或程序设计语言。

⊖ 需要注意，本教程后面会多次出现"编程"一词，其含义不仅指这里的 coding，也有"程序设计"（programming）的意思。

在进行系统实现时，首先面临的是编程语言的选择问题。现在的编程语言有很多（多达上百种），采用哪一种语言来编程呢？从理论上讲，虽然各种编程语言之间存在着或多或少的差别，但它们大多数都是基于冯·诺依曼体系结构的，在表达能力上是等价的，对同一个问题，往往用任何一种编程语言都能实现。然而，在实际应用中，用哪一种语言来编程往往受到很多因素的制约，如程序的设计方案、程序的应用场合以及程序的运行平台（计算机硬件＋操作系统）等都会影响编程语言的选择。另外，一些非技术因素也会影响编程语言的选择。例如，某软件公司现有的编程、维护人员只熟悉某种语言，如果选择其他语言，则将意味着需要对已有人员进行培训或招聘新的编程人员，而这些都需要时间和资金投入。

除了编程语言的选择之外，系统实现中还要考虑编程风格问题。在采用某种编程语言编写程序的时候，不同的人会写出不同风格的程序，而风格有好与不好之分，它会影响程序的正确性和易维护性。编程风格取决于编程人员对程序设计的基本思想、概念、技术以及编程语言精髓的掌握程度，良好的编程风格是可以通过学习和训练来获得的。

4. 测试与调试

用某种编程语言写出的程序可能包含错误。程序错误通常有三种：语法错误、逻辑（或语义）错误以及运行异常错误。语法错误是指程序没有按照语言的语法规则来编写，逻辑错误是指程序没有完成预期的功能，而运行异常错误是指对程序运行环境的非正常情况考虑不足而导致的程序异常终止。

程序的语法错误可由语言的翻译程序来发现，而程序的逻辑错误和运行异常错误则一般通过测试（testing）来发现。测试方法可分为静态测试与动态测试。静态测试是指不运行程序，而是通过对程序的静态分析找出逻辑错误和异常错误。动态测试是指利用一些测试数据，通过运行程序来观察程序的运行结果与预期的结果是否相符。值得注意的是，不管采用何种测试手段，都只能发现程序中的错误，而不能证明程序正确，即测试的目的就是要尽可能多地发现程序中的错误。测试工作不一定要等到程序全部编写完成才开始，可以采取编写一部分、测试一部分的方式来进行，最后再对整个程序进行整体测试，即先进行单元测试，再进行集成测试。

如果通过测试发现程序有错误，那么就需要找到程序中出现错误的位置和原因，即错误定位。给错误定位的过程称为调试（debugging），它一般需要运行程序，通过观察程序的阶段性运行结果来找出错误的位置和原因。

5. 运行与维护

程序通过测试后就可交付使用了。由于所有的测试手段只能发现程序中的错误，而不能证明程序没有错误，因此，在程序的使用过程中还会不断发现程序中的错误。在使用过程中发现并改正程序错误的过程称为程序的维护（maintenance）。程序维护可分成三类：正确性维护、完善性维护以及适应性维护。正确性维护是指改正程序中的错误；完善性维护是指根据用户的要求使程序功能更加完善；适应性维护是指把程序移植到（拿到）不同的计算平台或环境中，使之能够运行。

值得一提的是，程序维护所花费的人力和物力往往是巨大的，因为只要程序在使用就需要对它进行维护。因此，程序的易维护性就显得非常重要了，而程序的易维护性取决于所采用的程序设计技术的优劣，其中包括编程风格。

1.2.3 程序设计语言

程序设计必然要涉及具体的编程语言，因为程序设计的结果必须要用能被计算机理解的语言来表示才能在计算机上执行。对于编程语言，我们往往要考虑它们的抽象层次以及语法、语义和语用等方面的内容。

1. 低级语言与高级语言

用于编程的语言有很多，根据与计算机指令系统和人们解决问题所采用的描述语言（如数学语言）的接近程度，通常把编程语言分为低级语言和高级语言。

（1）低级语言

低级语言（low-level language）是指特定计算机能够直接理解的语言（或与之直接对应的语言），它包括机器语言和汇编语言。机器语言（machine language）采用二进制编码来表示指令的操作以及操作数，而汇编语言（assembly language）则用符号来表示指令的操作和操作数。机器语言和汇编语言的语言成分一般具有一一对应的关系，只不过汇编语言使得程序编写较为容易，并且提高了程序的易读性。下面是用汇编语言表示的计算 $r = a + b * c - d$ 的低级语言程序（指令序列），其中省略了数据的输入和输出指令，并假设数据已经放在内存中，a、b、c、d 和 r 分别表示它们的内存位置，ax 为 CPU 中的一个寄存器：

```
......
mov ax,b    # 从内存单元 b 中取数据到寄存器 ax 中
mul ax,c    # 寄存器 ax 中的数据与内存单元 c 中的数据相乘，结果放在寄存器 ax 中
add ax,a    # 寄存器 ax 中的数据与内存单元 a 中的数据相加，结果放在寄存器 ax 中
sub ax,d    # 寄存器 ax 中的数据减去内存单元 d 中的数据，结果放在寄存器 ax 中
mov r,ax    # 把寄存器 ax 中的数据写回内存单元 r 中
......
```

用机器语言编写的程序可以直接在计算机上执行，而用汇编语言编写的程序必须翻译成机器语言程序才能执行，这个翻译工作可由一个称为汇编程序（assembler）的计算机程序来自动完成。

早期的程序设计大都采用低级语言。低级语言的优点在于：编写的程序效率比较高，包括执行速度快和占用空间少。其缺点是：程序难以设计、理解与维护，难以保证程序的正确性。另外，低级语言程序难以从一种结构的计算机移植到（拿到）另一种结构的计算机上运行，这主要是因为不同结构计算机的指令系统是有差别的。

（2）高级语言

高级语言（high-level language）是指人们容易理解并有利于人们对解题过程进行描述的编程语言，通常称为程序设计语言（programming language）。用高级语言来编写程序时，程序设计者不必考虑很多面向计算机硬件的概念，如寄存器、内存等，而是以更抽象、更自然的方式（如人们熟悉的数学公式）来表达程序设计的结果。例如，前面用汇编语言编写的计算 $r = a + b * c - d$ 的指令用高级语言则可直接写成：

```
r = a+b*c-d
```

用高级语言编写的程序必须翻译成机器语言程序才能在计算机上运行，翻译方式有编译与解释两种。编译（compiling）是指首先把高级语言程序（称为源代码程序或源程序）翻译成功能上等价的机器语言程序（称为目标代码程序）或汇编语言程序（再通过汇编程序把它翻译成目标代码程序），然后执行目标代码程序，在目标代码程序的执行过程中就不再需要源程序了。解释（interpreting）则是指对源程序中的语句进行逐句翻译并执行（翻译一句、执行一句），翻译完之后程序也就执行完了，这种翻译方式一般不产生目标代码程序，但每

次执行都需要源程序。把高级语言程序翻译成机器语言程序的工作一般由程序来实现，根据翻译方式的不同可把翻译程序分为编译程序（compiler）和解释程序（interpreter）。一般来说，编译执行比解释执行效率要高，不过，高级语言程序的编译执行是平台相关的，某个编译结果只能在相同的平台上运行；而解释执行则是平台无关的，因为它是在翻译的时候执行程序，与平台有关的部分由相应平台上的解释程序来解决。由于以解释方式执行高级语言程序比较灵活，对编程语言的限制较少，但效率比较低，因此，目前出现了一种混合方案，即先通过编译方式把高级语言程序翻译成功能上等价的相对简单的中间语言程序，然后用解释方式执行这个中间语言程序，这样比单纯使用解释方式的执行效率有所提升。

高级语言的优点在于：程序容易设计、理解与维护，容易保证程序正确性。特别地，用高级语言编写的程序与所采用的具体计算机的指令系统无关，因此，容易把它们移植到其他不同结构的计算机中执行，当然，目标计算机中必须要有相应语言的编译或解释程序。另外，用高级语言进行程序设计也使得设计者能基于不同于计算机硬件所提供的计算模型来给出解决方案的描述，即设计者可以基于某种虚拟机模型来进行程序设计，语言翻译程序实现从虚拟机模型到实际计算机模型之间的语义（概念）转换。基于虚拟机模型来进行程序设计可以降低程序设计的复杂度。

高级语言的缺点是：用其编写的程序相对于用低级语言编写的程序效率要低，翻译得到的目标代码量较大。程序的效率和所占的空间对于早期的计算机是非常重要的，因为早期的计算机硬件速度慢、存储空间小，程序的效率必须通过对程序精雕细琢来提高。但是，由于早期的计算机应用面窄、程序的复杂度低，因此用低级语言编写程序的潜在缺陷未能体现出来。当程序的应用范围和规模扩大、复杂度增加以后，程序设计的难易程度和程序的正确性及易维护性问题逐渐显现出来，对于一个难以设计、经常出错和难以维护的程序，尽管它的效率很高，也是不会被接受的。因此，高级语言具有低级语言不可替代的优势。

目前，典型的高级语言包括 FORTRAN、COBOL、BASIC、Pascal、C、Ada、Modula-2、Lisp、Prolog、Simula、Smalltalk、C++、Java、Python 等，可以从不同的角度对这些语言进行分类。例如，按照应用类型，可把高级语言分为科学计算语言（如 FORTRAN）、商务处理语言（如 COBOL）、系统程序语言（如 C/C++）以及网络应用语言（如 Java、Python）等；按照所支持的程序设计范式，可把高级语言分为过程式语言（如 FORTRAN、COBOL、BASIC、Pascal、C）、面向对象语言（如 Simula、Smalltalk、Java）、函数式语言（如 Lisp）、逻辑式语言（如 Prolog）以及混合式语言（如 C++、Python）等；按执行方式，可把高级语言分为编译型语言（如 FORTRAN、COBOL、Pascal、C、Ada、Modula-2、Simula、C++）和解释型语言（如 BASIC、Lisp、Prolog、Simula、Smalltalk、Java、Python）；等等。

2. 语言的语法、语义及语用

任何一种语言都包含语法、语义和语用三个方面。语法（syntax）是指书写结构正确的语言成分应遵循的规则；语义（semantics）是指语言成分的含义；语用（pragmatics）是指语言成分的使用场合及所产生的实际效果。需要注意的是，计算机语言不同于自然语言（人际交流使用的语言，如汉语、英语等），自然语言中往往存在大量的歧义（多义性），而计算机语言则是非常严谨的，有时少一个标点符号或空格都不行，一些细微的差别（如"<"和"≤"）将会导致完全不同的结果，这一点与数学语言类似。

对语言的使用者来说，编程语言的语法和语义比较容易掌握，只要学习和使用时仔细一点就能做到，而编程语言的语用则需要大量的语言实践（用语言编程解决实际问题）才能掌握，并且，它往往还涉及语言的设计和实现方面的内容。语言的设计是指给出语言的定义，包括语法、语义和语用；语言的实现是指在某种计算机平台上写出语言的翻译程序（编译或解释程序）。语言的实现者不一定是语言的设计者，并且，针对某种语言可以有多种实现。语言的使用者在使用某个语言成分时，往往需要了解语言设计者提供该语言成分的初衷是什么（在什么情况下使用，主要用于解决什么问题）以及该语言成分的实现效率如何等问题。

3. 程序语言的发展趋势

程序语言作为表达解题过程的工具，往往也规定了解决问题的方式。虽然高级语言比低级语言更容易描述解题过程，但从本质上讲，目前的高级语言大都只是在抽象级别上比低级语言略微高了一些，而仍然基于冯·诺依曼计算机的计算模型，采用这些语言还必须按照计算机解决问题的方式来描述解题过程，程序设计仍然非常困难。因此，人们还在努力设计出抽象级别更高的语言或让计算机能够理解自然语言，以便能够以更自然的方式来进行程序设计。

1.3　C++ 语言概述

1.3.1　C++ 语言的特点

C++ 语言是从 C 语言发展而来的。C 语言是一种支持过程式程序设计的高级程序设计语言，它是由贝尔实验室的 Dennis Ritchie 为编写 UNIX 操作系统而设计的一种系统程序设计语言，受到 UNIX 被广泛使用的影响，C 语言后来成为一种被普遍用于各种类型应用程序编写的程序设计语言。C 语言既有高级语言的优点，如提供了类型机制和结构化流程控制成分，又有低级语言（如汇编语言）才具有的一些描述能力，如数据的二进制位操作和内存地址操作等。C 语言是一种编译型语言，与其他高级语言相比，C 语言具有简洁、灵活、高效等特点。

C++ 语言是贝尔实验室的 Bjarne Stroustrup 为能进行面向对象程序设计而设计的一种高级程序设计语言，它保留了 C 语言的所有成分和特点，并在 C 语言的基础上增加了一些更好的语言成分，特别是增加了支持面向对象程序设计的语言成分。C++ 语言既支持过程式程序设计，又支持面向对象程序设计，属于一种混合语言。

C++ 语言也是一种编译型语言，与 C 语言一样，C++ 语言的主要特点是灵活和高效。C++ 的灵活性体现为它对使用者的限制较少，易于发挥使用者的创造性；C++ 的高效体现为它提供的一些语言成分（如指针等）能产生高效的目标代码，并且，它很少对程序做运行时的合法性检查（如数组下标越界等），从而减少了程序运行时的开销。

从某种程度上讲，C++ 的特点也是它的缺点，它对使用者的要求较高。C++ 的灵活性导致 C++ 语言不易把握，特别是对一些使用不当易导致错误的用法不加限制，程序设计的初学者往往不知道何时使用何种语言成分来解决何种问题，他们对语言使用不当将会造成不良后果。C++ 的高效则把保证程序正确运行的责任交给了程序设计者，程序设计者必须对各种可能导致程序运行错误的因素进行仔细考虑和处理。当然，保证程序的正确性是程序设计者义不容辞的责任，不过，这要花费程序设计者很多的精力，增加了他们的负担。在有些语言中根本不提供可能造成不良后果的一些做法（如指针运算），从而减少了产生不正确程序的可能性，当然，这是以牺牲灵活性和效率为代价的。

关于 C++ 语言，本教程作者认为：对较好地掌握了基本程序设计思想和技术的程序设计"高手"来说，C++ 是一个很好的语言；而对刚刚从事程序设计的"新手"而言，C++ 是一个非常糟糕的语言。也就是说，评价 C++ 语言时，应该先评价使用 C++ 的人的程序设计素质，只有较好地掌握了程序设计基本思想和技术的人才能很好地使用 C++ 语言来进行程序设计，而培养程序设计素质正是本教材的初衷。

本教程之所以采用 C++，是因为 C++ 是一种使用广泛并支持基本的程序设计思想、概念和技术的程序设计语言，与其他程序设计语言相比，用 C++ 语言编写的程序效率高，并且它支持多种程序设计范式。本教程在介绍 C++ 语言时，主要强调 C++ 语言对基本程序设计思想、概念以及技术的支持，而对 C++ 语言一些不利于养成良好编程习惯的做法不予重点介绍，尤其是对属于 C++ 语言"文化"范畴的内容不予过分强调。

国际标准化组织（ISO）于 1998 年为 C++ 制定了国际标准（C++98），并于 2011 年以后对它进行了修订和扩展，得到了新的国际标准（如 C++11、C++14 以及 C++17 等）。本教程中大部分关于 C++ 的描述是按 C++ 国际标准给出的，有些描述则是基于微软公司的 Visual C++ 给出的，而 Visual C++ 的实现并没有完全按照国际标准来实施，请读者在阅读本教程时注意这一点。

1.3.2　C++ 程序的构成

逻辑上，一个 C++ 程序由一些程序实体的定义构成，这些程序实体主要包括常量、变量、函数、对象以及数据类型（包括类）等。常量和变量是程序所处理的数据；函数是程序对数据的加工过程，这个过程由语句序列来描述；对象是数据以及数据加工的封装体；数据类型用于描述数据的特征，其中的类是把数据及其操作作为一个整体来描述对象。根据在程序中定义位置的不同，数据可分为全局数据、函数的局部数据以及类的成员数据；函数可分为全局函数和类的成员函数；对象可分为全局对象、函数的局部对象以及类的成员对象。每个 C++ 程序必须有且仅有一个名为 main 的全局函数，称为主函数，程序从全局函数 main 开始执行。

下面给出了一个简单的 C++ 程序，它从键盘输入两个数，然后计算这两个数的和，最后把计算结果输出到显示器：

```cpp
//This is a simple C++ program
#include <iostream>      // 对使用的 C++ 标准库中定义的程序实体进行声明
using namespace std;     // 指定使用标准库的名字空间 std
int main()               // 主函数
{ double x,y;            // 定义两个局部变量 x 和 y
  cout <<"Enter two numbers:"; // 通过标准库中定义的对象 cout 向显示器输出提示信息
  cin >> x >> y;         // 通过标准库中定义的对象 cin 从键盘输入数据给变量 x 和 y
  double z;              // 定义一个局部变量 z
  z = x + y;            // 把 x 和 y 的值相加，并把结果保存到变量 z 中
  cout << x <<" + "<< y <<" = "<< z << endl; // 输出计算结果
  return 0;              // 主函数返回，程序结束
}
```

上述程序的运行过程如下（加下划线的部分为键盘输入的信息，"↙"表示输入的是回车键）：

```
Enter two numbers: 7.2  9.3↙
7.2 + 9.3 = 16.5
```

物理上，可以把一个 C++ 程序分成一个或多个模块，分别存放在一个或多个文件中，每个模块包含一些程序实体的定义，其中有且仅有一个模块包含全局函数 main。

1.3.3 C++ 程序的运行步骤

要使一个 C++ 程序能在计算机上运行，一般要遵循如图 1-6 所示的步骤。

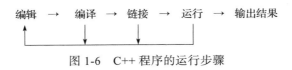

图 1-6 C++ 程序的运行步骤

1. 编辑

编辑（editing）是指利用某个具有文字处理功能的编辑程序（editor，如 Windows 平台上的写字板、记事本、Word 等）把 C++ 程序输入计算机中，并作为源代码程序（source code）以纯文本格式保存到外存（如硬盘等）的源文件中。C++ 源文件的文件名通常为 *.cpp 和 *.h。

2. 编译

编译（compiling）是指利用某个 C++ 编译程序把保存在外存中的 C++ 源代码程序翻译成机器指令，翻译结果作为目标代码程序（object code）保存到外存的目标代码文件中。目标代码文件的文件名通常为 *.obj。如果一个 C++ 程序由多个源文件构成，则每个源文件都需要编译，从而生成多个目标代码文件。

C++ 的编译程序中包含一个编译预处理程序（preprocessor），用于在编译前对 C++ 源程序中的一些编译预处理命令进行处理，这些编译预处理命令不是 C++ 程序所要完成的功能，而是 C++ 的编译预处理程序在编译之前要做的事。

3. 链接

由于一个 C++ 程序可以包含多个目标代码文件，因此，为了得到一个完整的可执行程序，必须通过一个链接程序（linker）把这些目标代码文件以及程序中用到的在标准库中预定义的功能所在的目标代码文件链接（linking）起来，作为一个可执行程序（executable code）保存到外存的可执行代码文件中。在 Windows 平台上，可执行代码文件的文件名通常为 *.exe。

4. 运行

运行（executing 或 running）是指通过操作系统提供的应用程序执行机制，把某个可执行代码文件中的可执行程序装入内存，让程序运行起来。

在上述的编译、链接和运行过程中都有可能发现程序错误。如：编译程序在编译时发现源程序中存在语法错误；链接程序在链接目标代码文件时发现程序中用到的一些实体在所有目标代码文件中都不存在；程序运行结果与预期的不一致等。当发现错误时，需要返回运行步骤的前面阶段对程序进行修改，然后从改正错误的阶段重新执行程序，这个过程可能要重复多次，直到程序产生正确结果为止。

由于上述 C++ 程序的运行步骤比较麻烦，因此，一些 C++ 程序的集成开发环境相继出现，如 Visual C++、Turbo C++、C++ Builder 和 Dev-C++ 等，在这些集成开发环境中，运行 C++ 程序所需的所有操作都被包含在一个系统中，往往使用一条命令（菜单项）就能自动完成大部分的操作步骤。如选择"执行"操作，它就会自动执行"编译""链接""运行"操作。一些集成开发环境还提供了可视化的编程支持和功能强大的程序动态调试等工具。

1.3.4 C++ 语言的词法

前面说过，一种语言包括语法、语义和语用三个方面，这里需要进一步说明的是，语言的语法又包括词法与句法。词法是指语言的构词规则，句法是指由词构成句子（程序）的规则。下面首先介绍 C++ 的词法，C++ 的句法将在后面章节中用到的时候再介绍。

1. 字符集

任何一种语言都是由一些基本符号构成的，这些基本符号的集合就构成了相应语言的字符集（symbol set）。C++ 的字符集由 52 个大小写英文字母、10 个数字以及一些特殊符号构成。

- 大小写英文字母包括 a ～ z、A ～ Z。
- 数字包括 0 ～ 9。
- 特殊字符包括 !、#、%、^、&、*、_、-、+、=、~、<、>、/、\、|、.、,、:、;、?、'、"、(、)、[、]、{、}、空格、横向制表符、纵向制表符、换页符、换行符。

2. 单词及词法规则

单词（word 或 token）是由字符集中的字符按照一定规则构成的具有一定意义的最小语法单位。C++ 中的单词包括标识符、关键词、字面常量、操作符以及标点符号等。

（1）标识符

标识符（identifier）是由大小写英文字母、数字以及下划线（_）所构成的字符序列，第一个字符不能是数字，如 student、student_name、x_1、_name1 等都是合法的标识符。

标识符通常用作程序实体的名字，程序实体包括常量、变量、函数、对象、类型（包括类）、标号等。在使用标识符时应注意以下几点：

- 大小写字母是有区别的，如 abc、Abc 与 ABC 是不同的标识符。
- 关键词不能作为用户自定义的标识符，它们有特殊的作用。
- C++ 的具体实现（编译程序）可能会限制标识符的长度。
- 以两个下划线开头或以一个下划线后跟一个大写字母开头的标识符往往在 C++ 语言内部实现中使用（如作为标准库中的全局实体的名字），程序中尽量不要用这种标识符作为自定义的实体的名字。
- 不同种类的程序实体最好采用不同风格的标识符，以提高程序的易读性。

关于标识符的风格，不同的编程人员会有不同的命名习惯。下面是本教程所采用的标识符风格：

- 对于符号常量，采用全部大写的标识符，如圆周率 PI。
- 对于自定义的类型，采用英文单词的第一个字母大写的标识符，如 StudentType。
- 对于变量、对象和函数，采用小写字母和下划线的标识符，如 student、print、square_root。

（2）关键词

关键词（keyword）是指语言预定义的标识符，它们有固定的含义和作用，在程序中不能用作自定义实体的名字。表 1-3 列出了 C++ 中的部分关键词。

表 1-3　C++ 中的部分关键词

asm	auto	bool	break
case	catch	char	class
const	const_cast	continue	default
delete	do	double	dynamic_cast
else	enum	explicit	export
extern	false	float	for
friend	goto	if	inline
int	long	mutable	namespace
new	operator	private	protected
public	register	reinterpret_cast	return
short	signed	sizeof	static
static_cast	struct	switch	template
this	throw	true	try
typedef	typeid	typename	union
unsigned	using	virtual	void
volatile	wchar_t	while	nullptr

除了表 1-3 列出的关键词外，每个 C++ 的实现可能还规定了一些额外的关键词，在使用 C++ 时必须参考相应的语言实现参考手册。

（3）字面常量

字面常量（literal）或称直接量，是指在程序中直接写出来的常量值，如 128、3.14、'A'（字符）、"abcd"（字符串）等。

（4）操作符

操作符（operator）用于描述对数据的基本操作。由于大部分操作符是对数据进行运算，因此又把操作符称为运算符，如 +、-、*、/、=、>、<、==、!=、>=、<=、||、&& 等。

（5）标点符号

标点符号（punctuation）起到某些语法、语义上的作用，如逗号、分号、冒号、括号等。

在 C++ 程序的书写上，上述单词有时需要用空白符（white-space character）把它们分开，使得它们在形式上成为独立的单位。这里的空白符是指空格符、制表符、回车符和注释，其中，注释（comment）是为了方便对程序的理解而在源程序中添加的说明性文字信息。C++ 提供了两种书写注释的方法：

● 单行注释：从符号"//"开始到本行结束。

● 多行注释：从符号"/*"开始到符号"*/"结束。

需要注意的是，注释是为了人们理解程序添加的，它们不是可执行程序的一部分，编译程序在编译时将忽略程序的注释部分（多行注释被看成一个空格）。

另外，一个单词如果在一行中写不完（如一个很长的字符串），则可以把它分几行来写，这时，需要在每一行（最后一行除外）的后面加上一个续行符（continuation character）。续行符由一个反斜杠（\）后面紧跟一个回车构成。

3. 语法的形式描述

在有些情况下，需要对语言的语法规则进行没有歧义的精确描述，如语言标准的定义文本等。对一种语言的语法进行精确的描述往往需要采用另一种语法和语义比较简单的语言来完成，相对于被描述的语言而言，该语言称为元语言（meta language）。较常用的用于描述程序设计语言语法规则的元语言是一种称为 BNF（Backus Normal Form 或 Backus-Naur Form）的描述语言。例如，C++ 标识符的构成规则可用 BNF 描述成：

```
<标识符> ::= <非数字字符>|<标识符><非数字字符>|<标识符><数字字符>
<非数字字符> ::=|A|B|C|D|E|F|G|H|I|J|K|L|M|N|O|P|Q|R|S|T|U|V|W|X|Y|Z|a|b|c|d|e
            |f|g|h|i|j|k|l|m|n|o|p|q|r|s|t|u|v|w|x|y|z
<数字字符> ::= 0|1|2|3|4|5|6|7|8|9
```

其中，"::="和"|"称为元语言符号，"::="表示"定义为"，"|"表示"或者"，它们不属于被描述的语言。"<标识符>""<非数字字符>"以及"<数字字符>"称为元语言变量，它们代表被描述语言中的语法实体。另外，BNF 也存在一些扩充形式，例如，在一些扩充的 BNF 中增加了方括号"[]"用于表示其中的内容可有可无，花括号"{}"用于表示其中的内容可以重复出现多次，等等。当元语言与被描述的语言有相同的符号时，应采用某种方式把它们区分开来，本教程后面将使用斜体字符来表示元语言中的符号。

由于本教程不是 C++ 的语言定义文本，并且用 BNF 精确描述的内容有时理解起来比较费劲，因此，本教程中没有采用严格的形式化方法来描述所用到的 C++ 语言成分的语法，而是采用了一种容易理解的混合形式（如简化的 BNF 形式加上自然语言）来对 C++ 的语法进行描述。

1.4 小结

本章对计算机的工作原理、程序设计以及 C++ 语言进行了概述，主要知识点包括：
- 冯·诺依曼体系结构计算机由存储、运算、控制、输入以及输出五个单元构成，其本质是通过不断地改变程序的状态来实现计算，程序的状态由存储单元中的数据构成，状态的转换由程序中的指令来实现。
- 硬件是指计算机的物理构成，即构成计算机的元器件和设备。计算机的硬件通常被组织成 CPU、内存以及外设，其中外设又分为输入/输出设备和外存。
- 软件是指计算机程序以及相关的文档。程序是对计算任务的处理对象（数据）与处理规则（算法）的描述；文档是为了便于人们理解程序所需的资料说明，供程序开发与维护者使用。软件可以分为系统软件和应用软件。
- 由硬件构成的计算机常被称为"裸机"，在它之上，每加上一层软件就得到一个比它功能更强的"虚拟机"。
- 在计算机的内部，任何信息（包括指令、数据和地址）都是用一系列的"0"和"1"来表示的。数据一般采用某种二进制形式来表示，其中，整数采用补码表示，实数采用浮点形式表示，BCD 码可以表示长度不固定的十进制数并能用二进制来精确表示一些十进制小数。
- 程序设计就是为计算机编制程序的过程，它涉及程序设计范式、程序设计步骤以及程序设计语言等方面的内容。
- 基于不同的理论、原则和概念来进行程序设计就形成了不同的程序设计范式。典型的程序设计范式有过程式、对象式、函数式以及逻辑式等。目前，使用较广泛的是过程式和对象式这两种程序设计范式。
- 程序设计的步骤包括需求分析、系统设计、系统实现、测试与调试以及运行与维护。

- 程序语言可分为低级语言和高级语言。低级语言是指与特定计算机体系结构密切相关的程序语言，它包括机器语言和汇编语言。高级语言是指人们容易理解并有利于人们对解题过程进行描述的程序语言，程序设计语言通常指的是高级语言。与低级语言相比，高级语言的优点在于：程序容易设计、理解与维护，容易保证程序正确性。
- 高级语言程序的执行途径有两种：编译与解释。一般来说，编译执行比解释执行效率要高，解释执行可以实现语言的平台无关性。
- 一种语言包括语法、语义和语用三个方面。语法是指书写结构正确的语言成分应遵循的规则；语义是指语言成分的含义；语用是指语言成分的使用场合及所产生的实际效果。与自然语言相比，计算机语言更加严谨。
- C++ 是一种使用广泛、支持多种程序设计范式的高级程序设计语言，灵活、高效是它的主要特点。
- 逻辑上，一个 C++ 程序由一些程序实体的定义构成，这些程序实体包括常量、变量、对象、函数以及数据类型（包括类）等，其中必须要有一个全局函数 main。物理上，一个 C++ 程序可以存放在一个或多个源文件（模块）中。
- C++ 程序的运行步骤是：编辑、编译、链接以及运行。C++ 集成开发环境可以把这些步骤集成起来。
- 构成 C++ 语言的单词有：标识符、关键词、字面常量、操作符以及标点符号等。
- BNF 是一种用来精确描述某种语言语法的形式语言。

1.5　习题

1. 简述冯·诺依曼计算机的工作模型。
2. 简述寄存器、内存以及外存的区别。
3. CPU 能执行哪些指令？
4. 什么是软件？软件是如何分类的？
5. 什么是虚拟机？高级语言的翻译程序与虚拟机是什么关系？
6. EF08 是用十六进制表示的一个整数的 2 的补码，它对应的十进制数是多少？
7. 十进制数 0.1 的纯二进制表示是什么？在计算机上如何精确表示 0.1？
8. 什么是程序设计范式？有哪些典型的程序设计范式？
9. 简述程序设计的步骤。
10. 低级语言与高级语言的不同之处是什么？
11. 简述高级语言程序的编译与解释的区别。
12. C++ 语言与 C 语言是什么关系？
13. 如何理解 C++ 语言的缺点？
14. 简述 C++ 程序的执行过程。在你的 C++ 开发环境中执行 1.3.2 节中给出的简单 C++ 程序。
15. 英语、汉语的字符集分别是什么？
16. C++ 的单词分成哪些种类？
17. 下面哪些是合法的 C++ 标识符？

extern, _book, Car, car_1, ca1r, 1car, friend, car1_Car, Car_Type, No.1, 123

第2章 简单数据的描述——基本数据类型和表达式

对数据的描述是程序的一个重要组成部分，从本质上讲，用计算机解决各种实际问题就是通过用计算机程序对反映实际问题的一些数据进行处理来实现的。为了能在程序中对数据进行很好的处理，首先需要明确要处理的数据的特征，而数据的特征在程序设计中体现为数据类型，它包括数据的结构和可施于数据的操作（运算）。

本章将通过 C++ 提供的基本数据类型、常量、变量、操作符和表达式来介绍程序中对简单数据的描述和操作，复杂数据的描述和操作将在后面的章节中介绍。

2.1 数据类型概述

程序能够处理的数据多种多样，在程序设计中用数据类型来区分不同种类的数据。一种数据类型（data type）由两个集合构成：值集和操作（运算）集。值集描述了该数据类型可包含哪些数据以及这些数据的结构（组织形式），而操作集则描述了对值集中的数据能实施哪些运算。例如，整数类型就是一种数据类型，它的值集就是由整数所构成的集合，它的操作集包括加、减、乘、除等运算。在程序中区分数据类型的好处是便于实现对数据的可靠和有效处理。

数据类型通常可以分为简单数据类型和复合数据类型。简单数据类型是指构成类型值集的数据是不可再分解的简单数据，如整数类型和实数类型等；复合数据类型是指构成类型值集的数据是由其他类型的数据按照一定的方式组合而成的，如向量（由若干分量构成）和矩阵（由若干位于行、列上的元素构成）等。

C++ 根据数据类型的提供方式，把数据类型分为基本数据类型、构造数据类型和抽象数据类型（如图 2-1 所示）。基本数据类型是 C++ 语言直接提供（预定义）的数据类型；构造数据类型是指需要利用语言提供的类型构造机制从其他类型构造出来的数据类型；抽象数据类型是指利用数据抽象机制把数据的表示对使用者隐藏起来的一种数据类型描述。基本数据类型都是简单类型，而构造数据类型和抽象数据类型一般为复合数据类型。

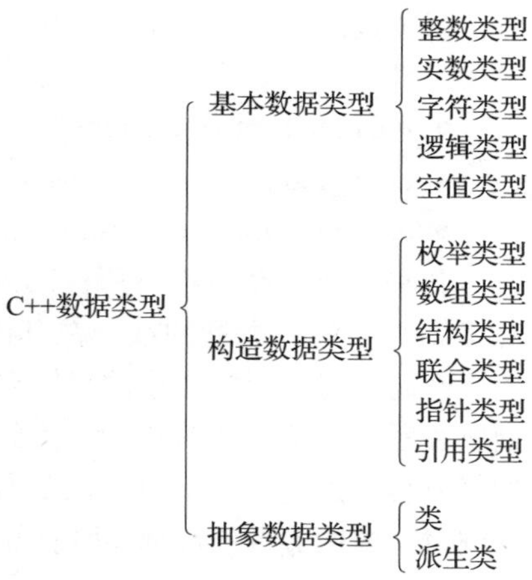

图 2-1 C++ 数据类型

下面将通过 C++ 的基本数据类型来介绍 C++ 程序中对简单数据的描述和操作。

2.2 基本数据类型

在 C++ 中，基本数据类型 (fundamental data type) 指的是语言预先定义好的数据类型，常常又称为标准数据类型（standard data type）或内置数据类型（built-in data type），用基本数据类型描述的数据能由计算机的一条机器指令直接操作，包括整数类型、实数类型、字符类型、逻辑类型以及空值类型。值得注意的是，由于受到计算机对特定类型数据的表示形式和存储空间的限制，程序设计语言所提供的数据类型的值集往往是一个有限集。

由于在 C++ 提供的对基本数据类型数据的操作中，很多操作对多种类型的数据都适用，并且有些操作还涉及数据的类型转换等内容，因此，为了保证对数据操作介绍的完整性和方便性，在介绍各种基本数据类型时只给出了它们的值集描述，而它们的操作集则放在 2.4 节中单独进行介绍。

2.2.1 整数类型

整数类型（integer type）用于描述通常的整数。根据所描述的数值范围的不同，C++ 中的整数类型可以分为[⊖]：

- int
- short int 或 short
- long int 或 long

上述三种整数类型所表示的数值范围满足关系：short int 的范围 ≤ int 的范围 ≤ long int 的范围。

在计算机内部，C++ 整数类型的数据采用的是固定长度的 2 的补码表示。通常情况下，short int 类型数据占 2 个字节，所能表示的数据范围是 –32768 ～ 32767；long int 类型数据占 4 个字节，所能表示的数据范围是 –2147483648 ～ 2147483647。而 int 类型数据所占的内存大小随计算机规格的不同而有所不同，它通常对应着计算机的字长（能被一条计算机机器指令直接处理的整数的最大长度）。在字长为 16 位（二进制）的计算机上，int 类型为 2 个字节；在字长为 32 位（二进制）的计算机上，int 类型为 4 个字节。

另外，C++ 还提供了无符号整数类型来描述非负整数：

- unsigned int 或 unsigned
- unsigned short int 或 unsigned short
- unsigned long int 或 unsigned long

各种无符号整数类型所占的内存大小与相应的有符号整数类型相同，它们的区别在于：对于无符号整数类型的数，在其内存空间中没有表示符号的位，所有二进位均用于表示数值。因此，对于同样大小的存储空间，无符号整数类型所表示的最大正整数比有符号整数类型所表示的最大正整数要大（大约一倍）。除此之外，使用无符号整数类型还可以提高程序的可靠性（如把一些不可能取负数的变量定义成无符号整数类型），以及用来表示一些由二进制位构成的非数值数据（如设备的状态数据以及图像的位图数据等）。

2.2.2 实数类型

实数类型（real type）用于描述通常的实数。根据描述精度的不同，C++ 把实数类

⊖ 在 C++ 新国际标准中增加了一种新的整数类型，即 long long int，它表示的数值范围比 long int 更大。

型分为：

- float
- double
- long double

上述三种实数类型所描述的数据范围满足关系：float 的范围 < double 的范围 ≤ long double 的范围。

在计算机内部，C++ 实数类型的数据采用的是固定长度的浮点表示，因此，在 C++ 中，实数类型又称浮点型（float point type）。通常情况下，float 类型数据占 4 个字节，所能表示的数据范围是 $-3.402823466 \times 10^{38}$ ~ $3.402823466 \times 10^{38}$；double 类型数据占 8 个字节，所能表示的数据范围是 $-1.7976931348623158 \times 10^{308}$ ~ $1.7976931348623158 \times 10^{308}$；long double 类型数据所占内存大小由 C++ 的具体实现而定，可能是 8 个字节，也有可能是 10 个字节。

值得注意的是，有些实数是无法用浮点表示法来精确表示的（如十进制小数 0.1），C++ 的实数类型只能表示它们的近似值，如果要精确地表示这些实数，需要采用其他方式来实现（如采用 BCD 码和一维数组）。

2.2.3 字符类型

字符类型 (character type) 用于描述文字类型数据中的单个字符。对于字符类型的数据，在计算机中存储的是它们的编码。

目前，可用计算机表示的文字的字符集有很多，有的是单字节编码的，有的是多字节编码的。ASCII（American Standard Code for Information Interchange，美国标准信息交换码）是一种常用的采用单字节编码的字符集，它包含英文的基本字符及其编码，其中包括英文字母、数字以及其他一些常用符号（如标点符号、数学运算符等）有关详细信息，请参见附录 A。ASCII 字符集有一个特征：0 ~ 9 这 10 个数字、26 个大写英文字母以及 26 个小写英文字母的编码各自是连续的。也就是说，字符 0 的编码加上 9 就是字符 9 的编码；字符 A 的编码加上 25 就是字符 Z 的编码；字符 a 的编码加上 25 就是字符 z 的编码。由于 ASCII 字符集实际只采用了 7 位编码（二进制），因此，还存在其他一些单字节编码的字符集，它们把 ASCII 码扩充到 8 位，以表示其他一些符号。在 C++ 中，用 char 类型来描述单字节编码字符集中的字符类型数据。

因为一个字节的编码最多只能表示 256 个字符，而像汉字这样的字符集，一个汉字就是一个字符，汉字的个数远远超过 256 个。目前，有一个称为 unicode 的国际通用大字符集，该字符集包含了大部分语言文字（包括英文、中文、日文等）中的字符，采用了 2 ~ 4 字节编码。在 C++ 中，用 wchar_t 类型来描述这个字符集中的字符，它主要用于国际化程序的实现，本教程不对该类型进行详细介绍。另外，中文和日文等也有一些自己专门的字符集，如简体汉字字符集 GB2312、繁体汉字字符集 Big5、日文汉字字符集 Shift-JIS 等，这些字符集称为本地化字符集，它们采用了 2 字节编码，在 C++ 中可用两个 char 类型的数据来表示它们的编码。

由于在计算机中存储的是字符的编码，而编码是一个整数，因此，在 C++ 中又把 char 类型的数据当作比 short int 所表示的数值范围更小的整数类型来看待，可以参加算术运算。为了保证 char 类型数据能参加算术运算，C++ 提供了 signed char 和 unsigned char 类型，它们的区别在于：在参加算术运算时，把字符的编码当作有符号整数还是无符号整数来看待。至于类型 char 是 signed char 还是 unsigned char，不同的 C++ 实现有不同的规定。

2.2.4 逻辑类型

逻辑类型（又称布尔类型，boolean type）用于描述"真"和"假"这样的逻辑值。逻辑值主要用于表示一个条件的满足或不满足，"真"表示相应条件满足，"假"表示相应条件不满足。在 C++ 中，用 bool 来表示逻辑类型。bool 类型的值只有两个，即 true 和 false，它们分别对应逻辑值"真"和"假"。

在大多数的 C++ 实现中，bool 类型的值 true 存储的是 1，false 存储的是 0。对于 bool 类型的值，虽然一个二进制位就可以表示，但出于对 bool 类型数据访问和处理效率的考虑，一般用一个字节来存储它们。

除上述基本数据类型之外，C++ 中还提供了一种值集为空的类型：空值型（void type），用 void 表示。void 类型用于描述没有返回值的函数返回值类型（将在 4.2.1 节中详细介绍）以及通用指针类型（void *，将在 5.5 节中详细介绍）。

在 C++ 中，把 int 类型、char 类型、wchar_t 类型以及 bool 类型统称为整型（integral type）；把整型和实数类型统称为算术型（arithmetic type）。

一台计算机上各种类型的数据所占的内存空间大小（字节数）可以通过"sizeof（类型名）"来计算。另外，对于上述的每个基本数据类型所能表示的数据范围（最大值和最小值），可以从编译程序提供的 C++ 标准库的某些头文件中获得，例如，头文件 climits（或 limits.h）定义了所有整型的取值范围，头文件 cfloat（或 float.h）定义了所有实数类型的取值范围。

为了便于程序的阅读和编写，并使程序简明、清晰和易于修改，C++ 允许在程序中给已有数据类型取一些别名，这些别名与相应的 C++ 类型名具有相同的作用。为已有类型取别名的格式如下：

```
typedef< 已有类型 >< 别名 >;
```

例如，下面的定义为类型 unsigned int 取了一个别名 Uint：

```
typedef unsigned int Uint;
```

这样，在程序中需要 unsigned int 的地方都可以用 Uint 来替代。

注意：typedef 并没有定义一个新类型，它只是给已有类型取一个别名。

2.3 数据的表现形式

在程序中，待处理的数据通常以两种形式出现，即常量和变量。

2.3.1 常量

常量（constant）是指在程序执行过程中不变（或不能被改变）的数据，如圆周率 π、一个星期的天数（7 天）等。C++ 中把常量分为几种类型，即整数类型、实数类型、字符类型、逻辑类型、字符串类型以及指针类型，常量所需要的内存空间大小由它们的类型决定。

在 C++ 程序中，常量可以用两种形式表示：字面常量和符号常量。

1. 字面常量

字面常量（literal constant）又称为直接量，是指在程序中直接写出常量值的常量。例如，在计算半径为 r 的圆的周长的式子 2 * PI * r 中，2 就是字面常量。

C++ 的字面常量包括整数类型字面常量、实数类型字面常量、字符类型字面常量和字符串字面常量。

（1）整数类型字面常量

在 C++ 程序中，整数类型字面常量可以用十进制、八进制或十六进制形式来书写：

- 十进制形式。由数字 0 ～ 9 组成，第一个数字不能是 0（整数 0 除外），如 59、128、–72 为整数类型字面常量的十进制表示。
- 八进制形式。由数字 0 打头、数字 0 ～ 7 组成，如 073、0200、–0110 为整数类型字面常量的八进制表示。
- 十六进制形式。由 0x 或 0X 打头、数字 0 ～ 9 和字母 A ～ F（或 a ～ f）组成，如 0x3B、0x80、–0x48 为整数类型字面常量的十六进制表示。

另外，可以在整数类型字面常量的后面加上 l 或 L，表示 long int 类型的字面常量，如 32765L；也可在整数类型字面常量的后面加上 u 或 U，表示 unsigned int 类型的字面常量，如 4352U；还可以在整数类型字面常量的后面同时加上 u(U) 和 l(L)，表示无符号长整数类型字面常量，如 41152UL 或 41152LU。如果整数类型字面常量后面既没有 l(L)，又没有 u(U)，则它为 int 型字面常量。

（2）实数类型字面常量

在 C++ 程序中，实数类型字面常量采用十进制形式书写。实数类型字面常量有两种表示法：小数表示法和科学记数法。

- 小数表示法：由整数部分、小数点“.”和小数部分构成，如 456.78、–0.0057。当小数点前、后的数为 0 时，可以省略 0，但小数点不能省，如 5. 和 .5 分别表示 5.0 和 0.5。
- 科学记数法：在小数表示法或整数后加上一个指数部分，指数部分由 E（或 e）和一个整数构成，表示基数为 10 的指数，如 4.5678E2、–5.7e–3 等。

默认情况下，实数类型字面常量为 double 型。可以在实数类型字面常量后面加上 F(f) 以表示 float 型，如 5.6F。也可在实数类型字面常量后面加上 L(l) 表示 long double 型，如 5.6L。

（3）字符类型字面常量

字符类型字面常量一般用由一对单引号括起来的一个字符来表示，如 'A'、'+' 分别表示字母 A 和 + 号。字符类型字面常量也可以用由一对单引号括起来的一个字符编码来表示，这时必须用转义序列（以反斜杠 \ 开头的一串字符）来书写编码，编码可以采用八进制或十六进制表示：

- 八进制：'\ddd'，ddd 为 3 位八进制数。
- 十六进制：'\xhh'，hh 为 2 位十六进制数。

例如，字母 A 有三种表示方法：'A'、'\101' 和 '\x41'。除此之外，字符类型字面常量还可以用一些特殊的转义序列符号来表示，如 '\n'（换行符）、'\r'（回车符）、'\t'（横向制表符）、'\b'（退格符）等。表 2-1 给出了 C++ 的一些常用转义序列符号以及它们的含义。

在书写字符类型字面常量时，可显示的字符通常用字符本身来书写，而不可显示的字

（控制字符）和有专门用途的字符用转义序列表示。另外，对于下面字符的表示应特别注意：

- 反斜杠（\）应写成 '\\'。
- 单引号（'）应写成 '\''。
- 双引号（"）可写成 '\"' 或 '"'。

表 2-1　C++ 常用转义序列符号

符号	含义	符号	含义
\a	响铃	\v	纵向制表
\b	退格	\'	单引号
\f	换页	\"	双引号
\n	换行	\\	反斜杠
\r	回车	\0	字符串结束符
\t	横向制表		

（4）字符串字面常量

字符串字面常量由双引号括起来的字符序列构成，其中字符的写法与字符类型字面常量基本相同，即可以是字符本身和转义序列。例如，下面是一些字符串字面常量：

```
"This is a string."
"I'm a student."
"Please enter \"Y\" or \"N\":"
"This is two-line \message!"
```

需要注意的是，当字符串中包含双引号（"）时，双引号应写成：\"。

字符类型字面常量与字符串字面常量的区别如下：

- 字符类型字面常量表示单个字符，其类型为字符类型（char）；而字符串字面常量可以表示多个字符，其类型为一维字符数组（将在 5.2.2 节中介绍）。
- 字符类型字面常量用单引号表示；而字符串字面常量用双引号表示。
- 对字符类型字面常量的操作按 char 类型进行；对字符串字面常量的操作遵循一维字符数组的规定。
- 字符类型字面常量在内存中占一个字节；字符串字面常量占多个字节，其字节数为字符串中的字符个数加上 1，因为在 C++ 中存储字符串时，通常在最后一个字符的后面存储一个表示字符串结束的符号 '\0'（编码为 0 的字符）。

2. 符号常量

符号常量（symbolic constant），又称命名常量（named constant），是指有名字的常量。在程序中可以首先通过常量定义给常量取一个名字并指定一个类型；然后，在程序中通过常量名来使用这些常量。

符号常量的定义格式为：

const<类型><常量名>=<值>;

或

#define<常量名><值>

其中的 <类型> 用于显式指出常量的类型；<常量名> 是常量的名字，用标识符来表示，它们不能是 C++ 的关键词；<值> 一般为 <类型> 的一个字面常量。例如，下面是以符号常量形式定义的圆周率 **π**：

```
const double PI=3.1415926;
```

或

```
#define PI 3.1415926
```

这样，在计算半径为 r 的圆的周长的式子 **2*PI*r** 中，PI 就是一个符号常量。

在上述常量定义的第一种形式中显式地指定了常量的类型，而在第二种形式中，常量的类型由常量值隐式地确定。第二种形式的常量定义是 C 语言的常量定义形式，它是采用编译预处理命令——宏定义来实现的（参见附录 D），在编译前先由编译预处理程序把源程序中宏定义形式的常量名全部替换成相应的字面常量，然后再对替换过的源程序进行编译。由于第一种常量定义使得编译程序能够对常量的使用进行更严格的类型检查，因此，在 C++ 程序中通常采用第一种常量定义形式。

可以将 bool 类型的值 true 和 false 看作 C++ 语言预定义的两个符号常量，它们的值分别为 1 和 0。

与字面常量相比，符号常量有很多优势，主要体现在以下几个方面。

（1）提高程序的易读性

字面常量的含义有时不是很明确，往往要通过查看程序中常量使用点周围的信息才能知道某个字面常量的含义。例如，在一个程序中多个地方出现了字面常量 60，有些地方它表示成绩的及格线，有些地方表示一个小时所包含分钟数。这时，如果用常量定义分别给它们取一个有意义的名字（如 PASS_SCORE、MINUTES_PER_HOUR 等），在程序中通过相应的名字来使用它们，将会大大提高程序的易读性。

（2）提高程序对常量使用的一致性

当在一个程序中多个地方采用字面常量形式来表示同一个常量时，就可能会出现由于疏忽而在不同的地方写了不同的值的情况，从而导致这些值的不一致性。例如，对于圆周率 **π**，如果采用字面常量，则可能程序中有的地方写 3.14，有的地方写 3.1416 等，从而造成不一致。采用符号常量就可避免这个问题。

（3）增强程序的易维护性

有时需要修改程序中用到的某个常量的值（如把 3.14 改成 3.1416），如果该常量是采用字面常量来书写的，则需要修改每个使用点，这样做不仅麻烦，而且容易造成不一致。如果采用符号常量，则只要对符号常量定义处的值进行修改就能解决上述问题。例如，只要把下面常量定义中的 3.14：

```
const double PI=3.14;
```

改成 3.1416 就可以了：

```
const double PI=3.1416;
```

这样，程序中所有用到 PI 的地方（如 **2*PI*r** 和 **PI*r*r**），PI 的值就全都从 3.14 改成 3.1416 了。

因此，程序中采用符号常量的形式来使用常量是一种良好的程序设计习惯。

2.3.2　变量

程序所处理的数据除了常量外，大部分数据往往是在程序运行时从程序外部获得（如键盘输入）或在程序运行过程中通过计算产生的，随着程序的每一次运行，这些数据是可变的。如在计算圆周长的表达式 2 * PI * r 中，半径 r 就是一个可变的数据，它可能通过用户输入得到，也可能由程序的其他部分计算得到。

在程序中，可变的数据用变量（variable）来表示。一个变量往往包含名字、类型、值以及内存空间和地址等特征。

1. 变量的名字

变量一般都有一个名字（动态变量除外，这将在 5.5.4 节中介绍），它用于在程序中标识和访问变量。在 C++ 中，变量的名字用标识符来表示，它不能是 C++ 的关键词。

2. 变量的类型

每个变量都属于某个类型，变量的类型决定了该变量能取何种值、能对其进行何种运算（操作）以及它所需内存空间的大小等。

3. 变量的值

每个变量都有一个值，这个值就是变量所表示的数据。在程序运行中，变量的值是可以改变的，这通常是通过赋值运算来实现的（将在 2.4.4 节中介绍）。需要注意的是，变量的值虽然可以变，但能变成的值不是任意的，它必须是变量所属类型的值集中的值。

在程序运行中的某一时刻，其所有变量的值反映了程序在该时刻的状态，冯·诺依曼计算模型实际上就是通过不断地改变程序变量的值来实现计算任务的。

4. 变量的内存空间及地址

在程序运行时，程序中的每个变量都会拥有一块内存空间，因此它们都有一个内存地址。从本质上讲，变量实际上是内存空间的一个抽象。在低级语言程序中，用内存地址来访问内存，而在高级语言中则通过变量名来访问内存。在高级语言程序设计中，我们通常不必关心变量的内存地址，但是，为了更好地理解一些程序设计概念（如函数的参数传递机制）并完成一些特殊的程序设计任务（如处理动态数据和通过指针访问数组元素以提高程序效率等），有时必须涉及与变量内存地址有关的内容。

C++ 语言规定：程序中用到的每个变量都要有定义（definition）。定义变量时需要指出变量的名字和类型，另外，还可以为变量提供一个初值。C++ 变量定义的格式为：

　　<类型><变量名> ;

或者

　　<类型><变量名>=<初值> ;

或者

　　<类型><变量名>(<初值>) ;

在变量定义中，*<类型>* 可以是任意的 C++ 类型，包括前面介绍的基本数据类型以及后面将要介绍的构造数据类型和抽象数据类型。*<变量名>* 是一个标识符，它作为被定义的变量的名字。需要注意的是：变量名不能是 C++ 的关键词。*<初值>* 一般是一个常量，它也可以是相应类型的一个表达式（将在 2.5 节中介绍），该表达式中可以包含常量和在当前变量定义之前定义的其他变量，*<初值>* 用于给定义的变量指定一个初始值（也称初始化）。例如，下面定义了三个变量：

```
int a=0;                    // a 是一个 int 型变量，初始化成 0。也可写成 int a(0);
```

```
int b=a+1;              //b 是一个 int 型变量，初始化成 a+1。也可写成 int b(a+1);
double x;               //x 是一个 double 型变量，未初始化
```

多个同类型的变量定义可以合在一起写，这时需要用逗号 "," 把各个变量名分开。如对于上面的变量 a 和 b 的定义可以写成：

```
int a=0,b=a+1;
```

需要注意的是，在定义一个变量时如果未指定变量的初值，则该变量的值一般是没有意义的，一定要在使用该变量前赋予它一个有意义的值！

一个数据，不管是常量还是变量，它都属于某种类型。根据对类型定义的不同要求，通常把程序设计语言分为静态类型语言和动态类型语言。静态类型语言（statically typed language）要求在程序中必须为每个数据明确指定一种类型，而动态类型语言（dynamically typed language）则是在程序运行中数据被用到时才确定它们的类型。一般来说，静态类型语言通常采用编译执行，而动态类型语言则采用解释执行。静态类型语言虽然使用起来显得有些 "死板"，但由于在编译时刻就能知道程序中每个数据的类型，这样就可以由编译程序来检查一些与类型相关的程序错误、确定数据所需要的内存空间和相应的操作指令，从而生成高效的目标代码。而动态类型语言虽然使用起来比较灵活，但由于需要到程序运行时刻才能确定与类型相关的一些信息，因此类型一致性检查、内存空间分配以及指令生成等就需要在程序运行时刻进行（由解释程序来实现），从而导致程序的运行效率不高。C++ 是一种静态类型语言，程序中用到的每个数据都要在程序中明确指定它们的类型。

2.3.3　变量值的输入

变量值的来源有多种途径，它可以是程序执行中产生的计算结果，也可以是从外设（如键盘、磁盘等）获得的数据。下面介绍 C++ 中如何将数据从键盘输入到变量中。

C++ 提供了多种从键盘输入数据的方法（参见第 8 章），其中最典型的方法是利用 C++ 标准库中定义的输入对象 cin 和抽取操作符 ">>" 来实现，例如，下面的程序片段就是从键盘输入一个整数和一个实数并分别把它们放在变量 i 和 d 中：

```
#include <iostream>     //插入在标准库中定义的输入/输出操作所需要的声明
using namespace std;    //C++ 标准库中的程序实体是在名字空间 std 中定义的
......
int i;
double d;
cin >> i;               //从键盘输入一个整数给变量 i
cin >> d;               //从键盘输入一个实数（按小数形式）给变量 d
```

上述的键盘输入也可以写在一起：

```
cin >> i >> d;
```

从键盘输入数据时应采用十进制形式（计算机内部采用二进制表示），其中，实数采用小数形式（可带指数部分）输入。如果输入多个数据，则一般需要用空白符（空格符、制表符或回车符）作为输入数据之间的分隔符，并且，每一个输入数据的类型应与相应变量的类型相符，最后需要输入一个回车符来结束输入操作。在本教程中，空格符用符号 "⊔" 表示，回车符用符号 "↙" 表示。

例如，对上面程序中的输入操作，如果输入的数据为 <u>12 ⊔ 3.4</u> ↙，则变量 i 得到的值

为 12，变量 d 得到的值为 3.4。上面的输入数据也可以用回车符分割，即 12↙ 3.4↙，它具有同样的效果。但如果输入的数据为 12，3.4↙，则上述变量 i 的值为 12，而变量 d 将得到一个没有意义的值，因为逗号不能作为分隔符，它被当作下一个数据的一部分读入，而逗号不属于 C++ 小数中的一个符号，因此导致变量 d 的输入错误。如果程序中还有一个 char 类型的变量 ch，则对于输入数据 12，3.4↙，下面的输入操作会得到正确的结果，其中，i 为 12，ch 为 ','，d 为 3.4：

```
cin >> i >>ch >>d;
```

变量值的输入也可以用 C 语言标准函数库中的函数 scanf 来实现。有关变量值输入的详细内容将在第 8 章中介绍。

2.4 数据的基本操作——操作符

前面介绍了基本数据类型的数据表示，本节将介绍对基本数据类型的数据所能实施的基本操作。对数据的基本操作是通过操作符来描述的，每个操作符都完成一个指定的功能，同时还规定了操作时所需要的数据的类型。

2.4.1 操作符概述

操作符（operator）用于描述对数据的基本操作。由于大部分操作符都是对数据进行运算，因此又把操作符称为运算符。对操作符而言，数据称为操作数（operand），它们可以是常量和变量，也可以是其他操作符的运算结果。例如，在下面的计算式子中：

```
a+b-4
(-a)*(b+c)
a/f(10)
x=a
```

+、−（减法或取负）、*、/、f（函数调用）以及 =（赋值）是操作符，而 a、b、4、c、10 以及 x 是操作数。当然，对 a + b − 4 中的操作符 "−" 而言，a + b 也是操作数。同理，对 (−a) * (b + c) 和 a/f(10) 中的操作符 "*" 和 "/" 而言，(−a)、(b + c) 和 f(10) 也都是操作数。

通常情况下，操作符所指定的运算不会改变操作数的值，运算结果将保存在临时的存储单元（内存或寄存器）中。值得注意的是，在 C++ 语言中，有些操作符（如赋值 =、自增 ++、自减 −− 等操作符）的运算在得到一个运算结果的同时，也会改变操作数的值，我们称这些操作符带有副作用（side effect），有副作用的操作有时会产生不良结果（这将在 2.5.4 节中介绍）。

C++ 提供了丰富的操作符。根据操作符的功能，可把 C++ 的操作符分为算术操作符、关系操作符、逻辑操作符、位操作符、赋值操作符以及其他操作符等。根据操作符所带的操作数的个数，又可把操作符分为单目（一个操作数）、双目（两个操作数）和三目（三个操作数）操作符等。

下面按功能对 C++ 的操作符进行介绍。由于 C++ 的灵活性，一个操作符往往可以用于多种类型的数据，因此，在介绍这些操作符时，将会指出它们所需操作数的类型以及当操作数类型不符合要求时需要进行的类型转换。

2.4.2　算术操作符

算术操作符（arithmetic operator）用于实现通常意义下的数值运算，其操作数类型一般为算术型。在 C++ 中，算术操作符包括以下几种。

1. 加"+"、减"–"、乘"*"、除"/"和取余数"%"操作符

加"+"、减"–"、乘"*"和除"/"操作符用于实现两个操作数的加法、减法、乘法和除法运算。当操作符"/"用于整型操作数时，它表示整除，其结果为整数部分（商），小数部分将舍去，并且一般不进行四舍五入。例如，3/2 的结果为 1，–10/3 的结果为 –3。

取余数"%"操作符用于计算两个操作数相除的余数，操作数的类型应为整型。例如，10%3 的结果为 1，8%2 的结果为 0。一般情况下，操作符"%"的操作数不为负数，如果操作数为负数，操作符"%"的含义则由相应的编译程序来解释。通常情况下，操作符"*""/"和"%"之间应满足下面的关系：

```
(a/b)*b+a%b = a
```

2. 取负"–"与取正"+"操作符

取负"–"与取正"+"操作符是两个单目操作符，它们用于对操作数进行取负和取正操作。例如，–x 表示取 x 的负数。一般情况下，取正操作符"+"很少使用。

严格地讲，C++ 的整数类型和实数类型字面常量中没有负数，负数是通过对正数实施取负操作得到的。

3. 自增"++"和自减"——"操作符

自增"++"和自减"——"是两个单目操作符，它们可以放在操作数的前面（前置），也可以放在操作数的后面（后置）。操作符"++"和"——"用于实现操作数的自加 1 和自减 1 运算。下面以"++"为例介绍这两个操作符的确切含义。

对一个变量 x，++x 和 x++ 都会把 x 的值修改成原来的值加上 1，它们的区别是：++x 的运算结果是加上 1 以后的 x 的值；而 x++ 的运算结果是加上 1 以前的 x 的值。例如，对于下面定义的变量 x 和 y：

```
int x=1,y;
```

如果计算：

```
y = (++x)
```

则计算之后，x 的值是 2，y 的值是 2。而如果计算：

```
y = (x++)
```

则计算之后，x 的值是 2，y 的值是 1。

上面的"="为赋值操作符，其基本含义是把右边的计算结果作为左边变量的值（将在 2.4.4 节中介绍）。也就是说，前置的"++"表示"先加后用"，后置的"++"表示"先用后加"。

值得注意的是：操作符"++"和"——"是两个带副作用的操作符，用它们对操作数进行运算时，除了得到一个计算结果外，它们还改变了操作数的值。

算术操作的结果类型通常与操作数类型相同，这样，在进行算术操作时，可能会出现"溢出"（overflow）问题，即计算结果超出了结果类型所表示的数据范围，从而导致结果不正确。例如，对于两个 int 型变量 x 和 y，x + y 的计算结果的类型也为 int 型，当 x 和（或）y 的值很大时，x + y 的计算结果就可能超出 int 型所表示的范围，这时将得不到正确的结果（结果的高位将会被舍去！）。对这样的问题，有时可以通过显式类型转换（将在 2.4.7 节中介绍）来解决。

2.4.3 关系与逻辑操作符

程序中经常要根据某个条件来决定其后续的动作，这里的条件往往表现为对数据的大小进行比较等关系运算以及对多个比较的结果进行"并且"和"或者"等逻辑运算。

1. 关系操作符

在 C++ 中，用关系操作符来比较两个操作数之间的大小关系。C++ 的关系操作符有：>（大于）、<（小于）、>=（不小于）、<=（不大于）、==（相等）、!=（不等）。

关系操作的结果为 bool 类型的值：true 或 false。当结果为 true 时，表示两个操作数之间由相应操作符所指定的关系成立；结果为 false 则表示不成立。例如，下面是一些关系操作的结果：

- 3 > 2 的结果为 true。
- 4.3 < 1.2 的结果为 false。
- 'A' < 'B' 的结果为 true，字符按它们的编码大小进行比较。
- false < true 的结果为 true，逻辑值按 false 为 0、true 为 1 进行比较。

关系操作符的操作数类型通常是算术型。由于一些十进制小数无法精确表示成二进制小数（浮点数），在计算机内部表示的是它们的近似值，如果用关系操作符直接对浮点数进行比较，有时会得到错误的结果。例如，有三个 double 型变量 d1、d2 和 d3，如果 d1 的值为 0.1、d2 的值为 0.2、d3 的值为 0.3，则进行下面的比较运算会得到 false：

```
d1+d2 == d3
```

再例如，对 double 类型变量 x 和 y，如果 x 的值为 0.0003、y 的值为 0.00003，则下面的比较运算也会得到 false：

```
y-x*(y/x) == 0.0
```

因此，应尽量避免对两个浮点数进行"=="和"!="比较运算，如果需要比较它们，可采用判断两者的差的绝对值是否小于某个很小的数来实现。例如，对于 double 型的变量 x 和 y：

- x == y 可写成 fabs(x–y)<1e-6。
- x != y 可写成 fabs(x–y)>1e-6。

上面的 fabs 为 C++ 标准库中的一个求浮点数绝对值的标准函数。另外，在 C++ 头文件 cfloat（或 float.h）中定义了两个常量 FLT_EPSILON 和 DBL_EPSILON，分别表示 float 和 double 类型的最小可区分值。

2. 逻辑操作符

逻辑操作符用于把一些简单条件通过逻辑运算构成复杂条件。在 C++ 中，逻辑操作的操作数类型通常为 bool 类型，它们一般为关系运算所得到的结果。

C++ 提供了三个逻辑操作符：&&（逻辑与）、||（逻辑或）、!（逻辑非）。

（1）逻辑与（&&）

逻辑与操作符"&&"用于表示由两个子条件的"并且"关系所构成的复合条件。例如，下面就是用逻辑与操作构成的复合条件：

```
(age < 10) && (weight > 30)              // 表示年龄小于 10 岁并且体重大于 30 公斤
(temperature > 35) && (humidity > 0.7)   // 表示温度大于 35 并且湿度大于 0.7
(a < b) && (b < c)                       // 表示 b 的值介于 a 和 c 之间
```

逻辑与操作的结果为 true 或 false，其运算规则是：

- false && false 的结果为 false。
- false && true 的结果为 false。
- true && false 的结果为 false。
- true && true 的结果为 true。

也就是说，只有当两个子条件均为 true 时，操作符"&&"的运算结果才为 true，否则为 false。

例如，对于下面的条件：

```
(age < 10) && (weight > 30)
```

当 age=8、weight=35 时，因为 (age < 10) 和 (weight > 30) 均为 true，所以上述条件的结果为 true；而当 age=15、weight=35 或 age=8、weight=25 或 age=15、weight=25 时，因为 (age < 10) 和 (weight > 30) 至少有一个为 false，所以上述条件的结果为 false。

（2）逻辑或（||）

逻辑或操作符"||"用于表示由两个子条件的"或者"关系所构成的复合条件，例如，下面就是用逻辑"或"操作构成的复合条件：

```
(age < 10) || (height <120)           // 表示年龄小于 10 岁或者身高小于 120 厘米
(a == b) || (b == c) || (c == a)      // 表示三条边构成了一个等腰三角形
(ch < '0') || (ch > '9')              // 表示字符类型变量 ch 的值不是数字字符
```

逻辑或操作的结果为 true 或 false，其运算规则是：

- false || false 的结果为 false。
- false || true 的结果为 true。
- true || false 的结果为 true。
- true || true 的结果为 true。

也就是说，只要两个子条件中有一个为 true，则操作符"||"的运算结果就为 true，否则为 false。例如，对于下面的条件：

```
(age < 10) || (height <120)
```

当 age=8、height=130 或 age=12、height=110 或 age=8、height=110 时，因为 (age < 10) 和 (height <120) 中至少有一个为 true，所以上述条件的结果为 true；当 age=12、height=130 时，因为 (age < 10) 和 (height <120) 均为 false，所以上述条件的结果为 false。

（3）逻辑非（!）

逻辑非操作符"!"为单目操作符，用于实现与操作数所表示的条件相反的条件，操作结果为 true 或 false，其运算规则如下：

- !true 的结果为 false。
- !false 的结果为 true。

例如，下面的逻辑"非"运算表示 a 不大于 b：

```
!(a > b)
```

当然，上面的式子也可以直接写成 a<=b。不过，用逻辑非来表示一个条件的相反条件有时更好理解。

（4）短路求值

对于任意的条件 x，由于存在下面的结论：

- true || x 的结果为 true。
- false && x 的结果为 false

因此，在 C++ 中，对于逻辑与操作和逻辑或操作，如果第一个操作数已能确定运算结果了，则不再计算第二个操作数的值，该规则称为短路求值（short-circuit evaluation）。例如，对于下面的条件：

```
(a == b) || (b == c) || (c == a) // 表示三条边构成了一个等腰三角形
```

如果已判断出 a==b 成立（true），则没必要再去判断 b==c 和 c==a 是否成立，因为这时已经能确定运算结果为 true 了。

短路求值一方面能够提高逻辑运算的效率，另一方面它也能为逻辑运算式中的其他运算提供一个"卫士"（guard）。例如，对下面的条件：

```
1/number > 0.5
```

如果 number 为 0，将会出现除数为 0 的异常情况，从而导致程序出错。如果写成下面的条件将会避免这个问题：

```
(number != 0) && (1/number > 0.5)
```

当 number 为 0 时，由于第一个操作数（number != 0）已能确定整个运算式的结果（为false），因此它将不会再去计算 1/number > 0.5，从而可以避免计算 1/number 时除数为 0 的异常情况，其中的（number != 0）就是一个"卫士"。

2.4.4 赋值操作符

程序中变量的值是可以改变的，除了通过输入操作来改变变量的值以外，通常，变量值的改变是通过赋值操作（assignment）来实现的。C++ 提供了一系列赋值操作符来实现改变变量值的操作，包括简单赋值操作符和复合赋值操作符。

1. 简单赋值操作符

操作符"="称为简单赋值操作符，它需要两个操作数，第一个（左边）操作数必须是一个可修改的左值表达式（通常是个变量），它有明确的内存地址，程序中能显式地访问该地址所指的内存单元，并且该内存单元中的内容可以被修改（左值表达式将在 2.5.1 节中详细介绍）。简单赋值操作的含义是用右边操作数的值来改变左边操作数的值，结果为改变值之后的左边操作数。例如，对于下面的赋值操作：

```
a = b
```

其含义是：用操作数 b 的值来改变变量 a 的值，操作结果为改变值后的变量 a。

注意：赋值操作符"="由一个"="符号构成，不要把它与等于比较操作符"=="混淆了！

2. 复合赋值操作符

为了简化书写和便于编译程序优化翻译结果，C++ 还提供了下面的复合赋值操作符：
+=、-=、*=、/=、%=、&=、|=、^=、<<=、>>=。

如果用"#="代表上面的复合操作符，则 a #= b 按照 a = a # (b) 来解释，即 a 与 b 先进行"#"操作，然后把操作结果再赋值给 a。这里之所以给操作数 b 加上圆括号，是因为 b 也可以是一个含操作符的计算式，加上圆括号表示要先计算 b，用 b 的计算结果与 a 进行"#"操作。与简单赋值操作符一样，复合赋值操作符的第一个操作数也必须是一个可修改的左值表达式，它通常是一个变量。

在其他程序设计语言中，把赋值操作作为语句（赋值语句）来提供，而不是作为操作符。在 C++ 中，赋值也是一种运算，其运算结果为左边的操作数，它还可以作为其他操作符的操作数参加运算。例如，对于下面的计算式：

```
(a=b)*c
```

其含义为：先把 b 的值赋值给变量 a；然后计算 a*c。

由于赋值操作符在得到一个结果的同时，还将改变第一个（左边）操作数的值，因此，C++ 的赋值操作是一个带副作用的操作。

赋值操作构成了冯·诺依曼计算模型的一个重要特征，即通过不断地改变变量的值（程序的状态）来实现计算任务。同时，赋值操作也成为冯·诺依曼计算的一个瓶颈，因为它涉及 CPU 与内存之间的数据传输，往往会限制冯·诺依曼计算模型的计算效率。

2.4.5　位操作符

在工业自动控制以及图形 / 图像处理等程序中，往往要对设备的状态和图形 / 图像中的像素点等数据进行处理。某个设备的状态和显示器上的某个像素点可以用一个二进制位来表示，通常把多个设备的状态或多个像素点的信息组织在一个基本数据类型数据中，我们并不关心整个数据本身（如正负和大小等），只关心构成它们的各个二进制位。因此，在 C++ 中提供了针对整型（特别是无符号整型）的各个二进制位分别进行运算的操作，包括逻辑位操作和移位操作。

1. 逻辑位操作

C++ 的逻辑位操作符有以下几种。

（1）按位取反（～）

按位取反操作符"～"是一个单目操作符，其操作结果是把操作数的每一个二进制位分别取反所得到的值，这里的取反是指：0 变成 1、1 变成 0。例如，对于一个用十六进制表示的整型数 0x6F3A（类型为 short int），其按位取反操作的结果为 0x90C5，其中：

- 0x6F3A 的二进制为：0110111100111010。
- 0x90C5 的二进制为：1001000011000101。

（2）按位与（&）

按位与操作符"&"的操作结果为把两个操作数的二进制位分别按位进行"与"运算所得到的值。按位与运算的规则是：

```
0&0 → 0
0&1 → 0
1&0 → 0
1&1 → 1
```

例如，0x3F80 & 0x7AE5 的结果为 0x3A80，其中：

- 0x3F80 的二进制为：0011111110000000。
- 0x7AE5 的二进制为：0111101011100101。
- 0x3A80 的二进制为：0011101010000000。

注意：按位与操作符"&"由一个"&"符号构成，不要把它跟逻辑与操作符"&&"混淆了！

（3）按位或（|）

按位或操作符"|"的操作结果为把两个操作数的二进制位分别按位进行"或"运算所得到的值。按位或运算的规则是：

```
0|0 → 0
0|1 → 1
1|0 → 1
1|1 → 1
```

例如，0x3F80 | 0x7AE5 的结果为 0x7FE5，其中：

- 0x3F80 的二进制为：0011111110000000。
- 0x7AE5 的二进制为：0111101011100101。
- 0x7FE5 的二进制为：0111111111100101。

注意：按位或操作符"|"由一个"|"符号构成，不要把它跟逻辑或操作符"||"混淆了！

（4）按位异或（^）

按位异或操作符"^"的操作结果为把两个操作数的二进制位分别按位进行"异或"运算所得到的值。按位异或运算规则是：

```
0^0 → 0
0^1 → 1
1^0 → 1
1^1 → 0
```

例如，0x3F80 ^ 0x7AE5 的结果为 0x4565，其中：

- 0x3F80 的二进制为：0011111110000000。
- 0x7AE5 的二进制为：0111101011100101。
- 0x4565 的二进制为：0100010101100101。

按位异或运算的直观含义是：两位相同，结果为 0；两位不同，结果为 1。另外，按位异或运算有一个重要的性质：

```
(x^a)^a = x
```

也就是说，一个数与另一个数进行两次按位异或操作的结果与该数相同。

逻辑位操作常常用于在程序中对所管理的资源或设备的状态进行识别与设置。例如，用一个 unsigned char 类型的变量 *s* 记录操作系统中 8 个资源的分配情况，它的每一个二进制位对应于一个资源，0 表示资源不可用（已分配），1 表示资源可用（未分配），假设从 *s* 的最低位到最高位分别对应第 1 个，第 2 个，…，第 8 个资源，则：

```
(s & 0x10) != 0   // 判断第 5 个资源是否可用。0x10 的二进制为 00010000
s = (s | 0x40)    // 表示把第 7 个资源设置为可用。0x40 的二进制为 01000000
```

```
s = (s & 0xF7) // 表示把第 4 资源设置为不可用。0xF7 的二进制为 11110111
s = (s ^ 0x20) // 表示切换第 6 个资源的状态 (从可用变成不可用，从不可用变成可用)。0x20 的二进
               // 制为 00100000
```

另外，在图形显示程序中，按位异或操作常常用来实现屏幕上显示图形的快速移动。

2. 移位操作

移位操作是双目操作符，其基本功能是把第一个操作数按二进制位依次左移或右移由第二个操作数所指定的位数。移位操作符包括：<<（左移）、>>（右移）。

（1）左移操作（<<）

左移操作是把第一个操作数按二进制位依次左移由第二个操作数所指定的位数。左移时，高位舍弃，低位补 0。

例如，0x3F61 << 2 的结果为 0xFD84，其中：

- 0x3F61 的二进制为：0011111101100001。
- 0xFD84 的二进制为：1111110110000100。

注意：左移操作符 "<<" 由两个 "<" 符号构成，不要把它跟小于操作符 "<" 混淆了！

（2）右移操作（>>）

右移操作是把第一个操作数按二进制位依次右移由第二个操作数所指定的位数。右移时，低位舍弃，高位按下面的规则处理：

- 对于无符号数或有符号的非负数，高位补 0。
- 对于有符号数的负数，高位与原来的最高位相同。$^{\ominus}$

例如，对于下面的两个数据 ch1 和 ch2：

```
unsigned char ch1=0xA6; // 二进制为：10100110
signed char ch2=0xA6;
```

- ch1 >> 2 的结果为 0x29（二进制为：00101001）。
- ch2 >> 2 的结果为 0xE9（二进制为：11101001）。

注意：右移操作符 ">>" 由两个 ">" 符号构成，不要把它跟大于操作符 ">" 混淆了！

移位操作可以实现对图形 / 图像数据的处理。另外，移位操作可以实现特殊的乘法和除法运算。例如，在某些情况下，把一个整型数按二进位左移一位相当于把该整型数乘以 2，而把一个整型数按二进位右移一位相当于把该整型数除以 2。如果用乘法和除法操作来实现上述功能，则速度可能要慢得多。

另外需要注意的是，在 C++ 中，对 cout 的 "<<" 操作和对 cin 的 ">>" 操作的含义已被重新定义，不再是移位操作了！（参见 8.2.2 节的介绍。）

2.4.6 其他操作符

1. 条件操作符（?:）

条件操作符 "?:" 是一个三目操作符，其格式为：

<操作数 1>?<操作数 2>:<操作数 3>

⊖ C++ 国际标准中没有规定对有符号负数右移时高位如何处理，但内部采用补码表示整型数的实现系统大都采用这种解释。

其中，<*操作数 1*> 表示条件，它一般是关系运算或逻辑运算的结果。条件操作符的含义是：如果 <*操作数 1*> 的值为 true 或非 "零"，则运算结果为 <*操作数 2*>，否则结果为 <*操作数 3*>。例如，条件操作 (*a>b*)?*a:b* 的结果为 *a* 和 *b* 中的最大者。

2. 逗号操作符（,）

逗号操作符 "," 是用逗号把若干个运算连接起来构成一个复合运算，其格式为：

<*操作数 1*>,<*操作数 2*>,<*操作数 3*>,...

逗号操作的含义是：从左至右依次进行各个操作数的计算，逗号操作的结果为最后一个操作数的计算结果。例如，下面就是一个逗号表达式：

```
x = a + b, y = c + d, z = x + y
```

虽然从效果上讲，对于变量 *z* 而言，上述的计算式等价于 $z = a + b + c + d$，但从逻辑上讲，用逗号操作表示的计算更加清晰，它反映了 *z* 的语义结构。

3. sizeof 操作符

sizeof 操作符用于计算某类型的数据所占用的内存大小（字节数），其格式为：

```
sizeof(<类型>)
```

或

```
sizeof(<表达式>)
```

例如，在 32 位的计算机上，对于一个 int 类型的变量 *x*，sizeof(int) 或 sizeof(*x*) 将得到结果：4。

C++ 提供的操作符还有很多，前面介绍的主要是针对基本数据类型的操作符，针对其他类型的操作符将在教材后面介绍构造数据类型和抽象数据类型时给出。另外，C++ 操作符除了其基本含义外，当这些操作符用于抽象数据类型的数据（对象）时，可以给它们添加新的含义（详细内容将在 6.7 节中介绍）。

2.4.7 操作数的类型转换

在 C++ 中，用操作符对操作数进行操作前，有时需要对操作数进行类型转换（type conversion），特别是对一些双目操作符，当两个操作数类型不同时，往往要把它们转换成相同类型。

C++ 的类型转换方式有两种，即隐式类型转换和显式类型转换，下面对它们进行介绍。需要注意的是，不管是隐式类型转换还是显式类型转换，都不会改变被转换的操作数本身，转换得到的结果将存储在临时的存储单元中。

1. 隐式类型转换

隐式类型转换（implicit type conversion）是指由编译程序按照某种预定的规则自动进行类型转换。对于不同的操作，隐式类型转换规则会有所不同。下面针对不同种类的操作符，分别介绍它们的隐式转换规则。

（1）算术操作的类型转换

对于算术操作符，当操作数类型为算术型时，编译程序将在进行算术运算前按常规算术转换规则（usual arithmetic conversion）自动进行操作数类型的隐式转换，其转换规则是：

①如果其中一个操作数类型为 long double，则另一个操作数转换成 long double 类型。

②否则，如果其中一个操作数类型为 double，则另一个操作数转换成 double 类型。

③否则，如果其中一个操作数类型为 float，则另一个操作数转换成 float 类型。

④否则，先对操作数进行整型提升转换（integral promotions），如果转换后操作数的类型不一样，则按⑤以后的规则再进行转换。整型提升转换规则是：

- 对于 char、signed char、unsigned char、short int、unsigned short int 类型，如果 int 类型能够表示它们的值，则这些类型转换成 int，否则，这些类型转换成 unsigned int。
- bool 类型转换成 int 类型，false 为 0，true 为 1。
- wchar_t 和枚举类型转换成下列类型中第一个能表示其所有值的类型：int、unsigned int、long int、unsigned long int。

⑤如果其中一个操作数类型为 unsigned long int，则另一个操作数转换成 unsigned long int 类型。

⑥否则，如果一个操作数类型为 long int，另一个操作数类型为 unsigned int，那么，如果 long int 能表示 unsigned int 的所有值，则 unsigned int 类型转换成 long int 类型，否则，两个操作数都转换成 unsigned long int 类型。

⑦否则，如果一个操作数类型为 long int，则另一个操作数转换成 long int 类型。

⑧否则，如果一个操作数类型为 unsigned int，则另一个操作数转换成 unsigned int 类型。（在上述的转换规则中，如果⑧仍不满足，则根据④的整型提升规则可知，两个操作数都已是 int 类型了！）

例如，对于下面的四个变量 d、i、j 和 ch：

```
double d;
int i;
unsigned int j;
char ch;
```

进行 $d+i$ 操作时，将把 i 的值转换成 double 类型；进行 $ch+i$ 操作时，将把 ch 的值（一般为字符编码）转换成 int 类型；进行 $i+j$ 操作时，将把 i 的值转换成 unsigned int 类型。

需要注意的是，把有符号整型转换成相应的（位数相同的）无符号整型时，不会改变有符号数据的值，只是把它在内存中的二进制位按照无符号整数来解释，这有时可能会导致错误（参见下面的显式类型转换）。

（2）关系操作的类型转换

对于关系操作符，当操作数是算术型时，编译程序将按常规算术转换规则对它们进行转换。例如，如果 d 为 double 型，i 为 int 型，则对于关系操作 $d<i$，编译器将会把 i 隐式转换成 double 型，然后对两个 double 型的数据进行小于（<）比较操作。

需要注意的是，对于类似于下面两个用 C++ 的逻辑与操作表示的条件（假设 a、b、c 均为算术型数据）：

```
(a == b) && (b == c)
(a < b) && (b < c)
```

在数学上，常常表示成：

```
a==b==c
a<b<c
```

在 C++ 中，上述式子虽然也是合法的，但它们的含义却和数学上的含义完全不同。对

于 $a==b==c$，它表示把 $a==b$ 的结果与 c 进行"等于"比较，而 $a==b$ 的结果为 bool 类型，需对它进行隐式类型转换，然后与 c 进行比较，这样，当 $a=5$、$b=5$、$c=5$ 时，$a==b==c$ 的结果为 false，因为 $a==b$ 的结果为 true，它隐式类型转换成 1 与 c 进行"等于"（==）比较。同样，对于 $a<b<c$，它表示把 $a<b$ 的结果与 c 进行"小于"比较，这时，也需要对 $a<b$ 的结果（bool 类型）进行类型转换，这样，当 $a=1$、$b=3$、$c=2$ 时，$a<b<c$ 的结果就为 true，因为 $a<b$ 的结果为 true，它转换成 1 与 c 进行"小于"（<）比较。

因此，在用 C++ 写多个条件的并且关系时，有时不能按照数学上的习惯来表达，否则将会产生错误的结果。

（3）逻辑操作的类型转换

对于逻辑操作符，C++ 允许操作数为算术型，但在操作前需要对它们进行逻辑类型转换。逻辑类型转换规则是："零"转换成 false，非"零"转换成 true。例如，在 C++ 中，下面的逻辑运算是允许的（假设 i 和 j 均为 int 型）：

```
i && j
```

上式首先要把 i 和 j 的值转换成 bool 型，然后进行逻辑与操作，这样，当 i 和 j 都不等于零时，i && j 的结果为 true，否则，结果为 false。不过，为了提高程序的易读性，上面的逻辑运算最好写成：

```
(i != 0) && (j != 0)
```

由于 C++ 的逻辑运算会对操作数进行类型转换，因此也会带来一些问题。例如，对于逻辑位操作 $i\&j$，如果把其中的按位与操作符错写成逻辑与操作符，即 $i\&\&j$，由于它是符合语法的，因此也能得到一个计算结果，但不是所需要的计算结果。

另外，在 C++ 程序中，常常会把关系操作符（==）错写成赋值操作符（=），而编译程序有时发现不了这个错误。例如，对于下面的变量定义：

```
int x=0,y;
```

执行下面的条件操作之后，导致变量 y 的值为 10，而不是 20：

```
(x = 1)? (y = 10):(y = 20)
```

这是因为 $x=1$ 是合法的表达式，其结果为 1，而这里应该是一个逻辑值，因此，C++ 会把 1 转换成逻辑值 true。这个错误不仅使得变量 y 没有得到正确的值，而且改变了变量 x 的值！

（4）位操作的类型转换

对于逻辑位操作，编译程序将会按常规算术转换规则对操作数进行类型转换，运算结果的类型与转换后的操作数类型相同。

对于移位操作，编译程序将会对操作数按整型提升规则进行类型转换，运算结果的类型与第一个操作数类型（进行类型转换之后）相同。

（5）赋值操作符的类型转换

对于赋值操作，当赋值操作的两个操作数类型不同时，编译程序将按赋值转换规则进行隐式类型转换，即把右边操作数转换成左边的操作数类型。在 C++ 中，各种算术型之间可以进行类型转换，其中，把实数类型转换成整型时，小数部分将舍去，并且不进行"四舍五入"。

　　注意：当右边操作数类型的表示范围大于左边的操作数类型的表示范围时，赋值转换有时是不安全的，会造成数据精度的损失或错误。

　　（6）条件操作符的类型转换

　　对于条件操作符，第一个操作数也可以是算术型，编译程序将对其进行逻辑转换："零"转换成 false；非"零"转换成 true。第二、第三个操作数可以是任意类型，当它们的类型不同时，编译程序将对它们进行类型转换，其中，对于算术型，编译程序将按常规算术转换规则进行转换。条件操作的结果类型为转换之后的第二、第三个操作数类型。

　　2. 显式类型转换

　　隐式转换有时不能满足实际需要。例如，对于下面的两个变量 i 和 j：

```
int i=-10;
unsigned int j=3;
```

计算 $i+j$ 将得到错误的结果 4294967289（假设 int 类型采用 4 个字节实现），为什么呢？因为变量 i 和 j 的类型不同，编译程序将对它们进行类型转换。根据常规算术转换规则的⑧，应该把变量 i 的值转换成 unsigned int 类型。由于变量 i 的值是一个负数，其内存位模式为 0xFFFFFFF6（它是 –10 的补码），当把一个负数（有符号类型）转换成相应的无符号类型时，不会改变负数在内存中的位模式，而是把它按照无符号类型来解释，这样，变量 i 的值经过类型转换之后就成了正数：4294967286。

　　再例如，对于下面的两个变量 i 和 j：

```
int i=2147483647;   // int 类型中最大的正整数（假设 int 类型采用 4 个字节实现）
int j=10;
```

计算 $i+j$ 将得到错误的结果 –2147483639，为什么呢？因为，$i+j$ 的结果已超出了 int 类型所能表示的正整数范围（溢出）。实际上，2147483647 的十六进制表示为 0x7FFFFFFF，加上 10 后，结果为 0x80000009，它是 int 类型中负数 –2147483639 的补码表示。

　　还有，对于下面的变量 i 和 j：

```
int i=-10;
unsigned int j=1;
```

比较操作 $i < j$ 的结果为 false，而不是 true。（为什么？请读者自己考虑。）

　　对于上述的问题，在程序中需要对操作数进行显式类型转换。显式类型转换（explicit type conversion）是指由写程序的人在程序中明确地给出转换。显式类型转换又称强制类型转换，可以用强制类型转换操作符来实现，其格式是：

```
<类型>(<操作数>)
```

或

```
(<类型>)<操作数>
```

　　强制类型转换操作的含义是，把 <操作数> 转换成 <类型> 所指定的类型，转换结果将存储在临时的内存单元中。

　　对于上述的有符号类型数与无符号类型数的运算问题，可通过强制类型转换来解决：

```
int i=-10;
```

```
unsigned int j=3;
```

把 *i+j* 写成：

```
(double)i+(double)j        //double 只要写一个就可以了，另一个会隐式转换成 double
```

或

```
i+(int)j
```

前者将得到结果 –7.0（为 double 类型），后者将得到结果 –7（为 int 类型）。

对于上述的溢出问题，可以在运算前把两个操作数中的一个强制转换成一个表示范围更大的类型：

```
int i=2147483647;          //int 类型中最大的正整数（假设 int 类型采用 4 个字节实现）
int j=10;
```

把 *i+j* 写成：

```
(double)i+j
```

或

```
i+(double)j
```

这样，就能得到正确的结果：2147483657.0。

注意：从表示范围（值集）大的类型强制转换为表示范围小的类型，有时会丢失数据的精度或产生错误！

2.5   数据操作的基本单位——表达式

前面介绍了基本数据类型（包括基本数据类型数据的表示和允许的操作）以及数据在程序中的表现形式（常量和变量），本节将介绍程序中对数据进行操作的基本单位——表达式。

2.5.1   表达式的构成和分类

1. 表达式的构成

表达式（expression）是由操作符、操作数以及圆括号所组成的运算式，它构成了程序的基本运算单位。在表达式中，操作符用于实现操作数的运算，它们除了包含 2.4 节中介绍的操作符外，还包括今后要介绍的一些操作符。操作数是操作符运算所需要的数据，它们可以是常量、变量或函数调用，也可以是用圆括号括起来的表达式。单独的常量或变量构成了表达式的特例，称为基本表达式。从语法上讲，用圆括号括起来的表达式也属于基本表达式，可以把它看成是一个操作数。下面是一些合法的 C++ 表达式：

```
a
a+b
(a+b)*c/12-max(a,b)
```

在写表达式时，操作数、操作符以及圆括号之间可以加上空格，也可以不加空格。当在表达式中连续出现两个操作符时，有时需要用空格符把它们分开，以避免歧义问题。例如，

表达式 *a*+++*b* 有两种可能的解释，即 *a*+ ⊔ ++*b* 或 *a*++ ⊔ +*b*，这时需要用空格明确指出是哪一种，否则各个编译程序可能会按照各自的规定来解释（实际上，大多数编译程序都会依据词法分析的"贪心法"，按照 *a*++ ⊔ +*b* 来解释）。

2. 表达式的分类

根据表达式结果的类型可以把表达式分为以下几种。

- 算术表达式：算术表达式的结果为算术类型，如 (*a*+*b*)*c/12−max(*a,b*)。
- 关系 / 逻辑表达式：关系 / 逻辑表达式的结果为 bool 类型，如 (age < 10) && (weight > 30)。
- 地址表达式：地址表达式的结果为指针类型（即内存地址），如 &*a*[0]+2（地址表达式将在 5.5 节中介绍）。

如果一个表达式中的操作数为常量或在编译时刻能够确定它的值（如 sizeof 的操作结果），则该表达式又称为常量表达式（constant expression）。

2.5.2 操作符的优先级和结合性

一个表达式中可以包含多个操作符的运算，这样就存在一个问题：先执行哪一个操作符所指定的运算呢？解决这个问题的一个办法是：用圆括号把需要先计算的操作符及其操作数括起来，即括号内的操作符先运算。但是，当一个表达式中的操作符很多时，括号也将会变得很多，这会使表达式的书写变得复杂化。为了简化表达式的书写，在程序设计语言中往往也采用"先乘除、后加减、从左到右"的规则来解决表达式中操作符的执行次序问题。

C++ 为每个操作符规定了优先级和结合性。操作符的优先级（precedence）规定了相邻的两个操作符中优先级高的先运算。如果相邻的两个操作符具有相同的优先级，则需根据操作符的结合性（associativity）来决定先计算谁。操作符的结合性通常分为左结合和右结合。左结合表示从左到右计算；右结合表示从右到左计算。表 2-2 列出了 C++ 中一些常用操作符的优先级和结合性，其中优先级数字越小，优先级越高。

表 2-2 C++ 中常用操作符的优先级和结合性

优先级	操作符	含义	结合性
1	:: ++, -- ( ) [ ] -> .	域解析符 自增（后置），自减（后置） 函数调用 数组元素访问（或下标操作） 成员选择（对象指针 -> 成员） 成员选择（对象 . 成员）	左结合
2	++, -- ! ~ − + & * sizeof new,delete (\<type>)	自增（前置），自减（前置） 逻辑非 按位取反 取负 取正 取地址 间接访问 计算数据所占内存字节数 动态存储分配和释放 强制类型转换	右结合

（续）

优先级	操作符	含义	结合性
3	.* ->*	间接成员选择（对象 .* 成员指针） 间接成员选择（对象指针 -> 成员指针）	左结合
4	*, /, %	乘法，除法，取余数	
5	+, –	加法，减法	
6	<<, >>	左移，右移	
7	<, <=, >, >=	小于，小于或等于，大于，大于或等于	
8	==, !=	相等，不等	
9	&	按位与	
10	^	按位异或	
11	|	按位或	
12	&&	逻辑与	
13	||	逻辑或	
14	?:	条件操作	右结合
15	=, *=, /=, %=, +=, –=, <<=, >>=, &=, ^=, |=	赋值	
16	,	逗号操作	左结合

从表 2-2 可以看出，C++ 操作符的优先级有一些基本规律，即除了优先级为 1 和 16 的操作符外，其他操作符的优先级有以下规律：

- 按单目、双目、三目、赋值依次降低。
- 按算术、移位、关系、逻辑位、逻辑依次降低。

例如，对于下面的表达式：

```
x = 3 << 1 * 2 + 2 <48 ?6 : 7 - 8
```

其中各操作符的计算次序为 *、+、<<、<、?:、– 和 =，结果是 x 的值为 –1。上述的计算次序可图示为：

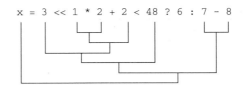

需要注意的是，操作符的优先级和结合性也只是规定了表达式中相邻两个操作符的运算次序，对于不相邻的两个操作符，C++ 并没有规定它们的计算次序，这要由具体的实现来决定。例如，对于表达式 $(a+b) * (c-d)$，C++ 没有规定先计算 $a+b$ 还是先计算 $c-d$，不同的编译器实现可能会不一样！

2.5.3　表达式中操作数的类型转换

在进行表达式计算时，编译程序常常要对表达式中的操作数进行隐式类型转换，C++ 的转换过程是逐个操作符进行类型转换。例如，对于下面的变量：

```
short int a;
int b;
```

```
double c;
```

在计算表达式 *a**b/*c* 时，根据常规算术转换规则，首先把 *a* 转换成 int 型，与 *b* 进行乘法运算；然后再把 *a**b 的结果（为 int 型，保存在临时的存储单元中）转换成 double 型，再与 *c* 进行除法运算，结果为 double 型。

也就是说，在计算一个表达式时，编译程序的隐式转换不是首先把该表达式中的所有操作数都转换成某个表示范围最大的类型之后再进行表达式计算，而是根据优先级和结合性，基于单个操作符依次进行转换。这样的转换有时会使得表达式计算得不到正确的结果，例如，对于下面的变量：

```
short int a=2;
int b=2147483647;        // int 类型中最大的正整数（假设 int 类型采用 4 个字节实现）
double c=2.0;
```

计算表达式 *a**b/*c* 将得到错误的结果 –1.0。因为，*a**b 的结果已超出了 int 型所能表示的正整数范围。实际上，2147483647 的十六进制表示为 0x7FFFFFFF，乘以 2 后的结果为 0xFFFFFFFE，它是 int 类型中负数 –2 的补码表示。这时，应采用强制类型转换把 *a* 或 *b* 显式转换成 double 型：

```
(double)a*b/c
```

或

```
a*(double)b/c
```

这样，就能得到正确结果：2147483647.0。

2.5.4　表达式结果的输出

表达式的计算结果除了可以通过赋值操作保存到变量中外，还可以输出到外部设备，如输出到显示器、打印机以及磁盘等。下面先简单介绍如何把表达式的计算结果输出到显示器。

C++ 提供了多种把计算结果输出到显示器的途径，其中最典型的途径是利用 C++ 标准库中定义的输出对象 cout 和插入操作符 "<<" 来实现。例如，下面就是一些表达式的输出操作：

```
#include <iostream>
using namespace std;
......
cout << a+b*c;           // 输出 a+b*c 的值
cout << a;               // 输出 a 的值
cout << b;               // 输出 b 的值
cout << endl;            // 输出一个换行符
```

或

```
cout << a+b*c << a << b << endl;
```

表达式结果的输出也可以用 C 语言的标准函数库中的函数 printf 来实现。有关表达式输出的详细内容将在第 8 章中介绍。

2.5.5　带副作用操作符的表达式计算

在 C++ 中，当操作数是表达式时，对于逻辑与（&&）和逻辑或（||）操作，先计算第

一个操作数，再计算第二个操作数，以适应"短路求值规则"；对于条件（?:）操作，先计算表示条件的第一操作数，根据它的计算结果（true 或 false），再计算第二个或第三个操作数；对于逗号操作，其操作数的计算按从左到右的次序进行。除此之外，C++ 对其他操作符没有规定它们操作数的计算次序，其计算次序由具体的编译程序决定。操作符的优先级和结合性也只是规定了表达式中相邻两个操作符的运算次序，但对于不相邻的两个操作符，C++ 并没做出规定。例如，对于表达式 $(a + b) * (c - d)$，C++ 没有规定先计算 $a + b$ 还是先计算 $c - d$。

在数学上，由于交换率的存在，对于一个双目操作符，随便先计算它的哪一个操作数，最终计算结果都是一样的。然而，在 C++ 语言中，由于有些操作符的操作是带有副作用的，这些操作符的运算在得到一个计算结果的同时会改变操作数的值，因此，如果一个双目操作符的两个操作数中有一个是含有带副作用操作符的表达式，则该操作数的计算可能会影响另一个操作数的计算结果，从而导致不同的操作数计算次序会产生不同的最终计算结果。例如，对于表达式 $(x + 1) * (++x)$，假设计算前 x 的值为 1，如果先计算 $x + 1$，则表达式的计算结果为 4；而如果先计算 $++x$，则表达式的计算结果为 6。这是因为，计算 $++x$ 时，除了得到一个计算结果 2 以外，它还会把 x 的值变成 2，这样，如果先计算 $++x$，再计算 $x + 1$，则 $x + 1$ 的计算结果就是 3（由 2+1 得到），从而导致最终的计算结果为 6。

C++ 中有副作用的操作符包括 $--$、$++$ 以及各种赋值操作符，另外，C++ 的函数也可能产生副作用（将在后面的函数和参数传递内容中介绍）。用 C++ 进行程序设计时，应尽量避免把带副作用的操作符用在复杂的表达式中，最好把它们作为单独的操作来用。

2.5.6 左值表达式与右值表达式

在 C++ 中，表达式又可以分为**左值表达式**（lvalue expression）和**右值表达式**（rvalue expression）。左值表达式与右值表达式的区别在于：左值表达式的计算结果有明确的存储单元，在程序中能显式地访问这些存储单元并能修改其中的值，而右值表达式的计算结果一般是存放在临时存储单元中的，在程序中无法显式访问这些存储单元，并且，在表达式计算完之后，这些存储单元就无效了。例如，程序中定义的变量 x 就是一个典型的左值表达式，通过变量名可以访问它的存储单元并可以通过 $x = 2$ 修改它的值，而 $x + y$ 就是一个右值表达式，其计算结果放在一个临时存储单元中，在程序中无法显式访问到它，不能通过 $(x + y) = 2$ 来修改它的值，并且当用到它的表达式 $z = x + y$ 计算完之后，这个临时存储单元就无效了。再例如，对于一个变量 x，$++x$、$--x$ 以及 x=< 表达式 > 都是左值表达式[⊖]，它们的结果保存在变量 x 中，而 $x++$ 和 $x--$ 就不是左值表达式，它们的结果保存在临时的存储单元中。另外，字面常量和用 #define 定义的符号常量属于右值表达式。

实际上，左值表达式和右值表达式是 C 语言中根据一个表达式是否能作为赋值操作符左边的操作数而得名的，即能出现在赋值操作符左边的表达式为左值表达式，否则为右值表达式，当然，左值表达式也能出现在赋值操作符的右边。但是，由于在 C++ 以及后来的C 语言新标准中引进了 const 常量定义，而用 const 定义的常量虽然有明确的内存单元，但它们的值是不能被改变的，因此，左值表达式又分为可修改的左值表达式和不可修改的左值表达式，变量属于可修改的左值表达式，而用 const 定义的常量则属于不可修改的左值表达

⊖ 在 C 语言中，它们是右值表达式。

式。只有可修改的左值表达式才能作为赋值操作左边的操作数，而不可修改的左值表达式是不能作为赋值操作左边的操作数的。

　　C++ 中有些操作符要求它们的某个操作数必须是可修改的左值表达式，如赋值操作、自增 / 自减等，它们一般是带副作用的操作符。

2.6　小结

　　本章对数据类型、基本数据类型、数据的表现形式、操作符以及表达式进行了介绍，主要包括以下知识点。

- 一种数据类型由一个值集和一个操作集构成。
- 程序设计语言可分为静态类型语言和动态类型语言。静态类型语言要求在静态的程序（运行前的程序）中必须为每个数据指定类型，而动态类型语言则不要求在静态程序中明确指出数据的类型，而是在程序运行中数据被用到时才确定它们的类型。C++ 是一个静态类型语言。
- 静态类型语言的好处是便于编译程序自动进行类型的一致性检查，以保证数据操作的合法性以及生成高效的可执行代码。
- C++ 把数据类型分为基本数据类型、构造数据类型和抽象数据类型。
- C++ 的基本数据类型指的是语言预先定义好的数据类型，包括整数类型、实数类型、字符类型、逻辑类型和空值类型。整数类型、字符类型以及逻辑类型统称为整型；整型和实数类型统称为算术型。
- 在程序中，数据的表现形式有两种：常量和变量。常量是指在程序执行过程中不变（或不能被改变）的数据。常量可分为字面常量（又称直接量）和符号常量。采用符号常量有利于提高程序的易读性、提高程序对常量使用的一致性以及增强程序的易维护性。在程序中，可变的数据用变量来表示。变量拥有名字、类型、值和内存空间与地址。程序中用到的每个变量都要有定义。
- 操作符用于描述对数据的运算。C++ 把操作符分为算术操作符、关系操作符、逻辑操作符、位操作符、赋值操作符、条件操作符、sizeof 等，其中，赋值（=）、自增（++）、自减（--）是有副作用的操作符。
- 在操作符进行运算前往往要对操作数进行类型转换。类型转换分为隐式转换和显式转换（强制类型转换）。
- 程序中对数据操作的具体实施是通过表达式来描述的。表达式是由操作符、操作数以及圆括号所组成的运算式。根据表达式结果的类型可以把表达式分为算术表达式、关系 / 逻辑表达式和地址表达式等。如果一个表达式中的操作数为常量或在编译时能够确定它的值，则称之为常量表达式。
- 在表达式中，操作符具有优先级和结合性。操作符的优先级规定了相邻的两个操作符中优先级高的先运算，而操作符的结合性则用于规定相邻的两个具有相同优先级的操作符先计算哪一个。
- 在进行表达式计算时，有时需要进行类型转换，转换的原则是：根据操作符的优先级，基于单个操作符依次进行转换。
- 在进行程序设计时，应尽量避免把带副作用的操作符用在复杂的表达式中。

2.7 习题

1. C++ 提供了哪些基本数据类型？检查你的计算机上各种类型数据所占内存空间的大小（字节数）。

2. 下面哪些是合法的 C++ 字面常量？它们的类型是什么？

```
-5.23,    1e+50,    -25,     10⁵,        20
.20,      e5,       1e-5,    -0.0e5,     '\n'
-000,     'A',      '5',     '3.14',     false
red,      '\r',     '\f'"Today is Monday.","\""
```

3. 什么是符号常量？符号常量的优点是什么？

4. 如何理解变量？

5. 什么是表达式？其作用是什么？

6. 操作符的优先级和结合性分别指的是什么？

7. 计算下面表达式的值（x、y 和 z 是三个 int 型变量，初值分别为 1、2 和 3）：

（1）x + 3/y - 2 * z

（2）x > 0 || y < 2 && z > 1

（3）z > y > x

8. 表达式中的类型转换规则是什么？计算下面的表达式时如何进行操作数类型转换？

（1）3/5 * 12.3

（2）'a' + 10 * 5.2

（3）12U + 3.0F * 24L

9. 将下列公式表示成 C++ 的表达式（可利用 C++ 标准库中的求平方根的函数 sqrt(x)）：

（1）$\dfrac{-b + \sqrt{b^2 - 4ac}}{2a}$

（2）$\sqrt{s(s-a)(s-b)(s-c)}$

（3）$\dfrac{ab}{cd} \dfrac{3}{1 + \dfrac{b}{2.5 + c}} + \dfrac{4\pi r^3}{3}$

10. 写出下列条件的 C++ 逻辑表达式。

（1）i 能被 j 整除。

（2）ch 为字母字符。

（3）m 为偶数。

（4）n 是小于 100 的奇数。

（5）a、b、c 构成三角形的三条边。

（6）a、b、c 不构成等边三角形。

11. 在你的计算机上运行下面的程序：

```cpp
#include <iostream>
using namespace std;
int main()
{ double a=3.3, b=1.1;
  int i=a/b;
```

```
    cout<<i<<endl;
    return 0;
}
```

结果与你预期的是否相符？如果不符，请解释原因。

12. 不引进第三个变量，如何交换两个整型变量的值？

13. 举例说明把 int 类型转成 float 类型可能会丢失精度。

14. 对于一个 char 类型的变量 ch，把它的值的二进制位从右往左的第一位和第三位设置成 "1"，其他位不变。

15. 在你的计算机平台上用 C++ 程序计算表达式 $(x+1)*(++x)+(x++)$ 的值。（假设 x 的初值为 1。）

第3章 程序流程控制（算法）描述——语句

程序由数据以及对数据的操作两部分构成，在程序中除了要对数据进行描述外，还要对数据的处理过程（算法）进行描述，即实现程序的流程控制。在程序中，流程控制一般包括三种，即顺序、选择和循环，它们是用相应的语句来实现的。

本章将通过 C++ 提供的流程控制语句来介绍程序的流程控制。

3.1 程序流程控制概述

在一个程序中，表达式构成了数据处理的基本单位，而一个稍微复杂的程序往往会包含多个表达式。当程序中有多个表达式时，就会面临以下情况：

- 有的表达式要先计算，有的表达式要后计算。
- 某个（些）表达式要根据某条件是否满足来决定是否要计算。
- 一个或几个表达式需要重复计算多次。

上述情况属于程序的流程控制，对程序流程的描述称为算法（algorithm）。在程序中，程序的流程控制是用语句（statement）来实现的，它指定了表达式的计算次序。一个程序可以包含一个或多个语句，一般情况下，语句是根据它们的书写次序顺序执行的。然而，如果仅仅通过一系列语句的顺序执行就能解决各种问题，那程序设计就太简单了，并且，这也无法体现计算机解题的优越性。实际上，大部分的问题（包括一些很简单的问题）都不可能仅仅靠一系列语句的顺序执行来解决，在程序中往往还需要一些复杂的程序流程控制，其中包括选择和循环。选择执行是指根据某个条件满足与否来决定是否执行某个（些）语句，循环执行是指根据某个条件是否满足来决定是否重复执行某个（些）语句。另外，为了提高流程控制的灵活性，往往还需要一些无条件的转移控制，以便程序能够无条件地转移到指定位置去执行。

在设计大型、复杂程序的流程控制时，为了便于设计和理解，我们往往在编制程序前先用程序流程图（flowchart）对程序的执行流程进行描述，再用某种编程语言的语句写出相应的程序。例如，图 3-1 就是一个判断 N（大于 2）是否为素数（质数）的程序流程图，其中包含了顺序、选择和循环控制。

由于本书属于程序设计基础教程，所涉及的问题都不是很复杂，因此，在进行程序流程设计时没有采用流程图，而是在对问题进行分析和给出基本解决思路的基础上，直接用带有详细注释的程序（语句序列）来表达。

从语句的语法构成上，可把语句分为简单语句和结构语句。简单语句是指不包含其他语句的语句；结构语句是指由简单语句和结构语句按一定规则构造出来的语句。从语法上讲，可以把结构语句作为一个语句看待，任何需要一个语句的地方都可以是一个结构语句。图 3-2 列出了 C++ 的所有语句，其中，表达式语句、无条件转移语句和空语句是简单语句，而复合语句、选择执行语句和循环（重复）执行语句则是结构语句。需要注意的是：在 C++

中，由于在数据（变量、常量等）定义中可以指定初始化，这样就使得数据定义也包含操作，因此，在 C++ 中也把数据定义作为语句看待。

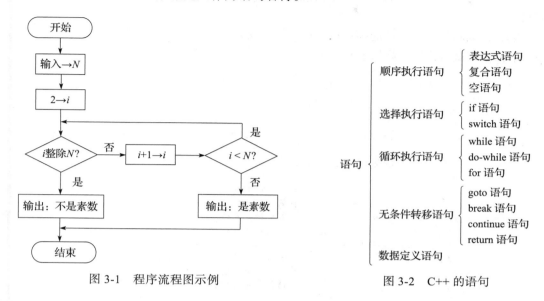

图 3-1　程序流程图示例　　　　　　　图 3-2　C++ 的语句

下面将通过 C++ 中的流程控制语句来介绍程序的流程控制，包括这些语句的语法、语义和语用。

3.2　顺序执行

程序的默认流程控制是顺序执行，即按语句的书写次序从左到右、从上到下依次执行。C++ 中不改变执行流程的语句包括表达式语句、复合语句以及空语句。

3.2.1　表达式语句

在 C++ 表达式的后面加上一个分号（;）就可以构成一个语句，称为表达式语句（expression statement）。表达式语句的格式如下：

< 表达式 >;

例如，下面就是一些表达式语句：

```
a + b * c;
a >b ? a: b;
a++;
x = a + b;
```

在表达式语句中，较常使用的是包含赋值、自增 / 自减、输入 / 输出以及无返回值的函数调用等操作的表达式语句。例如，下面就是一些常见的表达式语句：

```
x = a+b;     // 赋值
x++;         // 自增
f(a);        // 函数调用
cin >> a;    // 输入
cout << b;   // 输出
```

一个表达式语句执行完后将继续执行紧接在它后面的语句。

【例 3-1】 编写一个程序，从键盘输入一个数，然后输出该数的平方、立方以及平方根。

解：该问题是一个简单的顺序执行过程，先输入一个数，然后分别计算它的平方、立方以及平方根，最后输出计算结果。程序如下：

```cpp
#include <cmath>
#include <iostream>
using namespace std;
int main()
{   double x,square,cube,square_root;    //定义4个变量，分别用于存储输入的数以及它的平
                                         //方、立方、平方根
    cout << "Please input a positive number: ";        //输出提示信息
    cin >> x;                    //输入一个数
    square = x * x;              //计算x的平方
    cube = x * x * x;            //计算x的立方
    square_root = sqrt(x);       //计算x的平方根，sqrt为C++标准库中的计算平方根的函数
    cout << "The square of " << x << " is " << square << endl; //输出x的平方
    cout << "The cube of " << x << " is " << cube << endl;     //输出x的立方
    cout << "The square root of " << x << " is " << square_root << endl;
                                 //输出x的平方根
    return 0;                    //主函数返回，程序结束
}
```

上述程序由一系列顺序执行的表达式语句构成，其运行情况为：

```
Please input a positive number: 9↙
The square of 9 is 81
The cube of 9 is 729
The square root of 9 is 3
```

【例 3-2】 计算级数 $a+2a+3a+\cdots$ 的前 n 项之和。

解：上面的级数前 n 项之和可用下面的求和公式计算：

$$\mathrm{sum} = \frac{(1+n)n}{2}a$$

程序如下：

```cpp
#include <iostream>
using namespace std;
int main()
{ int n;                        //n用于存储项数
  double a,sum;                 //a和sum分别用于存储首项和级数的和
  cout << "a=";
  cin >> a;                     //输入首项
  cout << "n=";
  cin >> n;                     //输入项数
  sum = a*(1+n)*n/2;            //计算级数和
  cout << "sum=" << sum << endl; //输出计算结果
  return 0;                     //程序结束
}
```

上面程序的运行情况为：

```
a=2↙
n=10↙
sum=110
```

3.2.2 复合语句

复合语句（compound statement）由一对花括号（{}）括起来的一个或多个语句构成，又称为块（block），其格式如下：

{<语句序列>}

<语句序列> 由一个或多个语句构成，其中的语句可以是任意的 C++ 语言。在复合语句中还可以包含数据（常量、变量以及对象）的定义和声明。例如，下面就是一个复合语句：

```
{ int a,b;              // 数据定义
  cin >> a >> b;        // 表达式语句
  int max;              // 数据定义
  max = (a>=b)?a:b;     // 表达式语句
  cout << max << endl;  // 表达式语句
}
```

一般情况下，一个复合语句执行完之后将按照书写次序执行后续的语句，除非在复合语句中包含改变执行流程的语句。

需要注意的是，整个复合语句在语法上被当作一个语句看待，任何在语法上需要一个语句的地方都可以是一个复合语句。复合语句主要用作结构语句（如选择与循环语句）的成分语句和函数体，其具体作用将在介绍选择语句和循环语句以及函数时给出。

另外，在复合语句的书写格式上应注意左右花括号的配对问题，为了防止多写、少写左花括号或右花括号，可以先把左右花括号写好，再写里面的语句序列，并尽量把左花括号和与之配对的右花括号写在同一列上，这样也可提高程序的易读性。

3.2.3 空语句

根据程序设计的需要，在程序中的某些地方有时需要加上一些空操作，以方便其他流程控制的实现。空操作在 C++ 语言中用空语句来实现。空语句的格式为：

```
;
```

空语句不做任何事情，它用于语法上需要一个语句的地方，而该地方又不需做任何事情。例如，在下面的条件语句中，当 *a>b* 时不做任何事情，这时可以写一个空语句：

```
if (a > b)
  ;                      // 空语句
else
  c = a;
```

需要注意的是：在分号（;）的使用上，C++ 与其他很多语言有所不同。在其他一些语言（如 Pascal）中，分号可被作为语句之间的分隔符，语句本身不包含分号；而在 C++ 中，分号通常被作为某些语句的结束符，它是语句的一部分。例如，对下面的程序段：

```
a = 0;
b = 1;
```

在其他一些语言中，上述程序段被认为包含三个语句（第二个语句后面有一个空语句），而在 C++ 语言中认为它只有两个语句。

3.3 选择执行

除了顺序执行外，在程序中往往需要根据不同的情况（如不同的输入数据）来决定程序该执行什么语句，即实现选择控制（selection control）。选择控制又叫分支控制（branching）。在 C++ 中，程序的选择控制是通过 if 语句和 switch 语句来实现的。

3.3.1 两路分支语句——if 语句

if 语句（又称条件语句）根据一个条件满足与否来决定是否执行某个语句或从两个语句中选择一个语句执行。if 语句有两种格式：

1）if (< *表达式* >) < *语句* >。

2）if (< *表达式* >) < *语句 1*> else < *语句 2*>。

其中，< *表达式* > 为任意的 C++ 表达式，它通常为表示条件的关系或逻辑表达式，如果是其他类型的表达式，则计算结果会转换成逻辑值："零"转换成 false；"非零"转换成 true。< *语句* >、< *语句 1*>、< *语句 2*> 称为 if 语句的成分语句（或子语句），它们可以是一个简单语句，也可以是一个结构语句。

格式 1 的 if 语句的含义是：如果 < *表达式* > 的值为 true 或 "非零"，则执行 < *语句* >，否则，不做任何事。格式 2 的 if 语句的含义是：如果 < *表达式* > 的值为 true 或 "非零"，则执行 < *语句 1*>，否则，执行 < *语句 2*>。if 语句的含义如图 3-3 的程序流程图所示。

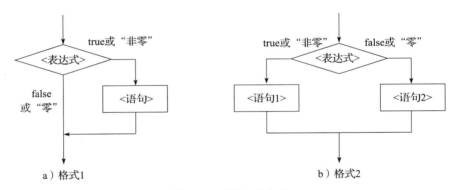

图 3-3 if 语句的含义

例如，下面的 if 语句实现把 *a* 和 *b* 中的最大者赋值给变量 max：

```
if (a > b)
  max = a;
else
  max = b;
```

一般来讲，一个 if 语句执行完之后将执行紧接在它后面的其他语句。但是，如果 if 语句的成分语句是（或包含）转移语句，则后续要执行的语句就不一定是紧接在 if 语句后面的语句了。

【例 3-3】 从键盘输入三个整数，计算其中的最大者并输出。

解： 先从两个数中找出一个较大的，再把它与第三个数比较，较大的即为三者中的最大者。程序如下：

```cpp
#include <iostream>
using namespace std;
int main()
{ int a,b,c,max;
  cout << "请输入三个整数: " << endl;
  cin >> a >> b >> c;
  if (a > b)       //比较 a 和 b 的大小, 大者赋值给 max
    max = a;
  else
    max = b;
  if (c >max)      //比较 c 和 max 的大小, 如果 c 大, 则把 max 调整为 c 的值
    max = c;
  cout << "最大者为: " <<max<< endl;
  return 0;
}
```

上面的程序中执行了两条 if 语句。第一条 if 语句把 a 和 b 中的最大者赋给 max；第二条 if 语句比较 c 和 max 的大小，如果 c 大，则把 c 赋给 max，否则，max 的值不变。最后，max 的值为 a、b 和 c 中的最大者。

【例 3-4】　求一元二次方程 $ax^2 + bx + c = 0$ 的实根。

解：一元二次方程根的计算公式为：

$$x = \frac{-b \pm \sqrt{b^2 - 4ac}}{2a}$$

实根的要求是：

1）$a \neq 0$。

2）$b^2 - 4ac \geq 0$。

程序如下：

```cpp
#include <iostream>
#include <cmath>
using namespace std;
int main()
{   double a,b,c,root1,root2;
  cout << "请输入一元二次方程的系数 (a,b,c): " << endl;
  cin >> a >> b >> c;
  if (a == 0)      //判断系数 a 是否为 0
  { cout << "不是一个一元二次方程" << endl;
    return -1;
  }
  double t=b*b-4*a*c;
  if (t < 0)       //判断方程是否有实根
  { cout << "方程没有实根" << endl;
    return -1;
  }
  if (t == 0)      //判断方程是否有等根
  { root1 = root2 = -b/(2*a);
    cout << "方程有等根: " << root1 << endl;
  }
  else
  { root1 = (-b+sqrt(t))/(2*a);
    root2 = (-b-sqrt(t))/(2*a);
    cout << "方程的两个根为: " << root1 << "和" << root2 << endl;
  }
```

```
    return 0;
}
```

　　为了提高程序的易读性，在写 if 语句时，最好采用"锯齿"格式，即把成分语句往后缩进几列。当 if 语句的成分语句也是 if 语句时，如果嵌套层次很深，"锯齿"格式将会使程序正文严重偏向右边，从而给程序的编辑和查看带来困难。例如，下面的嵌套 if 语句就偏向了右边：

```
if (...)
  ......
else
  if (...)
    ......
  else
    if (...)
      ......
    else
      if (...)
        ......
      else
        ......
```

　　为了减少文本的缩进量，可以把这样的 if 语句按下面的格式书写：

```
if (...)
  ......
else if (...)
  ......
else if (...)
  ......
else if (...)
  ......
else
  ......
```

这样，就大大地减少了程序正文的缩进量。

　　【例 3-5】　从键盘输入一个三角形的三条边的边长，判断其为何种三角形。

　　解：下面是用嵌套的 if 语句来表达的程序。

```
#include <iostream>
using namespace std;
int main()
{ int a,b,c;
  cin >> a >> b >> c;
  if (a+b <= c || b+c <= a || c+a <= b)
    cout << "不是三角形";
  else if (a == b && b == c)
    cout << "等边三角形";
  else if (a == b || b == c || c == a)
    cout << "等腰三角形";
  else if (a*a+b*b == c*c || b*b+c*c == a*a || c*c+a*a == b*b)
    cout << "直角三角形(非等腰)";
  else
    cout << "其他三角形";
  cout << endl;
  return 0;
}
```

上面的程序有必要对"等腰直角三角形"进行判断吗？请读者考虑。

【**例 3-6**】 从键盘输入两个表示时刻的时间数据（每个时刻包括时、分、秒），比较这两个时刻的先后次序。

解：对于该问题，我们分别用三个整型变量（$h1$、$m1$、$s1$ 和 $h2$、$m2$、$s2$）表示两个时刻的时、分、秒的值，用另外一个整型变量（r）表示它们的先后次序（1 表示第一个时刻在前，0 表示两个时刻相同，–1 表示第二个时刻在前）。下面是程序代码：

```
#include <iostream>
using namespace std;
int main()
{ int h1,m1,s1,           // 第一个时刻的时、分、秒
    h2,m2,s2,             // 第二个时刻的时、分、秒
    r;                    // 比较的结果
  cout << "请输入第一个时刻（时、分、秒）: ";
  cin >> h1 >> m1 >> s1;
  cout << "请输入第二个时刻（时、分、秒）: ";
  cin >> h2 >> m2 >> s2;
  if (h2 > h1)            // 先比较两个时刻的时
    r = 1;
  else if (h2 < h1)
    r = -1;
  else if (m2 > m1)       // 从此，h1 == h2
    r = 1;
  else if (m2 < m1)
    r = -1;
  else if (s2 > s1)       // 从此，h1 == h2 并且 m2 == m1
    r = 1;
  else if (s2 < s1)
    r = -1;
  else   // h1 == h2 并且 m1 == m2 并且 s1 == s2
    r = 0;
  if (r == 1)
    cout << "第一个时刻在前。";
  else if (r == -1)
    cout << "第二个时刻在前。";
  else
    cout << "两个时刻相同";
  cout << endl;
  return 0;
}
```

上面的程序也可设计成：

```
......
int t1,t2;
t1 = s1+m1*60+h1*3600;
t2 = s2+m2*60+h2*3600;
if (t1 <t2)
  cout << "第一个时刻在前。";
else if (t1 >t2)
  cout << "第二个时刻在前。";
else
  cout << "两个时刻相同";
......
```

这样做虽然语句数量减少了不少，但它的效率有所降低（为什么？）。并且，当 *t*1 或 *t*2

的计算结果超出了整型数所能表示的范围时，上述做法可能无法得出正确结果！

由于 if 语句存在两种格式，因此有时会面临对下面 if 语句的理解问题：

```
if (<表达式 1>) if (<表达式 2>) <语句 1> else <语句 2>
```

上面是一条合法的 if 语句，但是，其中的 else 子句属于第一个 if 还是属于第二个 if 呢？它有两种可能的解释：

1）if (<表达式 1>)　if (<表达式 2>) <语句 1> <u>else</u> <语句 2>（属于第二个 if）。

2）if (<表达式 1>)　if (<表达式 2>) <语句 1> <u>else</u> <语句 2>（属于第一个 if）。

对于上面的歧义问题，C++ 规定按 1 解释，即 else 子句与前面最近的、没有 else 子句的 if 配对。如果需要按 2 解释，则可以用复合语句来表示：

```
if (<表达式 1>) { if (<表达式 2>) <语句 1>} else <语句 2>
```

例如，下面的 C++ 程序将输出什么？

```
double score;
score = 100.0;
if (score>= 60.0 )
  if ( score< 70.0 )
    cout <<"Marginal PASS";
else
  cout <<"FAIL";
```

上面的程序输出 FAIL。虽然书写时采用锯齿状的缩进格式把 else 归入第一个 if，但编译程序并不考虑书写格式，而是严格按照 "else 子句与前面最近的、没有 else 子句的 if 配对" 规则，把 else 归入第二个 if。对于上述程序，可以采用复合语句来表达预期的要求：

```
double score;
score= 100.0;
if (score>= 60.0 )
{ if (score<70.0 )
    cout << "Marginal PASS";
}
else
  cout << "FAIL";
```

另外，使用 if 语句时，应避免进行不必要的条件测试。例如，对于下面的程序：

```
if (score >= 90)
  cout << " 优 ";
if (score >= 80 && score < 90)
  cout << " 良 ";
if (score >= 70 && score < 80)
  cout << " 中 ";
if (score >= 60 && score < 70)
  cout << " 及格 ";
if (score < 60)
  cout << " 不及格 ";
```

虽然功能上正确，但它的效率不高。例如，当 score 大于 90 时，它要对所有 if 语句的条件进行测试，而其中除了第一个 if 语句的条件测试外，其他 if 语句的条件测试都是多余的！因此，可以把上面的程序段重写成：

```
if (score >= 90)
  cout << "优";
else if (score >= 80)
  cout << "良";
else if (score >= 70)
  cout << "中";
else if (score >= 60)
  cout << "及格";
else
  cout << "不及格";
```

3.3.2　多路分支语句——switch 语句

if 语句提供了根据某个条件是否满足从两个或两组语句（复合语句）选一个（组）来执行的程序流程控制。程序中有时需要根据某个整型表达式的值来从两个（组）以上的语句中选择一个（组）来执行，这时，如果用 if 语句来表达会显得很啰唆，它将包含多个嵌套的 if 语句。

【例 3-7】　从键盘输入一个星期的某一天（0 表示星期天，1 表示星期一，…，6 表示星期六），然后输出其对应的英语单词（if 语句实现）。

解：下面的程序用 if 语句来实现：

```
#include <iostream>
using namespace std;
int main()
{   int day;
    cin >> day;
  if (day == 0)
    cout << "Sunday";
  else if (day == 1)
    cout << "Monday";
  else if (day == 2)
    cout << "Tuesday";
  else if (day == 3)
    cout << "Wednesday";
  else if (day == 4)
    cout << "Thursday";
  else if (day == 5)
    cout << "Friday";
  else if (day == 6)
    cout << "Saturday";
  else
    cout << "Input error";
  cout << endl;
  return 0;
}
```

在上面的程序中多次对 day 的值进行比较，这样书写起来比较麻烦。为了解决这个问题，C++ 提供了多路选择语句，即 switch 语句（又称开关语句），它能根据某个整型表达式的值在多组语句中选择一组语句来执行。

switch 语句的格式如下：

```
switch (<整型表达式>)
{ case <整型常量表达式 1>: <语句序列 1>
    case <整型常量表达式 2>: <语句序列 2>
       :
```

```
      case <整型常量表达式 n>: <语句序列 n>
      [default: <语句序列 n+1>]
    }
```

其中，<整型表达式> 是指结果为整型的表达式；<整型常量表达式 i>（$1 \leqslant i \leqslant n$）中的操作数只能是常量，并且各个 <整型常量表达式 i> 的值不能相同；<语句序列 i> 由零个或多个语句构成；"default: <语句序列 n+1>" 可以有，也可以没有。通常，每一个 <语句序列 i>（<语句序列 n+1> 除外）中的最后一个语句一般是一个 break 语句。

switch 语句的含义是：先计算 <整型表达式> 的值，然后判断是否存在与之相等的 <整型常量表达式 i>，如果存在，则执行该分支中的 <语句序列 i>；否则，如果有 default 分支，则执行 default 后面的 <语句序列 n+1>，否则什么都不做。在执行某个分支的 <语句序列 i> 时，如果其中包含 break 语句，则执行到 break 语句就结束该分支的执行，否则，执行完 <语句序列 i> 后，将继续执行 <语句序列 i+1>。

采用 switch 语句，例 3-7 中的问题可重新用例 3-8 给出的方法来解决。

【例 3-8】 从键盘输入一个星期的某一天（0 表示星期天，1 表示星期一，…，6 表示星期六），然后输出其对应的英语单词（用 switch 语句实现）。

解： 下面的程序用 switch 语句来实现：

```cpp
#include <iostream>
using namespace std;
int main()
{   int day;
  cin >> day;
  switch (day)
  { case 0: cout << "Sunday"; break;
    case 1: cout << "Monday"; break;
    case 2: cout << "Tuesday"; break;
    case 3: cout << "Wednesday"; break;
    case 4: cout << "Thursday"; break;
    case 5: cout << "Friday"; break;
    case 6: cout << "Saturday"; break;
    default: cout << "Input error";
  }
  cout << endl;
  return 0;
}
```

在 switch 语句中，如果有若干个分支的操作相同，则可以把这些分支写在一起，相同的操作只写一次，除了最后一个分支外，其他分支不要写任何语句。

【例 3-9】 计算某年某月的天数。

解： 根据历法，1、3、5、7、8、10、12 各月有 31 天；4、6、9、11 各月有 30 天；2 月按闰年为 29 天，其他年为 28 天。闰年的判别条件是：年份是 4 的倍数但不是 100 的倍数（可以是 400 的倍数）。

```cpp
#include <iostream>
using namespace std;
int main()
{ int year,month,days;
  cout << "请输入年: ";
  cin >> year;
  cout << "请输入月: ";
```

```
cin >> month;
switch (month)
{ case 1:case 3:case 5:case 7:case 8: case 10:case 12:
    days = 31;
    break;
  case 4:case 6:case 9:case 11:
    days = 30;
    break;
  case 2:
    if (year%400 == 0 || year%4 == 0 && year%100 != 0)
      days = 29;
    else
      days = 28;
}
cout << year << "年" << month << "月的天数是: " << days << endl;
return 0;
}
```

需要注意的是：C++ 的 switch 语句与其他一些语言中的多路选择语句（如 Pascal 语言中的 case 语句）有所不同。在这些语言的多路选择语句中，一个分支执行完后将自动结束多路选择语句的执行，而对于 C++ 的 switch 语句，在一个分支的执行中，如果没有 break 语句（最后一个分支除外），则该分支执行完将继续执行紧接着的下一个分支中的语句序列。例如，在例 3-8 中，如果在分支"case 2"中忘记写 break 语句，则当程序的输入（day 的值）为 2 时，程序将输出：

```
Tuesday
Wednesday
```

当然，C++ 中的 switch 语句比其他一些语言中的多路选择语句更具灵活性。当若干个分支具有部分重复功能时，C++ 的 switch 语句可以节省程序代码量。例如，分支 1 具有功能 A、B、C，分支 2 具有功能 B、C，分支 3 具有功能 C，则相应的 switch 语句可写成：

```
switch (...)
{ ......
  case <整型常量表达式 1>:
    A
  case <整型常量表达式 2>:
    B
  case <整型常量表达式 3>:
    C
    break;
  ......
}
```

还需要注意的是，在 switch 语句的一个分支中还可以出现 switch 语句，这时，内层 switch 语句的一个分支中的 break 语句只结束该内层分支的执行，与外层的 switch 语句无关。例如，对于下面的程序，如果 x 和 y 的输入都是 0，则程序将输出：2, 1。

```
#include <iostream>
using namespace std;
int main()
{ int x,y,a=0,b=0;
  cin >> x >> y;
  switch(x)
  { case 0:
```

```
    switch(y)
    { case 0: a++;break;
      case 1: b++;break;
    } // 由于该分支后面没有 break 语句，这将导致该分支执行完后继续执行下面的分支
  case 1:
    a++; b++; break;
  }
  cout << a <<","<< b << endl;
  return 0;
}
```

由于 switch 语句便于编译程序利用特殊的 CPU 指令对其进行优化，因此，对于同一个问题，用 switch 语句实现有时比用 if 语句实现效率要高。

3.4   重复执行

程序设计中经常需要进行重复操作，而每一次操作的数据有所不同。例如，对于计算 10!（阶乘）这个问题，由于程序设计语言中一般没有阶乘（!）运算符，因此需要通过执行 9 次乘法操作（实际只要 8 次）来实现。当然，计算 10! 是一个简单的重复操作问题，只要写一个表达式就能实现：

```
2*3*4*5*6*7*8*9*10
```

但是，如果要计算 100!、1000! 呢？虽然从原理上讲，可以通过写含有 99 个或 999 个乘法操作的表达式来解决，而实际上这样做不仅麻烦，而且编译程序也不允许这么做（编译程序往往会对表达式中操作符的数量有所限制）。除此之外，对于某些问题，上述做法从原理上也是不可行的。例如，对于计算 n! 的问题，其中的 n 是一个变量，它的值要到程序运行时才能确定（从键盘输入或由程序的其他部分计算得到），这样，在写表达式时就不知道要写多少个乘法操作！

在程序设计中往往采用重复执行一段程序代码的机制来解决上述问题。程序代码的重复执行机制一般有两种：循环和递归。本节介绍循环，递归将在 4.5 节中介绍。

3.4.1   问题求解的迭代法与穷举法

用计算机程序解决实际问题时，往往会采用两种基本策略来实现，即迭代法和穷举法。

迭代法是指对待解问题先指定一个近似的初始解，然后基于这个初始解按照某种规则计算出下一个近似解，基于下一个近似解计算出再下一个近似解，这样不断向最终目标逼近，直到某个条件满足后得到最终解。例如，对于上面求 n! 的问题，初始解为 1（放在变量 f 中），不断地把 2，3，…乘到 f 上，这样得到一系列近似解，直到 n 乘到 f 上，最后 f 的值就是最终解。再例如，圆周率可用迭代公式来计算，即 $\pi/4 = 1 - 1/3 + 1/5 - 1/7 + \cdots$，它的初始解为 1，然后每次加上 $(-1)^{i-1}/(2i-1)$，$i = 2$，3，…，直到最后一项的绝对值小于某个很小的数就得到最终解（仍然是近似解）。

穷举法（也称枚举法）是指对"所有可能"的解逐一去验证它是否满足指定的条件，如果满足条件则它是一个解，否则它不是解。例如，对于计算整数 n 的所有因子问题，除了 1 和 n 外，可以用大于 1 小于 n 的每一个整数去除 n，如果能整除，则它是一个解，否则它不是解。（这个过程可以优化！）再例如，用 1 元、2 元和 5 元的货币（数量不限）购买一个价

值为 n 元的物品，有多少种支付方式？这个问题可以通过对 1 元、2 元和 5 元的各种可能的数量组合去进行尝试来求解，只要它们的价值总和等于 n 就是一个解。

当然，由于受到计算机计算能力的限制，不管是迭代法还是穷举法，都会面临优化问题。对于迭代法，要考虑收敛速度和计算精度问题；对于穷举法，则要考虑搜索空间大小问题，否则会出现组合爆炸现象，导致求解过程要花费很长的时间，如需要几天、几个月，甚至若干年才能得出结果，这在很多时候是不可接受的。

问题求解的迭代法和穷举法的实质在于，它们都需要用不同的数据去重复执行相同的操作，在程序中，这往往是通过循环操作来实现的。

循环（loop）一般由四个部分组成：
- 循环初始化；
- 循环条件；
- 循环体；
- 下一次循环准备。

其中，循环初始化用于为重复执行的语句提供初始数据；循环条件描述了重复操作需要满足的条件（继续或终止循环）；循环体是指要重复执行的操作；下一次循环准备是为下一次循环更新数据（包括重复操作所需要的数据以及循环条件判断所需要的数据），它常常会隐式地包含在循环体中。例如，上面求 $n!$ 的问题可以用下面的循环控制来解决：

```
1) f = 1; i = 2; (循环初始化)
2) 重复执行下面的操作 (循环体), 直到 i > n (循环条件)
   f *= i; (重复操作)
   i++; (下一次循环准备)
3) 输出 f 的值
```

下面首先介绍 C++ 的循环语句，然后给出一些利用循环语句来实现用迭代法和穷举法解决问题的实例。

3.4.2 循环语句

C++ 提供了三种实现重复操作的循环语句：while、do-while 以及 for。这三种循环语句在表达能力上是等价的，用其中一种循环语句表示的循环操作一定能用其他两种循环语句表示出来，只不过在解决某个具体问题时，使用其中的一种可能会比使用其他两种更简单。下面将分别介绍这三种循环语句。

1. while 语句

while 语句的格式如下：

```
while (<表达式>) <语句>
```

其中，<表达式> 为任意表达式，通常为表示条件的关系或逻辑表达式，<语句> 是一个任意的 C++ 语句，它可以是简单语句，也可以是结构语句。

在 while 语句中，<表达式> 描述了循环条件，<语句> 构成了循环体。while 语句的含义可以用如图 3-4 所示的程序流程图来解释。

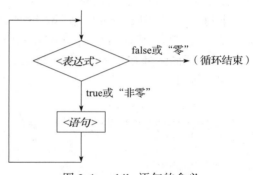

图 3-4　while 语句的含义

对于 while 语句，先计算 < *表达式* > 的值，如果结果为 false 或 "零"，则结束循环，否则，执行 < *语句* >，然后再转向计算 < *表达式* >，重复上述过程。

【例 3-10】 用 while 循环语句求 *n*!。

解：可以定义两个变量 *f* 和 *i*，*f* 用于存储阶乘的结果，其初始值为 1，然后，让 *i* 依次取 2，3，…，*n*，并把它乘到 *f* 中。程序如下：

```
#include <iostream>
using namespace std;
int main()
{ int n;
  cin >> n;
  int i=2,f=1;        // 循环初始化
  while (i <= n)      // 循环条件: 对i=2, 3, ..., n进行循环
  { f *= i;           // 把i的值乘到f中
    i++;              // 下一次循环准备
  }
  cout << "factorial of " << n << " = " << f << endl;
  return 0;
}
```

上述程序重复执行操作 "f*=i;" 和 "i++;"，直到 *i*>*n* 时为止。需要注意的是：当循环体为多个语句时，应该用复合语句来表示。

while 语句显式地描述了循环条件，但循环初始化必须在 while 语句之前给出，下一次循环准备在循环体中隐式地给出。另外，在循环体中一定要有能改变循环条件表达式中操作数值的操作，并逐步使得循环条件有不满足的趋势，否则将出现 "死循环"，即循环永远无法结束！

2. do-while 语句

do-while 语句的格式如下：

```
do <语句> while (<表达式>);
```

其中，< *表达式* > 为任意表达式，通常为表示条件的关系和逻辑表达式。< *语句* > 是一个任意的语句（简单语句或结构语句）。

注意：不要漏掉 do-while 语句最后的分号（;）。

do-while 语句的含义与 while 语句类似，不同之处在于：do-while 的循环体至少要执行一次。图 3-5 所示的程序流程图给出了 do-while 语句的含义。

对于 do-while 语句，先执行 < *语句* >，然后计算 < *表达式* > 的值，如果结果为 false 或 "零"，则结束循环，否则，再转向执行 < *语句* >。

【例 3-11】 用 do-while 循环语句求 *n*!。

解：变量的设置与前面用 while 语句实现相同，不同之处在于：*i* 的取值是从 1 开始的。程序如下：

```
#include <iostream>
using namespace std;
int main()
{ int n;
  cin >> n;
  int i=1,f=1;        // 循环初始化
```

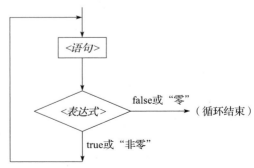

图 3-5 do-while 语句的含义

```
do
{ f *= i;                 // 把 i 的值乘到 f 中
  i++;                    // 下一次循环准备
} while (i <= n);         // 循环条件
cout << "factorial of " << n << " = " << f << endl;
return 0;
}
```

对于上面的循环，如果 *i* 从 2 开始取值，那么，当 *n* 的值为 1 时，*f* 就得不到正确的结果了！

与 while 语句一样，在 do-while 语句的循环体中一定要有能改变循环条件表达式中操作数值的操作，并逐步使循环条件有不满足的趋势，否则将出现"死循环"！

3. for 语句

for 语句的格式如下：

for (*<表达式 1>*;*<表达式 2>*;*<表达式 3>*) *<语句>*

其中，*<表达式 1>*、*<表达式 2>* 和 *<表达式 3>* 为任意表达式，通常情况下，*<表达式 1>* 为赋值表达式，*<表达式 2>* 为表示条件的关系表达式或逻辑表达式，*<表达式 3>* 为自增 / 自减表达式。*<语句>* 是一个任意的语句（简单语句或结构语句）。

在 for 语句中，*<表达式 1>* 给出了循环的初始化，*<表达式 2>* 表示循环条件，*<语句>* 为循环体，*<表达式 3>* 表示下一次循环准备。for 语句的含义可用图 3-6 所示的程序流程图表示。

for 循环语句的含义是：

1）计算 *<表达式 1>*（循环初始化）。

2）计算 *<表达式 2>*（判断循环条件），若为 true 或"非零"，则继续执行步骤 3；否则，循环结束。

3）执行 *<语句>*（循环体）。

4）计算 *<表达式 3>*（下一次循环准备）。

5）转步骤 2。

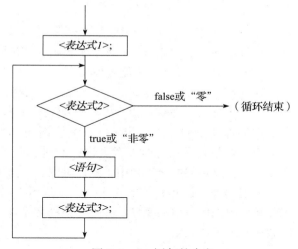

图 3-6　for 语句的含义

【**例 3-12**】 用 for 循环语句求 *n*!。

解：变量的设置和初始化与用 while 语句实现相同。程序如下：

```
#include <iostream>
using namespace std;
int main()
{ int n,i,f;
  cin >> n;
  for (i=2,f=1                 // 循环初始化
      ;
      i<=n                      // 循环条件
      ;
      i++)                      // 下一次循环准备
    f *= i;                     // 循环体：把 i 的值乘到 f 中
```

```
    cout << "factorial of " << n << " = " << f << endl;
    return 0;
}
```

在 for 语句中，*<表达式 1>*、*<表达式 2>* 和 *<表达式 3>* 均可以省略。*<表达式 1>* 省略表示 for 语句本身不提供循环初始化，这时，循环初始化放在 for 语句之前进行；*<表达式 2>* 省略表示 true 或 1，这时，一定要在循环体中判断循环条件并以某种其他方式（如通过 break 语句）退出循环，否则将会出现"死循环"；*<表达式 3>* 省略表示 for 语句未显式给出下一次循环准备，该项工作一定是在循环体中给出的。例如，例 3-12 中的循环也可写成：

```
i=2,f=1;       // 循环初始化
for (;
    i<=n       // 循环条件
    ;)
{ f *= i;
  i++;         // 下一次循环准备
}              // 循环体
```

实际上，上述 for 语句已退化成 while 语句了！

另外，for 语句中的 *<表达式 1>* 可以是带有初始化的变量定义。例如，下面 for 语句的 *<表达式 1>* 就是带初始化的变量定义：

```
for (int i=1; i<=10; i++)    <语句>
```

对于上述的变量 i，C++ 国际标准规定其作用域（有效范围）为 for 语句，在 for 语句外部，变量 i 将不再存在，不能再使用它。

在 for 语句的 *<表达式 1>* 中定义变量体现了 C++ 语言设计者倡导的一种程序设计风格：随用随定义。在这一点上，C++ 与其他一些语言（如 C、Pascal 等）是不同的，其他语言要求局部变量的定义要集中放在复合语句（块）中的所有成分语句之前，这样做的缺点是：使用点与定义点有时隔得太远，不利于程序的书写与理解。而 C++ 允许局部变量的定义插在复合语句的成分语句中，从而可以实现随用随定义。

在使用循环语句时一定要注意，在循环体或 for 语句的 *<表达式 3>* 中一定要有能改变循环条件中操作数值的操作，并逐步使循环条件有不满足的趋势，否则将会出现"死循环"，即循环永远无法结束！

3.4.3　计数循环和事件循环

从本质上讲，循环可以分成两大类：计数控制的循环和事件控制的循环。计数控制的循环（counter-controlled loop）是指在循环前就知道循环的次数，通过一个循环控制变量（loop control variable）来对循环次数进行计数，循环时重复执行循环体直到指定的次数。事件控制的循环（event-controlled loop）是指循环前不知道循环的次数，循环的终止是由循环体的某次执行导致循环的结束条件得到满足而引起的，因此又把它称为条件循环（conditional loop）。换句话说，计数控制的循环的执行次数不依赖于循环体的执行结果；而事件控制的循环的执行次数要依赖于循环体的执行结果，下一次循环是否执行由本次循环执行的结果来决定。

虽然从表达能力上讲，C++ 中的三种循环语句是等价的，它们之间可以互相替代，但

是，对于某个具体的问题，用其中的某个循环语句来描述可能会显得比较自然和方便。使用三种循环语句的一般原则是：计数控制的循环用 for 语句表达；事件控制的循环则用 while 或 do-while 语句实现，其中，如果循环体至少要执行一次，则用 do-while 语句实现。

【例 3-13】　计算从键盘输入的一系列整数的和，要求首先输入整数的个数。

解：这是一个循环求和的问题，待求和的数据来源于键盘输入。由于在循环之前已知道循环的次数（整数的个数），因此，它属于计数控制的循环，可采用一个循环控制变量对循环的次数进行计数，当循环控制变量的值达到预知的循环次数时终止循环。该循环可用 for 循环语句来实现。

```cpp
#include <iostream>
using namespace std;
int main()
{ int n;
  cout << "请输入整数的个数: ";
  cin >> n;
  cout << "请输入 " << n << "个整数: ";
  int sum=0;
  for (int i=1; i<=n; i++)
  { int a;
    cin >> a;
    sum += a;
  }
  cout << "输入的 " << n << "个整数的和是: " << sum << endl;
  return 0;
}
```

在上述循环中，i 是一个循环控制变量，它对循环次数进行计数，每循环一次就把 i 的值加 1，直到 i 大于 n。值得注意的是：这里的 i 是一个纯粹的用于计数的循环控制变量，它仅用于对循环进行计数，而有时循环控制变量除了用于循环计数外，还可以作为重复操作的数据来使用，如例 3-12 中的循环控制变量 i。一般来讲，对于用 for 语句实现的计数循环，在循环体中不应该改变用于计数的循环控制变量的值。

【例 3-14】　计算从键盘输入的一系列整数的和，要求输入以 0 结束。

解：这也是一个循环求和的问题。但由于在循环之前不知道循环的次数，必须要根据每一次从键盘输入的值是否为 0 来决定，因此，这属于一种事件控制的循环，这时，是否需要执行循环体要依赖于上一次循环操作的结果。该循环可用 while 语句来实现。

```cpp
#include <iostream>
using namespace std;
int main()
{ int x,sum=0;
  cout << "请输入若干个整数（以 0 结束）: ";
  cin >>x;           // 输入第一个数
  while (x != 0)
  { sum += x;        // 把 x 的值加到 sum 中
    cin >>x;         // 输入下一个数
  }
  cout << "输入的整数的和是: " << sum << endl;
  return 0;
}
```

在上述程序中，循环前和每一次循环操作后都为下一次循环预读了数据（下一次循环准备），而循环条件则基于输入的数据，当输入数据为 0 时结束循环。

　　【例 3-15】　从键盘接收字符，直到输入字符 y（Y）或 n（N）为止。

　　解： 这个问题是重复从键盘读入字符数据，直到读入有效字符数据为止。该循环可用 do-while 语句来实现。

```cpp
#include <iostream>
#include <cctype>
using namespace std;
int main()
{ char ch;
  do
  { cout << "请输入 Yes 或 No (y/n): ";
    cin >> ch;
    ch = tolower(ch);
  } while (ch != 'y' && ch != 'n');
  if (ch == 'y')
    ......
  else
    ......
  return 0;
}
```

　　在上述程序中，tolower 是 C++ 标准库中定义的函数，其作用是把大写字母转换成小写字母。本例中的循环与例 3-14 的循环都包含了对读入数据的有效性进行判断，它们的区别在于：在本例中，由于读入的有效数据要在循环语句的后续语句中使用，因此，循环读入有效数据时结束；而在例 3-14 中，由于读入的有效数据要在循环体中使用，因此，循环读入有效数据时继续循环。

　　有时，某些循环控制中既包含计数控制又包含事件控制，这时一般采用 while 循环语句。

　　【例 3-16】　判断键盘输入的一个整数是否为素数。

　　解： 要判断一个数 n 是否为素数，通常的做法是：用 2，3，…，$n-1$ 去除 n，如果其中有一个数能整除 n，则 n 不是素数，否则 n 为素数。

```cpp
#include <iostream>
using namespace std;
int main()
{ int n;
  cin >> n;
  int i=2;
  while (i < n && n%i != 0)      // 循环条件包含了计数控制和事件控制
    i++;
  if (i == n)                    // 所有小于 n 的数都不能整除 n
    cout << n << "是素数。" << endl;
  else                           // 小于 n 的数中有能整除 n 的数
    cout << n << "不是素数。" << endl;
  return 0;
}
```

　　在上述的循环控制中，有计数控制（从 2 到 $n-1$），也有事件控制（$n\%i\,!=0$），这里采用了 while 循环来实现。对这类循环，也可以采用 for 语句加上 break 语句（将在 3.5.2 节中介绍）来实现。

　　由于 C++ 的 for 语句的结构性比较好，它可以显式地表示出循环初始化以及下一次循环准备，很多情况下，对于一些非计数控制的循环，当循环初始化和下一次循环准备比较明确（固定）时，采用 for 语句来实现比采用 while 和 do-while 语句要简洁和清晰。例如，对于例 3-14 中的循环，虽然它不属于计数循环，但由于它的循环初始化以及下一次循环准备比较明确，因此用下面的 for 语句来表达更加清晰：

```
for (cin >>x; x != 0; cin >>x)
    sum += x;
```

当然，如果循环初始化和下一次循环准备比较复杂，以至于不能用简单的表达式来表示，那么，这样的循环就不适合用 for 语句来实现了。

对于循环语句，需要对循环的边界条件给予足够的重视，特别是对多一次或少一次循环以及死循环问题要进行细致的考虑。

3.4.4　循环程序设计实例

循环是一项使用非常频繁的程序设计技术，一个程序如果没有循环，则该程序一般做不了太复杂的事情，循环操作使程序变得功能强大。对初学者而言，程序设计是一项很困难的工作，尤其是在如何发现和组织循环方面。下面通过一些例子来展示循环程序设计的精髓。

【例 3-17】　求第 n 个斐波那契（Fibonacci）数。

解：Fibonacci 数的定义如下：

$$\text{fib}(n) = \begin{cases} 1 & n=1 \\ 1 & n=2 \\ \text{fib}(n-2)+\text{fib}(n-1) & n \geq 3 \end{cases}$$

分析：

根据 Fibonacci 数的定义，给出一个通用的计算公式比较困难，因此，在这里我们不准备用通项公式来解决这个问题，而是采用迭代法来解决。从 Fibonacci 数的定义可以看出，除了第一个和第二个数之外，其他每个 Fibonacci 数都是前两个 Fibonacci 数的和。这样，在计算某个 Fibonacci 数时，必须首先计算前两个 Fibonacci 数，而计算前两个 Fibonacci 数时又必须先计算更前的 Fibonacci 数，也就是说，要计算某个 Fibonacci 数，必须依次计算前面所有的 Fibonacci 数，这里的"依次"就体现为一个循环。我们可以从第三个 Fibonacci 数开始计算，并且，在每计算出一个 Fibonacci 数的同时，把刚算出来的（新的）Fibonacci 数和前一个 Fibonacci 数记下来，以便计算下一个 Fibonacci 数。

程序用下面的计数控制的循环来实现：

```
#include <iostream>
using namespace std;
int main()
{ int n;
  cin >> n;
  int fib_1=1;                    // 第一个 Fibonacci 数
  int fib_2=1;                    // 第二个 Fibonacci 数
  for (int i=3; i<=n; i++)        // 循环计算第 3, 4, …, n 个 Fibonacci 数
  { int temp=fib_1+fib_2;         // 计算新的 Fibonacci 数
    fib_1 = fib_2;                // 记住前一个 Fibonacci 数
    fib_2 = temp;                 // 记住新的 Fibonacci 数
  }
  cout << "第 " << n << " 个斐波那契数是: " << fib_2<< endl;
```

```
    return 0;
}
```

在上面的程序中，也可以省略变量 temp，这时，循环中的 fib_1 和 fib_2 可这样计算：

```
fib_2 = fib_1 + fib_2;     // 计算和记住新的 Fibonacci 数
fib_1 = fib_2 - fib_1;     // 记住前一个 Fibonacci 数
```

在上面的语句 "fib_1 = fib_2 – fib_1;" 中，fib_2 中保存的是原来的 fib_2 与 fib_1 值的和，它减去原来的 fib_1 值后得到的是原来的 fib_2 值，该值对新的 Fibonacci 数而言是前一个 Fibonacci 数。这样做可能会使程序的执行效率下降一些（每次循环多做了一次减法操作），而且程序的可读性也有所降低，但它用时间换取了空间，这对于一些内存空间不大的计算机（如嵌入式系统）而言是值得的。

【例 3-18】　用牛顿迭代法求 $\sqrt[3]{a}$ 。

解：计算 $\sqrt[3]{a}$ 的牛顿迭代公式为：

$$x_{n+1} = \frac{1}{3}\left(2x_n + \frac{a}{x_n^2}\right)$$

当 $|x_{n+1} - x_n| < \varepsilon$ （ε 为一个很小的数）时，x_{n+1} 即为 $\sqrt[3]{a}$ 的值。

分析：

这是一个典型的迭代计算问题，求解该问题是一个重复计算 x_{n+1} 的过程，该过程直到 $x_{n+1} - x_n$ 的绝对值小于某个很小的值（假设为 10^{-6}）时结束。每次循环操作时，x_n 为上一次循环中 x_{n+1} 的计算结果。第一次循环时，可以把 x_n 取为 a（实际上取任何值都可以，不影响最终结果，只影响循环次数）。程序可用下面的事件控制的循环来实现：

```
#include <iostream>
#include <cmath>
using namespace std;
int main()
{ const double EPS=1e-6;      // 一个很小的数
  double a,x1,x2;             // x1 和 x2 分别用于存储 xn 和 xn+1
  cout << "请输入一个数: ";
  cin >> a;
  x2 = a;                     // 第一个值取 a
  do
  { x1 = x2;                  // 记住前一个值
    x2 = (2*x1+a/(x1*x1))/3;  // 计算新的值
  } while (fabs(x2-x1) >= EPS);
  cout << a << " 的立方根是: " << x2 << endl;
  return 0;
}
```

【例 3-19】　编程输出小于 *n* 的所有素数（质数）。

解：一般来讲，不存在一个简单的操作一次就能解决这个问题，必须要用一段程序来实现。要求出小于 *n* 的所有素数，就要依次判断小于 *n* 的数是否为素数，如果是素数，则输出这个数，否则，继续判断下一个数。上述过程中的"依次"体现为一个循环，每次循环操作就是判断、输出素数，其中，判断一个数是否为素数也不能用一个简单操作一次完成，需要用一个循环来实现（例 3-16 已给出了该循环的实现）。上述解题思想属于穷举法，基本程序框架可描述成：

```
for (i=2; i<n; i++)
{ if ("i 为素数 ")                          // 判断 i 是否为素数也需要用循环实现
    " 输出 i"
}
```

对上述解题框架进行细化，可得到下面的程序 1：

程序 1：

```
#include <iostream>
using namespace std;
int main()
{ int n,count=0;                            // count 用于对找到的素数进行计数
  cout << " 请输入一个正整数："
  cin >> n;                                 // 从键盘输入一个正整数
  for (int i=2; i<n; i++)                   // 循环：分别判断 2，3，…，n-1 是否为素数
  { int j=2;
    while (j < i && i%j != 0)               // 循环：分别判断 i 是否能被 2，3，…，i-1 整除
      j++;
    if (j == i)                             // i 是素数
    { cout << i << ",";                     // 输出素数
      count++;                              // 素数个数加 1
      if (count%6 == 0) cout << endl;       // 控制每一行输出 6 个素数
    }
  }
  cout << endl;
  return 0;
}
```

上述程序包含多重循环，其中，外层循环是一个计数循环，而内层循环是一个事件循环。在内层的 while 循环中，有两种情况会导致 while 循环结束：一种情况是小于 i 的某个值能整除 i，即 $j<i$ 并且 $i\%j==0$，这时表示 i 不是素数；另一种情况是所有小于 i 的值都不能整除 i，这时，$j==i$。因此，while 循环结束后，只要判断 j 是否等于 i 就能知道 i 是不是素数。

在进行循环设计时常常要考虑循环的优化问题，以提高程序的效率。循环优化主要体现在两个方面：一方面是尽量减少循环次数；另一方面是避免在循环中重复计算不变的表达式。

通过对上面程序 1 的仔细分析可以发现该程序的效率不高。首先，对于偶数没有必要再判断它们是否为素数；其次，判断 i 是否为素数，j 不必循环到 $i-1$，只需到 $\sqrt{i}$ 即可，因为如果小于或等于 $\sqrt{i}$ 的数不能整除 i，那么，大于 $\sqrt{i}$ 的数（小于 i）也不能整除 i。因此，上面的程序 1 可改进成下面的程序 2：

程序 2：

```
#include <iostream>
#include <cmath>
using namespace std;
int main()
{ int n,count=1;
  cin >> n;                                          // 从键盘输入一个数
  if (n <= 2) return -1;
  cout << 2 << ",";                                  // 输出第一个素数
  for (int i=3; i<n; i+=2)                           // 循环：分别判断 3，5，…是否为素数
  { int j=2;
    while (j<=(int)sqrt((double)i) && i%j!=0) //循环：分别判断 i 是否能被 2，3，…，√i 整除
      j++;
```

```
        if (j >(int)sqrt((double)i))        //i 是素数
        { cout << i << ",";
          count++;
          if (count%6 == 0) cout << endl; // 控制每一行输出 6 个素数
        }
    }
    cout << endl;
    return 0;
}
```

上面程序中的 sqrt 是 C++ 标准库中计算平方根的函数，它有三个版本（参数类型分别为 float、double 和 long double）。虽然程序 2 比程序 1 改进了一步，但效率仍然不高。这是因为，在 while 循环中，每次计算循环条件的表达式时，程序都要去调用函数 sqrt，而 sqrt((double)i) 的值在 while 循环中是不变的（因为 i 的值不变），因此，每次循环时计算 sqrt((double)i) 是多余的，只要在执行 while 循环前计算一次即可：

```
......
j = 2;
int k=sqrt((double)i);
while (j <= k && i%j != 0)        // 循环：分别判断 i 是否能被 2，3，…，$\sqrt{i}$ 整除
  j++;
if (j > k)                        //i 是素数
......
```

对于在循环中值不变的表达式（如上面的 sqrt），虽然大多数编译程序能够自动对其进行优化（把它们放到循环前计算），但是，在程序中显式地处理它们有时比编译程序优化的效果要好。

【例 3-20】 求级数 $1+x+x^2/2!+\cdots+x^i/i!+\cdots$ 的前 n 项之和。

解：求级数前 n 项之和的问题可处理成：依次计算各项的值 $x^i/i!$（$0 \le i \le n-1$），并把它们加到某个用于求和的变量中去。也可以把这个过程看作一个迭代计算过程，其中，"依次计算……"体现了一个循环，每次循环计算一项的值。由于每一项的值是 x^i 除以 $i!$ 的结果，而 x^i 和 $i!$ 都不能用一个简单的操作来完成，因此它们各自都需要用一个循环来实现。

解决上述问题的具体做法是：从键盘输入两个值，分别放在变量 x 和 n 中；用一个变量 sum 记住部分和，其初始值为 0；用一个循环依次计算每一项的值并把它逐个加到变量 sum 中去；在计算某一项 $x^i/i!$ 时，先用两个循环分别计算 x^i 和 $i!$，然后再计算它们的商。为了方便循环设计，可把 sum 的初始值设为前两项的和，即 $1+x$，然后从第三项开始计算。下面是该程序的基本结构：

```
cin >> x >> n;
sum = 1+x;
for (i=2; i<n; i++)
  sum += xⁱ/i!; // 注意：这里是伪代码！因为 C++ 不能直接计算 xⁱ 和 i!，需要用循环实现
cout << sum;
```

程序 1：

```
#include <iostream>
using namespace std;
int main()
{ double x;
```

```
    int n;
    cout << "请输入 x 和 n: ";
    cin >> x >> n;
    double sum = 1+x;          // sum 用于存储级数的和, 初始化为前两项的和
    for (int i=2; i<n; i++) // 依次计算 x²/2!, …, xⁱ/i!, …, xⁿ⁻¹/(n-1)! 并加到 sum 中
    { int j,a=1;
      double b=x;
      for (j=2; j<=i; j++) a *= j;  // 计算 i!
      for (j=2; j<=i; j++) b *= x;  // 计算 xⁱ
      sum += b/a;                    // 计算 xⁱ/i! 并把它加到 sum 中
    }
    cout << "x=" << x <<",n=" << n << ",sum=" << sum << endl;
    return 0;
}
```

上述程序中计算 $i!$ 和 x^i 的两个循环可以合并为一个循环：

```
for (j=2; j<=i; j++)        // 计算 i! 和 xⁱ
{ a *= j;
  b *= x;
}
```

对上面的程序进行分析发现：每次计算 $i!$ 和 x^i 时都是从头开始的，因而存在大量的重复计算。根据 $i! = i * (i-1)!$ 和 $x^i = x * x^{i-1}$，在计算 $i!$ 和 x^i 时可以利用已计算出的 $(i-1)!$ 和 x^{i-1} 来减少重复计算。

程序 2：

```
#include <iostream>
using namespace std;
int main()
{ double x;
  int n;
  cin >> x >> n;
  int a=1;                  // a 用于存储级数项的分母 i!, 初始化为第二项的分母 1!
  double b=x,               // b 用于存储级数项的分子 xⁱ, 初始化为第二项的分子 x¹
          sum=1+x;          // sum 用于存储级数的和, 初始化为前两项的和
  for (int i=2; i<n; i++) // 依次计算 x²/2!, …, xⁱ/i!, … , xⁿ⁻¹/(n-1)! 并加到 sum 中
  { a *= i;                 // 在 (i-1)! 的基础上计算 i!
    b *= x;                 // 在 xⁱ⁻¹ 的基础上计算 xⁱ
    sum += b/a;             // 计算 xⁱ/i! 并把它加到 sum 中
  }
  cout << "x=" << x <<",n=" << n << ",sum=" << sum << endl;
  return 0;
}
```

程序 2 虽然比程序 1 减少了重复计算，但仍然有可以改进的地方，例如，可以利用 $x^i/i! = (x^{i-1}/(i-1)!) * x/i$ 进一步减少计算量。

程序 3：

```
#include <iostream>
using namespace std;
int main()
{ double x;
  int n;
  cin >> x >> n;
  double item=x,            // item 用于存储级数的项 xⁱ/i!, 初始值为第二项 x¹/1!
```

```
    sum=1+x;                    // sum 用于存储级数的和，初始化为前两项的和
for (int i=2; i<n; i++) // 依次计算 x²/2!，…，xⁱ/i!，…，xⁿ⁻¹/(n-1)! 并加到 sum 中
{ item *= x/i;              // 在 xⁱ⁻¹/(i-1)! 基础上计算 xⁱ/i!
  sum += item;              // 把 xⁱ/i! 加到 sum 中
}
cout << "x=" << x <<",n=" << n << ",sum=" << sum << endl;
return 0;
}
```

程序 3 除了减少计算量外，还有一个好处：当 $x^i/i!$ 不太大，而 x^i 或 $i!$ 很大以至于超出了计算机所能表示的数值范围时，程序 1 和程序 2 不能得出正确的计算结果。由于程序 3 不直接计算 x^i 或 $i!$，而是利用 $x^{i-1}/(i-1)!$ 来计算 $x^i/i!$，因此，对上面的问题有时能得出正确的计算结果。但是，程序 3 会带来精度损失，因为 $x^i/i!$ 基于 $x^{i-1}/(i-1)!$ 的计算结果，而 $x^{i-1}/(i-1)!$ 的计算结果是有精度损失的，并且这样的精度损失还会不断累加。

3.5　无条件转移执行

在进行程序的流程控制时，除了带条件的选择执行和重复执行外，为了提高流程控制的灵活性和效率，往往还需要一些无条件转移控制。C++ 还提供了 goto、break、continue 以及 return 无条件转移语句。下面先介绍前三个语句，return 语句放在第 4 章中介绍。

3.5.1　goto语句

goto 语句的格式如下：

goto< *语句标号* >;

其中，< *语句标号* > 为标识符，它是跟着某个语句一起定义的，其定义格式为：

< *语句标号* >: < *语句* >

上述 < *语句* > 称为带标号的语句。

goto 语句的含义是转向带有相应 < *语句标号* > 的语句去执行。

【例 3-21】　用 goto 语句求 *n*!。

解： 在下面的程序中，用 goto 语句与 if 语句联合来实现循环操作。

```
#include <iostream>
using namespace std;
int main()
{ int n;
  cin >> n;
  int i=1,f=1;
loop:
  f *= i;
  i++;
  if (i <= n) goto loop;
  cout << "factorial of " << n << "=" << f << endl;
  return 0;
}
```

goto 语句一般作为某个 if 语句的子句来使用，但需要注意，goto 语句不能跳过带有初始化的变量定义，例如，下面程序代码中的第一个 goto 语句是非法的：

```
int main()
{ ......
  ... goto L;        // Error
  ......
  int x=0;           // 带初始化的变量定义
  L: ...
  ......
  ... goto L;        // OK
  ......
}
```

上述程序中的第一个 goto 语句之所以是非法的，是因为它可能引起标号 L 后面的语句使用未初始化的变量 x。

C++ 允许用 goto 语句从内层复合语句转到外层复合语句或从外层复合语句转入内层复合语句。一般情况下，程序中很少从外层复合语句转入内层复合语句，而从内层复合语句转到外层复合语句有时会用到。例如，可以用 goto 语句退出多重循环（用 break 语句只能退出一层循环）。

对 goto 语句的使用要慎重，它会破坏程序的一些良好的性质（将在 3.6 节中介绍）。

3.5.2　break 语句

break 语句的格式如下：

```
break;
```

break 语句的含义有两个：

1）结束 switch 语句的某个分支的执行。

2）退出包含它的循环语句。

对于 break 语句在 switch 语句中的使用已经在介绍 switch 语句时给出，这里只介绍 break 语句在循环语句中的使用。

循环语句中 break 语句的含义可以用 goto 语句来解释。例如，对于下面循环语句中的 break 语句：

```
while (...)
{ ......
  ... break;
  ......
}
......
```

可以用下面的 goto 语句来替换：

```
while (...)
{ ......
  ... goto L;
  ......
}
L: ......
```

在循环体中只要执行了 break 语句，就立即跳出（结束）循环，循环体中跟在 break 语句后面的语句将不再执行，程序继续执行循环之后的语句。在循环体中，break 语句一般作为某个 if 语句的子句，用于实现进一步的循环控制。

在基于事件控制的循环中，有时循环条件比较复杂，以至于无法写成一个表达式或即使写成一个表达式也不容易理解，这时，可以把循环条件控制放在几个地方进行描述，其中，在循环条件表达式中给出主要的循环控制描述，而在循环体中进行其他的特殊情况循环控制。例如，判断 *i* 是否为素数的循环也可写成：

```
j = 2;
k = sqrt((double)i);
while (j <= k)
{ if (i%j == 0) break;
  j++;
}
```

当然，上述代码中的主要循环控制是一个计数循环控制，因此，采用 for 语句可能更加清晰：

```
for (j=2,k=sqrt((double)i); j<=k; j++)
  if (i%j == 0) break;
```

另外，对于多重循环，内层循环语句循环体中的 break 语句只能用于结束内层循环语句的执行，要结束外层的循环，则可以用 goto 语句。例如，下面程序中的 break 语句只跳出内层的循环语句（for 语句），并不跳出外层的循环语句（while 语句），而 goto 语句则跳出外层的 while 语句。

```
while (...)          // 外层循环
{ ...
  for (...)          // 内层循环
  {......
    ... break;       // 转到紧接在 for 循环语句后面的语句
    ......
    ... goto L;      // 转到标号为 L 的语句处，即退出 while 循环
  }
  ...
}
L: ......
```

当然，break 语句不是必需的，但是，在有些情况下，如果不使用 break 语句，那么就需要用一些额外的变量记住循环体的执行情况，并在循环条件中用逻辑与（&&）操作增加对这些变量值的判断以对循环进行控制，这将给程序设计带来麻烦。

3.5.3　continue 语句

continue 语句的格式如下：

```
continue;
```

continue 语句只能用在循环语句的循环体中，其含义是：立即结束当前循环，准备进入下一次循环。对于 while 和 do-while 语句，continue 语句将使控制转到循环条件的判断；对于 for 语句，continue 语句将先计算 < 表达式 3>，然后计算 < 表达式 2>，并根据 < 表达式 2> 的计算结果来决定是进入下一次循环还是结束循环。

continue 语句的功能可以用 goto 语句和带标号的空语句来实现，例如，对于下面循环中的 continue 语句：

```
while (...)                    // 对 for 和 do-while 也一样
{ ......
```

```
    ... continue;
    ......                     // 其他操作
}
```

可以替换成下面的 goto 语句:

```
while (...)                    // 对 for 和 do-while 也一样
{ ......
    ... goto end;
    ......                     // 其他操作
    end:;                      // 带标号的空语句
}
```

【例 3-22】　从键盘输入一些非零整数，然后输出其中所有正数的平方根。

解: 这是一个事件控制的循环，循环执行到读入 0 为止。循环中对读入的正数求平方根，而对于负数则不做任何事情。程序如下:

```
#include <iostream>
#include <cmath>
using namespace std;
int main()
{ int x;
  double square_root;
  cout << "请输入若干整数 (以 0 结束): ";
  for (cin>>x; x!=0; cin>>x)
  { if (x< 0) continue;        // 结束本次循环
    square_root = sqrt((double)x);
    cout <<x<< " 的平方根是: " << square_root << endl;
  }
  return 0;
}
```

在上述程序中，当 x 小于 0 时，执行 continue 语句，它使得循环转到继续读入下一个数据（cin>>x），并根据读入的数据是否为 0 来决定是继续下一次循环还是结束循环。

与 break 语句不同的是: continue 语句只结束本次循环的执行，而 break 语句则结束整个循环。与 break 语句相同的是: 循环体中跟在 continue 之后的语句也将不再执行，并且，continue 语句一般也作为循环体中某个 if 语句的子句来使用。例如，下面程序中的 continue 语句将立即结束本次循环，其后面的语句不再执行，直接转到循环条件判断。

```
while (...)
{ ......
  if (b) continue;            // 结束本次循环
    ......                     // 其他操作
}
```

continue 语句也不是必需的。例如，不用 continue 语句，上面的循环体可描述成:

```
while (...)
{ ......
  if (!b)
  { ......                     // 其他操作
  }
}
```

不过，采用 continue 语句有时会使循环体中一些条件性动作的描述更清晰。例如，在循环体计算过程中，可以用 continue 过滤掉一些不符合主计算条件的情况。

```
while (...)
{ ......
  if (b1) continue;
  ......
  if (b2) continue;
  ......
  if (b3) continue;
  ......
}
```

对于上面的循环体，若不采用 continue 语句来描述，将会很麻烦。

3.6　程序设计风格

对于完成同样功能的两个程序来说，存在一个判断它们的好和坏的问题。除了正确性和效率（包括存储效率和执行效率）外，易读性（readability）往往是一个重要的评价标准，它直接影响到程序的易维护性，间接影响到程序的正确性。

程序设计风格（programming style）通常是指对程序进行静态分析所能确认的程序特性，它涉及程序的易读性。例如，采用一致 / 有意义的标识符为程序实体（如变量、函数等）命名、使用符号常量、为程序书写注释、采用代码的缩进格式等，都属于良好的程序设计风格。除此之外，还有其他一些属于程序设计风格范畴的内容，其中，结构化程序设计就是良好程序设计风格的典范。

3.6.1　结构化程序设计

结构化程序设计（Structured Programming，SP）是指"按照一组能够提高程序易读性与易维护性的规则进行程序设计的方法"（F. T. Baker）。它不仅要求所编写的程序结构良好，而且要求程序设计过程也是结构良好的，后者是前者的基础。

对程序设计过程而言，"结构良好"是指采用分解和抽象的方法来完成程序设计任务，它具体体现为"自顶向下、逐步精化"的程序设计过程。也就是说，对于一个复杂问题，首先对其进行分解，通过问题的分解来逐步降低复杂度，这个分解过程一直到分解出的子问题足够简单，能够容易地写出它的程序为止。采用这种方法的好处是：程序易于设计、易于编写、易于阅读、易于调试、易于维护，并易于保证程序的正确性。

对程序而言，"结构良好"是指：

1）每个程序单位应具有单入口、单出口的性质。

2）程序中不包含永不停止执行的语句，程序一定会在有限时间内结束。

3）程序中没有无用语句，程序中的所有语句都有被执行的机会。

结构化程序设计通常可以用三种基本结构来实现，这三种结构是顺序、选择和循环（如图 3-7 所示），它们都具有单入口、单出口的性质。

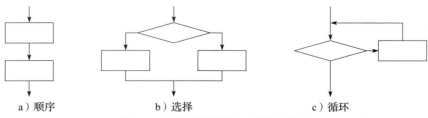

a）顺序　　　　　b）选择　　　　　c）循环

图 3-7　结构化程序的三种基本结构

程序单位具有单入口 / 单出口性质，可以提高各程序单位的独立性，降低它们的耦合度，易于程序的设计、理解、维护以及正确性验证。理论上已证明：任何一个程序都可以用图 3-7 中的三种结构来表达。

3.6.2　关于 goto 语句

goto 语句是一种最原始的程序流程控制语句，它和 if 语句构成了大多数计算机在指令级上的程序流程控制，用 goto 语句和 if 语句可以实现所有的程序流程控制。在早期的程序设计中，goto 语句被广泛地用于程序的流程控制。

关于 goto 语句，计算机界曾进行过激烈的争论，其中，存在以 Dijkstra 为代表的反对派观点（" Goto Statement Considered Harmful "）和以 Knuth 为代表的支持派观点（" Structured Programming with Goto Statements "）。大家普遍认为，goto 语句会使程序的静态结构和动态结构不一致，导致程序难以理解、可靠性下降和不容易维护。从结构化程序设计的角度讲，程序中的每一个结构都应该具有单入口 / 单出口的性质，而 goto 语句会破坏这个性质。因此，结构化程序设计不提倡用 goto 语句。

实际上，goto 语句的使用可以分成两类：一类是向前的转移（forward），另一类是往回的转移（backward）。向前的转移隐含的是分支结构，它可以用 if 语句来实现；而往回的转移则隐含着循环，它可以用 while、do-while 或 for 这些结构化的循环语句来显式地表示。理论上可以证明所有的程序都可以不用 goto 语句来实现，因此，有些程序设计语言（如 Modula-2）中就没有提供 goto 语句。目前，大多数程序设计语言中还保留着 goto 语句，一方面是由历史原因造成的（早期的程序流程控制很多都采用 goto 语句和 if 语句来实现），另一方面，在某些情况下偶尔用一下 goto 语句会给程序设计带来一些便利（如从多重循环的内层循环跳出最外层循环）。

goto 语句一般被认为灵活、高效。灵活有时不一定是好事，特别是当程序的复杂度较高、规模较大时，灵活性会造成程序可靠性的下降。关于高效的问题，由于早期的计算机硬件水平较低，提高程序的效率是人们非常关注的问题，而现代的计算机硬件水平已有很大的提高，大多数情况下，采用 goto 语句所带来的效率的提高已不是很明显，以提高一点效率来牺牲程序的易读性、易维护性和正确性就显得不值得了。

3.7　小结

本章对程序的流程控制进行了介绍，主要知识点包括：
- 语句用于实现对程序执行流程的控制，一系列语句构成了程序的算法描述。
- C++ 语句分为简单语句和结构语句。简单语句包括表达式语句、无条件转移语句和空语句；结构语句包括复合语句、选择执行语句和循环（重复）执行语句。
- 表达式语句由表达式加上一个分号（ ; ）构成。常用的表达式语句是含有赋值、自增 / 自减、输入 / 输出以及函数调用等操作的表达式语句。
- 复合语句由一对花括号（ {} ）括起来的一条或多条语句构成，又称为块（block）。在复合语句中，除了普通语句外，还可以包含局部数据的定义。
- 空语句不做任何事情，用于语法上需要一条语句的地方，而该地方又不需做任何事情。

- 选择执行语句包括 if 语句和 switch 语句。if 语句（又称条件语句）根据一个条件满足与否来决定是否执行某个语句或从两个语句中选择一个语句执行。switch 语句（又称开关语句）根据某个表达式的值在多组语句中选择一组语句来执行。
- 循环（重复）执行语句根据某个条件的满足与否来决定是否重复执行一组语句。循环一般由四个部分组成：循环初始化、循环条件、循环体和下一次循环准备。循环可以分成两大类：计数控制的循环和事件控制的循环。计数控制的循环一般用 for 语句来实现，而事件控制的循环通常用 while 或 do-while 语句来描述。
- 无条件转移语句包括 break 语句、continue 语句和 goto 语句。break 语句用于终止 switch 语句的一个分支或循环语句的循环操作。continue 语句用于结束当前循环的执行，准备进入下一次循环。goto 语句用于转向带标号的语句执行。
- 程序设计风格通常是指对程序进行静态分析所能确认的程序特性，它涉及程序的易读性。
- 结构化程序设计是指按照一组能够提高程序易读性与易维护性的规则进行程序设计的方法。一个结构化程序中的每个部分应具有单入口 / 单出口的性质，它通常由三种结构构成：顺序、分支和循环。按结构化程序设计方法设计出来的程序具有良好的风格。

3.8　习题

1. 编写一个程序，将华氏温度转换为摄氏温度。转换公式为 $c = \dfrac{5}{9}(f - 32)$，其中，c 为摄氏温度，f 为华氏温度。

2. 编写一个程序，将用 24 小时制表示的时间转换为 12 小时制表示的时间。例如，输入 20 和 16（20 点 16 分），输出 8:16pm；输入 8 和 16（8 点 16 分），输出 8:16am。

3. 编写一个程序，分别按正向和逆向输出小写字母 a ～ z。

4. 编写一个程序，从键盘输入一个正整数，判断该正整数为几位数，并输出其位数。

5. 编写一个程序，对输入的一个算术表达式（以字符 '#' 结束），检查圆括号配对情况。输出：配对、多左括号或多右括号。

6. 编写一个程序，输入一个字符串（以字符 '#' 结束），对其中的 ">=" 进行计数。

7. 假定邮寄包裹的计费标准如下（重量在档次之间时往上靠）：

重量（克）	收费（元）
15	5
30	9
45	12
60	14（每满 1000 千米加收 1 元）
60 以上	15（每满 1000 千米加收 2 元）

编写一个程序，输入包裹重量和邮寄距离，计算并输出收费数额。

8. 编写一个程序计算圆周率。可利用公式：

$$\frac{\pi}{4} = 1 - \frac{1}{3} + \frac{1}{5} - \frac{1}{7} + \cdots$$

直到最后一项的绝对值小于 10^{-8}。

9. 编写一个程序，求所有这样的三位数（水仙花数），它们等于各位数字的立方和。例如，下面的 153 就是一个这样的数：

$$153 = 1^3 + 3^3 + 5^3$$

10. 编写一个程序，求 a 和 b 的最大公约数。

11. 现有 1 元、2 元和 5 元的货币（数量不限），请计算购买价值为 n 元的物品，有多少种支付方式（要求输出每一种支付方式）。

12. 编写一个程序，从键盘输入一个正整数，判断该正整数是否为回文数。回文数是指从正向和反向两个方向读数字都一样，例如，9783879 就是一个回文数。

13. 编写一个程序，输出十进制乘法表。

	1	2	3	...	9
1	1	2	3	...	9
2	2	4	6	...	18
3	3	6	9	...	27
⋮	⋮	⋮	⋮	⋮	⋮
9	9	18	27	...	81

14. 说明下面三个用流程图表示的程序可以用图 3-7 中的三种控制结构来表示。

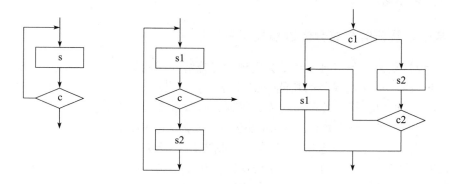

第4章 过程抽象——子程序

当程序变得复杂以后，如果没有手段来控制程序的复杂度，程序设计将会处于"失控"的状态，这将使程序难以设计、理解与维护，并难以保证设计出的程序的正确性。控制复杂度的一个重要手段是抽象，其中，子程序就是一种抽象手段——过程抽象，即用一个名字来代表一段程序代码（子程序），程序中其他地方需要这段代码的时候，只需要写上相应的代码名即可（子程序调用）。子程序的使用者只需要知道相应代码能完成何种功能，而不需要知道功能是如何实现（完成）的，这样，程序设计者可以把精力放在程序的大框架上，不至于被程序的细节所"淹没"，从而使得程序易于设计、理解与维护，并对程序的正确性提供保证。

子程序在程序设计技术发展过程中有着非常重要的地位，并发挥着极其重要的作用。在C++中，子程序称为函数。本章通过C++的函数来介绍有关过程抽象的基本内容和基于过程抽象的程序设计。

4.1 过程抽象概述

4.1.1 基于功能分解与复合的过程式程序设计

人们在设计复杂的程序时，经常会用到功能分解和功能复合两种方法。功能分解是指在进行程序设计时，首先把程序的功能分解成若干子功能，程序功能基于各个子功能来实现，而每个子功能又可以分解成若干子功能，等等，直到最终分解出的子功能相对简单、容易实现为止，从而形成了一种自顶向下（top-down）、逐步精化（step-wise）的设计过程（3.6.1节介绍的内容就体现了这一思想）。功能复合是指先设计子功能，然后把已有的子功能逐步组合成更大的子功能，最后得到完整的系统功能，从而形成一种自底向上（bottom-up）的设计过程。图4-1描述了基于功能分解和复合的程序结构。

采用功能分解和复合的方法进行程序设计往往要基于一种抽象机制——过程抽象（procedural abstraction）或功能抽象（functional abstraction），即一个功能的使用者只需要知道相应的功能是什么，而不必知道该功能是如何实现的。不管是采用功能分解，还是采用功能复合，在实现一个功能时可以先假设它的下层功能都已经实现，这样就可以把精力放在本功能的实现上，避免程序设计者一开始就被程序的各个实现细节所"淹没"，以便程序易于设计、实现与维护，并能对程序的正确性提供保证。过程抽象为解决大型、复杂问题提供了一种重要的手段，

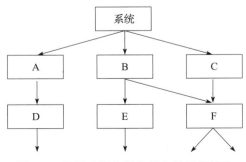

图4-1 基于功能分解和复合的程序结构

它使程序设计者能够驾驭问题的复杂度。

基于功能分解与复合以及过程抽象的程序设计范式称为过程式程序设计。过程式程序设计（procedural programming）是一种以功能为中心、基于功能分解和复合以及过程抽象的程序设计范式。一个过程式程序由一些完成特定功能的子程序构成，每个子程序包含一系列的操作，它们是操作的封装体，实现了过程抽象（子程序的使用者只需要知道它们的功能而不需要知道这些功能是如何实现的）。过程式程序的执行过程体现为一系列的子程序调用。在过程式程序中，数据处于附属地位，它们独立于子程序，在子程序调用时通过参数或全局变量传递给子程序使用。

4.1.2 子程序及子程序间的数据传递

1. 什么是子程序

子程序（sub-program）是拥有名字的一段程序代码，程序中需要这些代码的地方用相应的名字来替代，即按代码名来调用和执行相应的代码。在基于功能分解和复合的程序设计中，各个子功能常常体现为一个子程序，子程序的名字代表了相应的功能。在早期的程序设计中，经常会出现大量的重复代码，重复代码不仅会导致重复劳动、增加程序的长度，而且会给程序的维护带来麻烦，容易造成代码间的不一致性，子程序对减少程序中的重复代码起到了很大的作用。后来，人们渐渐发现，子程序不仅能够减少重复劳动、提高程序代码的复用率、缩短程序的长度和避免代码间的不一致性，它还有一个非常重要的作用——过程抽象（或功能抽象），即代码的名字代表相应代码所完成的功能，代码的使用者只需要知道相应代码能完成何种功能，而不需要知道该功能是如何实现（完成）的。有时，一些子程序在整个程序中只被调用一次，这虽然没有发挥节省代码量的作用，但体现了对程序功能的分解和抽象作用，使程序更易于设计、理解和维护。

子程序在实现过程抽象的同时，也具有封装（encapsulation）和信息隐藏（information hiding）的作用，即子程序内部如何实现对外界是不可见的，这样，子程序的编写者在保证功能不变的前提下，可以改变子程序的实现，这不会影响到使用者。

另外，子程序也为语言功能的扩充提供了支持。一种语言提供的功能毕竟有限（如操作符的个数），对于一些常用的、语言没有提供的功能（如数学函数 sin、cos 等），可以通过预定义一些子程序来实现，然后，用这些子程序构成一个子程序库，程序中需要用到这些功能时，可调用子程序库中的子程序来完成。

2. 子程序间的数据传递

可以把子程序看作一个完成独立子功能的小型程序，它一般也包含数据和对数据的操作两个部分。那么，子程序中的数据从哪里来？子程序的计算结果又被送到哪里去呢？除了从程序外界（如键盘、文件等）获得数据和把计算结果送到程序外界（显示器、文件等）外，大多数情况下，子程序都是从子程序的调用者处获得数据并把计算结果返回给调用者的。这就涉及调用者和被调用者之间的数据传递问题。

子程序之间的数据传递一般采用子程序的参数和返回值机制来实现，调用者以参数的形式把数据传给被调用的子程序，子程序把计算结果通过返回值机制返回给调用者。在定义子程序时需要对它的参数和返回值进行说明，包括参数的个数、参数的类型以及返回值的类型，这里的参数称为形式参数（parameter），简称形参。在调用子程序时，调用者将向子程序的形式参数提供数据，调用者所提供的数据称为实在参数（argument），简称实参。

随着子程序概念的产生，各种参数传递机制纷纷出现，其中，较常用的参数传递机制是值传递和地址 / 引用传递。

（1）值传递

值传递（call-by-value）是指在子程序调用时，把实在参数的值传给相应的形式参数，在子程序中通过形式参数直接访问调用者提供的数据。值传递的不足之处在于：当要传递的数据量较大时，这种参数传递机制的效率不高，它需要为形式参数分配空间并把实在参数的值复制给形式参数。

（2）地址 / 引用传递

地址 / 引用传递（call-by-reference）是指在子程序调用时，把实在参数的地址传给相应的形式参数，在子程序中通过形式参数间接访问调用者提供的数据。地址 / 引用传递的优势在于：一方面它能够提高参数传递的效率，另一方面，除了可以通过子程序返回值机制返回计算结果外，还可以利用地址 / 引用参数传递机制把子程序的执行结果通过参数返回给调用者。地址 / 引用参数传递的不足之处在于：子程序中往往要采用间接方式来访问传递的数据，这可能会造成数据访问效率的下降。另外，地址 / 引用传递也使得子程序能通过形式参数来改变实在参数的值，从而会导致子程序产生副作用问题（将在 5.5.3 节和 5.6.2 节中详细介绍）。

4.2 C++ 函数

子程序是一个重要的程序设计机制，大多数程序设计语言都提供了支持子程序的语言成分，在 C++ 中，用于实现子程序功能的语言成分称为函数（function）。

需要注意的是，C++ 中的函数与数学上的函数是有区别的，主要体现在：

- 数学上的函数是集合之间的一个映射，每个函数都会有参数并且会得到一个结果，而 C++ 中的函数可以没有参数，也可以没有返回结果；
- 数学上的函数是引用透明的，即函数的计算结果仅依赖于输入的参数值，以相同的参数调用同一个函数总会得到相同的结果，而有些 C++ 函数可能出现用同样的参数值去调用它们会得到不同值的情况；
- 数学上的函数是没有副作用的，即函数不会改变环境的值，而有些 C++ 函数可能会改变调用者的数据。

4.2.1 函数的定义

除了 C++ 标准库中的函数外，C++ 程序中用到的每个函数都要在程序中给出它们的定义。函数定义的格式为：

< 返回值类型 >< 函数名 > (< 形式参数表 >) < 函数体 >

< 返回值类型 > 描述了函数计算结果所属的类型，它可以是任意的 C++ 数据类型。当返回值类型为 void 时，表示函数不产生计算结果。

< 函数名 > 用于给出函数的名字，用标识符表示。

< 形式参数表 > 对函数用于接收数据的变量进行描述，它由零个、一个或多个形参说明（用逗号隔开）构成，形参说明的格式为：

<*类型*><*形参名*>

其中的<*形参名*>是形式参数的名字，用标识符表示；<*类型*>为形式参数的类型。

<*函数体*>为一个复合语句，用于实现相应函数的功能。在作为函数体的复合语句中可以包含 return 语句，当函数体执行到 return 语句时，函数立即返回到调用者。return 语句的格式为：

return <*表达式*>;

或

return;

第一种格式的 return 语句用于<*返回值类型*>不为 void 的函数的返回控制，其中<*表达式*>的值将作为函数返回值返回给调用者，如果 return 语句中<*表达式*>的类型与<*返回值类型*>不同，则进行隐式类型转换，转换原则是：把<*表达式*>的值转换成函数的<*返回值类型*>。第二种格式的 return 语句用于<*返回值类型*>为 void 的函数的返回控制。对于<*返回值类型*>为 void 的函数，其函数体中也可以没有 return 语句，这时，函数体执行完最后一个语句后自动返回调用者。需要注意的是，在函数体中不能用 goto 语句来转出该函数体。

【例 4-1】 编写一个求 $n!$ 的函数。

解：我们已经在第 3 章中给出了求阶乘的程序，这里用一个函数来实现。

```
int factorial(int n)
{ int f=1;
  for (int i=2; i<=n; i++) f *= i;
  return f;
}
```

该函数从调用者那里获得一个整数 n，然后迭代计算 $n!$，将结果放在变量 f 中，最后把变量 f 的值作为计算结果返回给调用者。

【例 4-2】 编写一个求 x^n 的函数，其中，x 为 double 类型，n 为整数类型。

解：C++ 语言本身没有提供能够完成 x^n 计算的操作，这时，可以在程序中定义一个函数来实现。（实际上，在 C++ 的标准库中提供了相应的函数。）

```
double power(double x, int n)
{ if (x == 0) return 0;
  double product=1.0;
  if (n >= 0)
    while (n > 0)
    { product *= x;
      n--;
    }
  else
    while (n < 0)
    { product /= x;
      n++;
    }
  return product;
}
```

上述函数需要两个参数 x 和 n，函数中根据这两个参数的值计算 x^n，并把变量 product

中的计算结果作为返回值返回给调用者。

函数也可以没有返回值，这样的函数往往实现一些输出功能，如把调用者提供的数据经过加工之后输出到显示器、打印机、文件或数据库。

【例 4-3】　编写一个函数，该函数根据调用者提供的成绩数据显示：优、良、中、及格和不及格。

解：程序如下：

```cpp
void display_message(int score) //返回值类型为 void 表示没有返回值
{ if ( score >= 90 )
    cout << "优" << endl;
  else if (score >= 80)
    cout << "良" << endl;
  else if (score >= 70)
    cout << "中" << endl;
  else if (score >= 60)
    cout << "及格" << endl;
  else
    cout << "不及格" << endl;
  return;
}
```

该函数没有返回值，它只是为调用者显示一些信息，其中的 return 语句将把控制返回给调用者，这里的 return 语句可以省略。

每个 C++ 程序中都要定义一个名字为 main 的函数，C++ 程序的执行是从函数 main 开始的。对于函数 main，其返回值类型为 int，参数往往省略不写。例如，函数 main 一般定义如下：

```cpp
int main()
{ ......
... return -1;
  ......
  return 0;
}
```

函数 main 通过返回值把整个程序的执行情况告诉调用者（通常为操作系统），一般情况下，返回 0 表示程序正常结束，返回负数（如 –1）表示程序非正常结束。在函数 main 中也可以不写 return 语句，这时，函数 main 执行完其最后一条语句后自动执行一条 "return 0;" 语句。由于操作系统一般会忽略 main 的返回值，因此在 C++ 的一些实现中也允许把函数 main 定义成无返回值（返回值类型为 void）。不过，一个程序有时是由另一个程序（非操作系统）来启动并执行的，后者往往需要知道前者的执行情况，这时，前者的函数 main 就应该在结束时将相应的反映其执行状况的值返回给后者。

4.2.2　函数的调用

对于定义的一个函数，必须要调用它，它的函数体才会执行。需要注意的是，不能用 goto 语句转入函数体。

函数调用的格式如下：

< 函数名 >(< 实在参数表 >)

其中，*< 函数名 >* 为已定义的一个函数的名字；*< 实在参数表 >* 是传给函数的数据描述，它由零个、一个或多个实在参数（用逗号分隔）构成，每个实在参数都是一个表达式（如果表达式中有逗号操作符，则应该用圆括号把逗号表达式括起来），它们的个数和类型一般应与相应函数的形参相同。

【例 4-4】 求阶乘函数的定义及其调用。

解： 下面的程序给出了函数定义及其调用的情况。

```cpp
#include <iostream>
using namespace std;
int factorial(int n)   // 阶乘函数的定义
{ int f;
  for (f=1; n >= 2; n--) f *= n;
  return f;
}
int main()
{ int x;
  cout << " 请输入一个正整数: ";
  cin >> x;
  cout << "Factorial of " << x << " is "
       << factorial(x) // 调用阶乘函数
       << endl;
  return 0;
}
```

在上面的函数 main 中调用函数 factorial 计算 x 的阶乘，并输出该函数返回的结果。在该程序中，函数 factorial 的实现与例 4-1 中的实现有些不同，它省略了一个局部变量 i，直接在形参 n 上实现乘数的改变。

对于有返回值的函数调用，可以把函数调用作为操作数放在表达式中参加运算。例如：

```cpp
x+power(x,y)*z
```

对于无返回值的函数（函数返回类型为 void）调用，函数需单独加上分号（；）构成语句来使用。例如：

```cpp
display_message(85);
```

在 C++ 中，函数调用过程按以下步骤进行：

1）计算实参的值（对于多个实参，C++ 中没有规定它们的计算次序）；

2）把实参分别传递给被调用函数的相应形参；

3）执行函数体；

4）函数体中执行 return 语句返回函数调用点，调用点获得返回值（如果有返回值）并执行调用之后的操作。

除了函数 main 外，程序中其他函数的调用也是从 main 中开始的，而函数 main 一般通过操作系统提供的应用程序运行机制由操作系统来调用。一个 C++ 程序从函数 main 开始执行，直到函数 main 返回时结束。在有些极端情况下（如程序运行时发现异常），在程序的任何地方都可以通过调用 C++ 标准库中的函数 exit 或 abort 来终止程序的执行。

需要注意的是，程序中调用的所有函数都要有定义。如果在调用点没有见到被调用函数的定义（可能定义在调用点的后面，或定义在其他源文件中，或定义在 C++ 的标准库中），则在调用前需要对被调用的函数进行声明。函数声明可采用函数原型（function prototype）来表示，格式如下：

< 返回值类型 >< 函数名 >(*< 形式参数表 >*)；

在函数声明中，*< 形式参数表 >* 中可以只列出形参的类型而不写形参名。例如，假设函数 power 是在其他地方定义的，则在使用它之前需要对它进行声明：

```cpp
#include <iostream>
using namespace std;
double power(double x, int n); // 函数声明，也可写成：double power(double, int);
int main()
{ double a;
  int b;
  cout << "请输入 a 和 b: ";
  cin >> a >> b;
  cout << a << "的" << b << "次方是: " << power(a,b) << endl;
  return 0;
}
```

在 C++ 中，函数声明也可以采用下面的 C 语言形式：

extern *< 返回值类型 >< 函数名 >*(*< 形式参数表 >*)；

函数声明的作用是为编译程序提供信息，使得编译程序能够对函数调用的合法性（如实参的个数以及类型是否与形参一致等）进行检查，并生成正确的函数调用代码。当实参的个数与形参的个数不等时，编译程序会指出错误；当实参的类型与相应形参的类型不同时，如果能进行转换，则编译程序会自动进行隐式转换（把实参的值转换为形参类型），否则，编译程序会指出类型不相容错误。编译程序提供的隐式类型转换有时可能是不安全的，如把 double 转换成 int，这时，编译程序往往会给出"警告"。

函数作为一种过程抽象机制，在 C++ 所支持的基于功能分解和抽象的过程式程序设计中发挥了重要的作用。

【例 4-5】 用函数实现求小于 *n* 的所有素数。

解： 该问题实际上包含两个子问题：判断某个数是否为素数和输出识别出的素数。例 3-19 的解决方案把主要问题和各个子问题混在一起解决，不仅使程序难以设计，而且使程序理解起来比较困难。我们可以用两个函数来分别解决这两个子问题，在解决主要问题的过程中先假设这两个函数已编写好，在需要它们的地方调用这两个函数即可，在主问题解决后再去考虑如何实现这两个函数，这样将使程序易于设计和理解。

```cpp
#include <iostream>
#include <cmath>
using namespace std;
bool is_prime(int n);                   // 该函数判断 n 是否为素数
void print_prime(int n, int count);     // 该函数输出素数 n，count 是已输出的素数个数
// 上面给出的是 is_prime 和 print_prime 两个函数的声明，先不考虑它们的实现细节
int main()
{ int n,count=1;                        // count 用于对找到的素数进行计数
  cout << "请输入一个正整数: "
  cin >> n;                             // 从键盘输入一个正整数
  if (n < 2) return -1;
  cout << 2 << ",";                     // 输出第一个素数
  for (int i=3; i<n; i+=2)
  { if (is_prime(i))                    // 调用函数 is_prime 来判断 i 是否为素数
    { count++;                          // 把找到的素数的个数加 1
      print_prime(i,count);             // 调用函数 print_prime 输出素数 i
```

```
    }
  }
  cout << endl;
  return 0;
}
// 下面再给出 is_prime 和 print_prime 两个函数的实现
bool is_prime(int n)                     // 判断 n 是否为素数
{ int i,j;
  for (i=2, j=sqrt((double)n); i<=j; i++)
    if (n%i == 0) return false;
  return true;
}
void print_prime(int n, int count)       // 输出素数 n，并保证一行只输出 6 个素数
{ cout << n << ',';
  if (count % 6 == 0) cout << endl;
}
```

在上面的程序中，函数 is_prime 用于判断某个数是否为素数；函数 print_prime 用于输出某个素数。可以看出，本程序比例 3-19 的程序在结构上要清晰得多。

4.2.3　通过参数向函数传数据的值——值参数传递

在函数定义时需要指出参数传递方式。C++ 提供了两种参数传递方式，即值传递和地址 / 引用传递，C++ 默认的参数传递方式是值传递。下面先介绍 C++ 的值参数传递方式，地址 / 引用传递将在 5.5.3 节和 5.6.2 节中介绍。

在值传递方式中，形参不需特别说明，实参可以是一个表达式。在进行函数调用时，首先计算各实参表达式的值，然后把实参的值通过类似于对变量进行初始化的形式传递给相应的形参，必要时根据形参的类型对实参的值进行类型转换。在函数执行过程中，通过形参获得实参的值，函数体中对形参值的更改不会影响相应实参的值。

【例 4-6】　函数调用的值参数传递过程。

解： 下面的程序中调用例 4-2 中定义的函数 power 计算 a^b。

```
#include <iostream>
using namespace std;
double power(double x, int n)
{ ...... // 参见例 4-2
}
int main()
{ double a=3.0,c;
  int b=4;
  c = power(a,b);
  cout << a << "," << b << "," << c << endl;
  return 0;
}
```

上述函数调用的参数传递过程是：

1）执行 main 时，产生三个变量（分配内存空间）a、b 和 c：

a | 3.0 　　　　b | 4 　　　　　　c | ?

2）调用 power 函数时，又产生三个变量 x、n 和 product，然后分别用 a、b 以及 1.0 对它们进行初始化：

| a | 3.0 | b | 4 | c | ? |
| x | 3.0 | n | 4 | product | 1.0 |

3）函数 power 中的循环结束后（函数返回前）：

| a | 3.0 | b | 4 | c | ? |
| x | 3.0 | n | 0 | product | 81.0 |

4）函数 power 返回后：

| a | 3.0 | b | 4 | c | 81.0 |

从上面的参数传递过程我们可以看到：在函数 power 被调用时，实参变量 a 和 b 的值分别传给了形参变量 x 和 n，在函数 power 的执行过程中不再涉及变量 a 和 b，而是通过 x 和 n 获得调用者传来的值，即使在函数 power 的执行过程中更改 x 和 n 的值（例如，n 的值被更改为 0），也不会影响 a 和 b 的值。因此，上述程序的输出结果为：3.0，4，81.0。

需要注意的是，在 C++ 的函数调用中，如果有多个实参要传给函数，而每个实参都是表达式，这时，C++ 并没有规定这些实参表达式的计算次序，实际的计算次序由具体的编译程序来决定。例如，对于函数调用 power(a+3,b/2)，C++ 没有规定 a+3 和 b/2 哪个先计算。当然，如果实参表达式没有副作用，则先计算哪个都一样。但是，当实参表达式有副作用时，实参表达式的计算次序将会影响到传递给形参的值。例如，对于函数调用 f(++x,x)，假设调用前 x 的值为 1，如果先计算 ++x，则相应的形参将分别得到值：2 和 2，否则相应的形参将分别得到 2 和 1。因此，应避免写出与实参计算次序有关的函数调用。对于上面的问题，可以采用下面的显式方式来解决：

```
++x;
f(x,x)
```

或

```
y = x;
++x;
f(x,y);
```

4.3 变量的局部性

函数除了具有抽象的作用以外，还具有封装的作用，函数的封装性使得在一个函数内部定义的任何程序实体（包括变量、常量、语句及语句标号等）在函数外是不可见的，这些程序实体只能在相应的函数内部使用。下面通过变量来介绍程序实体所具有的局部性特点。

4.3.1 局部变量与全局变量

在 C++ 中，根据变量定义的位置，可以把变量分为局部变量和全局变量。

1. 局部变量

局部变量（local variable）是指在复合语句中定义的变量，只能在定义它们的复合语句中使用。函数体是一个复合语句，在函数体中定义的变量只能在定义它们的函数体中使用。函数的形式参数也可被看作局部变量，它们也只能在相应的函数中使用。另外，如果复合语句中还包含复合语句，则外层复合语句中定义的局部变量可以在内层复合语句中使用，反之不行。例如，下面的程序片段体现了变量的局部性：

```
void f()
{ int y;                 // y是函数f的局部变量，只能在函数f中使用
  ... y ...              // OK
  ... x ...              // Error，x是函数main的局部变量
}
int main()
{ int x;                 // x是函数main的局部变量，只能在函数main中使用
  ... x ...              // OK
  f();
  ... y ...              // Error，y是函数f的局部变量
  while (...)
  { int z;               // z是while语句的局部变量，只能在while语句中使用
    ... z ...            // OK
    ... x ...            // OK，可以使用外层的局部变量
  }
  ... z ...              // Error，z是while语句的局部变量
  ......
}
```

在上面的程序中，由于变量 x 是在函数 main 中定义的，它属于函数 main 的局部变量，因此，在函数 f 中使用它是非法的。同理，在函数 main 中使用在函数 f 中定义的局部变量 y 也是非法的；z 是在 while 语句的循环体（内层复合语句）中定义的局部变量，在 while 语句外是不能使用的。

局部变量可以定义在复合语句中的任何位置，但需要注意的是，在局部变量定义位置之前的语句中是不能使用它们的（参见 4.4.2 节中关于局部作用域的介绍）。

2. 全局变量

全局变量（global variable）是指在函数外部定义的变量，它们一般能被程序中的所有函数访问，可以实现信息在各函数之间的共享。例如，下面程序中定义的变量 x 就是全局变量，可以在所有函数中使用：

```
#include <iostream>
using namespace std;
int x=0;                 // 全局变量
void f()
{ x++;                   // OK，把全局变量x的值加1
}
void g()
{ x++;                   // OK，把全局变量x的值加1
}
int main()
{ f();
  g();
  x++;                   // OK，把全局变量x的值加1
  cout << x << endl;     // OK，输出3
  return 0;
}
```

全局变量可以定义在函数外的任何地方，如果在使用一个全局变量时未见到它的定义

（可能定义在使用点的后面，或定义在其他源文件中，或定义在 C++ 的标准库中），则在使用前需要对该全局变量进行声明。全局变量声明的格式为：

```
extern <类型><变量名>;
```

例如，在下面的程序中，由于全局变量 x 在函数 f 之后定义，因此，在函数 f 中使用变量 x 前需要对其进行声明：

```
void f()
{ extern int x;      // 对全局变量 x 的声明
  ... x ...          // 访问全局变量 x
}
int x=0;             // 全局变量 x 的定义
int main()
{ ... x ...          // 访问全局变量 x
}
```

由于在函数 main 中使用全局变量 x 时已经见到变量 x 的定义，因此不需要再对 x 进行声明。实际上，变量定义本身也属于一种声明，称为定义性声明，为了描述方便，在本教程后面的内容中，如果没有专门指出，声明一概指非定义性声明。

变量声明的作用是使编译程序能对变量的操作进行类型检查以及生成高效的可执行代码。虽然变量定义与声明都能为编译程序提供所需要的信息，但它们是有区别的。

- 变量定义会为变量分配空间，变量声明则不会。
- 变量定义会给变量赋初值（对变量进行初始化），变量声明则不会。如：

```
int a=1,b=2,c=3;     // OK
extern int d=4;      // Error
```

- 在整个程序中，一个变量的定义只能有一个，而对该变量的声明可以有多个。

全局变量一方面可以实现函数之间的数据共享，另一方面也可以实现函数之间的数据传递，即调用者在调用函数前，把要传递给函数的数据存入一些全局变量中，被调用的函数执行时从这些全局变量中获得调用者提供的数据。另外，也可以把函数的计算结果放到这些全局变量中返回给调用者。但是，以全局变量的方式在函数间传递数据有很多缺点。首先，这会使得函数紧紧地依赖于这些全局变量，从而破坏函数的独立性，造成函数不能被独立地编写、理解、测试、调试和维护。其次，由于全局变量被很多函数所共享，因此，以全局变量传递数据也会带来安全问题，一个函数对全局变量的错误操作将影响其他用到该全局变量的函数的正确执行。最后，通过全局变量在函数之间传递数据也会带来程序设计者未意识到的函数副作用问题。

函数的副作用（function side-effect）是指函数在执行中改变了非局部变量的值。函数副作用有时会带来不好的效果，它会造成被调用的函数修改了调用者使用的数据，而这些数据在函数调用完之后调用者可能还需要用，这样就会导致调用者的功能在调用完函数后无法正确执行。例如，在下面的程序中，函数 f 改变了全局变量 x 的值，从而导致设计者可能未预料到的错误：

```
......
int x;
int f(int y)
{ int z;
  z = x*y;           // 使用 x 的值
```

```
  x++;                          // 改变了 x 的值
  return z;
}
int main()
{ x = 10;
  cout << x+f(2) << endl;       // 输出: 31
  return 0;
}
```

在上面的程序中，调用函数 *f* 时通过全局变量 *x* 把 10 传递给函数 *f*，但在函数 *f* 的执行中改变了 *x* 的值，这就使得 *x*+*f*(2) 的计算结果为 31，而设计者预期的值可能是 30，从而导致了错误！因此，在程序设计中，应尽量不要使用全局变量在函数之间传递数据！

4.3.2　变量的生存期（存储分配）

变量是内存空间的一种抽象，在程序运行时，程序中定义的每个变量都会有与之对应的内存空间。变量虽然拥有内存空间，但何时为变量分配内存空间要根据变量的性质（全局变量或局部变量）来定。通常把一个变量在程序运行时占有内存空间的时间段称为该变量的生存期（lifetime）。

C++ 把变量的生存期分为静态生存期、自动生存期和动态生存期。具有静态生存期的变量，它们的内存空间从程序开始执行时就进行分配，直到程序结束才收回分配给它们的内存空间，全局变量就具有静态生存期。具有自动生存期的变量，它们的内存空间在程序执行到定义它们的复合语句（包括函数体）时才分配，当定义它们的复合语句执行结束时，分配给它们的内存空间被收回，局部变量和函数的形式参数一般具有自动生存期。具有动态生存期的变量，其内存空间需要在程序中显式地用 new 操作或调用库函数 malloc 来进行分配并用 delete 操作或调用库函数 free 来收回，这样的变量称为动态变量（将在 5.5.4 节中介绍）。

例如，在下面的程序中，变量 *z* 具有静态生存期，而变量 *m*、*n*、*x*、*y* 则具有自动生存期：

```
int z;                    //z 具有静态生存期
void f(int m)             //m 具有自动生存期
{ int x;                  //x 具有自动生存期
  ......
  while (...)
  { int n;                //n 具有自动生存期
    ......
  }                       //n 的生存期结束
  ......
}                         //m、x 的生存期结束
int main()
{ int y;                  //y 具有自动生存期
  ......
  f(y);                   // 调用函数 f
  ......
}                         //y 的生存期结束
```

在定义局部变量时也可以为它们加上存储类修饰符——auto[⊖]、static 或 register 来显式

⊖　在 C++ 新国际标准中，auto 有新的含义，即在定义一个变量时可以不指定它的类型，由编译器根据初始化的值自动确定它的类型，如在 "auto x=1+2*3.4;" 中定义的变量 *x*，编译程序把它的类型认定为 double。

地指出它们的生存期。局部变量的默认存储类为 auto，即在定义局部变量时，如果未指定其存储类，则该局部变量的存储类默认为 auto。定义为 auto 存储类的局部变量具有自动生存期；定义为 static 存储类的局部变量具有静态生存期；定义为 register 存储类的局部变量也具有自动生存期，它与 auto 存储类的局部变量的区别是：register 存储类建议编译程序把相应的局部变量的空间分配在 CPU 的寄存器中，其目的是提高对局部变量的访问效率。例如，在下面的程序中，x 具有自动生存期，y 具有静态生存期，z 具有自动生存期（建议编译程序把其存储空间分配在 CPU 的寄存器中）：

```cpp
void f()
{ auto int x=0;          // x 具有自动生存期，auto 可以省略
  static int y=0;        // y 具有静态生存期
  register int z=0;      // z 具有自动生存期，并建议编译程序把其空间分配在 CPU 寄存器中
  ......
}
```

需要注意的是，具有 register 存储类的局部变量的存储空间可能在 CPU 的寄存器中，也可能在内存中，这要由编译程序根据 CPU 寄存器的数量和使用情况来决定。当然，对于 auto 存储类的局部变量，也不排除编译器可能会根据它们的使用频率进行 register 的存储优化（把它们的空间放在寄存器中）。

自动的局部变量起到节省内存空间的作用，当包含 auto 存储类局部变量的函数调用结束后，其中自动局部变量的内存空间就被收回了，可将收回的内存空间分配给其他函数或本函数下一次调用时的自动局部变量使用（可参见 4.3.3 节）。

static 存储类的局部变量的作用是能在函数调用时获得上一次调用结束时该局部变量的值，即 static 存储类使得某些局部变量的值能在函数多次调用之间得以保留。例如，在下面的程序中，y 是函数 f 的一个 static 存储类的局部变量：

```cpp
#include <iostream>
using namespace std;
int z=0;
void f()
{ int x=0;               // x 具有自动生存期，每次进入 f 时都要对其进行初始化
  static int y=0;        // y 具有静态生存期，只在第一次进入 f 时对其进行初始化
  x++;
  y++;
  z++;
  cout << "x=" << x << ",y=" << y << ",z=" << z << endl;
}
int main()
{ f();                   // 第一次调用时，y 的初值为 0
  f();                   // 第二次调用时，y 的初值为 1
  ...... z ......        // OK
  ...... y ......        // Error，y 是函数 f 的局部变量
  return 0;
}
```

上述程序的输出结果为：

```
x=1,y=1,z=1
x=1,y=2,z=3
```

需要注意的是：如果在一个 static 存储类的局部变量定义中给出了初始化，则该初始化

只在第一次函数调用时进行，以后的函数调用中不再进行初始化，它的值为上一次函数调用结束时的值。虽然全局变量也能起到 static 存储类局部变量的作用，但 static 存储类的局部变量受到函数封装的保护，即它只能在定义它的函数中使用。例如，在上述程序的函数 main 中可以使用全局变量 z，但不能使用函数 f 中定义的局部变量 y。

【例 4-7】 编写一个能够产生随机数的函数。

解： 产生随机数的常用方法是线性同余法（linear congruential method）。在线性同余法中根据下面的公式算出随机数序列 r_k：

```
rₖ = (multiplier*rₖ₋₁+increment)%modulus
```

其中，r_{k-1} 为前一个随机数，r_k 为要计算的随机数，modulus 指出了随机数的范围。通过仔细选择 multiplier 和 increment 的值可以得到很好的随机数序列，这里，我们使用下面的值：

$$modulus = 2^{16} = 65536$$
$$multiplier = 25173$$
$$increment = 13849$$

上述取值在 32 位及 32 位以上的计算机上不会导致计算溢出。由于该方法在得到 r_{k-1} 后总能预测出 r_k 的值，因此，该方法产生的随机数不是真正意义上的随机数，而是一种伪随机数。

根据上述思想设计的随机数函数如下：

```
unsigned int random_num()
{ static unsigned int seed=1;
  seed = (25173*seed+13849)%65536;
  return seed;
}
```

在上述函数中，局部变量 seed 的存储类定义为 static，这样就使得在计算新的随机数时能用到上一个随机数的值。seed 的初始值称为种子，可以把它设成任意值，不过，种子的取值将决定后续的随机数序列。

在 C++ 程序中，定义一个变量时如果没有进行初始化，则对于具有静态生存期的变量（全局变量和 static 存储类的局部变量），编译程序将隐式地自动把它们按位模式初始化为 0；对于其他变量，编译程序不会对它们进行初始化，它们的初始值为分配给它们的内存空间中已有的值，这个值是不确定的。因此，对变量（不管什么变量）显式地进行初始化是一种良好的习惯，可以避免程序因使用了未初始化的变量值而导致程序行为不确定的问题。

当一个程序准备运行时，操作系统将为其分配一块内存空间，其中包括四个部分：静态数据区（static data）、代码区（code）、栈区（stack）和堆区（heap，或称自由存储区，free store）。图 4-2 给出了程序的内存分配情况，各个部分在内存中的次序可能因不同的操作系统会有所不同。在程序的内存空间中，静态数据区用于全局变量、static 存储类的局部变量以及某些常量的内存分配；代码区用于存放程序的指令，对 C++ 程序而言，代码区存放的是所有函数代码；栈区用于 auto 存储类的局部变量、函数的形式参数以及函

静态数据区
代码区
栈区
堆区

图 4-2　程序的内存分配示意图

数调用时有关信息（如函数返回地址等）的内存分配；堆区用于动态变量的内存分配。程序的静态数据区和代码区的大小是固定的，而栈区和堆区的大小则是用户可以设置的，不过，操作系统通常会对程序的栈区和堆区空间的最大值有一定的限制。

*4.3.3　基于栈的函数调用

函数调用通常是通过程序的栈空间来实现的。在 C++ 中进行函数调用时，首先在栈空间中为被调用函数的形参和函数返回地址分配空间，并将实参的值和调用后的返回地址放入所分配的栈空间中，然后在栈空间中为被调用函数的自动存储类的局部变量分配空间。在被调用函数的执行过程中，从栈空间中获得调用者提供的数据；被调用函数执行结束后，首先释放局部变量所占的栈空间，然后根据栈空间中的函数返回地址返回到函数的调用点，并释放存储返回地址和形参的栈空间，继续执行调用之后的操作。由此可见，栈空间的分配情况会随着函数的调用和返回不断地变化。下面通过一个例子来说明栈空间随着函数调用的变化情况。

【例 4-8】　函数调用期间栈的变化情况。

解：下面的程序包含四个函数，即 main、*f1*、*f2*、*f3*，它们分别定义如下：

```
void f1(int x1)
{ int a1;
  ......
}
void f2(int x2)
{ int a2;
  ......
  f1(1);
  ......
}
void f3(int x3, int x4)
{ int a3;
  ......
}
int main()
{ int a;
  f2(2);
  f3(3,4);
  return 0;
}
```

在上面的程序中，函数 main 将调用函数 *f2* 和 *f3*，在函数 *f2* 中还会去调用函数 *f1*。下面是上述程序在执行过程中栈空间的变化情况，其中，top 用于记录栈空间中已分配的内存位置。

1）在 main 执行前：

2）在 main 执行中，调用 *f2* 前：

3）在 main 中调用 $f2$ 后、在 $f2$ 中调用 $f1$ 前：

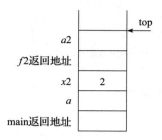

4）在 $f2$ 中调用 $f1$ 后、$f1$ 返回前：

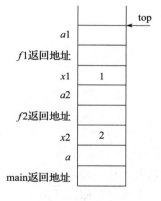

5）$f1$ 返回到 $f2$ 后、$f2$ 返回 main 前：

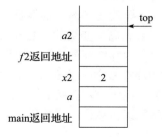

6）$f2$ 返回到 main 后、调用 $f3$ 前：

7）main 调用 *f*3 后、*f*3 返回前：

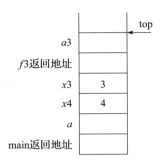

8）*f*3 返回到 main 后、main 返回前：

9）main 返回后：

在上述的例子中没有考虑函数返回值的实现。一般情况下，如果函数的返回值为简单数据类型，则返回值通常放在 CPU 的某个寄存器中；否则，返回值将存储到一块临时内存空间中，这个临时内存空间位于调用者的栈空间中，在函数调用时，调用者把这块空间的地址传递给被调用者，被调用者通过这个地址存储返回值。

栈空间一方面被各个函数共享，另一方面也对函数调用的深度（嵌套调用）有所限制，即函数嵌套调用的层次不是任意的，过深的函数嵌套调用层次会造成栈空间不足，出现"栈溢出"（stack overflow）错误，从而导致程序的异常终止。除此之外，由于受到栈空间的限制，在设计程序时，需要处理好形参和局部变量的个数与大小，特别是，不应把大的结构按值传递给函数以及不应该把需要很大内存空间的变量（如很大的数组）定义为局部变量。

需要注意的是，不同的编译程序在栈空间的安排（形参、返回地址、局部变量等的存储次序）上会有所不同，一般情况下，程序中不必关心上述栈的具体分配情况，但是，如果要进行混合语言编程，则需要考虑不同语言在栈空间使用上的差别。

4.4　程序的多模块结构

4.4.1　程序的模块化

逻辑上，一个程序由一些程序实体的定义构成，这些程序实体可以是常量、变量、函数等。为了便于对程序进行组织和管理以及便于多人合作开发一个程序，同时，为了避免对程序的一点修改导致整个程序的重新编译，我们常常会从物理上把一个程序所包含的程序实体进行分组，以构成若干模块。一个模块（module）由一组相关的程序实体的定义构成，这里的"相关"通常是指这些实体共同完成一个功能或使用相同的数据，各个模块可以分别进行编写和编译。

对程序的逻辑单位进行分组体现了程序设计的模块化（modularity）概念。模块化是组织大型程序的重要手段，也是保证软件质量的有力措施。模块化能降低程序的复杂度，使得程序易于设计、理解、维护和复用，并能提高程序的正确性。模块划分的基本原则是：模块内部的内聚性最大、模块之间的耦合度最小。模块的内聚性（cohesion）是指模块内部各个实体之间的关联程度；模块的耦合度（coupling）是指各个模块之间的依赖程度。内聚性最大、耦合度最小带来的好处是模块具有较高的独立性，它使程序易于设计、理解与维护，并且可以保证程序的正确性。

一个程序模块通常包含两个部分：接口和实现。模块接口（module interface）给出在本模块中定义的、提供给其他模块使用的一些程序实体的定义和声明；模块实现（module implementation）给出了模块中所有程序实体的定义。接口在模块的设计者和使用者之间起到了一种约束作用，模块的使用者按照模块的接口来使用该模块所提供的功能，模块的实现者依据规定的模块接口来进行实现。

对 C++ 程序而言，一个 C++ 程序逻辑上由全局常量、全局变量、函数以及类型等程序实体的定义构成，其中必须有且仅有一个名字为 main 的函数。在 C++ 函数内部可以定义形参、局部常量、局部变量等，但不能再定义函数！例如下面的 C++ 程序：

```
int x=1;          // 全局变量
double y=2.0;     // 全局变量
int f()           // 函数
{ ......           // 其中用到 x、y
}
void g()          // 函数
{ ......
}
int main()        // 函数
{ ......           // 其中用到 x、y、f 和 g
}
```

在物理上，我们通常可以对构成 C++ 程序的各个程序单位（全局常量、全局变量、函数以及类型等）的定义进行分组，分别把它们放在若干个源文件中，构成多个模块。编译程序分别对每个源文件进行编译，编译后通过一个链接程序把源文件各自的编译结果以及程序中用到的 C++ 标准库中的代码链接成一个完整的可执行程序。

在 C++ 中，一个模块通常由两个文件构成。一个是存储模块接口的文件，称为头文件（header file），其文件名通常为"*.h"；另一个是存储模块实现的文件，称为源文件（source file），其文件名通常为"*.cpp"。头文件中存储的是在本模块中定义的、供其他模块使用的一些程序实体的定义（如类型、全局常量等的定义）和声明（如函数、全局变量等的声明），而源文件中存储的是该模块中所有程序实体的定义。在一个模块中如果要用到另一个模块中定义的程序实体，可以在前者的源文件中用一条编译预处理命令"#include"（文件包含命令）把后者头文件中的内容包含进来，从而达到定义和声明的目的，有关文件包含命令的详细介绍请参见附录 D。例如，前面给出的 C++ 程序可以组织成下面的多模块结构：

```
// file1.h
extern int x;          // 全局变量 x 的声明
extern double y;       // 全局变量 y 的声明
int f();               // 函数 f 的声明

// file1.cpp
int x=1;               // 全局变量 x 的定义
double y=2.0;          // 全局变量 y 的定义
int f()                // 函数 f 的定义
{ ......                // 其中用到 x、y
}

// file2.h
void g();              // 函数 g 的声明

// file2.cpp
void g()               // 函数 g 的定义
{ ......
}

// main.cpp
#include "file1.h"     // 把文件 file1.h 中的内容包含进来
#include "file2.h"     // 把文件 file2.h 中的内容包含进来
int main()             // 函数 main 的定义
{ ......                // 其中用到 x、y、f 和 g
}
```

　　上述程序由 3 个模块构成，它们是 file1、file2 和 main，模块 file1 和 file2 又分别由 2 个文件构成，即 file1.h 和 file1.cpp 以及 file2.h 和 file2.cpp，其中一个是接口文件，另一个是实现文件。由于模块 main 中定义的功能不被其他模块使用，因此，模块 main 只有一个实现文件 main.cpp。

4.4.2　标识符的作用域

　　在定义程序实体时往往要为它们取一个名字，一般来讲，不同的程序实体应取不同的名字，这样才能在程序中区分它们。但是，为不同的程序实体取不同的名字有时会给程序设计带来不便。例如，对于由不同的人编写的两个函数，在它们的函数体中都定义了一些局部变量，由于这两个函数是独立编写的，编写者会根据自己的需要来为各自的局部变量取名，因此可能会出现两个函数中的局部变量取成相同名字的情况。如果语言规定不同的程序实体必须取不同的名字，那么，这两个同名的局部变量中的一个就要改名，而对函数来讲，无论把它们改成什么名字，都不如原来的名字确切（更好地反映该变量的语义）。另外，从封装和信息隐藏的角度来讲，给不同的程序实体取不同的名字有时也是没有必要的，例如，函数就是一种封装体，其内部实现对外界是不可见的，不管内部实体（如局部变量）取什么名字都不会影响函数的使用者。

　　C++ 根据标识符的性质以及它们的定义位置，为每一个已定义的标识符规定了有效范围——作用域。标识符的作用域（scope）是指一个标识符所标识的程序实体在程序中能被访问的代码段。标识符的作用域一方面对标识符的可见性进行限制，另一方面也隐含着：作用域不相交的两个标识符（标识不同的实体）可以相同。需要注意的是，用编译预处理命令"#define"定义的标识符不属于作用域要考虑的范畴，因为它们在编译前就已被替换成所定义的内容。

需要注意的是，标识符的作用域与它所标识的程序实体的生存期是两个不同的概念。标识符作用域涉及的是所标识的程序实体能被访问的程序代码段；而生存期则是程序运行时程序实体存在（占有内存空间）的时间段。一般来说，当一个标识符的作用域中的代码执行时，该标识符所标识的程序实体一定存在；而一个程序实体存在并不意味着程序正在执行该实体的标识符作用域中的代码。例如，对于 static 存储类的局部变量，其标识符作用域是在定义它的函数中，而它的生存期为整个程序运行期间，如果包含 static 存储类局部变量的函数没被调用，则相应的 static 存储类局部变量虽然存在，但它们是不可访问的，因为执行的代码不在它们的标识符作用域内。

C++ 把标识符的作用域分成若干类，包括局部作用域、全局作用域、文件作用域、函数作用域、函数原型作用域、名字空间作用域和类作用域。下面对前 6 种作用域进行介绍，类作用域将在第 6 章中介绍。

1. 局部作用域

局部作用域（local scope）是指在函数定义或复合语句中从标识符的定义点开始到函数定义或复合语句结束之间的程序段。C++ 中的局部常量名、局部变量名以及函数的形参名具有局部作用域。例如，下面是一些具有局部作用域的标识符。

```
void f(int y)        // 形参名 y 的作用域从这里开始直到 f 的函数体结束
{ ......
   int x;            // 局部变量名 x 的作用域从这里开始直到 f 的函数体结束
   ... x ...         // OK，f 的局部变量 x
   ... y ...         // OK，f 的形参 y
   ......
}
void g(double y)     // 形参名 y 的作用域从这里开始直到 g 的函数体结束，
                     // 因为这里的 y 与函数 f 的形参 y 作用域不相交，所以可以同名
{ ......
   double x;         // 局部变量名 x 的作用域从这里开始直到 g 的函数体结束，
                     // 因为这里的 x 与函数 f 的局部变量标识符 x 作用域不相交，所以可以同名
   ... x ...         // OK，g 的局部变量 x
   ... y ...         // OK，g 的形参 y
}
```

C 语言规定，在函数体或复合语句中，局部数据的定义必须集中写在所有语句之前，这样做的缺点是：定义点与使用点有时间隔得太远，不利于程序的编写与理解。而在 C++ 中则可以随用随定义，即局部数据的定义可以夹插在语句中，因此，在局部数据定义（如上述函数 f 中的局部变量 x）的前面可以有语句，但这些语句不在相应局部数据标识符的作用域内，从而不能使用后面定义的标识符。例如，下面的函数 f 中，在定义局部变量 x 之前是不能访问 x 的：

```
void f(int y)
{ ... y ...          // OK
   ... x ...         // Error，假设函数 f 外部没有名字为 x 的全局变量
   int x;            // x 的作用域从这里开始
   ... x ...         // OK
   ......
}
```

需要注意的是，局部作用域有时是一个潜在的作用域（potential scope）。如果在一个标识符的局部作用域中包含其他复合语句（内层复合语句），并且在该内层复合语句中定义了

一个同名的不同实体，则外层定义的标识符的作用域应该是从其潜在作用域中去除内层同名标识符的作用域之后所得到的作用域。例如，在下面的程序中，外层 x 的作用域应为其潜在作用域去除从 double x 开始到 while 语句循环体结束的这一段代码：

```
void f()
{ ......
    int x;                  // 外层 x 的定义
    ... x ...               // 外层的 x
    while  ( ... x ...)     // 外层的 x
    { ... x ...             // 外层的 x
      double x;             // 内层 x 的定义
      ... x ...             // 内层的 x
    }
    ... x ...               // 外层的 x
}
```

注意：C++ 采用的是静态作用域机制，对于上述 while 语句，不管它循环多少次，循环条件中的 x 以及循环体中 double x 之前的 x 永远是指外层的 x！

在嵌套的作用域中使用同名的标识符有时可能是由于编程人员取名不当造成的，这常常会带来程序设计者未意识到的语义错误，应特别当心！例如，在上述 while 语句中，由于需要定义一个临时变量来存储循环过程中产生的一个结果，程序设计者未加考虑便随手为它取了一个名字 x，结果导致循环体中本来是要用外层的 x，结果实际用的是内层的 x，从而出现设计者未意识到的错误。

2. 全局作用域

全局作用域（global scope）是指构成 C++ 程序的所有模块（源文件）。我们能在程序中的任何地方访问具有全局作用域的标识符。在 C++ 标准中，把全局作用域归入链接控制（linkage）范畴，这里为了便于理解，把它作为一种作用域来看待。

C++ 中的全局变量名、函数名等一般具有全局作用域。例如，下面程序中的标识符 x、f 和 g 具有全局作用域：

```
int x;                  // x 具有全局作用域
void f()                // f 具有全局作用域
{ ... x ...             // OK
}
void g()                // g 具有全局作用域
{ ... x ...             // OK
  f();                  // OK
}
```

使用全局标识符（全局变量名和函数名）时，若标识符的定义点在本源文件中使用点之后，或在其他源文件中，或在 C++ 的标准库中，则在使用前需要对它进行声明。例如，下面程序中定义的标识符 x、y、z、f 和 g 都具有全局作用域，可以在程序中任何地方使用，但在使用前需要对它们进行声明：

```
// file1.cpp
int x=1;
extern int y;           // 对 y 的声明，其定义点在源文件 file2.cpp 中
extern void f();        // 对 f 的声明，其定义点在源文件 file2.cpp 中
int main()
{ ... x ...             // OK
  ... y ...             // OK
```

```
    ... z ...          // Error, z 未声明
    f();               // OK
    g();               // Error, g 未声明
  }


                       // file2.cpp
int y=0;
extern void g();       // 对 g 的声明，其定义点在本源文件的后面
void f()
{ ... x ...            // Error, x 未声明
  ... y ...            // OK
  ... z ...            // Error, z 未声明
  ... g() ...          // OK
}
double z=2;
void g()
{ ... x ...            // Error, x 未声明
  ... y ...            // OK
  ... z ...            // OK
  ... f() ...          // OK
}
```

在 C++ 程序设计中，有时会出现下面的错误。

1）声明了一个未定义的全局标识符。在一个源文件中声明了一个全局标识符，而该全局标识符在构成整个程序的所有源文件中都没有定义。

2）声明了一个存在两个或两个以上定义的全局标识符。在一个源文件中声明了一个全局标识符，而该全局标识符在构成整个程序的多个源文件中都给出了定义。

编译程序往往无法发现上述错误。因为一个 C++ 程序可以由多个源文件（模块）构成，而 C++ 采用分别编译技术，编译程序在编译一个源文件时并不知道其他源文件，只要当前源文件中用到的全局标识符有声明并且对它们的使用符合语法，编译程序就认为它正确，只有到链接的时候，上述错误才能被发现。对于错误 1），链接程序将会指出：

```
unresolved external symbol: x
```

对于错误 2），链接程序会指出：

```
x already defined in file: some_file
```

与局部作用域类似，前面给出的全局作用域有时是一个潜在的作用域。如果在某个局部作用域中定义了与某个全局标识符同名的标识符，则该全局标识符的作用域应去除与之同名的局部标识符的作用域。在局部标识符的作用域中若要使用与其同名的全局标识符，则需要用全局域解析符（global scope resolution operator）"::" 对全局标识符进行修饰。例如：

```
int x;
void f()
{ double x;

  ... x ...            // 指 double x 中的 x
  ... ::x ...          // 指 int  x 中的 x
}
```

3. 文件作用域

文件作用域（file scope）是指构成 C++ 程序的某个模块（源文件）。只能在定义它们的

源文件中访问具有文件作用域的标识符。在全局标识符的定义中加上 static 修饰符，则该全局标识符就成了具有文件作用域的标识符，只能在定义它们的源文件中使用。例如：

```
// file1.cpp
static int y;        // y 具有文件作用域
static void f()      // f 具有文件作用域
{ ......
}
void g()             // g 具有全局作用域
{ ... y ...          // OK
  ... f() ...        // OK
}

// file2.cpp
extern int y;        // 编译时 OK
extern void f();     // 编译时 OK
extern void g();     // OK
void h()
{ ... y ...          // 编译时 OK
  ... f() ...        // 编译时 OK
  ... g() ...        // OK
}
```

上述 file1.cpp 中定义的变量 y 和函数 f 具有文件作用域，它们只能在 file1.cpp 中使用，在 file2.cpp 中不能使用。虽然编译程序发现不了 file2.cpp 中使用 y 和 f 的这两个错误，但链接程序终将指出下面的错误：

```
unresolved external symbol: y
unresolved external symbol: f
```

另外，用 const 定义的全局常量名具有文件作用域，不需要在定义时加上 static。具有文件作用域的标识符，如果定义点在使用点的后面，则在使用之前也要进行声明。

一般情况下，具有全局作用域的标识符主要用于标识被程序各个模块共享的程序实体，而具有文件作用域的标识符则用于标识在一个模块内部共享的程序实体。

需要注意的是，C++ 中的关键词 static 有两种不同的含义。在全局标识符的定义中，static 修饰符用于把全局标识符的作用域转换为文件作用域；而在局部变量的定义中，static 修饰符用于指出相应的局部变量具有静态生存期，其主要作用是把全局变量的效果限制到某个函数中。

4. 函数作用域

函数作用域（function scope）是指某个函数的整个函数体。语句标号是唯一具有函数作用域的标识符，可以在函数体的任何地方访问在该函数体中定义的语句标号。例如，下面函数 f 中定义的标号 L 可以在函数 f 中的任何地方使用：

```
void f()
{ ......
  ... goto L;        // OK
  ......
  L: ...             // 标号 L 的定义，其作用域为整个函数 f
  ......
  ... goto L;        // OK
  ......
}
```

```
void g()
{ ......
  ... goto L;            // Error，标号 L 的作用域在函数 f 的函数体中
  ......
}
```

C++ 允许用 goto 语句从内层复合语句转到外层复合语句或从外层复合语句转入内层复合语句。例如，下面的 goto 语句是合法的：

```
void f()
{ ......
  ... goto L1;           // OK
  ......
  while (...)
  { ......
    L1: ...
    ......
    ... goto L2;         // OK
    ......
  }
  ......
  L2: ......
  ......
}
```

一般情况下，很少从外层复合语句转入内层复合语句，而有时会从内层复合语句转到外层复合语句，如可以用 goto 语句退出多重循环。

需要注意的是，在函数体中一个语句标号只能定义一次，即使在内层复合语句中，也不能再定义与外层相同的语句标号。例如，在下面 while 语句的循环体中不能再定义标号 L：

```
void f()
{ ......
  L: ...                 // L 的定义
  while (...)
  { ......
    L: ...               // Error，L 重复定义
    ......
  }
  ......
}
```

由于 C++ 把语句标号作为一种特殊的标识符看待，它与其他种类的标识符属于不同的范畴，因此，语句标号的作用域可以和同名的其他标识符的作用域重叠。例如，下面的变量 x 和 y 不会与标号 x 和 y 发生冲突：

```
void f(int x)
{ int y;
  ... goto x ...;        // OK
  ... goto y ...;        // OK
  x: y = x;              // OK
  y: y = x+1;            // OK
}
```

当然，上面的编程风格是非常糟糕的！

5. 函数原型作用域

函数原型作用域（function prototype scope）是指用于函数声明的函数原型，其中形式参

数名的作用域从函数原型开始到函数原型结束。例如，下面函数原型中形式参数 *x* 和 *y* 的作用域是从 "（" 开始到 "）" 结束，这意味着在该函数原型之外可以定义与 *x* 和 *y* 同名的其他程序实体：

```
void f(int x, double y);    // 其中 x 和 y 的作用域是从 "(" 开始到 ")" 结束
int x=0,y=0;                // x 和 y 是两个全局变量
```

6. 名字空间

对于一个由多个模块构成的程序，有时会面临一个问题：在一个源文件中要用到分别在另外两个源文件中定义的两个不同的全局程序实体（如全局变量和函数），而这两个全局程序实体的名字相同。例如，对于下面由三个模块构成的程序：

```
// file1.cpp
void f()
{ ......
}

// file2.cpp
void f()
{ ......
}

// main.cpp
int main()
{ f();                      // 这里要求是 file1.cpp 中的 f
  f();                      // 这里要求是 file2.cpp 中的 f
  ......
}
```

在 main.cpp 的函数 main 中要分别使用 file1.cpp 和 file2.cpp 中定义的函数 *f*，应如何处理？对于这个问题，用前面介绍的作用域机制是无法解决的（除非把其中一个函数 *f* 的名字改掉）。

为了解决上述名字冲突问题，C++ 提供了名字空间机制。名字空间（namespace）是为一组全局程序实体的定义取一个名字，使之构成一个作用域——名字空间作用域。例如，在下面的定义中，用 namespace 为全局实体（全局变量 *x*、函数 *f* 和函数 *g*）的定义取了一个名字 A：

```
namespace A                 // 名字空间 A
{ int x=1;
  void f()
  { ......
  }
  void g()
  { ......
  }
}
```

在一个名字空间中定义的全局标识符，其作用域为该名字空间。当在一个名字空间外部需要使用该名字空间中定义的全局标识符时，需要用该名字空间的名字和域解析符（scope resolution operator）"::" 来进行修饰或限制。例如，在下面的函数 main 中就需要加上名字空间 A 来使用上面定义的 *x*、*f* 和 *g*：

```
int main()
{ ......
```

```
... A::x ...        // OK, file1 中定义的 x
A::f();             // OK, file1 中定义的 f
A::g();             // OK, file1 中定义的 g
......
}
```

有了名字空间机制后，就可以解决多个同名全局实体的使用问题了。例如，虽然在下面的源文件 file1.cpp 和 file2.cpp 中都定义了全局实体 *x*、*f* 和 *g*，但它们分别属于名字空间 A 和 B，因此，在源文件 main.cpp 中就能区分它们了：

```
// file1.h
namespace A
{ extern int x;
  void f();
  void g();
}

// file1.cpp
namespace A
{ int x=1;
  void f()
  { ... x ...       // OK
  }
  void g()
  { ... x ...       // OK
    f();            // OK
  }
}

// file2.h
namespace B
{ extern double x;
  void f();
  void g();
}

// file2.cpp
namespace B
{ double x=1.0;
  void f() { ...... }
  void g() { ...... }
}

// main.cpp
#include "file1.h"
#include "file2.h"
int main()
{ ... x ...         // Error, x 未定义
  f();              // Error, f 未定义
  g();              // Error, g 未定义
  ... A::x ...      // OK, file1 中定义的 x
  A::f();           // OK, file1 中定义的 f
  A::g();           // OK, file1 中定义的 g
  ... B::x ...      // OK, file2 中定义的 x
  B::f();           // OK, file2 中定义的 f
  B::g();           // OK, file2 中定义的 g
  ......
}
```

如果在一个名字空间中定义了很多程序实体，那么，上面的方法会给这些程序实体的使用带来不便。为了简化书写，当使用某个名字空间中的程序实体时，如果这些程序实体的名字与其他全局程序实体的名字不冲突，则可在使用前写一个"using< 名字空间 >"指示项，这将使今后使用相应名字空间中的程序实体时不必用空间名受限，例如：

```
......
int main()
{ using namespace A;
  f();          // file1 中定义的 f
  g();          // file1 中定义的 g
  B::f();       // file2 中定义的 f
  B::g();       // file2 中定义的 g
  ......
}
```

也可以对名字空间中的某个程序实体单独采用 using 声明，例如：

```
......
int main()
{ using A::f;
  f();          // file1 中定义的 f
  A::g();       // file1 中定义的 g
  B::f();       // file2 中定义的 f
  B::g();       // file2 中定义的 g
  ......
}
```

对于不是在某个名字空间中定义的全局程序实体，可以把它们看作定义在一个全局的无名名字空间中。另外，可以把文件作用域的程序实体定义为一个局限于各个源文件的无名名字空间，例如，下面的全局变量 x 和 y 就是定义在某个源文件的无名名字空间中，它们只能在相应的源文件中使用：

```
namespace
{ int x,y;
}
```

这种无名的名字空间定义可以取代下面文件作用域的 static 全局变量定义：

```
static int x,y;
```

这样 C++ 中的 static 就只有一个含义了，即只用来指定局部变量的生存期。

4.4.3　标准函数库

程序设计是一项复杂的工作，所设计的程序需要具备各种各样的功能，而一种语言本身所提供的功能是有限的。首先，语言的设计者不可能预见程序设计所需要的所有功能；其次，语言本身提供太多的功能也会给语言的学习和实现（编译程序的设计）增加负担；最后，如果程序设计所需要的功能都由语言本身来提供，那么，对语言的扩展就会很麻烦，增加新功能将意味着要重新设计编译程序。因此，设计一种功能强大的语言来支持各种各样的程序设计要求是不可能的，也是不现实的。

为了便于进行程序设计，C++ 语言的每个实现在提供一个编译程序的同时，还会提供一个标准库（standard library），其中定义了一些语言本身没有提供的功能，如常用的数学函数（指数函数、对数函数、三角函数等）、字符串处理函数以及输入 / 输出等功能，当程序中需要这些功能时，直接调用它们即可。以标准库的形式提供程序设计所需要的功能，不仅使语言本身比较精练、易于掌握和实现，也使语言功能的扩充变得简单，只要对标准库进行扩充或增加额外的库就能实现。另外，以标准库的形式提供一些通用的程序功能也便于软件复用，这里，软件复用（software reuse）是指利用已有的软件功能来开发新的软件，它是提高软件生产力和软件质量的一种重要手段。当然，标准库作为通用的程序模块，必须在链接（linking）时把它链接到程序中来，这样，一个用到标准库中功能的程序才能够运行。

C++ 的标准库包含 C 语言标准库的功能和针对 C++ 提供的新功能。在 C++ 标准库中，根据功能对定义的程序实体进行了分类，把每一类程序实体的声明分别放在一个头文件中，程序中需要使用某类功能时，应该在源文件中用编译预处理命令 #include 把相应的头文件包含进来。C 语言标准库中的头文件名通常以 .h 作为类型名，而在 C++ 标准库中，头文件名的约定是：把 C 标准库头文件名中的 .h 去掉，在文件名前面加上字母 c。例如，C 标准库中用于对输入 / 输出功能进行声明的头文件 stdio.h，在 C++ 标准库中相应的头文件为 cstdio。现在，很多 C++ 实现为了保证与 C 语言的兼容性，往往同时提供两套头文件。需要注意的是：C++ 标准库中的程序实体是在名字空间 std 中定义的，在 C++ 程序中使用 C 标准库中的功能时，如果包含（#include）的是相应的 C++ 头文件，则应该通过名字空间 std 来使用这些功能。

附录 C 给出了 C++ 标准函数库中的一些常用函数。需要注意的是，不同的实现系统所提供的标准库可能会有些差别，使用这些函数时往往需要查阅相应实现系统的用户参考手册。不过，对于一些常用的功能，特别是 C++ 语言设计者所建议的一些功能，在各个实现系统中往往是相同的。

4.5　递归函数

4.5.1　什么是递归函数

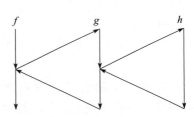

图 4-3　函数的嵌套调用及逐层返回

函数的调用是可以嵌套的，即一个被调用的函数在返回调用者前还可以调用其他函数。嵌套的函数调用将根据嵌套调用层次逐层返回，图 4-3 给出了函数 f 中调用函数 g，函数 g 中又调用 h，然后逐层返回的情形。

如果一个函数在其函数体中直接或间接地调用了自己，则称该函数为递归函数（recursive function）。递归函数可分为直接递归函数和间接递归函数，例如，下面的函数 f 为一个直接递归函数，它在函数体中直接调用了自己：

```
int f()
{ ......
  ... f() ...    //直接递归调用
  ......
}
```

而下面的两个函数 g 和 h 为间接递归函数，函数 g 中调用了函数 h，而函数 h 中又调用了函数 g：

```
int h();         //h 的声明
int g()
{ ......
  ... h() ...    // 间接递归调用
```

```
  ......
}
int h()
{ ......
  ... g() ...      // 间接递归调用
  ......
}
```

在对递归函数进行调用时，可以把一个递归函数看成多个同名的函数，然后按函数的嵌套调用来理解递归调用过程。需要注意的是，对递归函数的每一次递归调用都将产生一组新的局部变量（包括形参），虽然它们的名字相同，但它们是不同的变量，拥有不同的内存空间（在栈中分配）。

在 3.4 节中曾提到：在程序设计中经常需要实现重复性的操作，而循环为实现重复操作提供了一种途径。递归函数则为实现重复操作提供了另一种途径，它为解决某些重复操作问题提供了自然、方便的实现手段。

4.5.2 "分而治之"的程序设计

在解决某些复杂问题时，我们常常采用一种称为"分而治之"（Divide and Conquer）的设计手段，即把一个待解决的问题分解成若干个子问题，而每个子问题的性质与原问题相同，只是它们的规模比原问题要小，这时，对每个子问题可继续采用与原问题相同的求解方式来解决，最后通过对各个子问题的求解结果进行综合来解决原问题。

递归函数为上述设计方法提供了一种自然、简洁的实现机制。例如，求第 n 个 Fibonacci 数问题可定义为：

$$\text{fib}(n) = \begin{cases} 1 & n = 1 \\ 1 & n = 2 \\ \text{fib}(n-2) + \text{fib}(n-1) & n \geqslant 3 \end{cases}$$

对于该问题而言，当 n 不为 1 和 2 时，求 fib(n) 的问题可分解成求 fib($n-2$) 和 fib($n-1$) 的问题，然后求它们的和（综合），而求 fib($n-2$) 和 fib($n-1$) 的问题是与求 fib(n) 同性质的问题，只是它们的参数小了一些而已，因此可以采用同样的办法来解决。

在例 3-17 中用循环控制给出了求第 n 个 Fibonacci 数的迭代算法，下面给出它的递归算法。

【例 4-9】 编写计算第 n 个 Fibonacci 数的递归函数。

解：对于该问题，当 n 为 1 或 2 时，可直接得到结果 1；当 n 大于 2 时，可先求第 $n-2$ 和第 $n-1$ 个 Fibonacci 数，然后计算它们的和即可得到第 n 个 Fibonacci 数；而求第 $n-2$ 和第 $n-1$ 个 Fibonacci 数也可以采用相同的策略来实现。下面是解决该问题的递归函数：

```
int fib(int n)
{ if (n == 1 || n == 2)
    return 1;
  else
    return fib(n-2)+fib(n-1); // 递归地调用自己来计算 fib(n-2) 和 fib(n-1)
}
```

在定义递归函数时，一定要处理以下两种情况。

（1）一般情况

一般情况（general case）描述了问题的分解和综合过程，其中包含递归调用。例如，在例 4-9 中，n 不等于 1 和 2 即为一般情况，它把问题分解成递归地计算 fib(n – 2) 和 fib(n – 1)，然后对它们进行综合（求和）。一般情况指出了需要进行递归的条件，每次递归调用都应该有使递归条件变为不满足的趋势，否则将会出现无限递归的情况。

（2）特殊情况

特殊情况（又称基础情况或基底，base case）指出问题求解的特例，在该情况下不需要递归调用就能得出结果。例如，在例 4-9 中，n 等于 1 或 2 即为特殊情况，这时直接得到结果 1。

下面再看一个例子，它用递归函数来实现求 $n!$。

【例 4-10】 编写求 $n!$ 的递归函数。

解：$n!$ 可定义成 $n \cdot (n - 1)!$，可以用下面的递归函数来实现：

```
int f(int n)
{ if (n == 0)                   // 特殊情况
    return 1;
  else                          // 一般情况
    return n*f(n-1);            // 递归调用，参数减小了 1
}
```

递归函数的调用过程可以按照函数嵌套调用来理解，即把一个递归函数看成多个同名的函数，每个函数都有自己的形参和局部变量（虽然它们的名字和类型相同，但它们是不同的变量，拥有不同的内存空间！），这样就把递归调用转换成嵌套调用，其中包含参数传递。例如，对于例 4-10 中定义的计算阶乘的递归函数 f，下面是调用它计算 $f(4)$ 的过程：

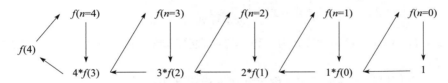

在上述嵌套调用中，被调用的函数属于同一个函数的不同实例，每次调用都会产生一个不同的形参变量 n，它们分别有不同的值，每个函数实例是在不同的 n 上进行操作的！

4.5.3 递归函数应用实例

为了对递归函数的应用有进一步的了解，下面给出一些用递归函数来解决问题的例子。

【例 4-11】 编写求 x^n 的递归函数。

解：x^n 可定义成：

$$x^n = \begin{cases} x \cdot x^{n-1} & n > 0 \\ 1 & n = 0 \\ \dfrac{1}{x^{-n}} & n < 0 \end{cases}$$

由上述定义可以看出，求 x^n 可化解成求 x^{n-1} 的问题，该问题可以用下面的递归函数来解决：

```
double power(double x, int n)
{ if (x == 0) return 0;
  if (n == 0)
    return 1;
  else if (n > 0)
    return x*power(x,n-1);
```

```
    else
       return 1/power(x,-n);
}
```

在上面的递归函数定义中，递归调用主要体现在 n 大于 0 时。当 n 小于 0 时，递归调用一次后将会使 n 变成大于 0。当 n 大于 0 进行递归调用时，每次递归调用会使 n 减少 1，最终 n 会变成 0，从而终止递归过程。

【例 4-12】 用递归函数实现求两个正整数的最大公约数。

解： 两个数的最大公约数是指：能同时整除这两个数的最大整数。根据这个定义，我们可以写出求解的一个朴素算法：取这两个数中的较小者（设为 d），依次用 d，$d-1$，$d-2$，…，1 去除这两个数，直到能同时整除它们为止，这时的 d 即为它们的最大公约数。该算法的程序如下：

```
int gcd(int x, int y)
{ int d=(x<=y)?x:y;                //d 取 x 和 y 中的较小者
  if (d == 0) return (x>y)?x:y;    // 较小者为 0，则较大者为最大公约数
  for ( ; d>1; d--)       //d 从较小者开始，不断地用它去除两个数，每次减 1，直到 d 为 1
    if (x%d == 0 && y%d == 0) break; //d 能整除两个数，退出循环
  return d;
}
```

下面给出计算两个数的最大公约数的另一个算法——辗转相除法（也称欧几里得算法）。根据辗转相除法，两个数的最大公约数可以定义为：

$$\gcd(x, y) = \begin{cases} x & y = 0 \\ \gcd(y, x\%y) & y \neq 0 \end{cases}$$

因为 $x = (x/y) * y + x\%y$，若 d 为 x 和 y 的最大公约数，则 d 也为 y 和 $x\%y$ 的最大公约数，反之亦然。

由上述定义可以很容易地写出求解该问题的递归算法：

```
int gcd(int x, int y)
{ if (y==0) return x;
  else return gcd(y,x%y);
}
```

上述算法要求其参数的取值为不全为零的非负整数。由于对该函数的每次递归调用都将会使参数 y 的值在减小，因此该算法一定能够结束。

【例 4-13】 解汉诺塔（Hanoi）问题。

解： 汉诺塔问题如下。有 A、B、C 三个柱子，柱子 A 上穿有 n 个大小不同的圆盘，大盘在下，小盘在上。现要把柱子 A 上的所有圆盘移到柱子 B 上，要求每次只能移动一个圆盘，且大盘不能放在小盘上，移动时可借助柱子 C。编写一个 C++ 函数给出移动步骤，如 $n=3$ 时，移动步骤为（数字为盘子的编号，最小的盘子为 1 号）：1: A → B，2: A → C，1: B → C，3: A → B，1: C → A，2: C → B，1: A → B。

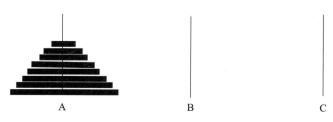

分析：

当 $n = 1$ 时，只要把圆盘从 A 移至 B 就可以了（1：A → B）。而当 n 大于 1 时，我们可以把该问题分解成下面的三个子问题：

1）把 $n - 1$ 个圆盘从柱子 A 移到柱子 C。

2）把第 n 个圆盘从柱子 A 移到柱子 B（n：A → B）。

3）把 $n - 1$ 个圆盘从柱子 C 移到柱子 B。

上述子问题 2）是一个简单的问题，只要把第 n 个圆盘从 A 移至 B 即可解决（n：A → B）。而上述子问题 1）和 3）与原问题是相同的问题，只是它们要移动的圆盘数目比原问题少一个，因此，问题 1）和 3）也可按与原问题同样的解决办法进行处理。

程序如下：

```
#include <iostream>
using namespace std;
void hanoi(char x,char y,char z,int n)  // 把 n 个圆盘从 x 表示的柱子移至 y 所表示的柱子
{ if (n == 1)
      cout << "1: " << x << "→" << y << endl;    // 把第 1 个盘子从 x 表示的柱子移至 y
                                                  // 所表示的柱子
    else
    { hanoi(x,z,y,n-1);                          // 把 n-1 个圆盘从 x 表示的柱子移至 z 所表示的柱子
      cout << n << ": " << x << "→" << y << endl; // 把第 n 个圆盘从 x 表示的柱子移至 y
                                                  // 所表示的柱子
      hanoi(z,y,x,n-1);                          // 把 n-1 个圆盘从 z 表示的柱子移至 y 所表示的柱子
    }
}
```

下面是把 8 个盘子从柱子 A 移到柱子 B 的函数调用：

```
hanoi('A','B','C',8);
```

值得注意的是，第一次调用函数 hanoi 时，其形参 x、y、z 和 n 分别得到值 'A'、'B'、'C' 和 8，以后每次递归调用函数 hanoi 时，其形参 x、y、z 和 n 将会有不同的值。

4.5.4　递归与循环的选择

循环和递归都可以实现重复操作，对于一个问题，采用循环还是递归来解决往往要考虑多种因素。

首先，循环是一种归纳（递推）的过程，即从特殊情况到一般情况进行考虑；而递归则是一种演绎的过程，它是从一般情况到特殊情况来进行设计的。对于一些递归定义的问题，用递归函数来解决会比较自然和简洁，而用循环来解决这样的问题，有时会很复杂，不易于设计和理解，而且必须要给出具体的操作步骤，否则容易出错。

其次，虽然循环和递归都可以实现重复操作，但它们有一点不同：循环是在同一组变量上进行重复操作，通过不断改变这组变量的值来向目标逼近，因此循环常常又称为迭代；而递归则是在不同的变量组上进行重复操作，这些变量组包括函数的局部变量和形参，它们属于递归函数的不同实例。对于递归的函数调用，虽然从理论上讲递归调用的层次可以是任意的，但由于函数的局部变量、形参以及函数调用返回地址的内存空间等是在栈空间中分配的，而每一次递归调用都需要为它们分配空间（属于不同的实例），因此实际递归调用的层次要受到栈空间的限制。有些递归函数在运行时常常由于递归层次太深（递归次数太多）而造成栈溢出问题，从而导致程序在运行时异常终止。因此，有些问题虽然用递归函数解决比

较自然，考虑到实际栈空间的限制问题，有时不得不用循环函数来实现。

再次，对于一个问题，除了要考虑解题过程表达的自然程度以外，常常还要考虑算法的效率问题。由于递归表达的重复操作是通过函数调用来实现的，而函数调用是需要开销的，如保护调用者的现场（各寄存器的值和返回地址等）、为形参及局部变量分配内存空间、参数传递以及返回计算结果等，这将导致程序效率的下降。另外，有些递归算法中存在对相同子问题的重复计算。例如，在计算 fib(n) 的递归函数中，计算 fib(n) 时要计算 fib(n − 2) 和 fib(n − 1)，而计算 fib(n − 1) 时也要计算 fib(n − 2)，这种重复计算随着递归层次的加深将会变得非常多。当然，这个问题可以通过动态规划（dynamic programming）技术来解决，即在第一次计算某个值时把计算结果记下来，下一次需要这个值时就不必再去计算它了。

最后，对于一个递归算法，它往往包含对问题的分解与综合两个方面。当把一个大问题分解成若干小问题时，并不是只要解决了小问题，大问题就自然解决了，往往还要对小问题的解决结果进行综合之后才能最终解决大问题。例如，对于求 fib(n) 的问题，除了要解决 fib(n − 2) 和 fib(n − 1) 问题外，还要对其进行综合：fib(n − 2) + fib(n − 1)，即求和。如果综合的代价很大，则不一定适合用递归来解决。因此，在分析递归算法的效率时应考虑分解和综合两个方面的代价。

4.6 C++ 函数的进一步讨论

4.6.1 带参数的宏和内联函数

函数作为一种抽象机制，对解决大型复杂问题起到了很大的作用。但是，由于函数调用是需要开销的，例如，函数调用时需要保护调用者的运行环境、进行参数传递、执行调用指令、为局部变量分配空间并执行返回指令等，因此，函数会带来程序执行效率的下降，特别是对一些小函数的频繁调用将使程序的效率大幅降低。

C++ 提供了两种解决上述问题的办法：带参数的宏和内联函数。

1. 带参数的宏

带参数的宏是用 C++ 的编译预处理命令 "#define" 来定义的（参见附录 D），其格式如下：

```
#define ⊔ < 宏名 >(< 参数表 >) ⊔ < 文字串 >
```

其含义是：在编译前，把程序文本中出现 < 宏名 > 的地方（称为宏调用）用 < 文字串 > 进行替换，并且，在 < 文字串 > 中出现的由 < 参数表 > 列出的参数（相当于形参）将被替换成使用该 < 宏名 > 的地方所提供的参数（相当于实参）。

例如，下面定义了一个带参数的宏 max，求两个数中的最大者：

```
#define max(a,b) (((a)>(b))?(a):(b))
```

对于下面程序中的宏调用 max(x, y)：

```
......
int main()
{ int x,y;
    ......
    ... max(x,y) ... //替换成 ... (((x)>(y))?(x):(y)) ...
    ......
}
```

编译预处理系统在编译前首先用 $(((a)>(b))?(a):(b))$ 对 $max(x,y)$ 进行文字替换，并把其中的 a 和 b 换成 x 和 y，然后进行编译。这样，就避免了函数调用所需要的开销，从而解决了对小函数调用效率不高的问题。

宏是 C++ 从 C 中保留下来的，虽然它可以解决对小函数频繁调用效率不高的问题，但也存在一些不足。

（1）有时会出现重复计算

例如，对于前面定义的宏 max，当用它计算下面的表达式时，将会出现重复计算：

```
max(x+1,y+2)
```

因为，编译预处理系统将把它替换成：

```
(((x+1)>(y+2))?(x+1):(y+2))
```

不管 $x+1$ 与 $y+2$ 谁大，$x+1$ 和 $y+2$ 中的某一个都会被计算两次。

（2）不进行参数类型检查和转换

在进行函数调用时，编译程序将检查实参与形参的类型是否一致。当实参的类型与相应的形参类型不同时，如果能进行转换，编译程序将进行自动（隐式）类型转换，否则，编译程序将指出错误。而宏定义是由编译预处理系统来处理的，它只进行简单的文字替换，替换时并不做类型检查与转换。

（3）不利于一些工具对程序的处理

在 C++ 程序的编译结果中，所有的宏都已不存在，这就会给一些软件工具（如调试程序）在源程序与目标程序之间进行交叉定位时带来困难。

2. 内联函数

鉴于宏的上述缺点，C++ 提供了另一种解决对小函数频繁调用效率不高问题的机制——内联函数。内联函数（inline function）是指在函数定义中的返回值类型之前加上一个关键词 inline，其作用是建议编译程序把该函数的函数体展开到调用点，这样，就避免了函数调用的开销，从而提高了函数调用的效率。例如，下面的 max 就是一个内联函数：

```
inline int max(int a, int b)
{ return a>b?a:b;
}
```

内联函数形式上属于函数，而效果上具有宏定义的高效率，因此，内联函数具备宏定义和函数二者的优点。在使用内联函数时应注意以下几点。

（1）编译程序对内联函数的限制

给函数定义加上关键词 inline 只是建议编译程序把该函数作为内联函数来处理，至于编译程序是否把它作为内联函数来实现，要视函数体的具体实现而定。有些函数定义即使加上了 inline 关键词，编译程序也不会把它作为内联函数来对待，例如，递归函数一般就不能作为内联函数来实现。因此，编译程序往往对内联函数有所限制。

（2）内联函数名具有文件作用域

对于一个多文件（模块）结构的程序来讲，如果在一个源文件中定义了一个内联函数 f，而在另一个源文件中对其进行声明和使用，这将导致程序链接时刻的错误：

```
unresolved external symbol: f
```

这是因为内联函数名具有文件作用域，在一个文件中定义的内联函数对于另一个文件是不可见的。并且，对于内联函数，编译程序并不生成独立的函数代码，而是用内联函数的函数体来替换对内联函数的调用。因此，在调用内联函数时一定要见到内联函数的定义，仅仅对其进行声明是不行的，在使用同一个内联函数的各个源文件中都要对其进行定义。由于内联函数名具有文件作用域，因此各个源文件中定义的同名内联函数属于不同的函数，为了防止同一个内联函数各个定义之间的不一致，往往把内联函数的定义放在某个头文件中，在需要使用该内联函数的源文件中用文件包含命令 #include 把该头文件包含进来。

4.6.2　带默认值的形式参数

对于程序中定义的某些函数，在大多数情况下，程序往往会以某个固定的实参值去调用它们。例如，对于下面以某种进制形式输出整型值的函数 print：

```
void print(int value, int base); //value是要输出的值，base是输出的进制形式
```

在大多数情况下，程序调用这个函数以十进制输出某个整型值：

```
print(x,10);
```

程序中偶尔也会以其他进制输出整型值，如"print(x,2);"。这样，以十进制输出整型值的函数调用就显得不太简洁。

在 C++ 中允许在定义或声明函数时，为函数的某些参数指定默认值。如果调用这些带默认参数值的函数时没有提供相应的实参，则相应的形参采用指定的默认值，否则相应的形参采用调用者提供的实参值。例如，上面的 print 函数可声明成：

```
void print(int value, int base=10);
```

这样，如果要以十进制输出某个整型值，则在调用该函数时可省略第二个参数，采用下面的调用形式：

```
print(x);
```

编译程序会根据相应声明中的默认值把上述函数调用编译成"print(x,10);"。当然，如果要以其他进制输出整型值，则调用时仍需提供函数所需的第二个参数。例如，以二进制输出 x 的值的函数调用是：

```
print(x,2);
```

指定函数参数的默认值简化了一些函数调用的书写。在指定函数参数的默认值时，应注意下面几点。

1）有默认值的形参应位于形参表的右部。例如：

```
void f(int a, int b=1, int c=0)
{ ......
}
int main()
{ int x=0,y=1,z=2;
  f(x,y,z);                    // OK
  f(x,y);                      // OK，相当于：f(x,y,0);
  f(x);                        // OK，相当于：f(x,1,0);
  f();                         // Error，第一个参数没有默认值
  ......
}
```

下面带默认参数值的函数声明就是错误的：

```
void f(int a, int b=1, int c);    //Error，c 没指定默认值
```

2）对参数默认值的指定只在函数声明处有意义。因为，函数参数的默认值是提供给调用者使用的，当调用者没有提供相应的实参时，则使用默认值，因此，函数在定义时指定参数默认值没有意义，除非该函数定义同时也有函数声明的作用。例如，上面的函数 f 既是定义也是声明；而下面 file.cpp 文件中的函数 f 只是定义（假设在 file.cpp 中没有地方调用函数 f）。

3）在不同的源文件中，对同一个函数的声明可以为它的同一个参数指定不同的默认值；在同一个源文件中，对同一个函数的声明只能为它的每一个参数指定一次默认值。例如：

```
//file.cpp
void f(int a, int b, int c)      //函数 f 的定义
{ ......
}
......

//file1.cpp
void f(int a, int b, int c=2);   //Ok
......
void f(int a, int b=1, int c=0); //Error，对参数 c 指定了两次默认值
......
f(1,2);                          //编译成：f(1,2,2);

//file2.cpp
void f(int a, int b=1, int c=0); //Ok
......
f(1);                            //编译成：f(1,1,0);
f(1,2);                          //编译成：f(1,2,0);
```

4.6.3　函数名重载

一般来讲，在同一个作用域中定义的不同函数的名字应互不相同。但是，对于一些功能相同而参数类型或参数个数不同的函数，有时给它们取相同的名字会带来使用上的便利。例如，对于下面的 4 个输出函数，它们将分别输出 int 型、double 型、char 型以及自定义类型 A 的数据：

```
void print_int(int i) { ...... }
void print_double(double d) { ...... }
void print_char(char c) { ...... }
void print_A(A a) { ...... }     //A 为自定义类型
```

在使用上述函数进行输出时，不但要记住这些函数的不同名字，而且要根据待输出数据的类型来选择相应的函数，这将给使用带来麻烦，如果给这些函数取相同的名字，则将减少使用上的不便。例如，我们可以把上述函数定义为：

```
void print(int i) { ...... }
void print(double d) { ...... }
void print(char c) { ...... }
void print(A a) { ...... }
```

在使用这些函数时，由调用者提供的实参的类型来决定实际调用的是哪一个函数。例如，print(1.0) 将调用上面的第二个函数 void print(double d)。

C++ 以及其他一些语言允许在同一个作用域中给不同的函数取相同的名字，这些函数具有相同的功能，但它们的参数和函数体的实现有所不同。给多个不同的函数取相同名字的

语言机制称为函数名重载（function overloading），它是一种实现多态性的语言机制。函数名重载涉及两个方面的内容：重载函数的定义和对重载函数调用的绑定。下面介绍 C++ 在这两方面的具体规定。

1. 重载函数的定义

C++ 规定：在相同的作用域中，可以用同一个名字定义多个不同的函数，这时，要求定义的这些函数具有不同的参数，这里，不同的参数是指参数的类型或个数要有所不同。例如，下面就是重载函数名 add 的两个函数定义：

```
int add(int x, int y)
{ return x+y;
}
double add(double x, double y)
{ return x+y;
}
```

注意：如果两个函数的参数类型和个数相同，只是它们的返回值类型不同，这时，不能对它们重载函数名。（为什么？请读者思考。）

函数名重载一般用于功能相同而参数不同的多个函数的定义，功能不同的函数尽量不要取相同的名字，否则将会使程序难以理解与维护。

2. 重载函数的绑定

对于定义的多个同名函数（重载函数），当调用这些函数时，必须要明确调用的是哪一个函数。确定一个对重载函数的调用对应着哪一个重载函数定义的过程称为绑定（binding），又称定联、联编、捆绑。

C++ 中对重载函数调用的绑定是在编译时由编译程序根据实参与形参的匹配情况来决定的。这里将采用下面的基本策略进行匹配：先构造一个候选集，该候选集由形参个数与实参相同的重载函数构成；然后，按预定的类型匹配规则从该候选集中选择最佳匹配。下面对参数的类型匹配规则按优先级进行描述。

（1）精确匹配

精确匹配是指实参与某个重载函数的形参类型完全相同或通过一些"细微"的转换之后相同。这里，细微的转换（trivial conversion）包括：数组名可转换成其第一个元素的指针（将在 5.5.5 节中介绍）和函数名可转换成函数指针（将在 5.5.6 节中介绍）等。例如，对于下述重载函数：

```
void print(int);
void print(double);
void print(char);
```

下面的函数调用可根据精确匹配进行绑定：

```
print(1);        // 绑定到函数 void print(int);
print(1.0);      // 绑定到函数 void print(double);
print('a');      // 绑定到函数: void print(char);
```

（2）提升匹配

如果精确匹配不成功，则进一步尝试进行提升匹配。它首先对实参进行提升转换，然后，用转换后的实参与重载函数的形参去进行精确匹配。提升转换规则如下：

①按整型提升规则（参见 2.4.7 节）提升；

②把 float 提升到 double 或把 double 提升到 long double。

例如，对于下面的重载函数：

```
void print(int);
void print(double);
```

根据提升匹配对下面的函数调用进行绑定：

```
print('a');        // 绑定到函数 void print(int);
print(1.0f);       // 绑定到函数 void print(double);
```

（3）标准转换匹配

如果精确匹配和提升匹配都不成功，则再尝试进行标准转换匹配。它首先对实参进行标准转换，然后，用转换后的实参与重载函数的形参去进行精确匹配。标准转换规则主要包括：

①任何算术型之间可以互相转换；

②枚举类型可以转换成任何算术型；

③零可以转换成任何算术型或指针类型；

④任何类型的指针可以转换成 void *；

⑤派生类指针可以转换成基类指针；

⑥每个标准转换都是平等的。这一条表明①～⑤的优先级是相同的。

例如，对于下面的重载函数：

```
void print(char);
void print(char *);
```

根据标准转换匹配，下面的函数调用将绑定到函数"void print(char);"：

```
print(1);             // 绑定到函数: void print(char);
```

当存在多个标准转换匹配时，将导致匹配失败，因为有歧义！例如，对于下述重载函数：

```
void print(char);
void print(double);
```

函数调用 print (1); 将导致绑定失败。因为 1（属于 int 型）既可以转换成 char，又可以转换成 double，它们都属于标准转换规则①所允许的转换，而根据标准转换规则⑥，这两个转换是平等的，因此，函数调用 print (1) 存在多个匹配（歧义）。

可以采用下面的办法来解决上面的匹配不唯一问题：

● 对实参进行显式类型转换，如 print ((char)1) 或 print ((double)1)；

● 增加额外的重载，如增加一个重载函数定义：void print(int);。

（4）自定义转换匹配

如果精确匹配、提升匹配以及标准转换匹配都不成功，则进行自定义转换匹配。它首先对实参实施自定义类型转换（自定义类型转换将在 6.7.3 节中介绍），然后，用转换后的实参与重载函数的形参去进行精确匹配、提升匹配或标准转换匹配。

对于含有两个或两个以上参数的重载函数绑定问题，匹配原则是：如果存在一个重载函数，它有一个参数与相应的实参有最佳匹配，而它的其他参数比其他重载函数与相应的实参有更好或相同的匹配，则绑定到该函数，否则，绑定失败。

使用带默认值的函数声明有时能减少函数重载的数量。例如，对于下面的带默认参数值的函数声明：

```
void f(int i=1, int j=2, int k=3);
```

它相当于重载了下面的四个函数：

```
void f();
void f(int i);
void f(int i, int j);
void f(int i, int j, int k);
```

与函数名重载不同的是，上述四个函数是同一个函数，调用上述函数时，编译程序会把缺省的参数补上。例如，对于函数调用"`f();`"，编译程序会把它编译成"`f(1,2,3);`"。

4.6.4 匿名函数——λ表达式

对于一些临时使用的简单函数，如果也要先给出该函数的定义并为之取个名字，然后再通过该函数的名字来使用它们，在有些场合会给程序编写带来不便。C++ 新国际标准为 C++ 提供了一种匿名函数机制——λ表达式（lambda expression），利用它可以把函数的定义和使用合二为一。例如，下面就是用λ表达式定义的一个匿名函数（加下划线部分），并且在定义该函数的同时就使用了它：

```
int n=[](int x, int y)->int { return x*y; }(3,4); // 定义了一个求两个数乘积的匿名函数
    (上面的下划线部分，它的参数和返回值类型均为 int)，同时调用该匿名函数（实参为 3 和 4），并用函数
    返回值把变量 n 初始化为 12
```

λ表达式的常用格式为：

[<环境变量使用说明 >]<形式参数 ><返回值类型指定 ><函数体 >

其中，

- *<环境变量使用说明 >* 用来指出函数体中对外层作用域中自动变量的使用限制：
  - 空：不能使用外层作用域中的自动变量。
  - &：按引用方式使用外层作用域中的自动变量（可以改变这些变量的值）。
  - =：按值方式使用外层作用域中的自动变量（不能改变这些变量的值）。

可以用 & 和 = 统一指定对外层作用域中自动变量的使用方式，也可以单独指定可使用的外层自动变量（变量名前可以加 &，默认为 =）。

- *<形式参数 >* 指出函数的参数及类型，其格式为：

(<形式参数表 >)

如果函数没有参数，则这一项可以省略。

- *<返回值类型指定 >* 指出函数的返回值类型，其格式为：

-><返回值类型 >

这部分可以省略，省略时将根据函数体中 return 返回的值隐式确定返回值类型。

- *<函数体 >* 为一个复合语句。

例如，下面是一些合法的λ表达式：

```
{ int k,m,n;                                          // 环境变量
  ......
  ...[](int x)->int { return x; }...                  // 不能使用 k、m、n
  ...[&](int x)->int { k++; m++; n++; return x+k+m+n; }...   // k、m、n 可以被修改
```

```
...[=](int x)->int { return x+k+m+n; }...              //k、m、n 不能被修改
...[&,n](int x)->int { k++; m++; return x+k+m+n; }...   //n 不能被修改
...[=,&n](int x)->int { n++; return x+k+m+n; }...       //n 可以被修改
...[&k,m](int x)->int { k++; return x+k+m; }...         //只能使用 k 和 m，k 可以被修改
...[=] { return k+m+n; }...             //没有参数，返回值类型为 int（编译器自动确定）
}
```

在 C++ 中，λ 表达式通常用于把一个函数作为参数传给另一个函数的场合（详细内容将在 5.5.6 节、6.7.3 节以及 10.3.4 节的例 10-9 中介绍）。

4.7 小结

本章对基于功能分解与复合的过程式程序设计范式进行了介绍，主要知识点包括：

- 子程序是已命名的一段程序代码，它通常完成一个独立的（子）功能。在程序的其他地方通过子程序的名字来使用（调用）它们。采用子程序除了能减少程序的代码量外，其主要作用是实现过程抽象。
- 子程序间的数据传递一般通过参数和返回值机制来实现。常见的参数传递方式有两种：值传递和地址传递。
- 在 C++ 中，用函数来表示子程序。函数分为两种：有返回值的函数和没有返回值的函数。从严格的数学意义上讲，C++ 中没有返回值的函数不能称作为函数。另外，C++ 的函数是可以有副作用的，而数学函数则没有。
- 一个函数的定义由返回值类型、函数名、形式参数表和函数体构成。函数体是一个复合语句，它的执行是由对相应函数的调用所引起的，函数执行完函数体的最后一个语句或执行 return 语句后返回调用者。在调用一个函数之前，如果没有见到该函数的定义，则需要对它进行声明。
- C++ 函数的默认参数传递机制是值传递。
- 在复合语句（包括函数体）中定义的变量称为局部变量，局部变量只能在定义它们的复合语句（包括函数体）中使用；在函数外部定义的变量称为全局变量，全局变量一般能在所有函数中使用。在使用一个全局变量前，如果没有见到它的定义，则需要对它进行声明。
- 非静态的局部变量具有自动生存期（复合语句或函数执行期间），而全局变量和静态的局部变量则具有静态生存期（整个程序运行期间）。
- 在物理上，我们通常可以按某种规则对构成 C++ 程序的各个逻辑单位（全局常量、全局变量、函数等）的定义进行分组，分别把它们放在若干个源文件中构成模块。每个模块一般由两个文件构成，一个是头文件（.h），另一个是实现文件（.cpp）。头文件中存储的是在本模块中定义的供其他模块使用的一些程序实体的定义（如类型、全局常量等）和声明（如函数、全局变量等），在一个模块中如果要用到另一个模块中定义的程序实体，就可以在前者的源文件中用文件包含编译预处理命令（#include）把后者头文件中的内容包含进来。
- 在 C++ 中，根据标识符的性质和定义位置规定了标识符的作用域，用于对程序实体的名字进行管理。作用域分为全局作用域、文件作用域、局部作用域、函数作用域、函数原型作用域、类作用域和名字空间作用域。

- 为了便于程序设计，C++ 提供了由一些常用功能所构成的标准库，它可作为对 C++ 语言的扩充。
- 如果一个函数在其函数体中直接或间接地调用了自己，则该函数称为递归函数。递归函数为"分而治之"的程序设计技术提供了自然的实现手段。在定义递归函数时需要对一般情况和特殊情况进行考虑。
- 内联函数能够解决对小函数频繁调用所产生的效率不高的问题。
- 为函数指定默认参数值能够简化程序的书写，提高函数调用的灵活性。
- 函数名重载是程序设计的一种多态机制，它为功能相同而参数类型或个数不同的函数的定义与使用带来了方便。
- λ 表达式可以用来实现匿名函数，简化一些场合下的程序编写。

4.8　习题

1. 简述子程序的作用。
2. 简述局部变量的作用。
3. 什么是变量的生存期？ C++ 中变量的生存期有哪几种？
4. 什么是模块？ 一个 C++ 模块由什么构成？
5. 区分标识符的作用域的原因是什么？ C++ 中标识符有哪些作用域？
6. 全局标识符与局部标识符在哪些方面有区别？
7. 下面的宏 cube1 和函数 cube2 相比，各有什么优缺点？

```
#define cube1(x) ((x)*(x)*(x))
double cube2(double x) { return x*x*x; }
```

8. 编写一个函数 digit(n,k)，它计算整数 n 从右向左的第 k 个数字。例如：

```
digit(123456,3) = 4
digit(1234,5) = 0
```

9. 分别用函数实现 3.8 节习题中第 1、4、7 和 10 题的程序功能。
10. 写出下面程序的执行结果：

```
#include <iostream>
using namespace std;
int count=0;
int fib(int n)
{ count++;
  if (n==1 || n==2)
    return 1;
  else
    return fib(n-1)+fib(n-2);
}
int main()
{ cout << fib(8);
  cout << ',' << count << endl;
  return 0;
}
```

11. 分别写出计算 Hermit 多项式 $H_n(x)$ 值的 C++ 的迭代和递归函数。$H_n(x)$ 定义如下：
$$H_0(x) = 1$$

$$H_1(x) = 2x$$
$$H_n(x) = 2x\,H_{n-1}(x) - 2(n-1)\,H_{n-2}(x) \quad (n > 1)$$

12. 写出计算 Ackermann 函数 ack(m, n) 值的递归函数并用它计算 ack(2, 2) 的值。ack(m, n) 定义如下 ($m \geq 0, n \geq 0$)：

$$\text{ack}(0, n) = n + 1$$
$$\text{ack}(m, 0) = \text{ack}(m - 1, 1)$$
$$\text{ack}(m, n) = \text{ack}(m - 1, \text{ack}(m, n - 1)) \quad (m > 0, n > 0)$$

13. 根据下图写一个函数 `int path(int n);`，用于计算从节点 1 到节点 n（n 大于 1）共有多少条不同的路径。

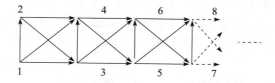

14. 编程解决下面的问题：若一头小母牛从出生起第四个年头开始每年生一头母牛，按此规律，第 n 年有多少头母牛？

15. 求第 n 个斐波那契数的递归函数也可以写成下面的形式：

```
int fib(int n, int a, int b) //a和b分别为第一个和第二个斐波那契数
{ if (n == 1)  return a;
  else return fib(n-1,b,a+b);
}
......
cout << fib(10,1,1) << endl; //求第 10 个斐波那契数
```

请分析一下这种实现有什么好处。

16. 用循环实现例 4-12 中的辗转相除法计算最大公约数。

17. 为什么通常把内联函数的定义放在头文件中？

18. 假设有三个重载的函数：

```
void func(int,double);
void func(long,double);
void func(int,char);
```

对下面的函数调用，指出它们分别调用了哪一个重载函数；如果有歧义，指出导致歧义的重载函数定义。

```
func('c',3.0);
func(3L,3);
func("three",3.0);
func(3L,'c');
func(true,3);
```

19. 下面的函数定义为什么是正确的？在函数 f 中如何区分（使用）两个 f？

```
void f()
{ int f;
  ......
}
```

第5章　复合数据的描述——构造数据类型

除了简单数据外，程序中还经常需要处理一些复合数据，如向量、矩阵等，这些数据通常是由简单数据通过某种方式组合而成的。

C++ 除了提供基本数据类型（int、char、float、double、bool）外，还提供了用基本数据类型来构造新数据类型的机制，以便程序能对复合数据进行描述与处理。本章将通过 C++ 所提供的类型构造机制来介绍程序中如何由基本数据类型来构造复合数据类型以及对复合类型数据所能实施的操作，其中包括枚举、数组、结构、联合以及指针与引用类型。

5.1　自定义值集的数据描述——枚举类型

在程序中，我们经常需要用到表示月份、星期、颜色的数据。虽然这些数据中有些在形式上与某个基本数据类型相同，但在数据的性质和操作上与相应的基本数据类型是有区别的。例如，对于表示月份的数据（1 月份，2 月份，…，12 月份），它们在形式上属于整型数据，但与整型数据有所不同。对整型数据，我们可以进行加、减、乘、除、取余数等运算，而对月份这样的数据，我们一般不会去对它们进行乘、除及取余数运算，即使对于加、减运算，我们也不会进行"1 月份 +2 月份"的运算，因为这样做没有实际意义，当然，"1 月份 + 2（个月）"是有意义的，结果为"3 月份"。

如果用基本数据类型来表示一些形式与之相同而性质不同的数据，则会造成程序易读性的下降，并且难以得到保证程序的正确性。例如，如果用 int 型的值来表示一个星期的某一天（星期一，星期二，…，星期天），那么，1 表示什么意思？星期天用什么整型数表示？0 还是 7？另外，对于一个取值为一个星期某一天的变量 day，如果把它定义为 int 型，那么，下面的表达式是符合语法的：

```
day = 10
day = day*2
```

但它们没有实际意义，如果在程序中这么写，可能是由于程序设计者的疏忽造成的错误，而编译程序发现不了这样的错误。

为了解决上述程序设计问题，程序设计语言中往往提供了一种让设计者自己来定义值集的数据类型——枚举类型，枚举类型的取值与操作将受到一定的约束。

5.1.1　枚举类型的定义

在 C++ 中，枚举类型（enumeration type）是由用户自定义的一种简单数据类型，它与 C++ 提供的基本数据类型不同的是：基本数据类型的值集是语言预先定义好的，而枚举类型的值集是由程序定义的。在定义一个枚举类型时，需要列出其值集中的每个值。

枚举类型的定义格式如下：

```
enum <枚举类型名> {<枚举值表>};
```

其中，<枚举类型名> 为标识符，它标识枚举类型的名字；<枚举值表> 为用逗号隔开的若干个枚举值，枚举值为整型符号常量。例如，下面定义了三个枚举类型：

```
enum Day {SUN,MON,TUE,WED,THU,FRI,SAT};
enum Color {RED,GREEN,BLUE};
enum Month {JAN,FEB,MAR,APR,MAY,JUN,JUL,AUG,SEP,OCT,NOV,DEC};
```

在默认情况下，枚举类型中表示枚举值的整型符号常量取值为：第一个为 0，第二个为 1，依次类推。也可以在定义枚举类型时显式地指定整型符号常量的值，例如：

```
enum Day {SUN=7,MON=1,TUE,WED,THU,FRI,SAT};
```

这时，SUN 为 7，MON 为 1，TUE 对应 2，WED 对应 3，…。

可将 bool 类型看作 C++ 语言提供的一个预定义的枚举类型：

```
enum bool { false, true };
```

一个定义的枚举类型，可以像 C++ 基本数据类型一样用来指定一些程序实体的类型，如指定变量、函数形式参数以及函数返回值的类型等。下面以变量定义来说明枚举类型的使用。

枚举类型变量的定义格式如下：

<枚举类型名><变量名>;

或

```
enum <枚举类型名><变量名>;
```

其中，第二种格式保留了 C 语言的写法。例如，下面是一些枚举类型变量的定义：

```
Day work_day,rest_day;
Color background_color;
Month vacation;
```

除此之外，也可以在定义枚举类型的同时定义枚举类型的变量。例如，在下面的定义中，除了定义了一个枚举类型 Day 之外，还定义了三个 Day 类型的变量 $d1$、$d2$ 和 $d3$：

```
enum Day { SUN,MON,TUE,WED,THU,FRI,SAT } d1,d2,d3;
```

当把枚举类型与其变量放在一起定义时，枚举类型名可以省略。例如，下面定义了两个枚举类型的变量 $v1$ 和 $v2$，它们的取值可以是 $E1$、$E2$ 和 $E3$：

```
enum { E1,E2,E3 } v1,v2;
```

需要注意的是，如果采用上面的定义形式，就无法再定义与 $v1$ 和 $v2$ 同类型的枚举变量了。

5.1.2　枚举类型的操作

虽然枚举类型的值集由一些整型值构成，但与整型的操作相比，对枚举类型的操作有很多限制。下面介绍枚举类型的操作。

首先，可以把一个枚举值赋值给它所属枚举类型的一个变量，两个同类型的枚举类型变量之间可以相互赋值。例如，下面的操作是合法的：

```
Day d1,d2;
d1 = SUN;
d2 = d1;
```

但是，不同枚举类型之间不能相互赋值。例如，下面的赋值操作是错误的，将导致概念上的混乱：

```
Day d;
Color c;
d = RED;          // Error, RED 不属于枚举类型 Day，它属于枚举类型 Color
c = d;            // Error, c 和 d 属于不同的枚举类型
```

由于枚举类型的每个值对应一个整型数，因此，可以把一个枚举值赋值给一个整型变量，但是，不能把一个整型值赋值给枚举类型的变量，因为其中会存在不安全因素。例如，如果允许把 int 型的值赋给枚举类型，下面的操作将导致语义上的问题：

```
Day d;
int n;
......
d = n;            // Error, Day 中可能没有与 n 对应的值
```

如果程序设计者能够确保不存在安全问题，则可以通过强制类型转换把整型值赋值给某个枚举类型变量。例如，下面的赋值是合法的：

```
d = (Day)n;       // OK
```

当通过强制类型转换把一个整型值赋给一个枚举类型的变量时，程序设计者应保证该整型值属于枚举类型的值集，否则，结果没有意义。

除了赋值操作外，还可以对枚举类型的值进行比较运算。对枚举值进行比较前，系统首先把它们转换成对应的整型值，例如，MON > TUE 的结果为 false。不过，需要注意的是，对于不同类型枚举值的比较（如 MON > RED），虽然可以通过转换成整型值来进行，但这可能是一种潜在的语义错误。

另外，还可以对枚举类型进行算术运算，在运算时，枚举值将转换成对应的整型值，然后进行算术运算，结果的类型为算术型。例如：

```
Day d;
int n;
......
n = d+2           // OK, 把 d 的值先转换成 int 型，然后进行运算
d = d+2;          // Error, 因为 d+2 的结果为 int 类型，它不能赋值给枚举类型变量
```

需要注意的是，不能对枚举类型的值直接进行输入，可以对枚举类型的值直接进行输出，输出时，枚举类型的值将被转换成 int 型。例如：

```
Day d;
cin >> d;         // Error, 输入的值可能不在 Day 的值集中！
......
cout << d;        // OK, d 将转换成 int 型的值输出
```

对枚举类型的值需要采用间接的方式来进行输入。

【例 5-1】 枚举类型值的输入 / 输出。

解：在进行枚举值的输入时，可以先输入一个整型值，然后把该整型值转换为枚举值；在进行枚举值的输出时，如果要输出枚举值的名字，则可以按字符串来输出。下面是程序代码：

```
#include <iostream>
using namespace std;
enum Day { SUN,MON,TUE,WED,THU,FRI,SAT };
int main()
{ Day d;
  int n;
  cin >> n;
  switch (n)    // 把输入的整型值转换为对应的枚举值
  { case 0: d = SUN;    break;
    case 1: d = MON;    break;
    case 2: d = TUE;    break;
    case 3: d = WED;    break;
    case 4: d = THU;    break;
    case 5: d = FRI;    break;
    case 6: d = SAT;    break;
    default: cout << "Input Error!" << endl; return -1;
  }
  ......
  switch (d)    // 按字符串输出枚举值的名字
  { case SUN:  cout << "SUN" << endl;    break;
    case MON:  cout << "MON" << endl;    break;
    case TUE:  cout << "TUE" << endl;    break;
    case WED:  cout << "WED" << endl;    break;
    case THU:  cout << "THU" << endl;    break;
    case FRI:  cout << "FRI" << endl;    break;
    case SAT:  cout << "SAT" << endl;    break;
  }
  return 0;
}
```

上面程序中对输入的转换也可写成：

```
if (n < 0 || n > 6)
{ cout << " Input Error!" << endl;
  return -1;
}
else
  d = (Day)n;
```

使用枚举类型有利于提高程序的易读性。例如，程序中要对某个星期中每一天的数据进行处理，如果用一个 int 型的值来表示一个星期中的某一天，则可用下面的循环来实现所需要的功能：

```
for (int i=0; i<=6; i++)
{ ......        // 数据处理
}
```

我们不太容易知道以上代码是对一个星期中每一天的数据进行处理。而如果用一个枚举类型（如上面的 Day）来表示上述循环的循环变量，则通过枚举值的名字就能知道该循环的大概含义：

```
for (Day i=SUN; i<=SAT; i=(Day)(i+1))
```

```
{ ......   // 数据处理
}
```

再例如，要根据不同的颜色来对某画面的背景进行处理，下面的程序代码看起来会比较直观：

```
Color bk_color;
......
switch (bk_color)
{ case RED: ......
  case GREEN: ......
  case BLUE: ......
}
```

使用枚举类型也有利于保证程序的正确性。例如，对于下面的赋值操作，编译程序将会指出它的错误：

```
Day d;
......
d = 10;   // Error
```

5.2　由同类型元素构成的复合数据的描述——数组类型

程序中经常需要处理诸如向量（由若干具有线性关系的分量构成）、矩阵（由若干具有行、列结构的元素构成）之类的数据，这类数据有一个特点：它们由若干个同类型的元素（称为成分数据）构成，并且各个元素之间存在某种次序或位置关系。为了能够处理这类数据，就必须要在程序中把它们表示出来。表示这类数据的一种方法是：定义若干个独立的同类型变量，每个变量表示一个元素。例如，要表示一个由 3 个分量所构成的向量，程序中可以定义三个变量 v1、v2 和 v3，分别用来表示该向量的 3 个分量。这种表示方法的缺点是：当构成这类数据的元素有很多时，将会产生大量的变量。例如，对于一个由 100 个分量所构成的向量，采用上述表示方法将要定义 100 个变量，更进一步考虑，如果程序要处理 100 个这样的向量呢？另外，独立的变量往往不能明显地体现元素之间的关系。

很显然，上述用于表示由若干同类型的元素所构成的数据的方法是不合适的。为了能够很好地表示上述数据，C++ 以及很多语言都提供了一种数据类型——数组类型。

数组类型（array type）是一种由固定多个同类型的具有一定次序关系的元素所构成的复合数据类型，它是一种用户自定义的数据类型。数组类型可分为一维数组、二维数组和多维数组，其中，一维数组和二维数组在程序设计中较为常用。下面介绍 C++ 中一维数组和二维数组的基本内容。

5.2.1　线性复合数据的描述——一维数组类型

一维数组通常用于表示由固定多个同类型的具有线性次序关系的数据所构成的复合数据，如向量、某门课程的成绩表、某班级学生的姓名表等。上述复合数据统称为线性表（linear list）。

1. 一维数组类型的定义
通常情况下，一维数组类型的定义与其变量的定义同时给出，其格式为：

<元素类型 ><一维数组变量名 >[*<元素个数 >*];

其中 <*元素类型*> 是指一维数组中元素（element）的类型，可以是任意的 C++ 类型（void 除外）；<*一维数组变量名*> 为一个标识符，它标识一维数组变量的名字；<*元素个数*> 为一个整型常量表达式[⊖]，它表示数组元素的个数。例如，下面定义了一个由 10 个整型数所构成的一维数组类型的变量 *a*：

```
int a[10];              //a为一个一维数组变量
```

也可以先用 C++ 的类型定义机制（typedef）为一维数组类型命名，再用它来定义变量。数组类型定义的格式为：

```
typedef  <元素类型><一维数组类型名>[<元素个数>];
```

例如，下面为由 10 个整型数所构成的一维数组类型 A，然后用类型 A 来定义一个一维数组变量 *a*：

```
typedef int A[10];      //A为一维数组类型
A a;                    //a为一个一维数组变量
```

上面定义中的数组变量 *a* 与 int *a*[10] 定义中的数组变量 *a* 等价。

注意：在 C++ 中，数组类型的元素个数是固定的，在程序执行中不能改变。

2. 一维数组变量的初始化

程序中定义的每个变量在使用前都要有确定的值。在定义一维数组变量时，可以对其进行初始化，初始化时要用一对花括号把元素的初始值括起来（称为初始化表），例如：

```
int a[10]={1,2,3,4,5,6,7,8,9,10};
```

上面的数组变量定义把各个数组元素分别初始化为 1，2，…，10。在对数组进行初始化时，初始化表中的值可以少于数组元素个数，不足部分的数组元素被初始化为 0。例如：

```
int b[10]={1,2,3,4};
```

在上面的数组定义中，数组的前 4 个元素分别被初始化为 1、2、3 和 4，其他元素被初始化为 0。

另外，如果在定义数组时对每个元素都进行了初始化，则数组元素个数可以省略，其元素个数由所提供的初始化值的个数来确定。例如：

```
int c[]={1,2,3};
```

上面的数组定义表示 *c* 有三个元素，它们分别被初始化为 1、2 和 3。这样做的好处是能够避免给出的元素个数与初始值个数之间的不一致问题。

3. 一维数组的操作

在 C++ 中，对一维数组变量的操作一般是通过其元素来进行的。要访问一维数组中的元素，可以用下面的格式来实现：

```
<一维数组变量名>[<下标>]
```

其中，<*下标*>（subscript）为一个整型表达式，它的值表示访问一维数组中的第几个

⊖　在 C++ 的有些实现中，数组定义中的元素个数可以是一个变量，在程序运行时将根据该变量在运行时刻的值来确定数组的大小。

元素。需要注意的是：在 C++ 中，一维数组中第一个元素的下标是 0 而不是 1。例如，对于下面定义的一维数组变量 a：

```
int a[10];
```

$a[0]$ 表示该数组的第一个元素，$a[1]$ 表示第二个元素……$a[9]$ 表示最后一个元素。一维数组中最后一个元素的下标是数组元素的个数减去 1。有时，为了表述上的方便，我们常常称 $a[0]$ 表示一维数组中的第 0 个元素，$a[i]$ 表示第 i 个元素。

可以将数组中的每个元素看作一个变量，其类型为定义数组时所指定的元素类型，对数组元素所能实施的操作视元素类型而定，即元素类型所允许的操作都可以实施到数组元素。大部分情况下，程序中对数组的操作都体现为对数组元素的遍历操作，这时往往要用到循环。例如，下面的程序段实现一维数组元素值的输入以及求和功能：

```
int a[10];
int sum=0;
......
for (int i=0; i<10; i++) cin >> a[i]; // 输入元素值
for (int i=0; i<10; i++) sum += a[i]; // 数组元素求和
```

在 C++ 中不能直接对数组进行整体赋值，而是需要通过循环对数组元素逐个进行赋值。例如：

```
int a[10],b[10];
a = b;                                 // Error
for (int i=0; i<10; i++) a[i] = b[i];  // OK
```

需要注意的是，在访问数组元素时，如果下标表达式的值超出了数组元素个数的范围，这时的结果将不可预测。例如，对于上面程序中的数组 a，用 $a[i]$ 访问数组元素时，如果 i 大于 9，则 $a[i]$ 的值是没有意义的。C++ 编译程序以及 C++ 程序运行支持系统不会对程序中的数组下标是否越界进行检查，这主要是出于对程序执行效率的考虑，因为，检查数组下标是否越界往往需要在程序运行时刻进行，而这是需要开销的。因此，程序设计者应对数组下标越界问题给予足够的重视，在设计程序时要保证对数组元素的访问不要越界。

为了方便、可靠地实现对一维数组元素进行遍历的简单操作，在 C++ 新国际标准中提供了一种基于范围的 for 语句，它只需要给出一个代表数组元素的变量以及一个表示操作范围的数组，而不需要给出循环的具体控制，如开始位置、结束位置以及对下标变量的增量控制等，这些都由编译程序自动实现，从而可以避免琐碎的实现细节，也可以避免数组下标越界的错误。例如，对于上面的数组元素求和操作，可以用下面基于范围的 for 语句来实现：

```
for (int n: a) sum += n;
```

上面 for 语句的含义是：对数组 a 中的每个元素 n，执行" sum += n; "操作。需要注意的是，在上面的 for 语句中，只能通过变量 n 使用数组元素的值，无法修改数组元素的值，要修改数组元素的值，必须显式地指出。例如，在下面的 for 语句中，在 n 前面加上一个" & "就表示数组元素的值可以修改：

```
for (int &n: a) cin >> n;               // 从键盘为数组的每个元素输入一个值
```

下面通过示例来考察一维数组的运用。

【例 5-2】用一维数组实现求第 n 个斐波那契（Fibonacci）数。

解： 在例 3-17 中曾给出用三个变量实现的求第 *n* 个 Fibonacci 数的程序。下面利用一维数组来解决这个问题。

```
#include <iostream>
using namespace std;
int main()
{ const int MAX_N=40;
  int fibs[MAX_N];
  int n,i;
  cout << "请输入n(1-"<< MAX_N << "):";
  cin >> n;
  if (n > MAX_N)           //检查n是否超过数组fib所允许的元素最大个数
  { cout << "n太大！" << endl;
    return -1;
  }
  fibs[0] = fibs[1] = 1;
  for (i=2; i<n; i++)      //循环计算斐波那契数
    fibs[i] = fibs[i-1] + fibs[i-2];

  cout << "第" << n << "个斐波那契数是: " << fibs[n-1] << endl;
  return 0;
}
```

在上面的程序中，除了计算出最后一个 Fibonacci 数外，还保留了之前计算出的每个 Fibonacci 数（保存在数组变量 fibs 中），在程序的后面部分如果还需要用到这些数，就不必再重新计算了。

数组的下标除了能用整型值表示外，还可以用枚举类型来表示，以提高程序的易读性。

【例 5-3】 统计某地区在某年中湿度最大和最小的月份。

解： 可以把 12 个月的湿度数据放在一个一维数组中，然后找出数组中的最大元素和最小元素。在本例中，数组下标采用枚举类型来表示。

```
#include <iostream>
using namespace std;
enum Month { JAN, FEB, MAR, APR, MAY, JUN, JUL, AUG, SEP, OCT, NOV, DEC };
void display_month(Month m)
{ switch (m)
  { case JAN:     cout << "January"; break;
    case FEB:     cout << "February"; break;
    case MAR:     cout << "March"; break;
    case APR:     cout << "April"; break;
    case MAY:     cout << "May"; break;
    case JUN:     cout << "June"; break;
    case JUL:     cout << "July"; break;
    case AUG:     cout << "August"; break;
    case SEP:     cout << "September"; break;
    case OCT:     cout << "October"; break;
    case NOV:     cout << "November"; break;
    case DEC:     cout << "December"; break;
  }
  cout << endl;
}
int main()
{ const int NUM_OF_MONTH_PER_YEAR=12;
  double humidities[NUM_OF_MONTH_PER_YEAR];
  Month i,max,min;
```

```
// 获得湿度数据
cout << "请输入某年 12 个月的湿度数据: ";
for (i=JAN; i<=DEC; i = Month(i+1))
  cin >> humidities[i];

// 计算湿度最大和最小的月份
max = min = JAN;
for (i=FEB; i<=DEC; i = Month(i+1))
  if (humidities[i] > humidities[max])
    max = i;
  else if (humidities[i] < humidities[min])
    min = i;

// 输出结果
cout << "最大湿度的月份是: ";
display_month(max);
cout << "最小湿度的月份是: ";
display_month(min);
return 0;
}
```

4. 一维数组的存储

对于一维数组类型的数据，系统将在内存中为其分配一块连续的存储空间来存储数组元素。例如，对于下面的一维数组变量 a：

```
int a[10];
```

其内存空间分配如下：

一维数组 a 所占的内存空间大小可以用 sizeof(a) 来计算，而数组元素 $a[i]$ 在这块存储空间上的地址则可通过下面的公式计算得到：

```
a 的首地址 +i*sizeof(int)
```

需要注意的是，C++ 语言是一种注重程序效率的语言，程序运行时不对数组元素下标是否越界进行检查，对数组元素的访问就是按上面的地址计算公式来进行，这会导致一些致命的错误。例如，对于下面的程序：

```
int a[2],b[3],c[4];
......
b[3] = 10; // 10 存储到哪里去了
```

由于数组 b 的内存空间只够存储元素 $b[0]$、$b[1]$ 和 $b[2]$，$b[3]$ 的地址已经落入其他变量（a 或 c，要看编译程序的具体实现）的内存空间中，这就导致对 $b[3]$ 的修改会破坏其他变量的值！

一般情况下，程序设计者不需要知道数组的内存分配情况，程序只需根据数组的抽象性质来使用数组，这也正是高级语言相对于低级语言的一个优势。但是，在有些情况下，程序设计者必须要知道数组的存储分配细节，否则将会导致一些特殊的程序设计技术失效。例如，通过指针来访问数组元素（将在 5.5.5 节中介绍）必须要知道数组的存储分配策略，否则，就无法做到让指针在数组元素之间移动。

5. 向函数传递一维数组

在 C++ 中，当需要把一个一维数组传给一个函数时，被调用的函数通常需要定义两个形参，一个应为不带数组大小的一维数组定义，另一个是数组元素的个数。调用者在调用时需要把一维数组变量的名字和该数组的元素个数作为实参传给被调用函数。例如，下面的函数 max 用于计算其参数指定的一维数组中最大元素的下标：

```
int max(int x[],int num)
{ int max_index=0;
  for (int i=1; i<num; i++)
    if (x[i] > x[max_index]) max_index = i;
  return max_index;
}
```

对于下面定义的两个一维数组变量 a 和 b，我们可以利用上面的函数 max 来计算它们的最大元素：

```
int a[10],b[20],index_max;
......
index_max = max(a,10);
cout << "a 的最大元素是 :" << a[index_max] << ",其下标为 :" << index_max << endl;
index_max = max(b,20);
cout << "b 的最大元素是 :" << b[index_max] << ",其下标为 :" << index_max << endl;
```

从上面的程序可以看出：函数 max 可以接受元素类型为 int 型的任意一维数组。形参中之所以包含一个表示数组元素个数的参数 num，是因为函数 max 不知道实参数组的大小。

在 C++ 中，为了提高参数传递效率，数组作为函数参数时，实际传递的是实参数组在内存中的首地址，函数的形参数组不再另外分配内存空间，而是共享实参数组的内存空间。当然，这种实现方法基于了数组元素在内存空间中连续存放这个前提。值得注意的是，数组参数的这种传递方式虽然能提高数组参数的传递效率，但也带来了一个问题：在函数中通过形参数组能改变实参数组的值！对这个问题处理不当会带来函数的副作用问题（这个问题将在 5.5.3 节中详细讨论）。

5.2.2 字符串类型的一种实现——一维字符数组

程序中经常要处理字符串类型的数据，而 C++ 语言没有提供字符串类型。在 C++ 中，通常用元素类型为 char 的一维数组（字符数组）来表示字符串类型。例如，可以用下面的一维字符数组来表示一个字符串：

```
char s[10];
```

上面的字符数组变量 s 可以表示的字符串的最大长度（字符串中字符的个数）为 9，这是因为 C++ 在存储字符串时，通常在字符串中最后一个字符的后面存储一个字符 '\0'（编码为 0 的字符）作为字符串的结束标记（这种字符串常被称为 ASCIIZ 串，其中的 Z 是 zero 的第一个字母）。这种存储字符串的传统已被广大 C++ 程序设计者所默认，很多处理字符串的C++ 程序都会假设字符串中有一个结束标记 '\0'，特别是 C++ 标准库中的字符串处理函数，它们都假设其参数中的字符串有这样的结束标记，如果调用者提供的字符串中没有结束标记，则这些函数的行为是不可预测的。因此，在表示和处理字符串时应注意两点：一是在定义一个字符数组时，其元素个数应比它实际能够存储的字符串最大长度多一个；二是在为字符数组赋值时，要在最后一个字符的后面放置一个 '\0'。

在定义字符数组变量时可以对其进行初始化，在 C++ 中，对字符数组的初始化可采用以下任意一种形式：

```
char s[10]={'h','e','l','l','o','\0'};
char s[10]={"hello"};
char s[10]="hello";
char s[]="hello";
```

在上面的字符数组初始化中，除第一种形式之外，其他形式的初始化都会在最后一个字符的后面自动加上 '\0'，而对于第一种形式，必须在程序中显式地加上 '\0'。

一维数组的所有操作都可以用于字符串。另外，由于字符数组中含有字符串结束标记，因此，在把一个字符数组传给一个函数时，函数的参数只需要包含字符数组，而不需要包含字符个数。例如，下面的函数 strlen 计算字符数组类型参数 str 中的字符个数：

```
int strlen(char str[])
{ int i=0;
  while (str[i] != '\0') i++;
  return i;
}
```

上面的函数是以字符数组中存储的 '\0' 来判断字符串是否结束的，如果没有 '\0'，这个函数的结果会是什么呢？请读者思考。

【例 5-4】 编写一个函数 str_to_int，把一个由数字构成的字符串转换成一个整型数。

解：该问题可以采用下面所给出的算法来实现：字符串"1234"所对应的整型数为：
$((1 * 10 + 2) * 10 + 3) * 10 + 4 = 1234$。

程序如下：

```
int str_to_int(char str[])
{ if (str[0] == '\0') return 0;      // 如果字符串为空，则返回 0 作为转换结果
  int n=str[0]-'0';                  // n 用于存储转换结果，初始化为最高位数字的数值
  for (int i=1; str[i]!='\0'; i++)   // 循环处理其他数位的数字
    n = n*10+(str[i]-'0');
  return n;
}
```

在上面的程序中，由于 str 中存储的是各位数字所对应的字符（编码），把它们减去数字字符 '0'（编码）可得到对应的数值（对 ASCII 编码有效）。上面的程序代码也可以简化成下面的形式，把最高位也纳入循环中处理：

```
int str_to_int(char str[])
{ int n=0;                           // n 用于存储转换结果，初始化为 0
  for (int i=0; str[i]!='\0'; i++)   // 循环处理每一位数字
    n = n*10+(str[i]-'0');           // 对最高位而言，空做一次乘法（乘以 0）
  return n;
}
```

【例 5-5】 编写一个子串查找函数 find_substr，查找一个字符串（子串）在另一个字符串（主串）中第一次出现的位置。

解：这里使用最简单的子串查找方法，在其他课程（如数据结构）中将介绍查找子串的

更高效算法。下面子串查找算法的基本思想是：从主串的位置 0 开始，逐个字符与子串中的字符进行比较，如果不匹配，则再从主串的位置 1 开始逐个字符与子串中的字符进行比较，直到匹配成功，或主串中的位置超过了"< 主串长度 > 减去 < 子串长度 >"（主串中剩下的字符数小于子串长度时就不需要去匹配子串了）。

```
int find_substr(char str[], char sub_str[])
{ int len,                                       // 主串的长度
      sub_len;                                   // 子串的长度
  for (len=0; str[len] != '\0'; len++) ;         // 计算主串长度
  for (sub_len=0; sub_str[sub_len] != '\0'; sub_len++) ; // 计算子串长度
  for (int i=0; i<=len-sub_len; i++)             // 从主串的头开始循环查找子串
  {      // 下面的循环在主串中从位置 i 开始逐个字符与子串中的字符进行比较
    int j=0;
    while (j < sub_len && sub_str[j] == str[i+j]) j++;
    if (j == sub_len) return i;                  // 匹配到子串，返回它在主串中的位置 i
  }
  return -1;                                      // 未找到子串，返回 -1
}
```

对于字符数组，除了可以访问其元素和将其作为参数传递外，还可以对其进行输入 / 输出操作。进行输入操作时，输入操作会把从键盘输入的字符逐个放入字符数组，直到碰到空白符（空格、制表、回车等）为止，然后在字符数组最后一个字符的后面自动放上一个 '\0'。进行输出操作时，输出操作将逐个把字符数组中的字符输出，直到 '\0' 为止。

【例 5-6】　从键盘输入一个字符串，然后把该字符串逆向输出。

解：可把输入的字符串（长度为 *N*）放在一个字符数组中，然后交换 0 和 *N* – 1，1 和 *N* – 2，…，*N*/2 – 1 和 *N*/2+1 位置上的字符，最后，输出字符数组中的字符串。

```
#include <iostream>
using namespace std;
int main()
{ const int MAX_LEN=100;
  char str[MAX_LEN];                   // 用于存储字符串
  int len;                             // 用于存储字符串的长度
  cin >> str;                          // 输入一个字符串（末尾会自动加上 '\0'）
  for (len=0; str[len] != '\0'; len++) ;  // 计算字符串的长度
  for (int i=0,j=len-1; i<j; i++,j--)  // i 和 j 分别从字符串的头和尾往中间位置移动
  {                                    // 交换 str[i] 和 str[j] 中的字符
    char temp;
    temp = str[i];
    str[i] = str[j];
    str[j] = temp;
  }
  cout << str << endl;
  return 0;
}
```

需要注意的是，对于上面的程序，当用户从键盘输入的字符串的长度大于 MAX_LEN–1 时，程序会出现问题！因为字符数组 str 最多只能存储 MAX_LEN–1 个字符（最后要加一个 '\0'），所以多余的字符就会存储到不属于 str 的内存空间中去，而这些内存空间有可能是程序中其他变量的存储空间，从而破坏了其他变量的值！由于 C++ 编译程序无法检查这类错误，而 C++ 的运行系统出于对程序效率的考虑也不检查这类错误，因此，这类错误有时不容易被发现，程序设计者一定要仔细考虑可能出现的这类问题。（关于对字符串输入越界

的处理，可参见 8.2.2 节。）

目前，大部分计算机程序都用于完成非数值计算的任务，因此对字符串的处理在当代的程序设计中占有很重要的地位。C++ 标准库中也提供了一些用于对字符串进行操作的函数（参见附录 C）。

5.2.3　二维复合数据的描述——二维数组类型

二维数组通常用于表示由固定多个同类型的、具有行列结构的数据所构成的复合数据，如矩阵等。二维数组所表示的是一种具有两维结构的数据，第一维称为二维数组的行，第二维称为二维数组的列。二维数组中的每个元素由其所在的行和列唯一确定。

1. 二维数组类型的定义

与一维数组类型的定义类似，通常情况下，二维数组类型的定义与其变量的定义同时给出，其格式为：

< 元素类型 >< 二维数组变量名 >[*< 行数 >*][*< 列数 >*]；

其中的 *< 元素类型 >* 是指二维数组元素的类型，可以是任意的 C++ 类型（void 除外）；*< 二维数组变量名 >* 为二维数组变量的名字，用标识符表示；*< 行数 >* 和 *< 列数 >* 为整型常量表达式，它们分别表示二维数组的行数和列数。例如，下面定义了一个由 10×5 个整型数所构成的二维数组类型的变量 *a*：

```
int a[10][5];
```

对于二维数组类型，也可以用 C++ 的类型命名机制来为其命名，格式为：

typedef　*< 元素类型 >< 二维数组类型名 >*[*< 行数 >*][*< 列数 >*]；

例如，下面的 A 是由 10×5 个整型数所构成的二维数组类型：

```
typedef int A[10][5];
```

利用该类型，我们可以定义二维数组变量 *a*：

```
A a;
```

上面定义的二维数组变量 *a* 与 int *a*[10][5] 定义中的二维数组变量 *a* 等价。

另外，我们也可以把一个二维数组看作一个一维数组，该一维数组中的每个元素又是一个一维数组。例如，上面的二维数组变量 *a* 可以按下面的方式来定义：

```
typedef int B[5];
B a[10];
```

从形式上看，上面的变量 *a* 是一个一维数组，它由 10 个元素构成，元素的类型为 B。但是，由于类型 B 也是一个一维数组，因此，*a* 实际上是一个二维数组。

2. 二维数组的初始化

对二维数组变量的初始化可采用下面的格式：

```
int a[2][3]={{1,2,3},{4,5,6}};
```

或

```
int a[2][3]={1,2,3,4,5,6};
```

上面的初始化按照数组的行来进行。初始化的值可以少于数组元素的个数。当初始值不足时，对于下面的形式：

```
int a[2][3]={{1,2},{3,4}};
```

第一行的前两个元素被初始化为 1、2，第二行的前两个元素被初始化为 3、4，其他元素被初始化为 0。对于下面的形式：

```
int a[2][3]={1,2,3,4};
```

按照行优先的原则进行初始化，即把第一行的 3 个元素分别初始化为 1、2、3，把第二行的第 1 个元素初始化为 4，把其他元素初始化为 0。

另外，如果在定义二维数组时给出了所有元素的初始化，则数组的行数可以省略，其行数由初始值的个数来决定。例如，下面的二维数组 a 有 3 行：

```
int a[][3]={{1,2,3},{4,5,6},{7,8,9}};
```

3. 二维数组的操作

和一维数组一样，可以对二维数组进行操作通常也只有两个：访问数组元素和将数组作为参数传给函数。访问二维数组元素的格式是：

< 二维数组变量名 >[*< 下标 1>*][*< 下标 2>*]

其中，*< 下标 1>* 和 *< 下标 2>* 为整型表达式，它们分别表示所访问的元素在二维数组中行与列的序号，第一行与第一列的序号均为 0。例如，对于下面的二维数组变量 a：

```
int a[10][5];
```

$a[0][0]$ 表示该数组中第 1 行、第 1 列的元素；$a[i][j]$ 表示第 $i+1$ 行第 $j+1$ 列的元素，…，$a[9][4]$ 表示最后一行最后一列的元素。这些元素都可以被看作一个 int 型变量，可对它们实施 int 类型所允许的操作。为了表述上的方便，我们又称 $a[0][0]$ 为二维数组的第 0 行、第 0 列的元素，称 $a[i][j]$ 为第 i 行、第 j 列的元素。

另外，对于二维数组，也可以把它的每一行作为一个整体来访问。例如，$a[i]$ 表示访问二维数组中的第 i 行元素，它是一个一维数组。

对二维数组的每一个元素访问一次这样的操作通常需要一个二重循环来实现。例如，下面的循环计算二维数组变量 a 的所有元素之和：

```
int a[10][5],sum=0;
......
for (int i=0; i<10; i++)         // 对行进行循环
  for (int j=0; j<5; j++)        // 对某一行的列进行循环
    sum += a[i][j];
```

【例 5-7】 从键盘输入一个 $N \times N$ 的矩阵，把它转置后输出。

解：矩阵可用一个二维数组来表示。对矩阵进行转置就是交换二维数组中 $a[i][j]$ 与 $a[j][i]$ 的值，其中，$i = 0, 1, \cdots, N-1$，$j = i+1, i+2, \cdots, N-1$。程序如下：

```
#include <iostream>
using namespace std;
int main()
{ const int N=3;
```

```
    int a[N][N];
    int i,j;
    // 输入矩阵数据
    cout << "请输入 " << N << "×" << N << " 矩阵：\n";
    for (i=0; i<N; i++)
      for (j=0; j<N; j++)
        cin >> a[i][j];
    // 矩阵转置：交换 a[i][j] 和 a[j][i] 的值，i=0~N-1,j=i+1~N-1
    for (i=0; i<N; i++)
      for (j=i+1; j<N; j++)
      { // 交换 a[i][j] 与 a[j][i] 的值
        int temp=a[i][j];
        a[i][j] = a[j][i];
        a[j][i] = temp;
      }
    // 输出转置后的矩阵
    cout << "转置后为：\n";
    for (i=0; i<N; i++)
    { for (j=0; j<N; j++)
        cout << a[i][j] << '␣';
      cout << endl;
    }
    return 0;
}
```

4. 二维数组的存储

对于二维数组变量，系统将在内存中为其分配连续的存储空间来存储数组元素。在 C++ 中，二维数组元素是按照行来存储的，即先存储第一行的元素，再存储第二行的元素，依次类推。例如，对于下面的二维数组变量 *a*：

```
int a[10][5];
```

其内存空间分配如下：

a[0][0]	…	*a*[0][4]	*a*[1][0]	…	*a*[1][4]	…	*a*[9][0]	…	*a*[9][4]

用 sizeof(*a*) 能计算出二维数组 *a* 所占用的内存字节数。

需要注意的是，有些语言（如 FORTRAN）中的二维数组是按列来存储的，在混合语言编程中，如果一个二维数组被各种语言的程序片段所共享，那么就必须给出专门的处理，否则会产生错误的结果。另外，了解二维数组的存储方式，在某些情况下也有利于设计出高效的程序。例如，对于一个很大的二维数组 *a*，假设该数组是按行存储的，那么下面按列来访问数组元素的程序效率可能不高：

```
for (int col=0; col<N; col++)
  for (int lin=0; lin<M; lin++)
    ...a[lin][col]...
```

这是因为，在带有内存高速缓存的计算机上，系统往往会把一些常用的数据放入 CPU 的高速缓存中以减少 CPU 访问内存的次数。对于一个很大的数组，如果高速缓存一次放不下它，那么在遍历数组中的所有元素时，系统就会根据需要把该数组分块放入高速缓存，并且新放入部分会把以前的部分替换掉，当需要用到以前的部分时，再用以前的部分来替换新放入的部分。这样，以行来存储而以列来依次访问二维数组元素将会使高速缓存被"频繁"刷新（反之亦然），从而导致程序执行效率的下降！

5. 向函数传递二维数组

在 C++ 中，当需要把一个二维数组传给一个函数时，调用者需要提供二维数组变量的名字和行数，被调用函数的形参一般为不带数组行数的二维数组的定义及其行数。例如，下面的函数 sum 计算列数为 5 的二维数组中所有元素的和：

```
int sum(int x[][5], int lin)
{ int s=0;
  for (int i=0; i<lin; i++)
    for (int j=0; j<5; j++)
      s += x[i][j];
  return s;
}
```

利用上面的函数 sum，我们可以计算下面二维数组的元素之和：

```
int a[10][5],b[20][5];
......
cout << "a 的元素之和为: " << sum(a,10) << endl;
cout << "b 的元素之和为: " << sum(b,20) << endl;
```

但是，下面的二维数组 c 就不能调用函数 sum 来计算其元素的和，因为 c 的列数与函数 sum 要求的不符：

```
int c[40][20];
......
sum(c,40); // Error
```

另外，作为函数 sum 形参的二维数组，其列数不能不写，否则，对于函数中的 x[i][j]，编译程序将不知道如何计算它在二维数组内存空间中的位置。因为，在 C++ 中把一个二维数组传给一个函数时，传递的是该二维数组的内存首地址，在函数中将根据下面的公式来计算某个数组元素 $x[i][j]$ 在内存中的位置：

$$\text{addr}(x[i][j]) = x \text{ 的内存首地址} + i \times \text{ 列数} + j$$

该公式需要知道二维数组的列数才能进行计算。因此，二维数组作为函数形参时必须给出列数。

6. 把二维数组降为一维数组处理

在程序中，有时为了便利会把二维数组当作一维数组来处理。例如，对于下面对一维数组元素求和的函数 sum：

```
int sum(int x[], int num)
{ int s=0;
  for (int i=0; i<num; i++) s += x[i];
  return s;
}
```

该函数除了能对一维数组元素求和外，也能对二维数组元素求和。这时，需要把二维数组转换为一维数组传给该函数。例如，对于下面的二维数组 a：

```
int a[20][10];
```

由于它是一个二维数组，因此不能直接把它传给上面的函数 sum（不符合语法）：

```
sum(a,20)            // Error
```

但可以按照下面的方式间接地把它传给函数 sum 来求该二维数组元素的和：

```
sum(a[0],20*10)      // OK
```

在上面的函数调用中，*a*[0] 是一个包含 10 个 int 型元素的一维数组，把它传给函数 sum 是符合语法的。上面的函数调用之所以能计算二维数组 a 的所有元素之和，是因为第二个参数为 20×10，它告诉函数 sum 所传递的一维数组有 200 个元素。由于 *a*[0] 代表二维数组 *a* 的第一行，而根据二维数组 *a* 的存储分配策略，其第一行元素后面接着就是第二行，第三行，…，第二十行的元素，这样，就给函数 sum 造成了一种错觉：接收到一个由 200 个元素构成的一维数组，计算出它们的和。

除了一维数组和二维数组以外，C++ 也支持二维以上的多维数组类型，其格式为：

< 元素类型 >< 数组变量名 >[*< 第 1 维元素个数 >*][*< 第 2 维元素个数 >*]…[*< 第 n 维元素个数 >*]；

其中，*< 元素类型 >* 为任意 C++ 类型（void 除外）；*< 数组变量名 >* 为多维数组的名字，用标识符表示；*< 第 1 维元素个数 >*，*< 第 2 维元素个数 >*，…，*< 第 n 维元素个数 >* 分别表示数组每一维的大小，它们为整型常量表达式。对于一个 *n* 维的数组，我们可以把它理解成一个一维数组，其元素个数为 *n* 维数组的第一维的大小，元素类型为去掉第一维后的 *n* − 1 维数组，依次类推。

在多维数组中，有时会用到三维数组，它往往可以表示由同类型的具有立方体结构的元素所构成的复合数据，其中，第一维表示平面数，第二维表示每一个平面中的行数，第三维表示每一个平面中的列数。三维以上的数组使用得较少，这是因为在现实世界中与之对应的数据以及相应的数据处理模型较少。

5.2.4　数组类型的应用

数组在程序设计中发挥了重要的作用。下面通过一些例子来进一步介绍数组的运用。

【例 5-8】　实现矩阵乘法 $C = A \times B$。

解：根据矩阵相乘的规定，矩阵 C 中第 i 行、第 j 列的元素为矩阵 A 中第 i 行所有元素与矩阵 B 中第 j 列所有元素的内积和。假设 A 是 $M \times N$ 的矩阵，B 是 $N \times T$ 的矩阵，那么 C 就是 $M \times T$ 的矩阵。我们用下面的三个二维数组 a、b 和 c 来分别表示矩阵 A、B 和 C：

```
int a[M][N],b[N][T],c[M][T];
```

数组 c 中的每个元素可按下面的公式计算：

$$c_{ij} = \sum_{k=0}^{N-1} a_{ik} b_{kj} \, (i = 0 \cdots M-1, j = 0 \cdots T-1)$$

下面是实现矩阵相乘的 C++ 程序：

```
#include <iostream>
using namespace std;
int main()
{ const int M=2,N=3,T=4;
  int a[M][N],b[N][T],c[M][T];
  int i,j,k;
```

```
// 输入矩阵 A 的值
cout << "请输入矩阵 A(" << M << "×" << N << "): \n";
for (i=0; i<M; i++)
   for (j=0; j<N; j++)
      cin >> a[i][j];

// 输入矩阵 B 的值
cout << "请输入矩阵 B(" << N << "×" << T << "): \n";
for (i=0; i<N; i++)
   for (j=0; j<T; j++)
      cin >> b[i][j];

// 计算矩阵 C 的值
for (i=0; i<M; i++)          // 对数组 c 的行循环
{ for (j=0; j<T; j++)        // 对数组 c 的列循环
   { c[i][j] = 0;            // 把数组 c 的第 i 行、第 j 列初始化为 0
      for (k=0; k<N; k++)    // 对数组 c 的第 i 行、第 j 列，循环计算它们的内积和
         c[i][j] += a[i][k]*b[k][j];
   }
}

// 输出矩阵 C 的值
cout << "矩阵 C(" << M << "×" << T << ") 为: \n";
for (i=0; i<M; i++)
{ for (j=0; j<T; j++)
      cout << c[i][j] << '␣';
   cout << endl;
}
return 0;
}
```

【例 5-9】　用数组实现求解约瑟夫（Josephus）问题。

解：约瑟夫问题是：有 N 个小孩围坐成一圈，从某个小孩开始顺时针报数，报到 M 的小孩从圈子离开，然后，从下一个小孩开始重新报数，每报到 M，相应的小孩从圈子离开，最后一个离开圈子的小孩为胜者，问胜者是哪一个小孩？

对于这个问题，我们可以采用一个一维数组 in_circle 来表示小孩围成一圈：

```
bool in_circle[N];
```

该一维数组中有 N 个元素，它们分别对应一个小孩，数组元素的下标表示小孩的编号（0，1，…，$N-1$），元素类型为 bool 型。当元素的值为 true 时，表示对应的小孩在圈子中，否则，对应的小孩离开了圈子。为了表示小孩围成一圈，我们可以把该数组看作一个循环数组（如图 5-1 所示），即数组最后一个元素（in_circle[$N-1$]）的下一个元素是数组的第一个元素（in_circle[0]）。

报数采用下面的方法来实现：从编号为 0 的小孩开始报数，用变量 index 表示要报数的小孩的下标，其初始值为 $N-1$（即将报数的前一个小孩的下标）。下一个要报数的小孩的下标由 index = (index+1)%N 来计算。用变量 count 来对成功的报数进行计数，每一轮报数前，count 为 0，每成功地报一次数，就把 count 加 1，直到 count 为 M 为止。要使报数成功，in_circle[index] 应为 true。用变量 num_of_children_remained 表示圈中剩下的小孩数目，其初始值为 N。下面是程序实现：

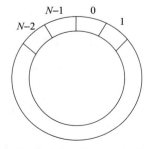

图 5-1　循环数组示意图

```cpp
#include <iostream>
using namespace std;
const int N=20,M=5;
int main()
{ bool in_circle[N];
  // 初始化数组 in_circle
  for (int i=0; i<N; i++)
    in_circle[i] = true;

  // 开始报数
  int index = N-1;                    // 从编号为 0 的小孩开始报数，index 为前一个小孩的下标
  int num_of_children_remained =N;    // 报数前圈子中的小孩个数
  while (num_of_children_remained > 1)
  { int count = 0;
    while (count < M)                 // 对成功的报数进行计数
    { index = (index+1)%N;            // 计算要报数的小孩的编号
      if (in_circle[index]) count++;
                                      // 如果编号为 index 的小孩在圈子中，则该报数为成功的报数
    }
    in_circle[index] = false;         // 小孩离开圈子
    num_of_children_remained--;       // 圈子中小孩数减 1
  }

  // 找最后一个小孩
  for (int i=0; i<N; i++)
    if (in_circle[i]) {.index=i; break;}

  cout << "The winner is No." << index << ".\n";
  return 0;
}
```

【例 5-10】 从键盘输入 *n* 个整型数，把它们从小到大排序，输出排序后的结果。

解： 排序（sorting）是一个经常遇到的程序设计问题。在进行排序时，通常首先把要排序的内容放在一个一维数组中，然后通过某个排序算法交换它们的位置，使它们的关键字由小到大排列。排序算法有很多种，下面介绍两种排序算法：选择排序和快速排序。

1. 选择排序

选择排序（selection sort）的基本思想是：从 *n* 个数中找出最大者，与第 *n* 个数交换位置；然后，从剩余的 *n* − 1 个数中再找出最大者，与第 *n* − 1 个数交换位置；…，直到剩下的数只有一个为止。下面是选择排序的程序：

```cpp
#include <iostream>
using namespace std;
void sel_sort(int x[], int n)
{ for ( ; n>1; n--)                     // 基于数的个数进行循环，每次减少一个数
  { int i_max=0;                        // i_max 用于保存最大元素的下标，首先假设第 0 个元素最大
    for (int i=1; i<n; i++)             // 循环查找前 n 个数中的最大元素
      if (x[i] > x[i_max]) i_max = i;   // 修改 i_max 的值，使其一直为最大元素的下标
    if (i_max != n-1)                   // 交换 x[i_max] 和 x[n-1] 的值
    { int temp = x[i_max];
      x[i_max] = x[n-1];
      x[n-1] = temp;
    }
  }
}
```

```
const int N=10;
int main()
{ int a[N],i;
  for (i=0; i<N; i++)   // 输入 N 个整型数
    cin >> a[i];
  sel_sort(a,N);
  for (i=0; i<N; i++)   // 输出排序结果
    cout << a[i] << ' ';
  cout << endl;
  return 0;
}
```

在上述排序算法中，假设待排序的数的个数为 n，则对元素进行比较的次数为 $(n-1) + (n-2) + \cdots + 1 = n(n-1)/2$；对元素进行交换的次数最多为 $n-1$，最少为 0。

2. 快速排序

快速排序（quick sort）的基本思想是首先采用某种策略，把数组元素加工成三个部分：

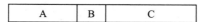

其中，B 中只有一个元素（称为 pivot），A 中的所有元素（不需要排序）都小于 pivot，C 中的所有元素（不需要排序）都大于或等于 pivot。然后再分别对 A 和 C 两个部分中的元素按同样的策略进行划分，直到所有部分中只剩下一个元素为止。这种处理技术体现了分而治之的程序设计思想，它适合用递归方法来实现。下面是快速排序算法的 C++ 描述：

```
void quick_sort(int x[],int first, int last)
{ if (first >= last) return;          // 没有或只有一个元素待排序，直接返回
  int split_point;
  split_point = split(x,first,last);  // 对 [first,last] 范围内的元素进行划分，
                                       // 返回 pivot 在数组中的位置
  quick_sort(x,first,split_point-1);  // 对 pivot 左边元素进行排序
  quick_sort(x,split_point+1,last);   // 对 pivot 右边元素进行排序
}
```

上面的函数 quick_sort 对数组 x 中下标在 first 和 last 之间（包括 first 和 last）的元素进行排序。首先调用函数 split 来对 [first,last] 范围内的元素进行划分，它把 pivot 在数组中的位置返回给 split_point，这时，split_point 之前的元素都小于 pivot，split_point 之后的元素都大于或等于 pivot。然后再分别对 split_point 之前和之后的元素采用同样的策略进行处理，最后就能得到排序结果。

现在的问题是在函数 split 中如何确定 pivot 及其在数组中的位置呢？有多种方法，这里采用下面的方法。

- 取 x[first] 的值作为 pivot，split_point 初始化为 first。
- 对从 first+1 位置开始的每个元素（位置由 unknown 指示），逐个比较它与 pivot 的大小。
  - 当元素大于或等于 pivot 时，继续取下一个元素与 pivot 进行比较。
  - 当元素小于 pivot 时，首先把 split_point 加 1，然后把 split_point 位置上的元素（它大于或等于 pivot，或者就是正在比较的那个元素）与正在比较的元素交换位置，以保持 split_point 及之前位置上的元素（除 first 位置上的 pivot 之外）小于 pivot。

继续取下一个元素与 pivot 进行比较。

● 重复上述操作直到数组元素比较完为止，最后，交换 first 和 split_point 位置上的元素，这样就把数组中 first 和 last 之间的元素划分完毕。

下面是函数 split 的实现：

```
int split(int x[],int first, int last)
{ int split_point,pivot;
  pivot = x[first];
  split_point = first;
  for (int unknown=first+1; unknown <=last; unknown++)
    if (x[unknown] < pivot)
    { split_point++;
      // 交换 x[split_point] 和 x[unknown] 的值
      if (split_point != unknown)
      { int t=x[split_point];
        x[split_point] = x[unknown];
        x[unknown] = t;
      }
    }
  // 交换 x[first] 和 x[split_point] 的值
  if (split_point != first)
  { x[first] = x[split_point];
    x[split_point] = pivot;
  }
  return split_point;
}
```

上述函数的执行情况图示如下。

（1）函数 split 的初始状态

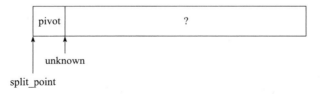

（2）在 for 循环中的状态

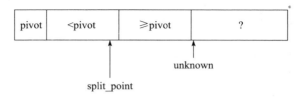

（3）for 循环结束时的状态

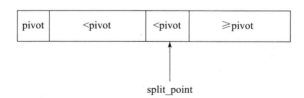

（4）函数 split 结束时的状态

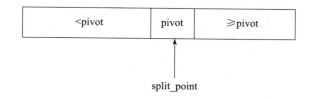

对于快速排序算法，假设待排序的数的个数为 n，则对元素进行比较的次数最多（每次划分都使 pivot 位于数组的某一端）为 $(n-1)+(n-1)+\cdots+1=n(n-1)/2$；最少（每次划分都使 pivot 位于数组的中间位置）为 $T(n)=2T(n/2)+(n-1)$，约为 $n\log_2(n)$；算法中对元素进行交换的次数最少为 0，最多的次数是不确定的，要依赖于待排序的数。

要使得快速排序算法达到最优效果，pivot 的取值不应使对数组的划分偏向数组的一边，它应取大小处于待排序的所有元素的中间值的那个元素，但这一点不容易做到，一个简单的处理办法是：取 x[first]、x[(first+last)/2] 和 x[last] 中处于中间值的那个元素作为 pivot，如果那个元素不是 x[first]，则在函数 split 中应首先把该元素（x[(first+last)/2] 或 x[last]）与 x[first] 交换位置，然后执行原来的 split 算法。

通常情况下，快速排序算法比其他排序算法要快。但是，由于快速排序采用了递归函数调用，当待排序的元素较少时，函数调用所需要的开销将会使其效率大打折扣，甚至还不如其他排序算法。因此，可以把快速排序算法与其他某个排序算法结合起来使用，即在快速排序的某次递归调用中，如果待排序的元素的个数小于某个值时，则不再继续递归调用快速排序算法，而是采用其他排序算法来完成后面的排序工作。

5.3　由属性构成的复合数据的描述——结构类型

数组类型提供了描述由相同类型的元素构成的复合数据的手段。然而，在程序中往往还需要处理一些由不同类型的元素所构成的复合数据。例如，对于一个反映学生信息的数据，它由学号、姓名、性别、出生日期、出生地、专业等属性元素构成，而这些属性元素往往具有不同的类型，因此不能用数组类型来表示这样的学生数据。

虽然我们可以用一些独立的不同类型的变量来表示上述复合数据，但它也会面临用独立的变量描述数组元素所遇到的同样问题：变量的数目将会变得很多并且不能表示出这些变量之间的关系。为了解决由不同类型的元素所构成的复合数据的描述问题，C++ 提供了结构类型。

5.3.1　结构类型的定义

结构类型（structure type）用于表示由固定的多个不同类型的元素所构成的复合数据，这些元素之间在逻辑上没有次序关系。结构类型中的元素常称为结构的成员（member）。结构类型是一种用户自定义类型，在其他一些语言中称为记录类型（record type）。

1. 结构类型的定义

结构类型的定义格式如下：

```
struct <结构类型名> {<成员表>};
```

其中，< *结构类型名* > 为所定义的结构类型的名字，用标识符表示；< *成员表* > 用于对结构类型中各个成员的名字及其类型进行描述，其格式与变量定义的语法类似。例如，下面是学生数据类型的定义：

```
struct Student     // 结构类型
{ int no;          // 成员描述，下同
  char name[20];
  Sex sex;
  Date birth_date;
  char birth_place[40];
  Major major;
};
```

其中的 Sex、Date 和 Major 为三个自定义类型，其中 Date 也是一个结构类型：

```
enum Sex { MALE, FEMALE };
struct Date
{ int year,month,day;
};
enum Major { MATHEMATICS,PHYSICS,CHEMISTRY,COMPUTER,GEOGRAPHY, ASTRONOMY,ENGL
ISH,CHINESE,PHILOSOPHY};⊖
```

结构类型的成员可以是任意的 C++ 类型（void 和本结构除外）。结构成员之间在逻辑上没有先后次序关系，但结构成员的定义次序会影响它们的存储方式（参见下面的结构类型的存储部分）。

对于定义的一个结构类型，可以像 C++ 基本数据类型一样用来作为某些程序实体的类型，如变量、函数的形式参数以及函数的返回值类型等。下面以结构类型的变量定义来说明结构类型的使用。

结构类型变量的定义格式如下：

< *结构类型名* >< *变量名表* >;

或

struct < *结构类型名* >< *变量名表* >;

其中，后一种格式保留了 C 语言的用法，在 C++ 程序中通常采用前一种格式。例如，下面是一些结构类型变量的定义：

```
Date today,yesterday,some_date;
Student monitor,best_student;
```

另外，结构类型的变量也可以在定义结构类型时定义，这时，结构类型名可以省略。例如，下面定义了一个无名结构类型的两个变量 *a* 和 *b*：

```
struct
{ int x;
  double y;
} a,b;
```

但是，由于上面的结构类型没有名字，因此不能在程序的其他地方用该结构类型来定义其他的变量。

⊖　这里列出的专业不全，请在实际使用时补全。

2. 结构类型变量的初始化

在定义结构类型的变量时可以对其进行初始化，其格式与数组变量初始化类似，即用花括号把每个成员的初始化值括起来，并且每个初始化值要与相应的成员对应。例如，下面定义了一个 Student 结构类型的变量 some_student 并对其进行了初始化：

```
Student some_student={2,"李四",FEMALE,{1970,12,20},"北京",MATHEMATICS};
```

其中，由于 some_student 的第 4 个成员也是一个结构类型，因此采用了嵌套的初始化值对该成员进行初始化。

需要注意的是：在定义一个结构类型（不是结构类型的变量）时不能对其成员进行初始化，因为类型不是程序运行时刻的实体，它们不占有内存空间，因此，对其进行初始化没有意义。例如，下面的写法是错误的：

```
struct A
{ int x=1;          // Error
  double y=1.2;      // Error
};
```

5.3.2 结构类型的操作

对结构类型的数据可进行的操作有访问结构成员、结构数据间的赋值以及把结构数据作为参数传给函数和作为函数返回值返回给调用者。

1. 访问结构的成员

对于一个结构类型的变量，我们可以用下面的格式来访问它的成员：

<结构类型变量>.<成员名>

上述的点（.）称为成员访问操作符，其左边的操作数一定是一个结构类型或类（将在第 6 章中介绍）的变量（或对象），右边的操作数是相应结构（或类）的一个成员。例如，today.year 表示访问结构类型变量 today 的成员 year。

结构类型变量的每个成员都可以被看作一个独立的变量，称为成员变量，对成员变量所能实施的操作由成员的类型来决定。例如，下面的操作是合法的：

```
best_student.no = 1;
strcpy(best_student.name,"张三");
best_student.sex = MALE;
best_student.birth_date = some_date;
strcpy(best_student.birth_place,"江苏省南京市");
best_student.major = COMPUTER;
```

由于对结构成员的访问要通过结构变量名来"受限"，因此，不同结构类型的成员的名字可以相同，并且，它们还可以与程序中非结构成员的名字相同。例如，下面的用法是合法的：

```
struct A
{ char name[10];   // OK
  ......
};
struct B
{ char name[5];    // OK
  ......
```

```
};
char name[20];              //OK
int main()
{ A a;
  B b;
  ... a.name ...            //结构变量 a 的成员变量 name
  ... b.name ...            //结构变量 b 的成员变量 name
  ... name ...              //全局变量 name
}
```

从作用域的角度来说，结构成员名的作用域为相应的结构类型定义，称为结构作用域，结构类型的成员必须要用相应的结构变量来受限使用。

另外，在 C++ 中，结构类型的名字可以与同一作用域中其他非结构类型标识符相同。例如，下面的用法是合法的：

```
struct A                    //结构类型 A
{ ...... 
};
int A;                      //整型变量 A
......
struct A a;                 //定义一个结构类型 A 的变量 a
A = 1;                      //把 1 赋值给整型变量 A
```

对于上面的程序，如果要使用结构类型 A，则必须采用 C 语言的格式，即在结构类型名前加上关键词 struct。不过，从程序易读性的角度来说，结构类型名与其他程序实体的名字相同不利于提高程序的易读性，尽量不要这样做。

2. 结构数据的赋值

对结构类型的数据可以进行整体赋值，但结构类型的整体赋值操作必须在相同的结构类型之间进行，不同的结构类型之间不能相互赋值。例如，下面的结构类型赋值操作是合法的：

```
some_date = yesterday;      //OK
best_student = monitor;     //OK
```

而下面的结构类型赋值操作是非法的：

```
monitor = today;            //Error，它们属于不同的结构类型
```

这里，相同的结构类型是指同一个结构类型。对于两个结构类型，即使它们的结构（成员名和类型）相同，它们仍然属于不同类型。例如，下面的结构类型 A 和结构类型 B 是两个不同的类型，它们的变量之间不能相互赋值：

```
struct A
{ int x;
  int y;
} a;
struct B
{ int x;
  int y;
} b;
......
a = b;                      //Error，a 和 b 属于不同的结构类型！
```

3. 向函数传递结构数据

当需要把一个结构数据传给一个函数时，相应函数的形参应定义为结构类型，而实参则

为结构变量的名字。例如，下面的函数 main 中调用函数 display_student_info 来显示指定的学生信息：

```
......
void display_student_info(Student s)
{ cout << "学号: " << s.no << endl;
  cout << "姓名: " << s.name << endl;
  cout << "性别: " << (s.sex==MALE?"男":"女") << endl;
  cout << "出生日期: " << s.birth_date.year << ','
                      << s.birth_date.month << ','
                      << s.birth_date.day << endl;
  cout << "出生地: " << s.birth_place << endl;
  cout << "专业: ";
  switch (s.major)
  { case MATHEMATICS:   cout << "Mathematics"; break;
    case PHYSICS:       cout << "Physics"; break;
    case CHEMISTRY:     cout << "Chemistry "; break;
    case COMPUTER:      cout << "Computer"; break;
    case GEOGRAPHY:     cout << "Geography"; break;
    case ASTRONOMY:     cout << "Astronomy"; break;
    case ENGLISH:       cout << "English"; break;
    case CHINESE:       cout << "Chinese"; break;
    case PHILOSOPHY:    cout << "Philosophy"; break;
  }
  cout << endl;
}
int main()
{ Student some_student;
  ......
  display_student_info(some_student);
  ......
}
```

由于结构类型的默认参数传递方式为值传递，因此，当把一个很大的结构类型数据传给函数时，参数传递的效率是不高的，对于这个问题，将在 5.5 节和 5.6 节介绍指针类型和引用类型时给出解决方案。

除了作为参数传递外，结构类型也可作为函数的返回值类型。

4. 结构类型数据的存储

结构类型的变量在内存中占用一块连续的存储空间，其各个元素按它们在结构类型中的定义次序存储在这块内存空间中。例如，对于下面的结构类型变量 st：

```
Student st;
```

其内存空间安排如下：

st.no	st.name	st.sex	st.birth_date	st.birth_place	st.major

结构变量占用的内存大小可以用操作符 sizeof 来计算，例如 sizeof(st) 或 sizeof(Student)。

需要注意的是，在 C++ 实现中，为了提高计算机指令对结构及其成员的访问效率，在为结构类型的变量分配内存空间时，往往要对整个结构以及结构成员所占的空间按某种方式进行地址对齐，这样就会使结构成员的内存空间之间可能存在"空隙"，这时，整个结构类型的内存空间就会比各个成员内存空间之和大。例如，对于下面的结构类型：

```
struct                          // 对齐到地址为 4 的倍数的边界上
{ char ch1;
  int i1;                       // 对齐到地址为 4 的倍数的边界上
  char ch2;
  int i2;                       // 对齐到地址为 4 的倍数的边界上
};
```

如果整个结构以及 int 型数据需要按字（假设为 4 个字节）对齐，那么，该结构需要的内存空间大小为 16 个字节，这样，ch1 与 i1、ch2 与 i2 之间就各存在 3 个字节的"空隙"。

由于逻辑上结构成员之间不存在次序关系，因此，为了提高某些结构变量的存储效率，可以在定义结构时调整成员的书写次序，把不需要对齐的成员放在一起。例如，上面的结构类型如果按下面的方式来定义，其内存空间将会减少到 12 个字节：

```
struct                          // 对齐到地址为 4 的倍数的边界上
{ char ch1;
  char ch2;
  int i1;                       // 对齐到地址为 4 的倍数的边界上
  int i2;                       // 对齐到地址为 4 的倍数的边界上
};
```

一般编译器能够让用户自己设置对齐方式，具体细节请参考相应编译器的帮助文档。

5.3.3　结构类型的应用

下面通过几个例子来介绍结构类型的具体应用。

【例 5-11】　名表及其查找。

解：名表是指这样一种表：表中的每个元素由一个名字（称为关键词）加上与之相关的一些信息构成。名表可以用一个一维数组来表示，每个元素由一个结构来表示，该结构的成员包含一个关键词和其他一些与该关键词相关的信息。下面是一个名表的定义：

```
const int NAME_LEN=20;
const int TABLE_LEN=100;
struct TableItem                // 名表的元素类型
{ char name[NAME_LEN];          // 关键词
  ......                        // 其他信息
};
TableItem name_table[TABLE_LEN]; // 名表
```

名表的查找是指根据某个关键词（如名字）在名表中查找与该关键词相关的信息。最简单的查找方法是从名表的第一个元素开始，逐个把名表中元素的关键词与需要查找的值进行比较，若相等，则返回找到元素的下标，否则继续比较下一个，直到名表结束。这种查找方法称为线性查找（linear search）。下面是用 C++ 表示的线性查找函数：

```
#include <cstring>
using namespace std;
int linear_search(char key[], TableItem t[], int num_of_items)
{ for (int index=0; index<num_of_items; index++)
    if (strcmp(key,t[index].name) == 0) return index;
  return -1;
}
```

利用上面的线性查找函数，可以实现下面的查找要求：

```
const int NAME_LEN=20;
```

```
const int TABLE_LEN=100;
struct TableItem
{ char name[NAME_LEN];
  ......                                         // 其他信息
};
TableItem name_table[TABLE_LEN];
int main()
{ int n;
  ......                                         // 获取名表数据
  char name[NAME_LEN];
  ......                                         // 获取待查找的名字
  int result = linear_search(name,name_table,n); // 在名表中查找关键词为 name 的元素
  if (result != -1)
    ...name_table[result]...                     // 使用找到的元素的值
  return 0;
}
```

当名表条目很多时，上述线性查找的速度是很慢的。最坏的情况下，要比较完名表的最后一个条目后才能确定查找是否成功，因此要比较 N 次（N 为名表元素的个数）。如果在查找之前，我们预先对名表中的元素按关键字由小到大排序，则在查找时，可以采用一种较快的查找算法：折半查找（或称二分法查找，binary search）。

折半查找的基本思想是：首先用要查找的值与名表中间位置上的元素进行比较，若相等，则找到，否则，若大于中间位置上的元素，则在名表的后半部分中继续进行查找；若小于中间位置上的元素，则在名表的前半部分中继续进行查找。在前半部分或后半部分中进行查找时，仍然采用折半查找，直到找到或表中元素比较完为止。下面是用 C++ 表示的折半查找函数：

```
#include <cstring>
using namespace std;
int binary_search(char key[], TableItem t[], int num_of_items)
{ int index,first,last;
  first = 0;
  last = num_of_items-1;
  while (first <= last)
  { index = (first+last)/2;
    int r=strcmp(key,t[index].name);
    if (r == 0)                          // key 等于 t[index].name
      return index;
    else if (r > 0)                      // key 大于 t[index].name
      first = index+1;
    else                                 // key 小于 t[index].name
      last = index-1;
  }
  return -1;
}
```

在最坏的情况下，折半查找只要比较 $\log_2 N$ 次左右就能得出结果（N 为名表元素的个数），它比顺序查找要快得多。例如，对于包含 1000 个元素的名表，最坏情况下，顺序查找需要比较 1000 次，而折半查找只要比较 9 次左右。一般情况下，折半查找也比顺序查找要快得多。

【例 5-12】　针对一批学生信息实现以下统计和排序功能：

1）统计计算机专业女生的人数。

2）统计出生地为"南京"的学生人数。

3）按学号由小到大输出这些学生的信息。

解：这批学生信息可以用一个一维数组来表示，该一维数组中的每个元素是一个结构类型，它对应一个学生的信息：

```
const int MAX_NUM_OF_STUDENTS=1000;
Student students[MAX_NUM_OF_STUDENTS];
```

程序如下：

```
#include <iostream>
using namespace std;
enum Sex { MALE, FEMALE };
struct Date
{ int year;
  int month;
  int day;
};
enum Major { MATHEMATICS, PHYSICS, CHEMISTRY, COMPUTER, GEOGRAPHY,
             ASTRONOMY, ENGLISH, CHINESE, PHILOSOPHY};
struct Student
{ int no;
  char name[20];
  Sex sex;
  Date birth_date;
  char birth_place[40];
  Major major;
};
const int MAX_NUM_OF_STUDENTS =1000;
Student students[MAX_NUM_OF_STUDENTS];
extern void display_student_info(Student s);   // 在 5.3.2 节中定义的函数
extern int find_substr(char sub_str[], char str[]);
                                               // 例 5-5 中定义的子串查找函数
extern void bubble_sort(Student s[],int num);
                                               // 在函数 main 的后面定义的排序函数
int main()
{ int num_of_students,count,i;
  // 从键盘或磁盘文件获得所有学生的数据，将其存储在 students 中，
  // 将学生总数存储在 num_of_students 中
  ......

  // 统计计算机专业女生的人数
  count = 0;
  for (i=0; i<num_of_students; i++)
    if (students[i].major == COMPUTER && students[i].sex == FEMALE)
      count++;
  cout << "计算机专业女生的人数是: " << count << endl;

  // 统计出生地为"南京"的学生人数
  count = 0;
  for (i=0; i<num_of_students; i++)
    if (find_substr("南京",students[i].birth_place) != -1)
      count++;
  cout << "出生地为\"南京\"的学生人数是: " << count << endl;

  // 按学号由小到大对 students 的元素进行排序
  bubble_sort(students,num_of_students);
```

```
// 按学号由小到大输出所有学生的信息
for (i=0; i<num_of_students; i++)
  display_student_info(students[i]);

return 0;
}
void bubble_sort(Student s[],int num)          // 冒泡排序算法
{ bool exchange;
  while (num > 1)
  { exchange = false;
    for (int i=0; i<num-1; i++)
    { if (s[i].no > s[i+1].no)
      { // 交换 s[i] 和 s[i+1] 的值
        Student temp=s[i];
        s[i] = s[i+1];
        s[i+1] = temp;
        exchange = true;
      }
    }
    if (!exchange) break;
    num--;
  }
}
```

在上面的程序中用到了另一种排序算法：冒泡排序法（bubble sort）。冒泡排序法的基本思想是：对 N 个元素，从第一个元素开始，用每一个元素与它的后一个元素进行比较，如果前者大，则交换前、后两个元素的位置，直到这 N 个元素两两比较完。这时，我们可以发现：经过这一趟处理之后，N 个元素中的最后一个元素变为了最大者。然后，把最后一个元素去掉，对剩下的 N－1 个元素再采用上述做法进行下一趟比较，直到只剩下一个元素或在上一趟的比较中没有发生元素交换时为止。如果在某一趟中没有发生元素交换，则表明元素次序已排好，没有必要再进行下一趟比较。这种排序算法之所以被称为冒泡法，是因为如果把这 N 个元素从下到上竖起来放（第一个数在下），则每经过一趟比较都有一个较大者往上升，就像气泡变大之后冒出水面一样。

5.4　用一种类型表示多种类型的数据——联合类型

通过数组类型，我们可以描述一组由若干个同类型的数据所构成的复合数据，如一批学生数据，这里，所有学生数据都是同类型的。在程序中，有时还需要处理一组由不同类型的数据所构成的复合数据。例如，有一批图形数据，其中的图形可能是线段、圆或矩形等，它们具有不同的数据类型（如 Line、Circle、Rectangle 等），如何表示这样一组由不同类型的数据所构成的复合数据呢？

5.4.1　联合类型的定义与操作

C++ 提供了一种能够用一种类型来表示多种类型数据的方法——联合类型（union type），它是一种用户自定义的数据类型。例如，下面的 A 是就一个联合类型，它可以表示三种类型的数据（int、char 和 double）：

```
union A // A 是一个联合类型，它能表示 int、char 和 double 三种类型的数据
{ int i;
```

```
    char c;
    double d;
};
A a;                    // a 是一个联合类型的变量
```

在语法上，联合类型的定义与结构类型类似，不同之处仅在于把 struct 关键字换成了 union。但在语义上，联合类型与结构类型是有很大区别的，这主要体现在，联合类型的成员是互斥的，在程序中不能同时使用它们。对于一个联合类型的变量，在程序中将会通过相应的成员分阶段地把它作为不同的类型来使用。例如：

```
a.i = 1;        // 通过成员 i 给变量 a 赋予一个 int 型的值
... a.i ...     // 把 a 当作 int 型来用
a.c = 'A';      // 通过成员 c 给变量 a 赋予一个 char 型的值
... a.c ...     // 把 a 当作 char 型来用
a.d = 2.0;      // 通过成员 d 给变量 a 赋予一个 double 型的值
... a.d ...     // 把 a 当作 double 型来用
```

当给一个联合类型的变量赋予某种类型的值之后，如果以另外一种类型来使用这个值，一般得不到原来的值。例如，对于下面的操作：

```
a.i = 12;
cout << a.d;    // 输出什么呢？
```

可以肯定的是，上面的输出结果不是 12.0 ！

实际上，联合类型的所有成员占有同一块内存空间，该内存空间的大小为其最大成员所需要的内存空间的大小。例如，对于上面的联合类型变量 a，假设 int 型数据占用 4 个字节，char 型数据占用 1 个字节，double 型数据占用 8 个字节，则变量 a 的内存空间大小为 8 个字节，并且该空间被它的成员 i、c 和 d 所共享：

```
a.i (a.c, a.d)    [                    ]
```

因此，执行操作 "a.i=12;" 之后，变量 a 的内存空间中前 4 个字节存放的是整型数 12 的二进制补码，后 4 个字节是一个无意义的值，这时，如果把变量 a 当作 double 型来使用（通过 *a.d*），则会把它的所有 8 个字节当作 double 型数据的内部表示（一部分表示尾数，另一部分表示指数）来解释，得到的结果不会是 12.0。当然，如果联合类型 A 还有一个成员：

```
int j;
```

则下面的操作将输出 12：

```
a.i = 12;
cout << a.j;    // 输出 12
```

对于联合类型来讲，可以对联合类型数据的整体进行赋值，也可以把联合类型的数据传给函数和作为函数的返回值。其中，联合类型的赋值（包括参数传递）按其占有的整个内存空间中的内容进行复制，而不是按某个成员来赋值。例如，对于下面的赋值操作 "a2 = a1"，它不是只把 *a*1.*i* 赋给 *a*2.*i*，而是把 *a*1 所占内存空间中的所有内容都复制到 *a*2 的内存空间中：

```
A a1,a2;        // A 为前面定义的联合类型
a1.i = 12;
a2 = a1;        // 把 a1 整个内存空间中的内容复制到 a2 中
```

联合类型除了可以实现用一种类型表示多种类型的数据以外，还可以用来实现多个数据共享内存空间，从而能够达到节省内存的目的。特别是一些大型的数组变量，如果对它们的使用分布在程序的各个阶段（不是同时使用），则我们可以用一个联合类型来描述这些数组变量，在程序执行的不同阶段，通过该联合类型的不同成员来使用这些数组变量中的数据。例如，在下面的程序片段中，把数组 *a* 和 *b* 包含在一个联合类型中，这样，它们就共享了内存空间：

```
union AB
{ int a[100];
  double b[100];
};
AB buffer;
... buffer.a ...                    // 使用 int 型数组 a
......
... buffer.b ...                    // 使用 double 型数组 b
......
```

5.4.2　联合类型的应用

下面通过一个例子来介绍联合类型的具体应用。

【例 5-13】　从键盘输入一组图形数据，然后输出相应的图形。其中的图形可以是线段、矩形和圆。

解：首先要解决图形数据的表示问题。线段、矩形以及圆可以分别定义为下面的结构类型：

```
struct Line                         // 线段
{ double x1,y1,x2,y2;
};
struct Rectangle                    // 矩形
{ double left,top,right,bottom;
};
struct Circle                       // 圆
{ double x,y,r;
};
```

为了能用一种类型来表示这三种类型的数据，可以定义一个联合类型：

```
union Figure
{ Line line;
  Rectangle rect;
  Circle circle;
};
```

这样，一组图形数据就可以表示为：

```
const int MAX_NUM_OF_FIGURES=100;
Figure figures[MAX_NUM_OF_FIGURES];    // figures 可用于存储一组图形数据
```

上面一维数组中的每个元素可以是 Line、Rectangle 或 Circle 类型的数据。但是，这样的表示存在一个问题：在数组里存放了一批图形数据后，任取其中的一个元素 figures[*i*]，如何知道它表示的是什么图形呢？解决这个问题的办法是增加一个表示图形类别（FigureShape）的数据 shape，它与联合类型 Figure 一起构成一个结构类型 TaggedFigure（在 Pascal 语言中，该结构称为变体记录类型）：

```
enum FigureShape { LINE, RECTANGLE, CIRCLE };
struct TaggedFigure
{ FigureShape shape;
  Figure figure;
};
```

这样，一组图形最后就可以表示为：

```
TaggedFigure figures[MAX_NUM_OF_FIGURES];
```

每当向 figures 中存放一个图形数据时，用 shape 记住它的类别，通过 shape 就能知道 figures 中某个元素表示的是什么图形了。

本例中的数据表示问题解决了，下面是程序的基本实现：

```
#include <iostream>
using namespace std;
struct Line
{ double x1,y1,x2,y2;
};
struct Rectangle
{ double left,top,right,bottom;
};
struct Circle
{ double x,y,r;
};
union Figure
{ Line line;
  Rectangle rect;
  Circle circle;
};
enum FigureShape { LINE, RECTANGLE, CIRCLE };
struct TaggedFigure
{ FigureShape shape;
  Figure figure;
};
const int MAX_NUM_OF_FIGURES=100;
TaggedFigure figures[MAX_NUM_OF_FIGURES];
extern void draw_line(Line line);                 // 画线函数
extern void draw_rectangle(Rectangle rect);       // 画矩形函数
extern void draw_circle(Circle circle);           // 画圆函数
int main()
{                                                 // 输入图形数据
  int count;
  for (count=0; count<MAX_NUM_OF_FIGURES; count++)
  { int shape;
    do
    { cout << "请输入图形的种类 (0: 线段, 1: 矩形, 2: 圆, -1: 结束 ): ";
      cin >> shape;
    } while (shape <-1 || shape > 2);
    if (shape == -1) break;
    switch (shape)
    { case 0:                                     // 线
        figures[count].shape = LINE;
        cout << "请输入线段的起点和终点坐标 (x1,y1,x2,y2): ";
        cin >> figures[count].figure.line.x1
            >> figures[count].figure.line.y1
            >> figures[count].figure.line.x2
            >> figures[count].figure.line.y2;
```

```
                break;
            case 1: // 矩形
                figures[count].shape = RECTANGLE;
                cout << "请输入矩形的左上角和右下角坐标(left,top,right,bottom): ";
                cin >> figures[count].figure.rect.left
                    >> figures[count].figure.rect.top
                    >> figures[count].figure.rect.right
                    >> figures[count].figure.rect.bottom;
                break;
            case 2: // 圆形
                figures[count].shape = CIRCLE;
                cout << "请输入圆的圆心坐标和半径(x,y,r): ";
                cin >> figures[count].figure.circle.x
                    >> figures[count].figure.circle.y
                    >> figures[count].figure.circle.r;
                break;
        }
    }
    // 输出所有图形
    for (int i=0; i<count; i++)
    { switch (figures[i].shape)
        { case LINE:
                draw_line(figures[i].figure.line);
                break;
            case RECTANGLE:
                draw_rectangle(figures[i].figure.rect);
                break;
            case CIRCLE:
                draw_circle(figures[i].figure.circle);
                break;
        }
    }
    return 0;
}
```

上述程序中未给出 draw_line、draw_rectangle 以及 draw_circle 三个函数的实现，它们的实现需要用到计算机的绘图功能（附录 F 中给出了基于 MFC 的 Windows 环境下的绘图操作）。

虽然用联合类型可以实现用一种类型来表示多种类型的数据，但实现起来非常麻烦，往往需要记住联合类型表示的是何种类型的数据（如上例中的 shape），并且在使用这些数据时还需要对数据的类型进行判断。本书将在 7.3.3 节给出解决这个问题的更好的办法。

5.5　内存地址的描述——指针类型

5.5.1　指针类型概述

在用高级语言进行程序设计时，我们通过变量来使用存储在内存中的数据，一般情况下，程序中不需要显式地涉及内存空间的地址。但是，为了增加程序设计的灵活性、提高程序的效率，有时需要对内存地址进行操作。例如，采用值参数传递方式向函数传递很大的数据（如传递很大的数组或结构等）的效率是不高的，因为，在进行值参数传递时需要为相应的形参分配内存空间并把实参的值复制到相应形参的内存空间中去。这时，如果仅把要传递的数据的地址传给相应的函数，在函数中通过地址来间接访问调用者传来的数据，将大大提高参数传递的效率。

再例如，一个程序所要处理的数据的数量（如需要排序的元素的个数、需要处理的学生信息的个数等）有时不能在程序运行前确定，往往要到程序运行时才能知道。这样，就无法在程序中定义确定的变量来表示它们（如数组类型要求其元素的个数必须固定），这时就需要在程序运行时动态地生成一些变量来表示这些数据，而动态生成的变量是没有名字的，需要通过地址来访问它们。

需要注意的是，从形式上看，内存地址是一个无符号整数，但从概念上讲，内存地址与无符号整数是有区别的。首先，一个内存地址对应着某个内存单元，它关联到某个变量或函数，而一个无符号整数代表一个数量或序数，它不关联到其他程序实体；其次，对无符号整数所能实施的运算中有些运算对内存地址没有任何意义，例如，通常不会对内存地址实施乘法和除法等运算；最后，对于一个内存地址，它可能属于不同的类型，这取决于该内存地址所代表的内存单元中存储的是何种类型的程序实体。因此，内存地址不宜用无符号整数类型来表示。在 C++ 中，用指针类型来描述内存地址，通过提供指针操作来实现与内存地址有关的程序功能。

下面首先介绍指针类型的定义和基本操作，然后介绍指针类型的一些典型使用场合。

5.5.2　指针类型的定义与基本操作

1. 指针类型的定义

指针类型（pointer type）是一种用户自定义的数据类型，它的值集是由一些指针构成的。指针是内存地址的抽象表示，一个指针代表一个内存地址。

在定义一个指针类型时，必须指出它代表何种类型程序实体的内存地址或指向何种类型的程序实体。下面首先介绍指向数据的指针类型，指向函数的指针类型将在 5.5.6 节中给出。

指向数据的指针类型通常与该类型的指针变量同时定义，其格式为：

< 类型 > *< 指针变量 >;

其中，*< 类型 >* 为指针所指向的数据的类型，它可以是任意的 C++ 数据类型；*< 指针变量 >* 为定义的指针变量的名字，用标识符表示；符号 "***" 表示定义的是指针变量，以区别于普通变量的定义，其书写位置可以依附在 *< 类型 >* 上，也可以依附在 *< 指针变量 >* 上。例如，下面定义了一个指向 int 型数据的指针类型变量 *p*：

```
int *p;          // 或 int* p;
```

在一个指针类型定义中可以定义多个指针变量，这时，每个指针变量前都要有符号 "***"。例如，下面定义了两个指针变量 *p* 和 *q*：

```
int *p,*q;       // p 和 q 均为指针变量
```

而下面定义了一个指针变量 *p* 和一个 int 型变量 *q*：

```
int *p,q;        // p 为指针变量，q 为 int 型变量
```

即使写成下面这样，*q* 仍然为 int 型变量：

```
int* p,q;        // p 为指针变量，q 为 int 型变量
```

为了避免在一个定义中定义多个指针变量时的麻烦和可能带来的错误，可以先用

typedef 为一个指针类型命名，然后再用该指针类型来定义指针变量。例如，下面的 Pointer 是一个指针类型，*p* 和 *q* 是该类型的两个指针变量：

```
typedef int* Pointer;    // Pointer 是一个指向 int 型数据的指针类型
Pointer p,q;             //p 和 q 均为指针类型的变量，等价于 int *p,*q;
```

一个指针变量所指向的数据的类型也可以是 void，它表明该指针变量可以指向任意类型的数据。例如，下面的指针变量 *p* 就是一个可指向任意类型数据的指针变量：

```
void *p;                 //p 可以指向任意类型的数据
```

在 C++ 中，可以通过取地址操作符 "&" 来获得一个变量的地址。例如，对于下面的普通变量 *x* 和指针变量 *p*，可以通过 &*x* 获得变量 *x* 的地址并把它作为指针变量 *p* 的值：

```
int x;
int *p=&x;               // 取变量 x 的地址，用它对指针变量 p 进行初始化
```

需要注意的是，指针变量与所指向的数据拥有各自的内存空间，在指针变量的内存空间中存储的是所指向数据的内存地址。当一个指针变量的值为某个变量的地址时，我们常用下面的图示法表示：

有时，上面的表示法也可简化成：

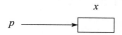

需要注意的是，每一个地址都属于某一种指针类型。例如，对于下面的变量 *x* 和 *y*，它们的内存地址属于不同的类型：

```
int x;                   // &x 的类型为：int*
double y;                // &y 的类型为 double*
```

另外，对于常量 0，它除了表示一个整型常量外，还可以表示一个空指针。空指针不代表任何内存空间的地址，它属于所有的指针类型。在 C++ 标准库的头文件 cstdio 或 stdio.h 中定义了一个符号常量 NULL 来表示空指针。为了避免用常量 0 表示空指针可能带来的一些问题，在 C++ 新国际标准中增加了一个专门用于表示空指针的关键词 nullptr。

2. 指针类型的操作

指针类型的操作主要包括赋值、间接访问和指针运算等，下面分别对这些操作进行介绍。

（1）赋值操作

对于一个指针变量，只能把同类型的指针赋给它，例如：

```
int x,*p,*p1;
double y,*q;
......
p = &x;                  //OK，p 指向 x
q = &y;                  //OK，q 指向 y
```

```
p = &y;                  // Error，类型不一致
q = &x;                  // Error，类型不一致
p1 = p;                  // OK，p1 指向 p 所指向的变量
p1 = q;                  // Error，类型不一致
p = 0;                   // OK，使得 p 不指向任何变量，或者写成：p = nullptr；
p = 120;                 // Error，120 为 int 型
p = (int *)120;          // OK，强制把整型数 120 转换成地址。不建议使用！
```

任何类型的指针都可以赋给 void * 类型的指针变量，例如：

```
void *any_pointer;
any_pointer = &x;        // OK
any_pointer = &y;        // OK
```

（2）间接访问操作（* 和 ->）

对于一个指针类型的变量，可以通过间接访问操作符 " * " 来访问它所指向的变量，其格式为：

```
*< 指针变量 >
```

上面操作的含义是访问 < 指针变量 > 所指向的变量。例如，对于下面的变量 x 和 p：

```
int x;
int *p=&x;
```

要想给变量 x 赋一个值 1，除了采用直接赋值外：

```
x = 1;
```

还可以利用指向它的指针变量 p 进行间接赋值：

```
*p = 1;
```

为了更好地区分指针变量和指针变量所指向的变量，我们用图示来对它们做进一步的解释。例如，对于下面的操作：

```
int *p;
int x;
x = 1;
p = &x;
*p = 2;
```

执行上面操作时，相应的内存内容的变化情况如下。

① 执行操作 "x = 1;" 前，（假设 120 和 124 分别代表变量 x 和 p 的内存地址）

② 执行操作 "x = 1;" 后：

③ 执行操作 "p = &x;" 后：

④执行操作 "*p = 2;"后:

```
         x                    p
120:  [ 2 ]          124:  [ 120 ]
```

对于一个指向结构类型数据的指针变量，如果通过该指针变量来访问相应结构数据的成员，则可以写成：

(<指针变量>).<结构成员>

或

<指针变量>-><结构成员>

其中，*<指针变量>* 是一个指向结构类型数据的指针变量，*<结构成员>* 是该结构的一个成员。例如：

```
struct A
{ int i;
  double d;
  char ch;
};
A a;                    //a 为一个结构类型的变量
A *p=&a;                //p 为一个指向结构类型 A 的指针变量，它指向 a
(*p).i = 0;             //表示把 a 的成员 i 赋值为 0，也可写成：p->i = 0;
(*p).d = 1.0;           //表示把 a 的成员 d 赋值为 1.0，也可写成：p->d = 1.0;
(*p).ch = 'Z';          //表示把 a 的成员 ch 赋值为 'Z'，也可写成：p->ch = 'Z';
```

另外，对于一个指向 void 类型数据的指针变量，在访问它所指向的数据时，需要对它进行显示类型转换，把它转换成指向某个具体类型的指针。例如：

```
int x;
void *p=&x;
......
*p = 10;                // Error
*(int *)p = 10;         // OK
```

需要注意的是，对于一个未初始化（或赋值）的指针变量，如果访问它所指向的数据，则会产生严重的不良后果。例如，对于下面的操作：

```
int *p;
*p = 1;                 //1 赋值到哪里去了？
```

上面的 1 赋值到哪里去了？由于上述指针变量 *p* 未初始化，因此它的值是不确定的，这样就会导致把 1 赋值到一个不确定的内存单元中去，而如果该内存单元正好是程序中其他某个变量的内存空间，这就使得该变量的值在程序设计者未意识到的情况下被修改，从而导致程序产生一些莫名其妙的结果。

（3）一个指针加上或减去一个整型值

一个指针可以与一个整型值进行加或减运算，结果为指针类型，指针实际加（或减）的值由该指针所指向的数据类型来决定。例如：

```
int *p;
double *q;
......
```

```
p++;                     // 把 p 的值增加 sizeof(int)
q -= 4;                  // 把 q 的值减少 4×sizeof(double)
```

指针的加（或减）运算通常在以指针方式来访问数组元素时使用。例如：

```
int a[10];
int *p=&a[0];            //p 指向数组 a 的第 0 个元素
p = p + 3;               //p 指向数组 a 的第 3 个元素
p++;                     //p 指向数组 a 的第 4 个元素
p -= 4;                  //p 指向数组 a 的第 0 个元素
```

对于上面的数组 a，除了采用 $a[0]$, $a[1]$, $\cdots$, $a[9]$ 来访问它的元素外，还可以通过指针变量 p 来访问 $*p$, $*(p+1)$, $\cdots$, $*(p+9)$。

另外，对于一个指针变量，C++ 也允许采用访问数组元素的形式来访问它所指向的数据，其格式为：

< 指针变量 >[< 整型表达式 >]

上面表示形式的含义等价于：$*(<$ 指针变量 $>+<$ 整型表达式 $>)$。利用指针变量的这种用法，我们可以实现访问数组 a 中元素的另外一种形式：$p[0]$, $p[1]$, $\cdots$, $p[9]$。需要注意的是，对于指针变量的这种用法，在语法上并不要求 p 一定要指向一个数组，但通常只有当 p 指向一个数组时，这么用才有实际的意义。例如，下面的程序片段可用于对数组 a 中的元素求和：

```
int a[10];
int *p=&a[0];
int sum=0;
for  (int i=0; i<10; i++)
  sum += p[i];           // 或者，sum += *(p+i);
```

（4）两个同类型的指针相减

两个同类型的指针可以相减，结果为整型值，相减的结果值由指针所指向的类型来决定。例如，在下面的程序片段中，offset 的值为在 p 和 q 所指向的内存范围内能存储的 int 型变量的最大个数。

```
int *p,*q;
int offset;
......
offset = q - p;          // offset 的结果为：(q 的值 -p 的值)/sizeof(int)
```

指针相减操作通常在以指针方式来访问数组元素时使用。例如，下面的程序片段计算两个指针所指向的数组元素之间有多少个元素：

```
int a[10];
p = &a[0];
q = &a[3];
cout << q-p << endl;  // 输出 3
```

（5）两个同类型的指针比较

两个同类型的指针可以进行比较运算，其含义是比较它们所对应的内存地址的大小。指针的比较运算通常在以指针方式来访问数组元素时使用。例如，要计算一个整型数组中所有元素的和，可以用下面的指针方式来实现：

```
int a[10],sum=0,*p=&a[0],*q=&a[9];
......
while (p <= q)
{ sum += *p;
  p++;
}
```

（6）指针的输出

有时，我们需要把一个指针值输出（如在进行程序调试时）。这时，我们可以通过 cout 和插入操作符"<<"来实现。例如：

```
int x=1;
int *p=&x;
cout << p;               // 输出 p 的值（x 的地址）
cout << *p;              // 输出 p 指向的值（x 的值）
```

指针的输出操作有一个例外：当输出字符指针（char *）时，输出的不是指针值，而是该指针所指向的字符串。例如：

```
char str[]="ABCD";
char *p=&str[0];
cout << p;               // 输出 p 指向的字符串 ABCD，而不是它的内存地址
cout << *p;              // 输出 p 指向的字符：A
```

如果要输出一个字符指针的值，则可以通过把该字符指针强制转换成其他类型的指针来实现。例如，对于上面的字符指针变量 p，可采用下面的形式输出它的值：

```
cout << (void *)p       // 输出 p 的值，即字符串 "ABCD" 的内存首地址
```

除了前面的基本操作外，指针类型也能参与逻辑运算，但在运算前要进行类型转换：空指针转换成 false；非空指针转换成 true。

从前面对指针的介绍中可以看出：指针操作使得数据的访问方式更加灵活。但是，指针的这种灵活性带来了对 C++（包括 C）的很多的批评。首先，指针会导致程序的可靠性下降，对指针操作的一点点疏忽都有可能造成灾难性后果；其次，指针操作也会使程序的易读性变差，给程序的维护带来麻烦；再次，为了保证程序的可靠性，程序设计者必须花费大量的精力对指针操作进行仔细的审查；最后，指针属于一种低级操作，使用指针不利于从较高的抽象层次来描述和解决问题。

对于初学者而言，指针更是一个糟糕的语言机制。初学者有时不知道何时需要用指针，往往是因为语言提供了指针而用指针，不知道指针主要是用来解决什么问题的。在 C++ 中，指针有各种各样的用法，有些用法是必需的，而有些用法只有在解决一些非常特殊的问题时才会用到。如果使用者未意识到这种情况，而把指针的一些不常用的用法大量地用来解决一些常规问题，这样产生的效果肯定是不好的。例如，下面的指针用法是非常糟糕的：

```
int x=0,y;
int *p=&x;
*p = 1;
y = *p+3*x;
```

如果上述指针操作仅仅是为了访问 x，为什么不直接用 x 来实现呢？上面的操作除了易读性差外，还会导致程序的可靠性下降。由于对 x 的值的改变可以通过 x 也可以通过 p（间接改变 x）实现，因此当 x 的值改变时，有时往往都不容易知道是在程序中什么地方改变它的。

　　再例如，虽然利用指针的加或减运算可以实现对数组元素的访问，但在大部分情况下，采用数组下标形式会使程序的易读性更高，而且，用指针加或减运算来访问数组元素也存在诸多不安全因素。

　　因此，虽然指针有各种各样的用法，但对于初学者来说，应首先掌握它的主要用法，只有当需要解决的问题用其他非指针方法都不能解决或不能很好地解决时，才需要采用指针的一些特殊用法。下面将对指针的一些主要用法进行介绍。

5.5.3　指针类型作为参数——地址参数传递

　　在进行函数调用时，如果需要向函数传递的数据量很大（如传递很大的数组、结构等），采用值传递方式来进行参数传递的效率是不高的。因为，在进行值参数传递时需要为相应的形参分配内存空间并把实参的值复制到相应形参的内存空间中去。这时，如果仅把要传递的数据的地址传给相应的函数，在函数中通过地址来间接访问调用者传来的数据，将大大提高参数传递的效率。

　　另外，如果函数调用者需要从被调用的函数中获得多个计算结果（函数的返回值机制只能返回一个结果），则可以在调用时把调用者用于存储计算结果的变量的地址传给函数，函数把计算结果通过间接方式赋给调用者提供的用于存储计算结果的变量。

1. 通过指针类型的参数提高参数传递的效率

　　为了提高参数传递效率，可把实参地址传给函数，这时，形参的类型应定义为指针类型。例如，对于一些大型的结构类型的数据，可以采用地址传递方式把它们传给函数：

```
struct A                      // 结构类型
{ int no;
  char name[20];
  ......
};
void f(A *p)                  // p 为指向结构类型的指针
{ ......
  ... p->no ...               // 间接访问结构的成员 no，也可写成：(*p).no
  ... p->name ...             // 间接访问结构的成员 name，也可写成：(*p).name
  ......
}
int main()
{ A a;
  ......
  f(&a);                      // 把结构变量的地址传给函数 f
  ......
}
```

　　在 C++ 中，数组参数的默认传递方式就是地址传递，即把实参数组的首地址传给函数，以提高参数传递效率。例如，对于下面的程序：

```
int max(int x[],int num)   // x 为数组类型
{ ......
  ... x[i] ...
  ......
}
int main()
{ int a[10];
  ...max(a,10)...            // 把数组 a 传给函数 max
```

```
      ......
    }
```

编译程序将按下面的方式来解释：

```
int max(int *x,int num)    //x 为指针类型
{ ......
    ... *(x+i) ...
    ......
}
int main()
{ int a[10];
    ......
    ...max(&a[0],10)...       //把数组 a 的首地址传给函数 max
    ......
}
```

当然，程序中也可以直接按指针方式来编写数组参数传递的代码，不过，以数组形式来编写会使程序的可读性更高。

2. 通过指针类型的参数返回函数的计算结果

首先来看一个经典的例子：写一个函数，用于交换两个实参变量的值。下面是函数 swap 的实现，其目的是交换两个实参变量的值：

```
void swap(int x, int y)
{ int t=x;
  x = y;
  y = t;
}
int main()
{ int a=0,b=1;
  swap(a,b);
  cout << "a=" << a <<",b=" << b << endl;
  return 0;
}
```

结果发现变量 *a* 和 *b* 的值并没有发生交换，上面程序的输出为：

```
a=0,b=1
```

为什么呢？因为 C++ 的默认参数传递方式是值传递（数组除外）。实际上，在调用函数 swap 前，程序中存在两个变量 *a* 和 *b*：

$$a\ \boxed{\ \ 0\ \ }\quad b\ \boxed{\ \ 1\ \ }$$

在调用函数 swap 时，又产生三个变量 *x*、*y* 和 *t*，其中 *x* 和 *y* 分别获得了 *a* 和 *b* 的值：

$$a\ \boxed{\ \ 0\ \ }\quad b\ \boxed{\ \ 1\ \ }$$
$$x\ \boxed{\ \ 0\ \ }\quad y\ \boxed{\ \ 1\ \ }\quad t\ \boxed{\ \ ?\ \ }$$

在函数 swap 的执行过程中交换了变量 *x* 和 *y* 的值：

$$a\ \boxed{\ \ 0\ \ }\quad b\ \boxed{\ \ 1\ \ }$$
$$x\ \boxed{\ \ 1\ \ }\quad y\ \boxed{\ \ 0\ \ }\quad t\ \boxed{\ \ 0\ \ }$$

函数 swap 返回后，变量 *x*、*y* 和 *t* 的生存期结束，这时，只剩下变量 *a* 和 *b*：

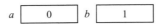

从上面的执行过程可以看到：在函数 swap 的调用过程中，变量 a 和 b 的值一直没有变，仍然为 0 和 1。

为了能正确实现上述交换实参变量值的函数，在 C++ 中，可把函数的形参定义成指针类型，在函数调用时，把实参的地址传给函数的形参，在函数中通过形参间接地访问实参的值。利用指针类型的参数，上述函数 swap 的正确实现是：

```
void swap(int *px, int *py)
{                    // 交换 px 和 py 所指向的变量的值
    int t=*px;
    *px = *py;
    *py = t;
}
int main()
{ int a=0,b=1;
    swap(&a,&b);      // 把变量 a 和 b 的地址传给函数 swap 的形参 px 和 py
    cout << "a=" << a << ",b=" << b << endl;
    return 0;
}
```

上面的程序输出：

```
a=1,b=0
```

实际上，在上面的函数 swap 被调用时，程序中变量的情况如下：

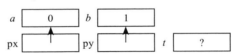

在函数 swap 的执行中交换了变量 px 和 py 所指向的变量（a 和 b）的值：

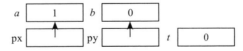

这样，函数 swap 调用结束后，变量 a 和 b 的值就变成 1 和 0 了。

上面函数 swap 的本质就是通过参数把函数的多个结果（交换过的值）返回给调用者，但意义不是很明显。下面的例 5-14 更能说明通过参数把函数的多个结果返回给调用者的意义。

【**例 5-14**】 编写一个计算一元二次方程实根的函数。

解： 由于该函数需要把计算实根的情况（是否有实根、是否是等根等信息）以及两个实根返回给调用者，而函数的返回值机制只能返回一个值，因此需要通过其他的机制来实现函数返回两个及两个以上的值，这里可以采用指针类型的参数来解决。

下面是该函数的实现，其中，参数包括方程的三个系数 a、b、c 以及用于返回两个实根的指针类型的参数 p_root1 和 p_root2，函数的返回值用于返回计算实根的情况：−1 表示不是一元二次方程；0 表示没有实根；1 表示有两个等根；2 表示有两个不等的根。

```
int calculate_roots(double a, double b, double c, double *p_root1, double *p_root2)
{ if (a == 0)        // 系数 a 是 0，因此不是一元二次方程
    return -1;
```

```
      double t=b*b-4*a*c;
      if (t < 0)        //b²-4ac<0, 方程没有实根
        return 0;
      if (t == 0)       // 方程有等根
      { *p_root1 = *p_root2 = -b/(2*a);
        return 1;
      }
      else
      { t = sqrt(t);
        *p_root1 = (-b+t)/(2*a);
        *p_root2 = (-b-t)/(2*a);
        return 2;
      }
    }
    int main()
    { double a1,b1,c1,rt1,rt2;
      cout << " 请输入一元二次方程的系数 (a,b,c): " << endl;
      cin >> a1 >> b1 >> c1;
      switch (calculate_roots(a1,b1,c1,&rt1,&rt2))
      { case -1:
          cout << " 不是一元二次方程 \n";
          break;
        case 0:
          cout << " 方程没有实根 \n";
          break;
        case 1:
          cout << " 方程有两个等根: " << rt1 << endl;
          break;
        case 2:
          cout << " 方程有两个不等根: " << rt1 << " 和 " << rt2 << endl;
      }
      return 0;
    }
```

在上面的程序中，函数 main 中调用函数 calculate_roots 时，把实参 rt1 和 rt2 的地址传给它的两个指针类型的形参 p_root1 和 p_root2，在函数 calculate_roots 中通过 *p_root1 和 *p_root2 间接访问 rt1 和 rt2，从而把计算结果返回给调用者。

3. 指向常量的指针类型参数

在 C++ 中，把指针作为形参的类型可以同时产生两个效果：

1）提高参数传递效率；

2）通过形参改变实参的值。

通常情况下，第一种效果用于大量数据的参数传递，而第二种效果则用于把函数的计算结果（有多个）通过参数返回给调用者。

有时，把函数的形参定义为指针类型仅仅是为了产生第一种效果，如果在设计函数时，由于疏忽而在函数中改变了实参（由形参指向的）的值，将会带来函数的副作用，从而导致设计者可能未预料到的错误。例如，在下面的程序中，函数 f 无意中通过形参 p 改变了实参 x 的值，从而导致程序输出结果与预期不符：

```
    ......
    int f(int *p)
    { int y;
      y = (*p)*2;      // 使用 p 指向的值
      (*p)++;          // 改变了 p 指向的值
```

```
    return y;
}
int main()
{ int x;
  x = 10;
  cout << x+f(&x) << endl;  //输出 31
  return 0;
}
```

在上面的程序中，调用函数 *f* 时，通过变量 *x* 的地址把 10 传给了函数 *f*。由于在函数 *f* 的执行过程中改变了 *x* 的值（通过指针变量 *p*），这就使得 *x*+*f*(&*x*) 的计算结果为 31，而设计者预期的值可能是 30，从而导致了错误！

为了使得指针类型的参数传递只有上述 1）的效果而没有 2）的效果，除了由程序设计者来保证外，C++ 语言也提供了相应的措施，即把形参定义为指向常量的指针，使函数无法通过指针类型的形参来改变实参的值。

指向常量的指针类型的定义格式如下：

```
const <类型> *<指针变量>;
```

在上面的格式中，除了 const 外，其他与通常的指针类型定义相同。const 的含义是不能改变 *<指针变量>* 所指向的数据。例如，下面定义了一个指向常量的指针类型的变量 *p*：

```
const int *p;          //p 是指向常量的指针
const int x=0;
p = &x;                // OK
*p = 1;                // Error
```

虽然从形式上看，指向常量的指针变量只能指向常量，但 C++ 允许它可以指向变量，因为这不会引起程序的语义错误，只是不能通过它来改变所指向的变量的值而已。因此，对于上面定义的指向常量的指针变量 *p*，也可以指向下面定义的变量 *y*，但不能通过 *p* 改变 *y* 的值：

```
const int *p;          //p 是指向常量的指针
int y;
p = &y;                // OK
*p = 1;                // Error
y = 1;                 // OK
```

而对于一个指向变量的指针变量，则不允许它指向常量。例如：

```
const int x=0;
int *p;
p = &x;                // Error
```

之所以不允许上面的 *p* 指向 *x*，是因为下面的操作是合法的，如果允许 *p* 指向常量，这将导致常量的值被修改，从而引起程序的语义错误：

```
*p = 1;                // 通过 p 改变了常量 x 的值！
```

利用指向常量的指针类型，我们可以把函数的形参定义为指向常量的指针类型，这样既能提高参数传递的效率，又保证了函数中不能改变实参的值。例如，

```
void f(const A *p)     //p 为指向结构类型常量的指针
{ ......
```

```
    p->no = ...;              // Error, 企图修改 p 指向的值
    ......
}
```

再例如，下面的形参被定义为常量数组，在函数 f 中不能改变数组元素的值：

```
void f(const int p[],int num)
{ ......
  p[i] = ...;                 // Error, 不能改变 p 所指向的数据
  ......
}
```

需要注意的是，不要把"指向常量的指针"与"指针类型的常量"混淆了！例如，下面的 p 是一个指针类型的常量：

```
int x,y;
int *const p=&x;            // 定义了一个指针类型的常量 p，它指向一个变量
*p = 1;                     // OK, *p 是一个变量
p = &y;                     // Error, p 是一个常量，其值不能被修改
```

上面定义的 p 是一个指针类型的常量（必须对常量进行初始化），可以改变它所指向的变量 x 的值，但不能改变它本身的值。

指针类型的常量主要用于确保在函数执行过程中指针类型的形参一直指向实参数据。例如，在下面的函数中能保证 *p 一定能访问到实参吗？

```
void f(int *p)
{ ......
  ... *p ...                 // 能访问到实参吗
  ......
}
```

因为在函数 f 的执行中，p 可以指向其他变量，从而使得通过 p 访问不到实参。例如，在下面的函数中，p 指向了变量 m，*p 访问的是 m，而不是实参：

```
void f(int *p)
{ int m;
  p = &m;                    // OK
  ... *p ...                 // 访问的是 m，而不是实参
  ......
}
```

为了解决上面的问题，可以把形参定义为指针类型的常量。例如，

```
void f(int *const p)
{ int m;
  p = &m;                    // Error, p 是常量，其值不能被修改
  ... *p ...                 // 访问实参
  ......
}
```

对于一个指针变量，为了保证既不能改变它本身的值也不能改变它所指向的值，可以把该指针变量定义为"指向常量的指针常量"。例如，下面的 p 就是这样的指针变量：

```
const int x=0,y=1;
const int * const p=&x;   //p 是一个指向常量的指针常量
*p = 1;                     // Error
p = &y;                     // Error
```

实际上，形参如果是一个常量数组，它的类型就是上述指针类型。例如，下面的函数 *f*：

```
void f(const int a[], int num);
```

就等价于：

```
void f(const int * const a, int num);
```

4. 指针作为返回值类型

函数的返回值类型可以是一个指针类型，例如，下面的函数 max 返回一个一维数组中最大元素的地址（指针）：

```
int *max(const int x[], int num)
{ int max_index=0;
  for (int i=1; i<num; i++)
    if (x[i] > x[max_index]) max_index = i;
  return (int *)&x[max_index];
}
```

利用函数 max 返回的指针，我们可以访问数组中的最大值。例如：

```
int a[10],*p;
......
p = max(a,10);
cout << *p << endl;     // 输出最大值
```

值得注意的是：不能把局部变量的地址作为指针返回给调用者。这是因为，当函数返回后，其局部变量的内存空间已被收回，如果调用者在使用这个内存空间中的值之前又调用了某个函数，则该空间将被新调用的函数所使用并拥有新的值，这样，调用者就得不到原来的值了。例如，在下面的程序中，函数 *f* 和 *g* 分别返回了局部变量 *i* 和 *j* 的地址：

```
int *f()
{ int i=0;
  return &i;
}
int *g()
{ int j=1;
  return &j;
}
int main()
{ int *p=f();          // p 指向函数 f 的局部变量 i
  int *q=g();          // q 指向函数 g 的局部变量 j
  int x=*p+*q;         // x 的值为 2，因为 i 与 j 占有相同的内存空间，而现在该内存中的值为 1
  cout << x << endl;   // 输出 2
  return 0;
}
```

在调用函数 *f* 时将为其局部变量 *i* 分配一个内存空间（在程序栈区），而在调用完函数 *f* 之后，就释放了其局部变量 *i* 的空间，这时再去调用 *g*，该空间又被分配给了 *g* 的局部变量 *j*，这就导致 *i* 和 *j* 占用的是同一个空间且 *p* 和 *q* 得到的是同一个地址，该地址的内存空间中最后的值是 1（在函数 *g* 中给出的），因此，最后 *x* 的值为 2。

5.5.4　指针与动态变量——实现元素个数可变的复合数据描述（动态数组与链表）

在程序中，我们常常需要处理由多个相同类型的具有顺序关系的元素所构成的复合数据。如果在程序运行前就能确定元素的个数，则程序中可以用一个数组来表示它们。例如，对输入的 100 个数进行排序，程序中可采用下面的做法：

```
int a[100];
for (int i=0; i<100; i++) cin >> a[i];
sort(a,100);
```

如果在程序运行前无法确定元素的个数，需要到程序运行时才能确定，程序该如何实现？下面的做法可行吗？

```
int n;
cin >> n;
int a[n];          // 可行吗？
for (int i=0; i<n; i++) cin >> a[i];
sort(a,n);
```

上面的做法在 C/C++ 早期版本中是不可行的！因为，定义数组变量时，数组元素的个数不能是变量，必须是常量或常量表达式，在编译时就应能确定它的值是多少。

解决上述问题的另一种可能的做法是定义一个很大的数组，但这种做法的问题是：程序运行时，如果数据很少，则会浪费空间；而如果数据很多，甚至超出了预定的数组大小，则程序仍然不能正常运行。

那么，在程序中如何表示和存储上述类型的数据呢？ C++ 是一种静态类型语言，程序中定义的每个变量必须在编译时就能确定它的类型，变量的类型往往规定了变量所占用的内存空间的大小，例如，一个数组类型变量所占用的内存空间大小就是固定的。因此，用一般的变量是无法解决上面问题中的数据表示的，需要用动态变量来解决。

下面首先介绍 C++ 对动态变量的支持，然后介绍动态变量的两种应用场合：动态数组和链表。

1. 动态变量

动态变量（dynamic variable）是指在程序运行时由程序根据需要随时随地创建和撤销的变量。动态变量没有名字，对动态变量的访问需要通过指向动态变量的指针变量来进行。需要注意的是，虽然普通变量也是在程序运行时产生和消亡，但它们的创建点和消亡点是固定的，并且是自动创建和消亡的。例如，函数的局部变量一般在函数调用进入函数时自动创建并在退出函数时自动消亡。另外，普通变量的内存空间是在程序的静态数据区或栈区中分配的（参见 4.3.2 节），而动态变量的内存空间则分配在程序的堆区中。

（1）动态变量的创建

C++ 提供了两种创建动态变量的机制，即操作符 new 和库函数 malloc，它们的格式如下。

new < *类型* >

该操作在程序的堆区中创建一个类型由 < *类型* > 指定的动态变量，结果为该动态变量的地址（或指针），其类型为：< *类型* >*。例如，下面的 new 操作创建一个 int 型的动态变量，该动态变量由指针变量 *p* 来指向：

```
int *p;
p = new int;      // 创建一个动态的整型变量，p指向该变量
*p = 1;           // 只能通过指针变量来访问该动态的整型变量
```

由于 new 操作的结果是有类型的，因此它只能赋值给同类型的指针变量。下面的操作

是非法的：

```
int *p;
p = new double;        //Error，该 new 操作结果的类型为：double *
```

new *< 元素类型 >*[*< 整型表达式 1>*]…[*< 整型表达式 n>*]

该操作在程序的堆区中创建一个动态的 n（$n \geqslant 1$）维数组，数组元素的类型由 *< 元素类型 >* 指定，每一维的大小由 *< 整型表达式 1>*，…，*< 整型表达式 n>* 指出。需要注意的是：除了第一维的大小外，其他维的大小必须是常量或常量表达式。new 操作返回数组的首地址，其类型由数组的维数决定。例如，下面的 new 操作创建一个由 n 个 int 型元素所构成的一维动态数组：

```
int *p;              //p 为一个指向 int 型数据的指针
int n;
......
p = new int[n];      //创建一个由 n 个 int 型元素所构成的一维动态数组，返回第一个元素的地址
... p[i] ...         //访问第 i 个元素，也可以采用 *(p+i) 访问形式
```

再例如，下面的 new 操作创建一个 n 行、20 列的二维动态数组：

```
int (*q)[20];        //q 为一个指向由 20 个 int 型元素所构成的一维数组的指针
                     //等价于：typedef int A[20];  A *q;
int n;
......
q = new int[n][20];  //创建一个 n 行、20 列的二维动态数组，返回第一行的地址
                     //等价于：q = new A[n];
... q[i][j] ...      //访问 q 指向的二维数组的第 i 行、第 j 列的元素，也可以采用 *(q+i*20+j) 的形式
```

如果要创建一个每一维大小都可变的多维动态数组，则可以通过一维数组来实现。例如，下面创建一个 m 行、n 列的动态二维数组：

```
int *r;              //r 为一个指向 int 型数据的指针
int m,n;
......
r = new int[m*n];    //创建一个由 m*n 个 int 型元素所构成的一维动态数组，返回第一个元素的地址
... *(r+i*n+j) ...   //访问 r 指向的隐含的二维数组的第 i 行、第 j 列的元素
```

void *malloc(unsigned int size);

函数 malloc（在 cstdlib 或 stdlib.h 中声明）在程序的堆区中分配一块大小为 size 的内存空间，并返回该内存空间的首地址，其类型为 void *。如果该空间用于存储某个具体类型的数据，则需对返回值类型进行强制类型转换。例如：

```
int *p1,*p2,*r;
typedef int A[20]; //定义了一个由 20 个 int 型元素所构成的一维数组类型 A
A *q;              //或，int (*q)[20];
int m,n;
......
p1 = (int *)malloc(sizeof(int));         //创建一个 int 型动态变量
... *p1 ...        //访问上面创建的 int 型动态变量
p2 = (int *)malloc(sizeof(int)*n);       //创建一个由 n 个 int 型元素所构成的一维动态数组
... p2[i] ...      //访问上面一维动态数组中的第 i 个元素，也可以采用 *(p2+i) 形式
q = (A *)malloc(sizeof(int)*n*20);       //创建一个 n 行、20 列的二维动态数组变量
... q[i][j] ...    //访问上面二维动态数组的第 i 行、第 j 列的元素，也可以采用 *(q+i*20+j) 的形式
r = (int *)malloc(sizeof(int)*m*n);      //创建一个 m 行、n 列的二维动态数组变量
... *(r+i*n+j) ... //访问上面二维动态数组的第 i 行、第 j 列的元素
```

new 与 malloc 的主要区别在于：

- new 自动计算所需分配的空间大小，而 malloc 则需要显式指出；
- new 自动返回相应类型的指针，而 malloc 要进行显式类型转换。

对于 new 和 malloc，如果程序的堆区中没有足够的空间供分配，则会出现 bad_alloc 异常或返回空指针。

（2）动态变量的撤销

在 C++ 程序运行期间，动态变量不会自动消亡，即使是在一个函数调用中创建的动态变量，函数返回后它仍然存在（可以使用）。如果程序运行中不再需要某个动态变量了，则应该显式地手动使之消亡，否则这个动态变量会一直存在（直到整个程序运行结束）。

在 C++ 中，要撤销（使之消亡）某个动态变量，可以用操作符 delete 或库函数 free 来实现。一般情况下，用 new 创建的动态变量，要用 delete 使之消亡；用 malloc 产生的动态变量，则用 free 使之消亡。

delete 与 free 的格式如下。

delete <*指针变量*>

"delete" 操作用于撤销 <*指针变量*> 所指向的动态变量。例如：

```
int *p=new int;
......
delete p;        // 撤销 p 所指向的动态变量
```

delete []<*指针变量*>

"delete []" 操作用于撤销 <*指针变量*> 所指向的动态数组变量，例如：

```
int *p=new int[20];
......
delete []p。      // 撤销 p 所指向的动态数组
```

void free(void *p)

"free" 操作用于释放 p 所指向的内存空间。例如：

```
int *p=(int *)malloc(sizeof(int));
int *q=(int *)malloc(sizeof(int)*20);
......
free(p);         // 撤销 p 所指向的动态变量
free(q);         // 撤销 q 所指向的动态数组
```

需要特别注意的是，不能用 delete 和 free 撤销非动态变量，否则产生程序异常错误。例如：

```
int x,*p;
p = &x;
delete p;        // Error, p 指向的不是动态变量
```

另外，用 delete 和 free 撤销动态数组时，其中的指针变量必须指向数组的第一个元素！例如：

```
int *p=new int[n];
p++;
delete []p;      // Error, p 已指向第二个元素了
```

需要注意的是，用 delete 或 free 撤销动态变量后，C++ 编译程序一般不会把指向它的

指针变量的值赋为 NULL，这时就会出现一个"悬浮指针"（dangling pointer），指向一个无效空间。这时如果再通过这个"悬浮指针"来使用相应的动态变量就会导致程序的语义错误。例如：

```
int *p;
p = new int[10];
......
delete []p;                 //p成为一个"悬浮指针"，它仍指向原来的内存空间
......
p[0] = 1;                   // 语义错误，因为p指向的内存空间可能已分配给其他的动态变量了
```

另外，对于一个动态变量，如果没有撤销它，而仅仅是把指向它的指针变量指向了别处或指向它的指针变量的生存期结束了，这时，这个动态变量就会成为一个"孤儿"，程序中再也访问不到它，而它却一直在占用内存空间，从而导致内存泄漏（memory leak）问题。例如：

```
int x,*p;
p = new int[10];            // 产生一个动态数组
p = &x;                     // 该操作之后，上面的动态数组就访问不到了
```

有些程序设计语言（如 Java）不需要在程序中显式撤销动态变量，而是提供了运行时刻的自动废区收集（garbage collection）功能，可自动收回不再被程序使用的动态变量的空间。但是，自动废区收集需要运行时刻的开销，有时会影响程序的效率。

2. 动态变量的应用——可扩充的数组

对于程序运行前无法确定元素个数的数组问题，一种解决办法是采用动态数组，即在程序运行过程中创建数组。

【例 5-15】　用动态数组实现对键盘输入的数（个数不限）进行排序。

解：对于这个问题，如果输入时先输入这些数的个数，再输入各个数，则可用下面的动态数组来存储这些数：

```
int n;
int *p;
cin >> n;                   // 输入需排序的数的个数
p = new int[n];             // 创建一个动态一维数组
for (int i=0; i<n; i++) cin >> p[i];   // 输入需排序的数
sort(p,n);                  // 调用某个排序函数
delete []p;                 // 撤销动态数组
```

如果输入时不能确定这些数的个数，而是先输入各个数，最后输入一个结束标记（如 –1），这时，可以按以下方式实现：首先创建一个较小的动态数组，用于存储输入的数，当这个数组放不下输入的数时，再创建一个较大的动态数组，然后先把原来数组中的数复制过来，再把原来的数组撤销，在新数组中继续存储输入的数。上述操作可以重复多次。

程序如下：

```
int max_len=20;            // 动态数组的初始大小为 20
const int INCREMENT=10;    // 用于改变数组大小的增量
int n=0,                   // 对输入的数的个数进行计数
int x;                     // 用于存储当前输入的数
int *p=new int[max_len];   // 创建初始的动态数组
cin >> x;                  // 输入第一个数
while (x != -1)            // 循环输入各个数，直到输入 -1 为止
```

```
{ if (n == max_len)                   // 已有数组空间不够了
  { max_len += INCREMENT;
    int *q=new int[max_len];          // 创建较大的动态数组
    for (int i=0; i<n; i++) q[i] = p[i];        // 将已输入的数转移到新的数组中
    delete []p;                       // 撤销较小的数组
    p = q;                            // p 指向新的、较大的数组
  }
  p[n] = x;                           // 存储输入的数
  n++;                                // 输入的数的个数加 1
  cin >> x;                           // 输入下一个数
}
sort(p,n);
delete []p;                           // 撤销最后的动态数组
```

上面的实现方法虽然可行，但是，当数组空间不够时，需要重新申请空间、进行数据转移并释放原有的空间，这样做比较麻烦并且效率不高。另外，用数组来表示一组具有顺序关系的元素所构成的数据，除了要考虑数组对元素个数的限制外，当在数组中增加或删除元素时，还会面临数组元素的大量移动问题。

下面要介绍一种称为链表的线性数据表示，它可以避免动态数组的上述问题。

3. 动态变量的应用——链表

链表（linked list）是一种线性结构，它由若干个节点构成，链表中的每一个节点除了包含本身的数据外，还包含一个（或多个）指针，该指针指向链表中下一个（或前一个）节点。上述定义隐含着链表节点在内存中不必存放在连续的内存空间中。如果链表中的每个节点只包含一个指针，则称为单链表，否则称为多链表。链表中的节点个数可变，每个节点一般是一个动态变量，它们在程序运行时创建。

下面以单链表为例介绍链表的基本内容。图 5-2 给出了一个单链表结构的示意图。

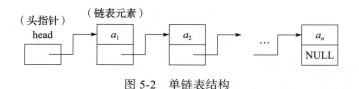

图 5-2　单链表结构

该单链表由若干节点（元素）构成，每个节点除了包含存储节点数据的域以外，还包含一个指针域，该指针域中存储了下一个节点的内存地址（指针），最后一个节点的指针域为空（NULL）。另外，一个单链表还需要有一个表头指针（简称头指针），它指向链表中的第一个节点。需要注意的是，对链表节点的访问是通过头指针进行的，由头指针访问到链表的第一个节点，由第一个节点指针域中的地址访问到第二个节点，以此类推。链表不同于数组，其元素所占用的内存空间一般不是连续的，不能用下标形式来访问。

上述单链表中的节点类型和头指针变量可定义如下：

```
struct Node                           // 节点的类型定义
{ int content;                        // 节点的数据
  Node *next;                         // 下一个节点的地址
};
Node *head=NULL;                      // 头指针变量定义，初始状态下为空值（链表中没有节点）
```

头指针变量的初始状态可图示为：

```
head
NULL
```

下面介绍链表的基本操作。

（1）在链表中插入一个节点

如果要在链表中插入一个值为 a 的节点，则首先应产生一个新节点：

```
Node *p=new Node;      // 产生一个动态变量来表示新节点
p->content = a;        // 把 a 赋给新节点中表示节点值的成员
```

图示为：

然后按下面的步骤来处理。

1）如果链表为空（创建第一个节点时），则进行下面的操作：

```
head = p;              // 头指针指向新节点
p->next = NULL;        // 把新节点的 next 成员置为 NULL，也可写成 head->next = NULL;
```

图示为：

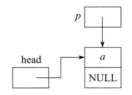

以下操作均假设链表不为空。

2）如果新节点插在表头，则进行下面的操作：

```
p->next = head;        // 把链表原来的第一个节点指定为新节点的下一个节点
head = p;              // 修改表头指针，使之指向新节点
```

图示为：

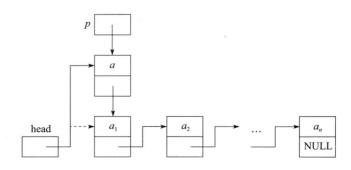

上面的虚线箭头表示插入新节点之前的指针状态。

3）如果新节点插在表尾，则先从表头开始查找最后一个节点，找到后再把新节点加入链表中。操作如下：

```
Node *q=head;               //q指向第一个节点
while (q->next != NULL)      //循环查找最后一个节点
  q = q->next;
//循环结束后，q指向链表中最后一个节点
q->next = p;                //把新节点加入链表的尾部
p->next = NULL;             //把新节点的next成员置为NULL
```

图示为：

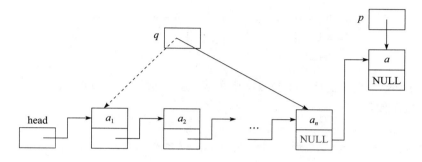

4）如果新节点插在链表中第 i（$i>0$）个节点（a_i）的后面，则先要从表头开始查找第 i 个节点，找到后再把新节点插入链表中。操作如下：

```
//查找第i个节点
Node *q=head;                    //q指向第一个节点
int j=1;                         //当前节点的序号，初始化为1
while (j < i && q->next != NULL) //循环查找第i个节点
{ q = q->next;                   //q指向下一个节点
  j++;                           //节点序号增加1
}
//循环结束时，q或者指向第i个节点，或者指向最后一个节点(节点数小于i时)
if (j == i)                      //q指向第i个节点
{ p->next = q->next;             //把q所指向节点的下一个节点指定为新节点的下一个节点
  q->next = p;                   //把新节点指定为q所指向节点的下一个节点
}
else                             //链表中没有第i个节点
  cout << "没有第 " << i << "个节点 \n";
```

图示为：

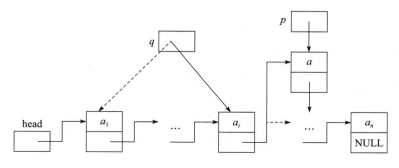

（2）在链表中删除一个节点

下面的操作假设链表不为空，即 head != NULL。

1）如果删除链表中的第一个节点，则进行下面的操作：

```
Node *p=head;           // p 指向第一个节点
head = head->next;      // 修改表头指针，使之指向第一个节点的下一个节点
delete p;               // 归还删除节点的空间
```

图示为：

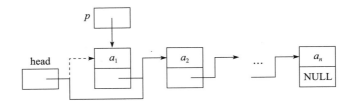

2）如果删除链表的最后一个节点，则先要找到倒数第二个节点，然后把它设置成最后一个节点。操作如下：

```
Node *p1=NULL,*p2=head;
// 循环查找最后一个节点，找到后，p2 指向它，p1 指向它的前一个节点
while (p2->next != NULL)
{ p1 = p2;
  p2 = p2->next;
}
if (p1 != NULL)          // 存在倒数第二个节点
  p1->next = NULL;       // 把倒数第二个节点的 next 置为 NULL
else                     // 链表中只有一个节点
  head = NULL;           // 把头指针置为 NULL
delete p2;               // 归还删除节点的空间
```

图示为：

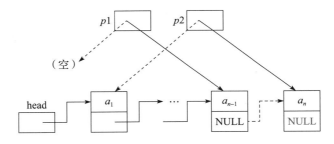

3）如果删除链表中第 i（$i>0$）个节点 a_i，则先要找到第 $i-1$ 个节点，让它的下一个节点指针指向第 i 个节点的下一个节点。操作如下：

```
if (i == 1)              // 要删除的节点是链表中的第一个节点
{ Node *p=head;          // p 指向第一个节点
  head = head->next;     // head 指向第一个节点的下一个节点
  delete p;              // 归还删除节点的空间
}
else                     // 要删除的节点不是链表中的第一个节点
{                        // 查找第 i-1 个节点
  Node *p=head;          // p 指向第一个节点
  int j=1;               // 当前节点的序号，初始化为 1
```

```
    while (j < i-1 && p->next != NULL) // 循环查找第 i-1 个节点
    { p = p->next;                      //p 指向下一个节点
      j++;                              // 节点序号加 1
    }
    if (p->next != NULL)                // 链表中存在第 i 个节点
    { Node *q=p->next;                  //q 指向第 i 个节点
      p->next = q->next;                // 把第 i-1 个节点的下一个节点改成第 i 个节点的下一个节点
      delete q;                         // 归还第 i 个节点的空间
    }
    else                                // 链表中没有第 i 个节点
      cout << "没有第 " << i << "个节点 \n";
}
```

（3）在链表中检索某个值 *a*

```
int index=0;                          // 用于记住节点的序号，初始化为 0
// 从第一个节点开始遍历链表中的每个节点，查找值为 a 的节点
Node *p=head;
while (p != NULL)
{ index++;
  if (p->content == a) break;
  p = p->next;
}
if (p != NULL)                         // 找到了
  cout << "第" << index << "个节点的值为: " << a << endl;
else                                   // 未找到
  cout << "没有找到值为 " << a << "的节点 \n";
```

（4）输出链表中所有节点的值

```
for (Node *p=head; p!=NULL; p=p->next)
  cout << p->content << ',';
cout << endl;
```

上面给出了链表的基本操作。下面是运用链表来解决问题的例子。

【例 5-16】　用链表实现对从键盘输入的数（个数不限）进行排序。

解： 下面用链表来解决"对输入的若干个数进行排序，在输入时，先输入各个数，最后输入一个结束标记（如 –1）"的问题。

可把该问题分解成 4 个子问题：输入各个数，建立链表；对链表进行排序；输出链表中各个节点的值；撤销链表。

```
struct Node
{ int content;                       //代表节点的数据
  Node *next;                        //代表后一个节点的地址
};
extern Node *input();                // 输入数据，建立链表
extern void sort(Node *h);           // 排序
extern void output(Node *h);         // 输出数据
extern void remove(Node *h);         // 删除链表
int main()
{ Node *head;
  head = input();
  sort(head);
  output(head);
  remove(head);
  return 0;
}
```

```cpp
#include <iostream>
using namespace std;
Node *input()                       // 从表尾插入数据
{ Node *head=NULL,*tail;
  int x;
  cin >> x;                         // 输入第一个数
  while (x != -1)
  { Node *p=new Node;               // 生成新节点
    p->content = x;
    p->next = NULL;
    if (head == NULL)               // 为空表（加入第一个节点）
      head = tail = p;              // 表头、表尾指针都指向这个节点
    else                            // 不为空表
    { tail->next = p;               // 新节点加在表尾
      tail = p;                     // 表尾指针指向新节点
    }
    cin >> x;                       // 输入下一个数
  }
  return head;
}
void sort(Node *h)                  // 采用选择排序，较小的数往前放
{ if (h == NULL || h->next == NULL)                    // 链表中没有或只有一个节点
    return;
                                    // 从链表的头开始逐步缩小链表的范围
  for (Node *p1=h; p1->next != NULL; p1 = p1->next)
  { Node *p_min=p1;                 // p_min 指向最小的节点，初始化为 p1
                                    // 从 p1 的下一个节点开始与 p_min 进行比较
    for (Node *p2=p1->next; p2 != NULL; p2=p2->next)
      if (p2->content < p_min->content)  p_min = p2; // 保持 p_min 指向值最小的节点
    if (p_min != p1)               // 交换 p_min 与 p1 指向的节点的值，使得 p1 指向的节点值最小
    { int temp = p1->content;
      p1->content = p_min->content;
      p_min->content = temp;
    }
  }
}
void output(Node *h)
{ for (Node *p=h; p!=NULL; p=p->next)
    cout << p->content << ',';
  cout << endl;
}
void remove(Node *h)
{ while (h != NULL)
  { Node *p=h;
    h = h->next;
    delete p;
  }
}
```

上面的函数 input 也可实现为从表头插入数据，这样操作更简单：

```cpp
Node *input()                       // 从表头插入数据
{ Node *head=NULL;
  int x;
  cin >> x;
  while (x != -1)
  { Node *p=new Node;               // 生成新节点
    p->content = x;
    p->next = head;                 // 新节点插入表头
```

```
        head = p;                    // 把新节点设置为表头节点
        cin >> x;
    }
    return head;
}
```

下面再给出一个运用链表的例子。

【例 5-17】 用链表实现例 5-9 的求解约瑟夫问题。

解：每个小孩用链表中的一个节点来表示：

```
struct Node
{ int no;                           // 小孩的编号
  Node *next;                       // 指向下一个小孩的指针
};
```

每个节点的成员 no 为小孩的编号；节点的 next 指针指向圈子中下一个小孩节点。最后一个小孩节点的 next 指针指向第一个小孩节点，从而构成一个循环链表。在报数的过程中，顺着节点的 next 指针往后走（报数），每报到 m，就把这个小孩的节点从链表中删除，然后从下一个节点继续报数，直到链表中只剩下一个节点，这个节点所对应的小孩就是胜利者。

程序如下：

```
#include <iostream>
using namespace std;
struct Node
{ int no;                           // 小孩的编号
  Node *next;                       // 指向下一个小孩的指针
};
int main()
{ int m,                            // 用于存储要报的数
      n,                            // 用于存储小孩的个数
      num_of_children_remained;     // 用于存储圈子里剩下的小孩个数
  cout << "请输入小孩的个数和要报的数：";
  cin >> n >> m;
                                    // 构建圈子
  Node *first,*last;                // first 和 last 分别指向第一个和最后一个小孩
  first = last = new Node;          // 生成第一个节点
  first->no = 0;                    // 第一个小孩的编号为 0
  for (int i=1; i<n; i++)           // 循环构建其他小孩节点
  { Node *p=new Node;               // 生成一个小孩节点
    p->no = i;                      // 新的小孩节点的编号为 i
    last->next = p;                 // 最后一个小孩的 next 指向新生成的小孩节点
    last = p;                       // 把新生成的小孩节点设成为最后一个节点
  }
  last->next = first;               // 把最后一个小孩的下一个小孩设为第一个小孩

  // 开始报数
  num_of_children_remained = n;     // 报数前圈子中的小孩个数
  Node *previous=last;              // previous 指向开始报数的前一个小孩
  while (num_of_children_remained > 1)
  { for (int count=1; count<m; count++)   // 循环 m-1 次
      previous = previous->next;
    // 循环结束时，previous 指向将要离开圈子的小孩的前一个小孩
    Node *p=previous->next;         // p 指向将要离圈的小孩节点
    previous->next = p->next;       // 小孩离开圈子
    delete p;                       // 释放离圈小孩节点的空间
    num_of_children_remained--;     // 圈子中的小孩数减 1
  }
```

```
                                    // 输出胜利者的编号
cout << "The winner is No." <<previous->no << "\n";
delete previous;                    // 释放胜利者节点的空间
return 0;
}
```

前面介绍了动态数组和链表，它们在表示元素个数不定的具有线性结构的复合数据时各有特点。数组的元素访问效率高但空间扩充困难，链表空间扩充容易但元素访问效率低。因此，我们可以把两者结合起来使用，整体采用链表结构，链表的每个节点中用数组存储多个元素，当要访问的元素在节点内部时，可用下标访问。

例如，节点的类型可以定义为下面的形式，每个节点可存储 20 个元素：

```
struct Node                         // 节点的类型定义
{ int content[20];                  // 存储 20 个元素的数据
  Node *next;                       // 存储下一个节点的地址
};
```

当需要访问线性结构的第 i 个元素时，可以先通过链表操作找到第 $i/20$ 个节点（假设 p 指向它），然后在节点内通过 p->content[i%20] 访问第 i 个元素。

*5.5.5　用指针提高对数组元素的访问效率

对数组元素的访问通常是通过下标来实现的。当下标是变量时，采用下标访问数组元素有时效率不高，特别是在需要频繁访问数组元素的循环中，因为，它需要在程序运行时计算数组元素的地址，而在计算数组元素地址时，首先要计算下标的值，然后根据数组的首地址和下标的值计算出要访问的元素的内存地址。例如，下面的循环用于访问数组元素：

```
const int N=100;
int a[N];

for (int i=0; i<N; i++)
{ … a[i] …                          // 这里需要计算 a[i] 的地址：a 的首地址 +i*sizeof(int)
}
```

在上面的循环中，每次访问数组元素时都要根据下标去计算元素的地址，对于 $a[i]$，其地址计算公式为 a 的首地址 +i*sizeof(int)（假设可寻址的内存单元大小为一个字节），其中 i 是变量，要在程序运行时才能知道它的值，这样，在程序运行时每次遇到 $a[i]$ 时都要去计算它的地址，这需要做一次加法和一次乘法，而乘法的速度往往较慢。虽然编译程序有时能够对以下标形式访问数组元素所需要的地址计算进行优化，但并不是在所有情况下都能优化。

通过指针来访问数组元素有时会提高程序访问数组元素的效率。例如，对于上面的循环访问数组操作，可用下面的指针来实现，这个循环比上一个循环效率要高，因为在循环中访问元素时不需要再计算元素的地址：

```
for (int *p=&a[0],*q=&a[N-1]; p<=q; p++)
{ ... *p ...
}
```

【例 5-18】 用指针来实现例 5-6 中把字符串逆序的功能。

解： 我们可以采用两个指针，一个指向字符串的头，另一个指向字符串的尾，让这两个指针相向逐步往中间移动，并在移动的同时交换它们所指向的字符。下面用一个函数来实现这个功能：

```cpp
#include <cstring>
using namespace std;
void reverse(char *str)
{ char *p1=str,                    //指向字符串的头
         *p2=str+strlen(str)-1;    //指向字符串的尾
  for ( ; p1 < p2; p1++,p2--)      //p1和p2分别从字符串的头和尾往中间位置移动
  {                                //交换 *p1 和 *p2 的值
    char temp=*p1;
    *p1 = *p2;
    *p2 = temp;
  }
}
```

通过指针来访问数组元素时，首先需要获得数组的首地址。下面介绍如何获得数组的首地址以及相应的地址操作。

1. 一维数组首地址的获取

对于一个一维数组变量，其首地址常常可以通过它的第一个元素来获得。例如，对于下面的一维数组 a：

```cpp
int a[10];
```

其首地址可以按下面的方式获得：

```cpp
int *p1=&a[0];                    //p1 为一个指针变量，它指向数组 a 的第一个元素
```

一维数组中第一个元素的地址也可以通过对数组变量（不是数组元素）进行类型转换来得到。例如，对于下面的赋值操作，为了适应赋值操作左边变量 $p1$ 的类型（int *），C++ 编译器会自动把一维数组变量隐式转换成数组中第一个元素的内存地址：

```cpp
p1 = a;      //C++ 编译器将把数组变量 a 隐式转换成它的第一个元素的地址，即 &a[0]
```

实际上，当把一个一维数组传给一个函数时，编译器会对数组变量进行类型转换。例如：

```cpp
void f(int p[], int num);        //或：void f(int *p, int num);
int main()
{ int a[10];
  f(a,10);   //将把 a 转换成第一个元素的地址，也可以直接写成 f(&a[0],10);
}
```

另外，字符串常量也可隐式转换成它的第一个字符在内存中的首地址。例如：

```cpp
const char *p2="ABCD";           //将把字符串 "ABCD" 转换成它的首地址并赋值给指针变量 p2
```

除了通过第一个元素来获得一维数组的首地址外，还可以通过整个数组变量来获得它的首地址。例如：

```cpp
typedef int A[10];
A a;        //或 int a[10];
A *p3;      //p3 是一个指针变量，它指向的数据是一个由 10 个 int 型元素所构成的数组。也可写成
            //int (*p3)[10];
```

⊖ "int (*p)[10]" 和 "int *p[10]" 是不同的。前者定义了一个指针变量 p，它可以指向一个由 10 个 int 元素所构成的一维数组；后者定义了一个由 10 个元素所构成的一维数组变量 p，它的每个元素都是一个 int * 型指针。

```
p3 = &a; //&a 为整个数组的首地址
```

需要注意的是，虽然 &a[0] 和 &a 所表示的地址值相同，但它们属于不同的类型。&a[0] 的类型是 int *，它只能赋值给像上面的 p1 这样的指针变量；&a 的类型是 A *，它只能赋值给像上面的 p3 这样的指针变量。p1 与 p3 的不同之处可以用下面的自增操作（++）来说明：

```
p1++; //p1 的值增加 sizeof(int)，即，p1 指向了数组 a 中的第二个元素
p3++; //p3 的值增加 10×sizeof(int)，即，p3 指向了内存中存储在数组 a 后面的下一个一维数组，
      // 它常常用于按行来访问二维数组
```

当创建一个动态的一维数组时，得到的是其第一个元素的地址。例如：

```
int n;
int *p;
......
p = new int[n]; //创建一个由 n 个 int 型元素构成的一维动态数组，返回第一个元素的地址，
                // 其类型为 int *
```

2. 多维数组首地址的获取

对于一个 n（n>1）维数组，可以有 n+1 种获取首地址的方式。例如，对于下面的二维数组 b：

```
int b[20][10];
```

其内存首地址可以用以下三种方式来获得。

● 通过第一行、第一列元素来获得。例如：

```
int *p;
p = &b[0][0];  //第一行、第一列元素的地址。也可写成 p = b[0];，因为 b[0] 是一个元素类型
               // 为 int 的一维数组变量，它被自动转换成 &b[0][0]
p++;           //加 sizeof(int)，p 指向第一行的第二个元素
```

● 通过第一行的一维数组获得。这时，可以把 b 理解成一个一维数组，该一维数组中的每个元素也是一个一维数组。例如：

```
typedef int A[10]; //A 表示一个由 10 个 int 型元素所构成一维数组类型
A b[20];           //b 为由 20 个 A 类型的元素所构成的一维数组变量，等价于 int b[20][10];
A *q;              //或 int (*q)[10];
q = &b[0];         //第一行的首地址。也可写成 q = b;，因为可将 b 看成是一个元素类型为 A 的
                   // 一维数组，它被自动转换成 &b[0]
q++;               //加 10×sizeof(int)，q 指向数组的第二行
```

● 通过整个数组获得。例如：

```
typedef int B[20][10];//B 为一个二维数组类型
B b;     //b 是一个二维数组变量，等价于 int b[20][10];
B *r;    //或 int (*r)[20][10];
r = &b; //整个二维数组的地址
r++;    //加 20×10×sizeof(int)，r 指向接在 b 之后的下一个二维数组，常常在三维数组中使用
```

需要注意的是，虽然 &b[0][0]、&b[0] 以及 &b 所表示的内存地址值相同，但它们属于不同的指针类型。&b[0][0] 的类型为 int *，&b[0] 的类型为 A *，&b 的类型为 B *。

一个动态的多维数组实际上是按一维动态数组来创建的，返回的首地址类型是去掉第一维后的数组指针类型。例如，下面创建一个动态的二维数组：

```
typedef int A[10]; //A表示一个由10个int型元素所构成的一维数组类型
A *p; //或int (*p)[10];
int n;
......
p = new int[n][10]; //形式上是创建一个元素类型为int的n×10的二维数组,而实际上创建的是
                    //一个由n个A类型元素所构成的一维动态数组,等价于p = new A[n];
```

当把一个二维数组传给一个函数时,编译器将把它转换成第一行的地址。例如:

```
void f(int p[][10], int lines) //解释成void f(int (*p)[10], int lines)
{ ... p[i][j] ...      //解释成*(*(p+i)+j),访问二维数组的第i行、第j列的元素
}
int main()
{ int b[20][10];
  f(b,20);             //转换成f(&b[0],20);
  ......
}
```

【**例 5-19**】 编写一个程序,计算一个矩阵中各行的最大元素。

解:首先编写计算某一行最大元素的函数 max,然后逐行调用 max 计算每行的最大元素。

```
#include <iostream>
using namespace std;
int max(int x[], int n)     //计算某一行的最大元素
{ int *p_max=x;             //p_max指向最大元素,先假设第一个元素最大
  int *p=x+1,               //p指向第二个元素
      *p_last=x+n-1;        //p+last指向最后一个元素
  for ( ; p <= p_last; p++) //从第二个元素开始查找最大元素
    if (*p > *p_max) p_max = p;
  return *p_max;
}
#define M 20
#define N 10
int main()
{ int a[M][N];
  ......                    //获取数组元素的值
  int (*p)[N]=a,            //p为数组的行指针,初始化为指向第一行,用于对数组的行进行遍历
      (*p_last_line)[N]=a+M-1; //p_last_line也为数组的行指针,它指向最后一行
  for ( ; p <= p_last_line; p++) //对数组的行进行循环,计算每一行的最大元素
    cout << max(*p,N) << endl;
  return 0;
}
```

使用指针来访问数组元素,除了有时能提高程序效率外,往往也体现了一种"文化"。在很多情况下,C++(或 C)的使用者在使用指针访问数组元素时,并不是出于对效率的考虑,而是因为大家都这么写。如果是这种情况,我们不建议用指针来访问数组元素,最好还是采用下标形式访问数组元素,使得程序更容易写、可读性更高、更安全。

5.5.6 把函数作为参数传递给函数——函数指针

1. 指向函数的指针

指针除了可以指向数据外,在 C++ 中还可以定义一个指针变量,使其指向一个函数。指向函数的指针称为函数指针。函数指针变量的定义格式为:

<返回值类型> (*<指针变量>*)(*<形式参数表>*);

例如，下面定义了一个函数指针变量 fp：

```
double (*fp)(int);
```

fp 可以指向返回值类型为 double、参数类型为 int 的任何函数。例如，fp 可以指向下面的函数 *f*：

```
double f(int x)
{ ......
}
```

另外，也可以用 typedef 先为函数指针类型命名，再用该函数指针类型来定义函数指针变量。函数指针类型名的定义格式如下：

```
typedef <返回值类型> (*<函数指针类型名>)(<形式参数表>);
```

例如，前面的函数指针变量 fp 可以按照下面的形式来定义：

```
typedef double (*FP)(int);
FP fp;
```

需要注意的是，不要把函数指针与返回指针的函数混淆了。例如，下面声明了一个返回值为 double*（指针类型）的函数 func：

```
double *func(int);
```

对于一个函数，可以用取地址操作符 & 来获得它的内存地址，也可以直接用函数名来表示。例如，下面的操作把函数 *f* 的地址赋给函数指针变量 fp：

```
double (*fp)(int);
double f(int x) { ...... }
fp = &f;
```

或者

```
fp = f;                        //C++ 编译器会自动把函数名隐式类型转换成函数的首地址
```

为函数指针赋值时，所赋的值必须是函数指针定义时所规定的函数类型。例如，下面的赋值是不正确的：

```
double (*fp)(int);           //fp 为一个指向参数类型为 int、返回值类型为 double 的函数指针
int g(){ ......}             //g 为一个没有参数、返回值类型为 int 的函数
fp = &g;                     //Error，函数 g 的类型不符合 fp 的要求
```

我们可以通过一个函数指针来调用它所指向的函数，调用格式为：

```
(*<函数指针变量>)(<实在参数表>)
```

或者

```
<函数指针变量>(<实在参数表>)
```

例如，下面的操作表示调用 fp 所指向的函数，参数为 10：

```
double (*fp)(int);
......
(*fp)(10);                   //调用 fp 指向的函数
```

或

```
fp(10);                                    // 调用 fp 指向的函数
```

下面通过一个例子来看一下函数指针的具体使用。

【例 5-20】 编写一个程序，根据输入的要求执行在一个函数表中定义的某个函数。

解：函数表可以用一个一维数组 func_list 来表示，其元素类型为函数指针：

```
const int MAX_LEN=8;
typedef double (*FP)(double);
FP func_list[MAX_LEN];                     // 数组中的每个元素都是一个函数指针
```

上面的 func_list 也可定义为：

```
double (*func_list[MAX_LEN])(double);
```

在下面的程序中，在定义函数表时把它初始化成 8 个库函数的地址。程序从键盘输入函数表的下标和函数参数，然后执行函数表中相应的函数：

```
#include <iostream>
#include <cmath>
using namespace std;
const int MAX_LEN=8;
typedef double (*FP)(double);
FP func_list[MAX_LEN]={sin,cos,tan,asin,acos,atan,log,log10};
int main()
{ int index;
  double x;
  do                                      // 循环以获得正确的输入
  { cout << "请输入要计算的函数 (0:sin 1:cos 2:tan 3:asin\n"
         << "4:acos 5: atan 6:log 7:log10):";
    cin >> index;                         // 输入函数表的下标
  } while (index < 0 || index > 7);
  cout << "请输入参数: ";
  cin >> x;
  cout << "结果为: "
       << (*func_list[index])(x)          // 调用 func_list[index] 指向的函数
       << endl;
  return 0;
}
```

上面程序中的函数调用"(*func_list[index])(x)"也可写成"func_list[index](x)"。

2. 向函数传递函数

函数指针主要用于在调用一个函数时把另一个函数作为参数传给被调用的函数，这时，被调用函数的形参应定义为一个函数指针类型，调用时的实参为一个函数的地址，例如：

```
int f(int){ ...... }              // f 为一个函数
int g(int){ ...... }              // g 为一个函数
int func(int (*fp)(int))          // 参数为一个函数指针类型
{ int i;
  ......
  ...(*fp)(i)...                  // 或 fp(i)，调用形参 fp 所指向的函数
  ......
}
int main()
```

```
{ ......
...func(&f)...                          // 或 func(f)，调用函数 func，把 f 作为参数传给它
...func(&g)...                          // 或 func(g)，调用函数 func，把 g 作为参数传给它
......
}
```

在上面的程序中，函数 main 调用函数 func 时，分别把函数 *f* 和 *g* 的地址传给 func，在函数 func 中通过函数指针类型的形参 fp 获得调用者提供的函数并调用它来完成 func 的部分功能。

再例如，下面的函数 integrate 计算任意一个一元可积函数在一个区间上的定积分，其中，它的第一个参数是一个函数指针类型，将指向求定积分的函数：

```
double integrate(double (*f)(double),double a, double b)
{ ......                                // 通过参数 f 获得求定积分的函数
}
```

下面的函数调用分别将函数 my_func、sin 和 cos 的地址传给函数 integrate，用于计算它们在区间 [1,10]、[0,1] 和 [1,2] 上的定积分：

```
integrate(my_func,1,10);                // my_func 是程序自定义的一个函数
integrate(sin,0,1);                     // sin 是在标准库中定义的一个求正弦的函数
integrate(cos,1,2);                     // cos 是在标准库中定义的一个求余弦的函数
```

把函数作为参数传给函数常常用于下面的场合：一个函数不能独立完成一项工作，需要该函数的调用者来配合完成。例如，对于下面对一组学生信息进行排序的函数 sort：

```
struct Student
{ int no;                               // 学号
  char name[20];                        // 姓名
  ......
};
void sort(Student st[],int num)
{ ......
  if (st[i].no > st[j].no)              // 比较数组元素的学号大小
  { ......                              // 交换 st[i] 与 st[j]
  }
  ......
}
Student st[100];
......
sort(st,100);                           // 按学号由小到大排序
```

上面的排序函数 sort 只能按学号大小排序，如果要按姓名来排序则还要再写一个函数。为了实现一个能按各种排序规则进行排序的函数，可以为该排序函数增加一个函数指针类型的参数，它指向一个由调用者给出的比较函数，由该比较函数来决定两个元素的次序（以返回 true 为需要的次序）：

```
void sort(Student st[],int num,bool (*comp)(Student *st1,Student *st2))
{ ......
  if (!comp(&st[i],&st[j]))             // 调用参数函数 comp 来比较数组元素的大小
  { ......                              // 交换 st[i] 与 st[j]
  }
  ......
}
```

如果需要按学号由小到大排序，我们可以为它提供一个按学号进行比较的函数 less_

than_by_no:

```
bool less_than_by_no(Student *st1,Student *st2)
{ return (st1->no <= st2->no);
}
sort(st,100,less_than_by_no); // 按学号由小到大排序
```

如果再需要按姓名由小到大排序，则可以为它重新提供一个按姓名进行比较的函数 less_than_by_name:

```
bool less_than_by_name(Student *st1,Student *st2)
{ return (strcmp(st1->name,st2->name)<=0);
}
sort(st,100,less_than_by_name); // 按姓名由小到大排序
```

上面的比较函数常常称为回调函数（callback），在一个函数执行过程中通过回调函数来让调用者实现某些功能。

当把一个函数作为参数传给另一个函数时，一般需要先定义这个函数并为之命名，然后再通过这个函数的名字（地址）把它传给另一个函数，但在有些情况下，这会给程序的编写带来不便。例如，如果要用上面的函数 integrate 来求 x^2 在区间 [0,1] 上的定积分，则需要先定义一个 C++ 函数：

```
double square(double x) { return x*x; }
```

然后再把函数 square 传给函数 integrate 来求 x^2 在区间 [0,1] 上的定积分：

```
integrate(square,0,1);
```

而 square 是一个很简单的函数，在程序其他地方很少用到它，如果也要先给出一个定义再使用，则显得比较啰唆。

C++ 新国际标准为 C++ 提供了一种匿名函数机制——λ 表达式（lambda expression），用它可以实现把函数的定义和使用合二为一（参见 4.6.4 节中关于 λ 表达式的介绍）。例如，下面就利用了 λ 表达式来计算 x^2 在区间 [0,1] 上的定积分：

```
integrate([](double x)->double { return x*x; },0,1);
```

其中的 "[](double x)->double { return x*x; }" 就是一个 λ 表达式，它定义了一个无名函数，同时把这个函数地址传给了函数 integrate。

需要注意的是，对于一个 λ 表达式，只有当它的 <环境变量使用说明> 为空（方括号内为空），即它不使用任何环境变量（非局部变量）时，才可以把它转换成函数指针！

*5.5.7 多级指针

在定义指针变量时，指针变量所指向的数据的类型可以是任意类型。如果一个指针变量所指向的数据又为指针类型，则称为多级指针。例如，下面的变量 q 就属于多级指针类型：

```
int x=0;
int *p=&x;
int **q=&p;
```

在上面的定义中，q 为一个指针变量，它指向另一个指针变量 p，而指针变量 p 指向一个整型变量 x。上面三个变量之间的关系如下：

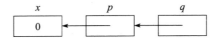

要把变量 x 的值改变成 1，则可以采用：

```
x = 1;
```

或

```
*p = 1;
```

或

```
**q = 1;
```

要想让 p 指向另外一个 int 型变量 y，则可以写成：

```
p = &y;
```

或

```
*q = &y;
```

图示为：

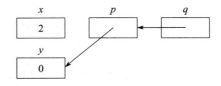

【例 5-21】 编写一个函数，交换两个指针变量的值。

解： 要使得一个函数能改变一个指针类型的实参的值，必须把该指针类型实参的地址传给函数，这时，函数的形参应定义为二级指针。

```
#include <iostream>
using namespace std;
void swap(int **x, int **y)
{ int *t;
  t = *x;
  *x = *y;
  *y = t;
}
int main()
{ int a=0,b=1;
  int *p=&a,*q=&b;            //p指向a, q指向b
  cout << *p << ',' << *q << endl;   // 输出 0,1
  swap(&p,&q);                // 调用完之后，p指向b, q指向a
  cout << *p << ',' << *q << endl;   // 输出 1,0
  return 0;
}
```

多级指针常常会在指针数组中使用。指针数组是指一个数组中的每个元素都是一个指针。例如，下面就定义了一个指针数组：

```
int *p[10]; //p是一个指针数组，它的每个元素（p[0]~p[9]）都是一个指向 int 型数据的指针
```

当把一个指针数组传给函数时,函数的参数类型实际上是一个多级指针。例如,下面是参数类型为一个指针数组的函数 *f*:

```
void f(int *px[], int n);
{ ......
  ...*px[i] ...          //访问第 i 个元素所指向的数据
  ......
}
```

其中,参数 px 的类型实际上是一个二级指针:

```
void f(int **px, int n);
{ ......
  ...**(px+i)...         //访问第 i 个元素所指向的数据
  ......
}
```

利用指针数组可以实现按下标形式访问元素的动态二维数组。例如,下面的程序片段就创建了一个 *m* 行 *n* 列的动态二维数组(如图 5-3 所示):

```
int m,n;
......
int **p=new int *[m];  //创建一个拥有 m 个元素的动态一维指针数组,p 指向其第一个元素
for (int i=0; i<m; i++)
   p[i] = new int[n];   //p 指向的指针数组中的每一个元素都指向一个拥有 n 个 int 型元素的数组
int i,j;
......
... p[i][j] ...         //访问动态二维数组的第 i 行、第 j 列元素
```

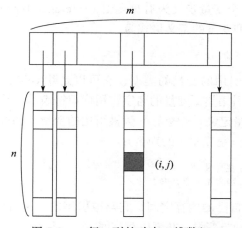

图 5-3 *m* 行 *n* 列的动态二维数组

在本教程前面给出的所有例子中,函数 main 都没有定义参数。实际上,函数 main 是可以定义参数的,其参数定义格式为:

```
int main(int argc, char *argv[]); //也可写成 int main(int argc, char **argv);
```

其中,argv 是一个一维指针数组,每个元素都是一个指向字符串的指针;argc 是数组 argv 中元素的个数。

通常情况下,如果程序不关心调用者提供的参数,则不必定义函数 main 的参数,但如果程序需要使用调用者提供的参数,则应该在函数 main 的形参表中给出参数的定义,以便

接收调用者提供的数据。函数 main 的调用者可以是操作系统，也可以是其他程序。例如，对于一个文件复制程序 copy，该程序往往会以下面的命令形式来执行：

```
copy file1 file2
```

其含义是把文件名为 file1 的文件内容复制到文件名为 file2 的文件中去。这时，操作系统会把字符串 "file1" 和 "file2" 传给 copy 程序的主函数 main 的形参 argv。按照惯例，传给函数 main 的参数还包括程序名本身，因此，对于前面执行的 copy 命令，其程序中函数 main 的形参 argc 将得到 3；argv[0] 将指向字符串 "copy"，argv[1] 将指向字符串 "file1"，argv[2] 将指向字符串 "file2"。

5.6　数据的别名——引用类型

指针类型提供了通过一个变量间接访问另一个变量的功能。利用指针类型，我们可以访问动态变量、提高函数参数传递的效率并解决函数返回多个值的问题。另外，通过指针运算，可以提高对数组元素访问的灵活性和效率。但是，指针也会带来一些问题，如它会导致程序的可靠性下降、可读性和可维护性差以及书写比较烦琐等。

为了获得指针的一些效果，同时又要避免指针的一些问题，C++ 提供了引用类型，它比指针类型要抽象和安全一些。

5.6.1　引用类型的定义

在 C++ 中，可以把一个变量定义为引用类型（reference type），用它可以为一个已有的变量取一个别名。引用类型变量的定义格式为：

< 类型 >&< 引用变量 >=< 变量 >;

其中，*< 类型 >* 为所引用的变量的类型，它可以是除 void 以外的任意 C++ 数据类型；*< 引用变量 >* 为所定义的引用类型变量的名字，用标识符表示；符号 "&" 表示定义的是引用变量，以区别于普通变量定义；*< 变量 >* 为被引用的变量。例如，下面定义了一个引用类型的变量 *y*，它引用变量 *x*（是变量 *x* 的别名）：

```
int x=0;      // x 为 int 型变量
int &y=x;     // y 为 int 型引用变量，它引用 x
```

引用类型的变量没有自己的内存空间，它与被引用的变量占用相同的内存空间。例如，上面定义的引用类型变量 *y* 与变量 *x* 共享内存空间：

$$x, y:\quad \boxed{0}$$

在语法上，对引用类型变量的访问形式与非引用类型变量相同，而在语义上，对引用类型变量的访问实际上访问的是另一个变量（被引用的变量），效果与通过指针间接访问另一个变量相同。例如，下面对引用类型变量 *y* 的访问实际上访问的就是 *x*：

```
x = 1;
cout << x;  // 结果为: 1
y = 2;
cout << x;  // 结果为: 2
```

在使用引用类型需要注意下面几点。

1）定义引用类型变量时，应在变量名加上符号 "&"，以区别于普通变量。

2）定义引用变量时必须进行初始化，并且引用变量和被引用变量一般应具有相同的类型。

3）定义引用类型的变量之后，它不能再引用其他变量。例如：

```
int  x1,x2;
int  &y=x1;                    //y 引用 x1
......
y = &x2;                       //Error，y 不是指针变量，因此无法再引用 x2
y = x2;                        //OK，但它表示把 x2 的值赋值给 y 引用的变量 x1
```

5.6.2　引用作为函数参数类型

引用类型常常用于函数的形参类型，可以实现指针类型参数所具有的功能，但它比指针类型参数要抽象和安全一些。与引用类型参数相对应的实参一般应为左值表达式（通常为变量），在函数调用时，不再为引用类型的形参分配空间，它与实参占有相同的空间，从而可以提高参数传递的效率。例如：

```
struct A
{ int i;
   ......
};
void f(A &x)                   //不再为形参 x 分配空间，它与相应的实参占有相同的空间
{ ......
  ... x.i ...                  //访问实参
   ......
}
int main()
{ A a;
  ......
  f(a);                        //引用参数传递，函数 f 的形参 x 就是这里的实参 a
  ......
}
```

由于引用类型的形参与相应的实参占用相同的内存空间，改变引用类型形参的值，相应实参的值也会随着变化，即可以通过引用类型的形参来改变实参的值。例如，可通过引用类型来实现交换两个变量值的函数：

```
#include <iostream>
using namespace std;
void swap(int &x, int &y)      //交换两个 int 型变量的值
{ int t;
  t = x;
  x = y;
  y = t;
}
int main()
{ int a=0,b=1;
  cout << a << ',' << b << endl; //结果为：0,1
  swap(a,b);
  cout << a << ',' << b << endl; //结果为：1,0
  return 0;
}
```

如果要交换两个指针变量的值，则可把形参定义为指针的引用。例如：

```
#include <iostream>
using namespace std;
void swap(int *&x, int *&y)          // 交换两个 int * 型指针变量的值
{ int *t;
  t = x;
  x = y;
  y = t;
}
int main()
{ int a=0,b=1;
  int *p=&a,*q=&b;
  cout << *p << ',' << *q << endl;   // p 指向 a，q 指向 b；输出 0,1
  swap(p,q);
  cout << *p << ',' << *q << endl;   // p 指向 b，q 指向 a；输出 1,0
  return 0;
}
```

与指针类型的形参一样，把形参定义为引用类型一方面可以提高参数传递的效率，另一方面也会引起函数的副作用。为了防止通过引用类型形参改变相应实参的值，可在定义引用类型形参时加上 const 关键词，表示不能修改所引用的变量的值。例如：

```
struct A
{ int i;
  ......
};
void f(const A &x)                   // 不能修改 x 的值
{ ......
  x.i = 1;                           // Error
  ......
}
int main()
{ A a;
  ......
  f(a);
  ......
}
```

函数返回值的类型可以是引用类型。例如，下面的函数 max 返回一个数组中最大元素的引用：

```
int &max(int x[], int num)
{ int i,j;
  j = 0;
  for (i=1; i<num; i++)
    if (x[i] > x[j]) j = i;
  return x[j];
}
```

由于引用具有左值，因此，还可以通过函数 max 返回的引用来修改数组中最大元素的值。例如：

```
int a[10];
......
cout << max(a,10) << endl;           // 输出最大元素的值
max(a,10) += 1;                      // 把数组最大元素的值增加 1
```

与返回值类型为指针类型一样，如果一个函数的返回值类型是引用类型，则该函数不应该返回局部变量的引用，因为局部变量在函数返回后就消亡了，其空间被收回，再使用它就会出问题。

虽然引用类型参数能够实现指针类型参数的一些功能，但它们是有区别的，主要体现在：

1）引用类型参数的实参是一个变量的名字，而指针类型参数的实参是一个变量的地址。通过形参来访问实参时，引用采用直接访问形式，而指针则需要采用间接访问形式。虽然大多数编译程序往往把引用类型作为指针类型来实现（有时把引用类型称为隐蔽的指针，hidden pointer），但它对使用者是透明的。

2）在函数执行过程中，引用类型的形参一直保持引用的是实参，而指针类型的形参可以指向其他变量。因此，引用类型比指针类型要安全，有利于程序的阅读和维护。例如：

```
void f(int *p)
{ ......
    int m;
    p = &m;        // OK,
    ... *p ...     // 通过 p 可以访问实参以外的数据
}
void g(int &x)
{ int m;
    ......
    x = &m;        // Error
    ... x ...      // 通过 x 只能访问实参
}
int main()
{ int a;
    f(&a);
    g(a);
    return 0;
}
```

当然，对指针类型参数做一些限制后也能实现引用类型参数的上述功能。例如：

```
void f(int *const p)
{ ......
    int m;
    p = &m;        // Error，p 为指针常量
    ... *p ...     // 通过 p 只能访问实参
}
```

可以看出，虽然对指针类型参数做一些限制后也能实现引用类型参数的功能，但引用类型使用起来更加方便。

5.7　小结

本章对程序中复合数据的描述进行了介绍，主要知识点包括：

- 除了提供基本数据类型外，C++ 还提供了程序自定义类型（构造数据类型），用以描述复合类型的数据。
- 枚举类型是由用户自定义的一种简单数据类型，其值集由程序指定。枚举类型可以提高程序的易读性和可靠性。
- 数组类型用于描述由固定多个同类型的数据所构成的复合数据。对数组类型数据的

访问和操作常常是通过其元素来实现的，元素采用下标形式表示。数组在内存中占有连续的存储空间。

- 在 C++ 中，字符串往往用一维字符数组来表示。
- 结构类型用于描述由多个类型可以不同的属性所构成的复合数据。对结构类型数据的访问和操作通常是通过其成员来进行的，结构类型的成员采用“< 结构变量 >.< 成员 >”形式来表示。
- 联合类型是指用一种类型来表示多种类型的数据。利用联合类型也可以实现多种类型的数据共享内存空间。
- 指针类型用于表示程序实体的内存地址。一个指针类型变量的值是另一个程序实体的内存地址。通过取地址操作符“&”可以获得一个程序实体的内存地址；通过间接访问操作符“*”可以访问一个指针所指向的程序实体。
- 指针用作函数的参数传递机制可以提高参数传递的效率并可以通过参数返回函数的计算结果。
- 动态变量是在程序运行时根据需要创建的变量，它往往要与指针配合使用。动态变量通过操作符 new 或库函数 malloc 创建，用操作符 delete 或库函数 free 来撤销。
- 动态数组和链表可以表示元素个数可变的同类型元素构成的复合数据，区别在于前者占有连续的存储空间，而后者不必占有连续的内存空间，通过给每个元素加上一个或多个指针把元素串联起来。动态数组的好处是访问元素效率高，但增加或删除元素比较麻烦；而链表恰恰相反。
- 通过指针来访问数组元素有时能提高程序效率。
- 指针除了可以指向数据外，还可以指向函数。可以把函数作为参数传给另一个函数。
- 引用类型是为已有的变量取一个别名，它主要用于函数的参数类型，其效果与指针类型的参数相同，但它比指针更安全、更简洁、更易用。

5.8 习题

1. 枚举类型有什么好处？ C++ 对枚举类型的操作有何规定？
2. 指针类型主要用于什么场合？引用类型与指针类型相比，其优势在哪里？
3. 写出下面程序的运行结果：

```cpp
#include <iostream>
using namespace std;
void f(int &x,int y)
{ y = x + y;
  x = y % 3;
  cout << x << '\t' << y << endl;
}
int main()
{ int x=10, y=19;
  f(y,x);
  cout << x << '\t' << y << endl;
  f(x,x);
  cout << x << '\t' << y << endl;
  return 0;
}
```

4. 从键盘输入某个星期中每一天的最高和最低温度，然后计算该星期的平均最低温度和平均最高温度并输出。

5. 编写一个函数，判断其 int 型参数值是否是回文数（用数组实现）。

6. 编写一个函数 void int_to_str(int *n*, char str[])，把参数 *n* 给出的 int 型数转换成一个字符串，并将其放在参数 str 中。

7. 编写一个函数 int str_to_int(char str[])，把参数 str 给出的一个以字符串表示的整数转换成一个 int 型数（作为函数返回值）。

8. 编写一个函数 void add(char *a*[],char *b*[],char *c*[])，对两个以字符串表示的整数（由参数 *a* 和 *b* 给出）进行加法操作，结果以字符串形式放在 *c* 中。（注意：*a*、*b* 和 *c* 中的整数都可以比 int 型数的表示范围大。）

9. 编写一个函数计算一元二次方程的根。要求：方程的系数和根均用参数传递机制来传递。函数返回 0 表示没有根，返回 1 表示同根，返回 2 表示有两个根。

10. 编写一个程序，从键盘输入一个字符串，分别统计其中大写字母、小写字母和数字的个数。

11. 设有一个矩阵 $\begin{bmatrix} 0 & 2 & 1 \\ 1 & 0 & 2 \\ 1 & 2 & 0 \end{bmatrix}$，现把它放在一个二维数组 *a* 中。写出执行下面语句之后 *a* 的值：

```
for (int i=0; i<=2; i++)
  for (int j=0; j<=2; j++)
    a[i][j] = a[a[i][j]][a[j][i]];
```

12. 实现下面的数组元素交换位置函数：

```
void swap(int a[], int m, int n);
```

该函数能够把数组 *a* 的前 *m* 个元素与后 *n* 个元素交换位置，即

交换前：$a_1,a_2,...,a_M$, $a_{M+1},a_{M+2},...,a_{M+N}$
交换后：$a_{M+1},a_{M+2},...,a_{M+N}$, $a_1,a_2,...,a_M$

要求：除数组 *a* 外，不得引入其他数组。

13. 编写一个程序，计算一个矩阵的鞍点。矩阵的鞍点是指矩阵中的一个位置，该位置上的元素在其所在的行中最大、在其所在的列中最小。（一个矩阵也可能没有鞍点。）

14. 编程实现：在一个由 $N \times N$（N 为大于 1 的奇数）个方格组成的方阵中，填入 1，2，3，…，N^2 各个数，使得每一行、每一列以及两个对角线上数的和均相等（奇数幻方问题）。例如，下面是一个 3×3 的幻方：

8	1	6
3	5	7
4	9	2

（提示：把 1 填在第一行最中间的格子中，然后按下面的方法依次来填写其他的数：如果当前格子是方阵中最右上角的格子，则把下一个数填写在下一行的同一列格子中；否则，如果当前格子在第一行上，则把下一个数填在下一列的最后一行格子中；否则，如果当

前格子在最后一列上，则把下一个数填在上一行的第一列格子中；否则，如果当前格子的右上角格子里没有数，则在其中填入下一个数，否则把下一个数填在下一行的同一列格子中。)

15. 实现 strlen、strcpy、strncpy、strcat、strncat、strcmp 以及 strncmp 函数。

16. 编写一个函数 int squeeze(char s1[], const char s2[])，从字符串 s1 中删除所有在 s2 中出现的字符，函数返回删除的字符个数。

17. 编写一个函数 find_replace_str，其原型如下：

```
int find_replace_str(char str[],
                     const char find_str[],
                     const char replace_str[]);
```

要求：该函数能够把字符串 str 中的所有子串 find_str 都替换成字符串 replace_str，返回值为替换的次数。

18. 编写一个程序，从键盘输入一批学生的成绩信息，每个学生的成绩信息包括学号、姓名以及 8 门课的成绩。然后按照平均成绩由高到低的顺序输出学生的学号、姓名、8 门课的成绩以及平均成绩。

19. 下面的交换函数正确吗？

```
void swap_ints(int &x, int &y)
{ int &tmp=x;
  x = y;
  y = tmp;
}
```

20. 写一个函数 map，它有三个参数。第一个参数是一个一维 double 型数组，第二个参数是数组中元素的个数，第三个参数是一个函数指针，它指向带有一个 double 型参数、返回值类型为 double 的函数。函数 map 的功能是把参数数组中的每个元素替换成：用它原来的值（作为参数）调用第三个参数所指向的函数得到的值。

21. 把在链表中插入一个新节点的操作写成一个函数：

```
bool insert(Node *&h,int a,int pos);
```

其中，h 为表头指针，a 为要插入的节点的值，pos（pos ≥ 0）表示插入位置。当 pos 为 0 时表示在表头插入；否则，表示在第 pos 个节点的后面插入。操作成功返回 true，否则返回 false。

22. 把在链表中删除一个节点的操作写成一个函数：

```
bool remove(Node *&h,int &a, int pos);
```

其中，h 为表头指针，a 用于存放删除的节点的值，pos（pos>0）表示删除节点的位置。操作成功返回 true，否则返回 false。

23. 编写一个程序，首先建立两个集合（从键盘输入集合的元素），然后计算这两个集合的交集、并集以及差集，最后输出计算结果。要求用链表实现集合的表示。

24. 在排序算法中，有一种排序算法（插入排序）是把待排序的数分成两个部分：

A	B

其中，A 为已排好序的数，B 为未排好序的数，初始状态下，A 中没有元素。该算法依次从 B 中取数插入到 A 中的相应位置，直到 B 中的数取完为止。请用链表实现上述插入排序算法。

25. 下面求 $n!$ 的函数有什么问题？

```
int factorial(int &n)
{ int f=1;
  while (n > 1)
  { f *= n;
    n--;
  }
  return f;
}
```

26. 解释下面 C++ 代码表述的含义。

```
char* (*pFn)(int(*)(char*,int),char**);
```

27. 写出例 5-11 名表查找中折半查找的递归函数。

28. 编写一个程序解八皇后问题。八皇后问题是：设法在国际象棋的棋盘上放置八个皇后，使得其中任何一个皇后所在的"行""列""对角线"上都不能有其他的皇后。

29. 实现 5.5.6 节中的计算任意一个一元可积函数在一个区间上的定积分函数 integrate，并用它计算 x^2 和 x^3 在区间 [0,1] 上的定积分。（提示：定积分的几何含义是函数曲线在指定区间上与 x 轴围成的区域的面积，计算该面积时，可把该区域划分成一系列很小的矩形来近似表示原区域。）

第6章 数据抽象——对象与类

在前面的章节中，我们介绍了程序设计的基础知识和过程式程序设计的基本内容。在过程式程序设计中，通过子程序（函数）实现了过程抽象，子程序的使用者只需要知道子程序所完成的功能而不需要知道它是如何实现的，从而可以控制程序的复杂度。然而，在基于过程抽象的程序设计中，对数据的描述是公开的，数据的使用者需要知道数据表示的细节，这不利于对数据的使用和保护。

从本章开始，我们将介绍基于数据抽象的程序设计方法——面向对象程序设计。在面向对象程序设计中，通过类和对象把数据抽象出来，数据的使用者只需要知道对数据能进行什么操作，而不需要知道数据的具体表示（实现），数据的具体表示对使用者是隐藏的。本章将通过 C++ 提供的用于描述数据抽象的程序机制来介绍数据抽象和面向对象程序设计的基本思想。

6.1 数据抽象概述

6.1.1 数据抽象与封装

数据抽象（data abstraction）是指数据的使用者只需要知道对数据所能实施的操作，以及这些操作之间的关系，而不必知道数据的具体表示形式。数据封装（data encapsulation）是指把数据的具体表示对使用者隐藏起来（封装），对数据的访问（使用）只能通过封装体提供的对外接口中的操作来完成。下面通过一个例子来阐述数据抽象和封装的基本思想。

【例 6-1】 基于数据抽象和封装来实现栈类型数据的表示及其操作。

解： 栈是一种由若干个按线性次序排列的元素所构成的复合数据，对栈只能实施两种操作，即 push（进栈，在栈中增加一个元素）和 pop（退栈，从栈中删除一个元素），并且这两个操作必须在栈的同一端（称为栈顶）进行。后进先出（Last In First Out，LIFO）是栈的一个重要性质，即对栈执行以下一系列操作之后：

```
push(...); ...; push(x); pop(y);
```

下面的等式成立：

```
x == y
```

下面针对整型栈数据的实现和使用分别给出两种不同的解决方案。一种是非数据抽象和封装的解决方案，它主要采用之前介绍的程序设计方法和技术，其中包括基于过程抽象的方法。另一种是数据抽象和封装的解决方案，它是本章要重点介绍的方法。

1.非数据抽象和封装的解决方案

先定义一个栈类型，这里采用结构类型来实现，其中用成员 buffer 来表示栈中的元素（用数组表示），用成员 top 标记能增加 / 删除元素的那一端的位置：

```
const int STACK_SIZE=100;
struct Stack                     // 定义栈数据类型
{ int top;
  int buffer[STACK_SIZE];
};
```

基于上面的栈类型来定义栈数据并对栈数据进行操作。这里采用两种方式，一种是直接基于栈的数据表示来操作栈数据，另一种是基于过程抽象来实现对栈数据的操作。

（1）直接基于数据表示操作栈类型数据

```
Stack st;                        // 定义一个栈类型的变量 st
st.top = -1;                     // 对 st 进行初始化
// 把 12 放进栈
if (st.top == STACK_SIZE-1) { cerr << "Stack is overflow.\n"; exit(-1); }
st.top++;
st.buffer[st.top] = 12;
// 栈顶元素出栈并将其存入变量 x
int x;
if (st.top == -1) { cerr << "Stack is empty.\n"; exit(-1); }
x = st.buffer[st.top];
st.top--;
```

直接操作栈类型数据存在以下问题。

- 操作必须知道数据的表示，并且，当数据表示发生变化（如改成了链表）时将修改对数据操作的程序代码。
- 麻烦并易产生误操作，因此不安全。例如，可能会把进栈操作误写成：

```
st.top--; // 这里应该是 st.top++;
st.buffer[st.top] = 12;
```

- 忘了进行初始化：

```
st.top = -1;
```

（2）基于过程抽象操作栈类型数据

先定义三个函数 init、push 和 pop，分别实现栈的初始化、元素进栈和元素出栈：

```
void init(Stack &s)              // 对栈 s 进行初始化
{ s.top = -1;
}
void push(Stack &s, int i)       // 把元素 i 放进栈 s 中
{ if (s.top == STACK_SIZE-1)
  { cerr << "Stack is overflow.\n";
    exit(-1);
  }
  else
  { s.top++; s.buffer[s.top] = i;
    return;
  }
}
void pop(Stack &s, int &i)       // 把栈顶元素从栈中取出并放在 i 中
{ if (s.top == -1)
  { cerr <<"Stack is empty.\n";
    exit(-1);
  }
  else
```

```
{ i = s.buffer[s.top]; s.top--;
  return;
  }
}
```

然后用上面定义的三个函数来操作栈类型的数据：

```
Stack st;             // 定义一个栈类型的变量 st
init(st);             // 对 st 进行初始化
push(st,12);          // 把 12 放进栈
int x;
pop(st,x);            // 栈顶元素出栈并将其存入变量 x
```

基于过程抽象使用栈类型数据存在以下问题。

- 数据类型的定义与操作的定义是分开的，二者之间没有必然的联系，仅仅依靠操作的参数类型把它们关联起来，有时会带来问题。例如，下面的函数 f 的参数类型为 Stack，因此它也能作用于 st，这样就可能破坏 st 所具有的"栈"这个性质：

```
void f(Stack &s) { ...... }
f(st);               // 操作 st 之后，st 可能不再是一个 "栈" 了
```

- 数据表示仍然是公开的，无法防止使用者直接操作栈数据，因此也会面临直接操作栈数据所带来的问题。例如，下面进栈的错误操作也无法避免：

```
st.top--;            // Error
st.buffer[st.top] = 12;
```

- 忘了进行初始化：

```
init(st);
```

2. 数据抽象和封装的解决方案

先定义栈类型，这里采用类来实现，把栈数据的表示和对栈数据的操作放在一起来描述：

```
const int STACK_SIZE=100;
class Stack            // 定义栈数据类型
{
 public:                // 外部可见的内容，即对外的接口
  Stack() { top = -1; }
  void push(int i)
  { if (top == STACK_SIZE-1)
    { cerr << "Stack is overflow.\n";
      exit(-1);
    }
    else
    { top++; buffer[top] = i;
      return;
    }
  }
  void pop(int &i)
  { if (top == -1)
    { cerr << "Stack is empty.\n";
      exit(-1);
    }
    else
```

```
        { i = buffer[top]; top--;
          return;
        }
     }
private:                        // 隐藏的内容，外部不可使用
    int top;
    int buffer[STACK_SIZE];
};
```

然后基于上面的栈类来使用栈类型数据：

```
Stack st;                    // 定义一个栈类型的对象 st，它会自动调用 st.Stack() 对 st 进行初始化
st.push(12);                 // 把 12 放进栈 st
int x;
st.pop(x);                   // 栈顶元素出栈并将其存入变量 x
st.top = -1;                 // Error，st 的数据表示是隐藏的，不可访问
st.top++;                    // Error，st 的数据表示是隐藏的，不可访问
st.buffer[st.top] = 12;      // Error
st.f();                      // Error，st 没有提供操作 f
```

从上述两种不同解决方案的对比中可以发现：在非数据抽象和封装的实现中，数据的表示是公开的，并且它与数据的操作是分开描述的。在直接操作数据的方案中，使用者需要知道数据的表示；在基于过程抽象的方案中，使用者需要知道哪些函数是针对栈的，哪些不是。而在基于数据抽象和封装的实现中，数据的使用者不必关心数据的具体表示，数据被抽象成一些指定的操作，对数据的使用只能通过这些操作来进行；数据的封装也使得数据的使用者不能直接访问数据，这一方面实现了对数据的保护，另一方面也保证了数据表示的变化不会影响使用者。例如，上面 Stack 类的数据是用数组来表示的，它也可以用链表来实现：

```
#include <iostream>
using namespace std;
class Stack
{ public:                   // 对外接口没变
    Stack() { top = NULL; }
    void push(int i);
    void pop(int& i);
  private:                  // 数据表示改成了链表
    struct Node
    { int content;
      Node *next;
    } *top;
};
void Stack::push(int i)
{ Node *p=new Node;
  if (p == NULL)
  { cerr << "Stack is overflow.\n";
    exit(-1);
  }
  else
  { p->content = i;
    p->next = top;
    top = p;
    return;
  }
}
void Stack::pop(int& i)
{ if (top == NULL)
```

```
  { cerr << "Stack is empty.\n";
    exit(-1);
  }
  else
  { Node *p=top;
    top = top->next;
    i = p->content;
    delete p;
    return;
  }
}
```

　　上面用链表实现的 Stack 类完全可以替代前面用数组实现的 Stack 类，不会影响 Stack 类的使用者，这是因为类的对外接口没有发生变化，这就是数据封装带来的好处：类的数据表示的变化不会影响使用者。

　　另外，在基于数据抽象和封装的实现中，数据的初始化可以自动完成，避免了使用未初始化的数据所带来的问题。

6.1.2　面向对象程序设计

　　面向对象程序设计（object-oriented programming）是把程序构造成由若干对象组成，每个对象由一些数据以及对这些数据所能实施的操作所构成的封装体；对象的特征（数据、操作以及对外接口）由相应的类来描述，一个类所描述的对象特征可以从其他的类继承；对数据的操作通过向包含数据的对象发送消息（调用对象类对外接口中的操作）来实现。数据抽象与封装是面向对象程序设计的基础，其中的对象和类就体现了数据抽象和封装的概念。

　　上述定义包含了下面的基本概念。

　　1. 对象与类

　　对象（object）是由数据及对数据的操作所构成的封装体，它构成了面向对象程序的基本计算单位。一个面向对象程序的执行体现为：对象间的一系列消息传递，即从程序外部向程序中的某个对象发送第一条消息启动计算过程，该对象在处理这条消息的过程中，又向程序中的其他对象发送消息，从而引起进一步的计算。

　　类（class）描述了对象的基本特征（包含哪些数据与操作）。对象所包含的数据通常又称为数据成员、成员变量、实例变量、对象的局部变量等；对象的操作又称为成员函数、方法或消息处理过程等。

　　需要注意的是，对象属于值的范畴，而类属于类型的范畴。一个类刻画了一组具有相同特征的对象，它是对象的集合，而对象则是类的实例，由相应的类来创建。在静态的程序（程序执行前）中，只有类没有对象。当程序运行起来时，对象开始存在（被创建）。在编写面向对象程序时，实际上是在写对象的类，因此，我们有时又把面向对象程序设计称为面向类的程序设计。有关对象与类的内容将在本章后面介绍。

　　2. 继承

　　继承（inheritance）是指在定义一个类时，可以利用已有类的一些特征描述，即先把已有类的一些特征描述包含进来，再定义新的特征。继承关系要涉及两个类，即父类和子类，在 C++ 中把它们称为基类和派生类。子类除了包含父类的特征外，还拥有新的特征，并且，子类也可以对父类的特征进行重新定义。具有继承关系的两个类之间往往存在一般与特殊的关系。继承是面向对象程序设计中实现程序代码复用的一种重要机制。

继承可分为单继承与多继承。在单继承中，一个类最多有一个直接父类；而在多继承中，一个类可以有多个直接父类。有关继承的内容将在第 7 章中介绍。

3. 多态性与动态绑定

多态性（polymorphism）是程序设计中的一个重要概念。多态性的一般含义是：某一论域中的某个元素存在多种形式和解释。在程序设计语言中，多态性通常体现为：

- 一名多用，一名多用是指在同一个作用域中用同一个名字为不同的程序实体命名，它主要通过重载（overloading）来实现，包括函数名重载（参见 4.6.3 节）和操作符重载（将在 6.7 节中介绍）；
- 类属，类属（generics）是指一个程序实体能对多种类型的数据进行操作或描述的特性。具有类属性的程序实体通常有类属函数和类属类，类属函数是指一个函数能对多种类型的参数进行操作，类属类型是指一个类型可以描述多种类型的数据。在 C++ 语言中，通过指针和函数模板可以实现类属函数（将在 10.2.1 节中介绍），用联合类型（参见 5.4 节）以及类模板（将在 10.2.2 节中介绍）可以实现类属类型。

在面向对象程序设计中，由于类之间可以有继承关系，因此，还存在下面的多态。

- 对象类型的多态。子类对象既属于子类，也属于父类。
- 对象标识的多态。父类的引用或指针既可以引用或指向父类对象，也可以引用或指向子类对象。
- 消息的多态。发给父类对象的消息也能发给子类对象，但它们会给出不同的解释（处理）。

与多态性相关的一个概念是绑定。绑定（binding）或联编、定联，是指确定对多态元素的某个使用是多态元素的哪一种形式。绑定可分为静态绑定与动态绑定。静态绑定（static binding）也称前期绑定（early binding），是指在编译时刻确定对多态元素的使用；动态绑定（dynamic binding）也称后期绑定或延迟绑定（late binding），是指在程序运行时来确定对多态元素的使用。大多数形式的多态可采用静态绑定（如对重载函数的绑定、重载操作符的绑定以及类属函数和类属类型的绑定），有些多态（如对象标识的多态和消息的多态）往往需要采用动态绑定（将在 7.3 节中详细介绍）。

多态性带来的好处是使得程序扩展变得容易，它能在保持高层（上层）程序代码不变的情况下，通过增加底层的多态元素来扩展程序的功能。另外，多态性还能增强语言的可扩展性，例如，通过操作符重载可以实现用已有的操作符对用户自定义类型（类）的数据进行操作。

*6.1.3　面向对象程序设计与过程式程序设计的对比

软件开发方法或技术有优劣之分，对一种软件开发方法或技术的评价标准主要是看它的开发效率和对软件质量的保证程度。开发效率指使用该方法或技术进行软件开发的难易程度以及该方法对缩短开发周期的支持程度等。软件质量是指使用该方法或技术开发的软件的正确性、健壮性、可复用性、易维护性以及效率等。

下面就能够提高软件开发效率和保证软件质量的几种基本程序设计方法或技术来说明面向对象程序设计比过程式程序设计的优势所在，其中包括抽象、封装、模块化、软件复用、软件维护以及软件模型的自然度等。

1. 抽象

处理大而复杂问题的重要方法是抽象（abstraction），它强调的是事物本质的东西。对程序抽象而言，一个程序实体的抽象强调的是从该程序实体的外部可观察到的行为，它与该程序实体的内部实现无关。利用抽象的方法，我们能很好地描述和解决复杂问题。

（1）过程抽象

过程抽象（procedural abstraction）是指把程序的一些功能抽象为子程序，使用者只需要知道这些子程序的接口（功能和参数），而不需要关心其内部实现。基于功能分解、逐步精化的过程式程序设计主要使用的是过程抽象技术。图 6-1 描述了基于过程抽象的程序结构。

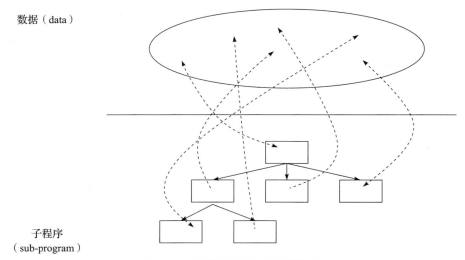

图 6-1　基于过程抽象的程序结构

基于过程抽象的程序设计的不足之处在于：它对数据和操作的描述是分离的，这往往不利于程序的设计、理解与维护。例如，对于 6.1.1 节的例子给出的栈的基于过程抽象的实现方案，除了函数 push 和 pop 的参数类型为 Stack 外，从程序中看不出它们与 Stack 类型的数据有什么必然的联系。特别地，如果程序中还存在其他的函数 f，其参数类型也为 Stack，这时就不能明显地看出哪些函数是用于对具有"栈"性质的数据进行操作的。

（2）数据抽象

数据抽象（data abstraction）是指只描述对数据所能实施的所有操作以及这些操作之间的关系，数据的使用者只需要知道对数据所能实施的操作，而不必知道数据的具体表示。面向对象程序设计所基于的抽象是数据抽象。图 6-2 描述了基于数据抽象的程序结构。

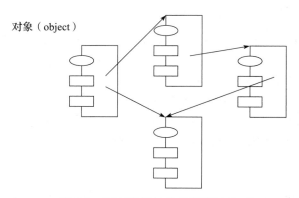

图 6-2　基于数据抽象的程序结构

从本质上讲，程序就是通过对数据的操作来解决问题的，把数据及其操作有机地结合起来进行描述，有利于程序的设计、理解与维护。例如，在例 6-1 给出的栈的面向对象实现方案中，类型 Stack 包含（且仅包含）了能对其数据所能实施的操作 push 和 pop，任何其他的操作都与 Stack 类型的数据无关。

2. 封装

封装（encapsulation）是一个与抽象相关的概念。抽象考虑的是程序实体的外部行为，而封装考虑的则是程序的内部实现。封装是指把一个程序实体的具体实现细节作为一个黑匣子对该实体的使用者隐藏起来的一种机制，对外只提供一个接口，它体现了信息隐藏（information hiding）原则。封装使得抽象手段能更好地被实施。

过多地依赖和暴露实现细节，无论是对使用者还是对实现者都是不利的。对于使用者而言，如果其功能的正常执行要依赖所使用的程序实体的内部实现，那么，当所使用的程序实体的内部实现发生变化时，使用者必须要做出相应的改变；对实现者而言，如果过多地暴露实现细节，则他不得不谨慎地处理任何实现上的改变，即使今后有更好的实现策略，为了不影响太多的使用者，有时也会放弃这种更好的实现。依赖和暴露实现细节除了会给维护带来麻烦外，还会影响到程序的正确性。

（1）过程封装

过程封装（procedure encapsulation）是指对数据操作的封装，它是通过子程序来实现的。子程序内部的实现对使用者是隐藏的，使用者只能看到子程序的接口（C++ 中称为函数原型）。过程式程序设计支持的是过程封装。

虽然过程封装实现了对操作的封装，但操作所需要的数据是公开的，这些数据作为子程序的参数被传给子程序，因此，过程封装缺乏对数据的保护。例如，在例 6-1 给出的栈的基于过程抽象和封装的实现方案中，由于类型 Stack 没有得到保护，除了可以通过函数 push 和 pop 来对 Stack 类型的数据进行操作外，也可以在 Stack 类型的数据表示上直接对其进行操作，这样做，一方面不安全（例如，如果在把 12 放进栈 st 前忘了执行 st.top++，将导致错误！），另一方面，如果 Stack 的数据表示发生了变化（如改用链表表示），则直接基于 Stack 类型具体表示的操作将会受到影响。

（2）数据封装

数据封装（data encapsulation）是指把数据的表示隐藏起来，使得使用者看不到数据的表示，只能通过相应接口中的操作来使用数据。在面向对象程序设计中，通过对象实现了数据的封装，加强了对数据的保护。例如，在例 6-1 给出的基于数据抽象和封装的栈的实现方案中，对 Stack 类型的数据（对象）的操作只能通过 push 和 pop 来实现，不能对其数据表示直接操作。另外，当 Stack 类的数据表示发生变化（如改用链表表示）时，不会影响到使用者。

3. 模块化

模块是指从物理上对程序实体的定义进行分组，是可以分别编写和编译的程序单位。一个模块包含接口和实现两部分。模块的接口规定了在模块中定义的、可以被其他模块使用的一些程序实体；模块的实现是指在模块中定义的程序实体的具体实现。接口在模块的设计者和使用者之间起到了一种约束作用：使用者按照模块的接口来使用模块所提供的功能；模块的实现者依据规定的模块接口来进行实现。

程序的模块化（modularity）是指根据某些原则把程序分成若干个模块，模块的划分一一般遵循内聚性最大和耦合度最小的原则。模块化是组织大型程序的重要手段，也是保证软件质量的有力措施。模块化能降低程序的复杂度，使得程序易于设计、理解、维护以及复用，并能提高程序的正确性。一个好的软件开发方法应能支持程序的模块化。

过程式程序设计主要依据子程序来划分模块，但具体划分起来自由度相对较大。例如，可以把共同完成某个功能的若干子程序作为一个模块，也可以把使用相同数据的若干子程序作为一个模块，由于一个子程序可能参与几个功能并使用多个数据集，因此，模块的边界比较模糊。

面向对象程序设计对模块有更好的支持，它以对象类作为模块划分的依据，一个类就可以构成一个模块，如果一个类太小，还可以把具有继承关系的一些类作为一个模块。在面向对象程序设计中，模块边界比较清晰，并且划分出的模块结构比较稳定。

4. 软件复用

软件开发相对来说是一件比较困难的事情，在开发一个新的软件时，如果能够把已有软件（全部或一部分）直接用到新软件中来，不仅能够降低软件开发的工作量和成本、缩短开发周期，而且能对提高软件的可靠性和保证软件质量起到一定的作用（因为已有软件已通过大量的正确性测试）。使用已有的软件或软件知识来建立（开发）新的软件叫作软件复用（software reuse），它分为几个层次，如代码复用、设计方案复用以及分析方案复用等，其中，代码复用是一种最直接、应用最广泛和相对较成功的软件复用途径。源代码的剪裁是一种代码复用机制，它是利用某个编辑软件对已有软件的源代码进行取舍，这种做法一方面比较麻烦，另一方面也容易出错。另外，由于种种因素，也不一定能得到已有软件的源代码。

过程式程序设计主要采用子程序库（在 C++ 中称为函数库）来进行代码复用。基于子程序库的代码复用有如下问题。

1）子程序库的每个子程序粒度太小，它们往往只能实现一个很小的功能。如果要实现一个较大的功能，就必须要对若干个子程序进行组合，而子程序库中子程序的组织比较松散，它们相对独立，子程序库并没有给出它们的组合方式，这就会给使用带来麻烦。

2）对于为某个软件而设计的子程序，当初设计它时只是考虑已有软件的需要，往往并没有考虑把它用于其他的软件。即使对于类似的软件，由于设计的不同，它们所需要的子程序也有可能不同。因此，为一个软件设计的子程序往往不能完全符合其他软件的要求，必须为其他软件重新实现。

3）子程序所需要的数据需要由调用者提供，把同样的数据在多个合作完成一个较大功能的各个子程序之间传递会带来不一致性及效率等问题。

面向对象程序设计通过类库和继承机制来实现代码复用，与过程式程序设计所采用的子程序库复用机制相比，其优势在于：

1）类库中的类往往实现一个较大的功能；

2）对某个应用领域来讲，对象类往往具有通用性，即使已有的类不能完全符合要求，在定义新的类时也不必从头做起，我们可以利用类的继承机制，把已有类中符合要求的部分保留下来，然后重新定义不符合要求的部分；

3）对象拥有局部数据，对象类提供的操作所需要的数据大都在这些局部数据中，因此，调用对象的操作时，不必向这些操作传递大量的数据，这样就减少了在不同操作之间传递大量数据所可能带来的不一致性和效率问题。

5. 软件维护

只要一个软件在使用，就需要对它进行维护（maintenance），以延长软件的寿命。软件维护包括改正程序中的错误、根据用户的要求使程序功能更加完善以及把程序移植到不同的计算平台或环境中等。软件维护所花费的人力和物力往往是很大的。

过程式程序设计基于功能分解，而系统的功能是容易变化的，用户需求、软件设计以及程序模块中的一点点变动往往可能导致对整个系统功能的重新分解，造成程序结构大的变动，这就给软件维护带来了很大的麻烦。另外，数据与操作的分离也给程序的维护带来困难，数据表示的改变可能影响整个系统。

面向对象程序设计基于对象和类，而对象和类相对来说比较稳定，类结构（包括类的内部和各个类之间的结构）不会随着系统其他部分的变动而发生很大的变化，这就减轻了程序维护工作。另外，数据与操作的封装也使得一个类的数据表示发生变化时不会影响到程序中的其他部分，使程序的维护比较容易。

除了上面介绍的五个方面外，面向对象程序设计的优势还在于，从待解决的问题中能直接观察到的往往是一些对象，因此，以对象模型来给出解决方案将会使得解题空间与问题空间有自然的对应关系，从而缩小解题域与问题域之间的语义间隙，有利于从问题描述到解决方案的自然过渡，使得软件开发过程变得较为顺利。

6.2　类

对象构成了面向对象程序的基本计算单位，其特征由相应的类来描述。一个类描述了一组具有相同特征的对象，在程序中，要创建对象，首先要定义它的类。在 C++ 中，类是一种用户自定义类型，与第 5 章中介绍的自定义类型不同的是：定义类时需要显式地定义它的操作集。

在 C++ 中，类的定义格式如下：

```
class <类名>
{<成员描述>
};
```

其中，<类名> 是所定义的类的名字，用标识符表示；<成员描述> 用于对类的所有成员进行说明，类的成员包括数据成员和成员函数，类成员标识符的作用域为整个类定义。另外，在对类成员进行描述时还需要对成员的访问控制进行说明。例如，下面是一个日期类 Date 的定义：

```
class Date
{ public:                          // 访问控制
    void set(int y, int m, int d);  // 成员函数
    bool is_leap_year();            // 成员函数
    void print();                   // 成员函数
    ......
  private:                         // 访问控制
    int year,month,day;            // 数据成员
};
```

6.2.1　数据成员

数据成员（data member）是指类的对象所包含的数据，它们可以是常量和变量。在类定

义中需要对数据成员的名字和类型进行说明，其格式与结构的成员说明格式相同。例如，下面给出了一个日期类 Date 的数据成员描述，它包含三个数据成员 year、month 和 day，类型均为 int 型：

```
class Date                          // 类定义
{ int year,month,day;              // 数据成员描述
  ......
};
```

数据成员的类型可以是任意的 C++ 类型（包括类，void 除外）。但是，在声明一个数据成员的类型时，如果未见到相应的类型定义或相应的类型未定义完，则该数据成员的类型一般只能是这些类型的指针或引用类型。例如：

```
class A;                            // A 是在程序其他地方定义的类，这里是声明
class B
{ A a;                             // Error，未见 A 的定义，其所需内存空间大小未知
  B b;                             // Error，B 还未定义完，形成递归定义
  A *p;                            // OK
  B *q;                            // OK
  A &aa;                           // OK
  B &bb;                           // OK
};
```

在上面类 B 的定义中，因为没见到类 A 的定义，所以不能确定数据成员 *a* 所需内存空间的大小，而数据成员 *b* 则形成了递归定义，其所需内存空间无限大，因此，类 B 的定义是错误的。

一般来说，类定义中描述的数据成员属于该类的对象，在创建对象前，类中说明的数据成员并不占有内存空间，因此，在类定义中描述数据成员时一般不能给它们赋初值，数据成员的初始化应在类的构造函数（将在 6.4.1 节中介绍）中指出。例如，下面对数据成员的初始化是错误的：

```
class A
{ int x=0;                         // Error
  const double y=0.0;              // Error
  ......
};
```

6.2.2　成员函数

成员函数（member function）是指在类中定义的函数，它描述了对类中定义的数据成员所能实施的操作。为了与前面所介绍的函数区别开，在后面的内容中，我们把之前介绍的函数称为全局函数，它们不属于任何类。

在类中定义成员函数时，成员函数的实现（函数体）可以放在类定义中，也可以放在类定义外。

（1）在类定义中给出成员函数的实现

在类定义中对成员函数进行描述时可以直接给出它们的实现。例如，在下面的日期类 Date 的定义中，成员函数的实现是在类定义中给出的：

```
class Date
{ public:
    void set(int y, int m, int d)  // 类中定义的成员函数
```

```
    { year = y; month = m; day = d;
    }
    bool is_leap_year()                 //类中定义的成员函数
    { return (year%4 == 0 && year%100 != 0) || (year%400==0);
    }
    void print()                        //类中定义的成员函数
    { cout << year << "." << month << "." <<day;
    }
  private:
    int year,month,day;
};
```

当把成员函数的实现放在类定义中时，编译程序将按内联函数来处理它们。

（2）在类定义外给出成员函数的实现

成员函数的实现也可以放在类定义的外面，但首先应在类定义中给出成员函数的声明，然后再在类定义外定义成员函数。在类定义外部定义成员函数时，应在返回类型和函数名之间加上＜类名＞和域解析符"::"来受限，以区别于全局函数或其他类的成员函数。例如，上面 Date 类的成员函数也可以在类的外面给出：

```
class Date
{ public:
    void set(int y, int m, int d);      //成员函数的声明
    bool is_leap_year();                //成员函数的声明
    void print();                       //成员函数的声明
  private:
    int year,month,day;
};
void Date::set(int y, int m, int d)     //类外定义的成员函数
{ year = y; month = m; day = d;
}
bool Date::is_leap_year()               //类外定义的成员函数
{ return (year%4 == 0 && year%100 != 0) || (year%400==0);
}
void Date::print()                      //类外定义的成员函数
{ cout<<year<<"."<<month<<"."<<day;
}
```

另外，类成员函数名是可以重载的，遵循全局函数名的重载规则（参见 4.6.3 节）。例如，下面的类 A 包含三个重载了函数名为 f 的成员函数：

```
class A
{ ......
  public:
    void f();
    int f(int i);
    double f(double d);
    ......
};
```

考虑到从 C 语言到 C++ 语言过渡的连续性，C++ 也允许在结构（struct）和联合（union）中定义函数，因此它们也具有类的基本功能。本教程一律用 C++ 的 class 来描述面向对象程序设计中的类。

6.2.3　成员的访问控制——信息隐藏

在 C++ 类定义中，可以用成员访问控制修饰符 public、private 和 protected 来描述对类

成员的访问限制：

- public：成员的访问不受限制，在程序中的任何地方都可以访问一个类的 public 成员。
- private：成员只能在本类和友元中访问。
- protected：成员只能在本类、友元和派生类中访问。

上面提到的友元和派生类将分别在 6.6.3 节和第 7 章中详细介绍。

例如，在下面的类定义中，*x* 和 *f* 为 public 成员，*y* 和 *g* 为 private 成员，*z* 和 *h* 为 protected 成员：

```
class A
{ public:
    int x;          // public 成员
    void f();       // public 成员
  private:
    int y;          // private 成员
    void g();       // private 成员
  protected:
    int z;          // protected 成员
    void h();       // protected 成员
};
```

C++ 类成员的默认访问控制是 private（结构和联合成员的默认访问控制为 public），并且，在 C++ 类定义中可以有多个 public、private 和 protected 访问控制说明，例如：

```
class A
{   int m,n;        // private 成员
  public:
    int x;          // public 成员
    void f();       // public 成员
  private:
    int y;          // private 成员
    void g();       // private 成员
  protected:
    int z;          // protected 成员
    void h();       // protected 成员
  public:
    void f1();      // public 成员
};
```

一般情况下，类的数据成员和在类的内部使用的成员函数应该指定为 private，只有提供给外界使用的成员函数才指定为 public。指定为 public 访问控制的成员构成了类与外界的接口（interface），即在一个类的外部只能访问该类接口中的成员。在 C++ 中，protected 类成员访问控制具有特殊的作用，我们将在 7.2.2 节中对它进行详细介绍。

对类成员的访问除了要受到类成员访问控制的限制外，还要受到标识符作用域的限制。类定义构成一个作用域——类作用域（class scope），在其中定义的标识符局部于类定义，它们只能在类的内部访问，在类的外部使用类中定义的标识符时，需通过对象名受限（将在 6.3.2 节中介绍）或类名受限（将在 6.6.2 节中介绍）。另外，在类中使用与成员标识符同名的全局标识符时，需要在全局标识符前面加上全局域解析符 "::"。

6.3 对象

类属于类型范畴的程序实体，它存在于静态的面向对象程序（编译程序看到的程序）

中。而动态的面向对象程序（运行中的程序）则由对象构成，程序的执行是通过对象之间相互发送消息来实现的。当对象接收到一条消息后，它将调用对象类中的某个成员函数来处理这条消息。

　　在静态程序中，除了要描述对象的类以外，还需要描述程序运行时将产生哪些对象以及将对这些对象进行哪些操作（发送哪些消息）。

6.3.1　对象的创建

　　每个对象都属于某个类，对象是根据相应的类来创建的。对象的创建方式有两种：直接方式和间接方式。

1. 直接创建对象

　　直接创建对象是通过在程序中定义一个类型为某个类的变量来实现的，其格式与普通变量的定义相同。例如，下面将创建一个 A 类的对象 $a1$ 和一个由 100 个 A 类对象构成的对象数组 $a2$：

```
class A
{ public:
    void f();
    void g();
  private:
    int x,y;
};
......
A a1;              //创建一个 A 类的对象 a1
A a2[100];         //创建一个由 100 个 A 类对象所构成的对象数组 a2
```

再例如，下面将创建两个 Date 类的对象 today 和 yesterday：

```
Date today,yesterday;
```

　　与普通变量一样，直接创建的对象也分为全局对象（在所有函数外定义的对象）和局部对象（在函数或复合语句内定义的对象），它们的生存期和对象标识符的作用域与相应的普通变量相同。

2. 间接创建对象

　　间接创建对象是指在程序运行中通过 new 操作来创建一个类型为某个类的动态变量，这样的动态变量称为动态对象，它们的内存空间在程序的堆区中分配，用指针变量来标识它们。动态对象需要用 delete 操作来撤销（使之消亡）。

　　（1）单个动态对象的创建与撤销

　　对于一个类 A，可以创建下面的动态对象：

```
A *p;              //p 为一个指针变量
p = new A;         //创建一个 A 类的动态对象，p 指向它
```

用下面的操作撤销所创建的动态对象：

```
delete p;          //撤销 p 所指向的动态对象
```

　　（2）动态对象数组的创建与撤销

　　下面的操作用于创建和撤销 A 类的动态对象数组：

```
A *p;
```

```
p = new A[100];        // 创建一个动态对象数组
......
delete []p;            // 撤销 p 所指向的动态对象数组
```

需要注意的是，动态对象一般不采用 C++ 的库函数 malloc 和 free 来创建和撤销。

3. 成员对象的创建

由于一个类的数据成员的类型可以是另一个类，因此一个对象可以包含另一个对象——成员对象。例如，在下面的程序中，由于类 B 的数据成员 *a* 的类型为类 A，因此，B 类对象 *b* 就包含了一个成员对象 *b.a*：

```
class A
{ ......
};
class B
{ A a;                 // 数据成员的类型是另一个类
  ......
};
B b;                   //b 包含了一个成员对象 b.a
```

成员对象的生存期与包含它的对象相同，即成员对象随包含它的对象一起创建、一起消亡。

6.3.2 对象的操作

要对一个对象进行操作，一般需要通过对象类中的 public 成员函数来实现。对于非动态对象，应采用 "*< 对象 >.< 类成员 >*" 的形式来表示，而对于动态对象，则应采用 "*< 对象指针 >-> < 类成员 >*" 或 "*(*< 对象指针 >).< 类成员 >*" 的形式。例如：

```
class A
{   int x;
  public:
    void f();
  ......
};
int main()
{ A a;                 // 创建 A 类的一个局部对象 a
  a.f();               // 调用 A 类的成员函数 f 对对象 a 进行操作
  A *p=new A;          // 创建 A 类的一个动态对象，p 指向它
  p->f();              // 调用 A 类的成员函数 f 对 p 所指向的对象进行操作
  delete p;
  return 0;
}
```

需要注意的是，在一个类的外部对该类的对象进行操作时要受到类成员访问控制的限制，例如：

```
class A
{ public:
    void f()
    { ......             // 允许访问：x,y,f,g,h
      A a;
      ......             // 允许访问：a.x,a.y,a.f,a.g,a.h
    }
  private:
    int x;
```

```
    void g()
    { ......                    // 允许访问: x,y,f,g,h
    }
  protected:
    int y;
    void h()
    { ......                    // 允许访问: x,y,f,g,h
    }
};
void func()                     // 类的外部
{ A a;
  a.f();                        // OK
  a.x = 1;                      // Error
  a.y = 1;                      // Error
  a.g();                        // Error
  a.h();                        // Error
}
```

在上面程序中，对于在 A 类的成员函数 *f* 中创建的 A 类对象 *a*，由于是在 A 类的成员函数中对它进行访问，因此不受 A 类的成员访问控制的限制，可以访问它的所有成员。

【例 6-2】　从键盘输入一个日期值，然后创建一个日期类的对象并对其进行操作。

解：可以利用前面定义的 Date 类来实现本程序的功能：

```
#include <iostream>
using namespace std;
......                          // 这里省略了 Date 类的定义
int main()
{ int y,m,d;
  cout << "请输入年、月、日: ";
  cin >> y >> m >> d;
  Date some_date;               // 创建一个 Date 类的对象 some_date
  some_date.set(y,m,d);         // 设置对象 some_date 的日期值
  some_date.print();            // 输出 some_date 所表示的日期
  if (some_date.is_leap_year())
    cout << "是闰年 \n";
  else
    cout << "不是闰年 \n";
  return 0;
}
```

除了通过对象类的成员函数来操作对象外，还可以对对象进行赋值和取地址操作。例如：

```
Date yesterday,today,some_day,*p_date;
some_day = yesterday;          // 把对象 yesterday 赋值给对象 some_day
p_date = &today;               // 把对象 today 的地址赋值给对象指针 p_date
```

一般情况下，对象间的赋值操作的含义是：把赋值操作符右边对象的数据成员的值分别赋给左边对象的数据成员。不过，程序也可以自己定义对象间赋值的含义（将在 6.7.3 节中详细介绍）。

另外，也可以把对象作为函数的参数和函数的返回值，这时需要区分是对象本身还是对象的引用。例如，对于下面的程序：

```
void f1(Date d)                // 将创建一个新对象 d，用实参对象的数据成员对其进行初始化
{ ......
```

```
    d.set(2017,3,13);
}
void f2(Date &d)              // 参数为对象的引用，它不创建新对象，d 就是实参对象
{ ......
    d.set(2017,3,13);
}
Date g1(const Date &d)        // 返回值为对象
{ ......
    return d;                 // 创建一个临时对象作为返回值，用 d 对其进行初始化
}
Date& g2(const Date &d)       // 返回值为对象的引用
{ ......
    return d;                 // 不创建新对象，把对象 d 作为返回值
}
......
Date some_day;                // 创建一个日期对象
f1(some_day);                 // 调用函数 f1，函数调用后对象 some_day 没有被修改
f2(some_day);                 // 调用函数 f2，函数调用后对象 some_day 被修改成 2017.3.13
some_day.set(2020,2,20);      // 设置 some_day 的值为 2020.2.20
g1(some_day).set(2017,3,13);  // set 修改的是 g1 返回的临时对象
some_day.print();             // 输出 2020.2.20
g2(some_day).set(2017,3,13);  // set 修改的是 g2 返回的 some_day
some_day.print();             // 输出 2017.3.13
```

在上面的程序中，函数 $f1$ 和 $f2$ 的参数分别是对象和对象的引用，函数 $g1$ 和 $g2$ 的返回值分别是对象和对象的引用，它们的效果是不一样的。

6.3.3 this 指针

一般来说，类定义中描述的数据成员对该类的每个对象都有一个拷贝。例如，对于上面创建的两个 A 类对象 a 和 b：

```
class A
{ public:
    void g(int i) { x = i; }
    ......                    // 其他成员函数
  private:
    int x,y,z;
};
A a,b;
```

对象 a 和 b 将分别拥有一块内存空间，该内存空间用于存储它们各自的数据成员，即 $a.x$、$a.y$ 和 $a.z$ 以及 $b.x$、$b.y$ 和 $b.z$：

而类定义中的成员函数对该类的所有对象则只有一个拷贝。那么，对于类的一个成员函数来讲，它如何知道要对哪一个对象进行操作呢？例如，对于下面的操作：

```
a.g(1);
```

在成员函数 g 中怎么知道是对 $a.x$ 而不是对 $b.x$ 进行操作呢？实际上，每一个成员函数

一般都有一个隐藏的形参 this，它是下面的指针类型：

```
<类名> *const this;
```

在成员函数中对类成员的访问是通过 this 来进行的。例如，对于上面 A 类中的成员函数 *g*，编译程序将按类似于下面的形式对它进行编译：

```
void g(A *const this, int i) { this->x = i; }
```

当通过对象来调用类的成员函数时，将会把相应对象的地址作为实参传给成员函数隐藏的形参 this。例如，对于下面的成员函数调用：

```
a.g(1);
```

编译程序将会按类似于下面的形式对它进行编译：

```
g(&a,1);
```

这样，成员函数通过 this 就能知道对哪一个对象进行访问了。通常情况下，在成员函数中访问类的成员时，this 可以省略不写，编译程序在编译的时候会自动加上它，但是，如果在成员函数中要把 this 所指向的对象作为整体来操作，则必须显式地使用 this 指针。例如，在下面类 A 的成员函数 *g* 中调用一个全局函数 func，而 func 需要一个 A 类对象的地址作为参数：

```
void func(A *p)                     // 参数为 A 类对象的地址
{ ......
}
class A
{ public:
    void g(int i) { x = i; func(?); }   // "?" 处应写什么
    ......
  private:
    int x,y,z;
};
......
A a,b;
a.g(1);
b.g(2);
```

在上面的程序中，有下面的要求：

- 当调用 *a.g*(1) 时，在 A 的 *g* 中调用"func(&a);"；
- 当调用 *b.g*(2) 时，在 A 的 *g* 中调用"func(&b);"。

那么，A 的 *g* 中调用函数 func 的实参应该如何写呢？答案是：

```
func(this);
```

实际上，很多早期的 C++ 编译程序都是首先把 C++ 程序转成功能等价的 C 程序，然后用 C 语言的编译程序来对其进行编译的。例如，对于下面的 C++ 程序：

```
class A
{ int x,y;
  public:
  void f();
  void g(int i) { x = i; f(); }
};
```

```
......
A a,b;
a.f();
a.g(1);
b.f();
b.g(2);
```

可把它转换成下面在功能上等价的 C 程序：

```
struct A
{ int x,y;
};
void f_A(struct A *this);
void g_A(struct A *this, int i)
{ this->x = i;
  f_A(this);
}
......
struct A a,b;
f_A(&a);
g_A(&a,1);
f_A(&b);
g_A(&b,2);
```

上述程序虽然是用 C 语言书写的，但它隐含了面向对象程序设计的思想。实际上，用过程式语言也能进行面向对象程序设计，例如，在 6.1.1 节给出的 "栈" 的基于过程式抽象的解决方案中，只要 Stack 的使用者仅使用函数 push 和 pop 来操作 Stack 类型的数据，那么它就是一个面向对象的程序。不过，用过程式语言来编写面向对象程序时，程序设计者需要做很多额外的工作来保证程序的面向对象特性。

6.4　对象的初始化和消亡前处理

对于创建的每一个对象，只有在对其初始化后才能使用它。对象的初始化包括初始化对象的数据成员以及为对象申请资源等。对象消亡前，往往也需要执行一些操作，如释放对象占有的资源。这里的资源是指计算机中所有能被程序使用的东西，如堆空间等。

6.4.1　构造函数

当一个对象被创建时，它将获得一块存储空间，该存储空间用于存储对象的数据成员。在使用对象前，需要对它的数据成员进行初始化。由于数据成员一般是私有的（private），因此不能通过对象直接对它们进行赋值。例如，下面的成员初始化不可行，因为 x 是对象 a 的私有成员：

```
class A
{ int x;
  ......
};
......
A a;
a.x = 0; // Error, x 是 a 的私有成员
```

我们可以在对象类中提供一个实现对象初始化的普通成员函数，创建对象后，通过调用

该函数来初始化对象。例如，下面类 A 的成员函数 init_obj 可以用来初始化类 A 对象 a 的数据成员：

```
class A
{ int x;
  public:
    void init_obj() { x = 0; }
    ......
};
......
A a;
a.init_obj();          // 调用 init_obj 对 a 进行初始化
```

但是，用一个普通成员函数来实现对象初始化会带来使用上的不便（使用对象前必须显式调用该初始化函数）和不安全（忘了调用初始化函数会造成不可预测的结果）。另外，上述方法无法解决对常量成员和引用类型成员的初始化问题。

为了解决对象的初始化问题，在 C++ 中提供了一种用来对对象进行初始化的特殊的成员函数——构造函数。

1. 构造函数的定义

构造函数（constructor）是指在对象类中定义或声明的与类同名、无返回值类型的成员函数。在创建对象时，系统首先为对象分配空间，然后自动调用对象类的构造函数来初始化对象。例如，下面类 A 中的成员函数 A() 就是一个构造函数，它把对象 a 的数据成员 x 初始化为 0：

```
class A
{ int x;
  public:
    A() { x = 0; }  // 构造函数
    ......
};
......
A a;                  // 创建对象a：为a分配内存空间，然后调用a的构造函数A()把a.x初始化为0
```

需要注意的是：对构造函数的调用属于对象创建过程的一部分，对象创建之后就不能再调用构造函数了。例如，下面的操作是非法的：

```
a.A();                // Error
```

构造函数也可以重载，其中，不带参数的（或所有参数都有默认值的）构造函数被称为默认构造函数（default constructor），其作用是在创建对象时，如果没有指定调用何种构造函数对其初始化，则调用默认构造函数。例如，下面的类 A 中定义了三个构造函数：

```
class A
{   int x,y;
  public:
    A()               // 默认构造函数
    { x = y = 0;
    }
    A(int x1)
    { x = x1; y = 0;
    }
    A(int x1,int y1)
    { x = x1; y = y1;
```

```
    }
    ......
};
```

上面的三个构造函数也可以用下面带默认参数值的构造函数来替代：

```
class A
{   int x,y;
  public:
    A(int x1=0,int y1=0) // 具有三个构造函数的效果
    { x = x1; y = y1;
    }
    ......
};
```

类的构造函数一般是公开的（public），但有时也把构造函数声明为私有的（private），其作用是限制创建该类对象的范围，这时，只能在本类和友元中创建该类对象。

2. 构造函数调用的指定

在创建一个对象时，对象类的构造函数会被自动调用来对该对象进行初始化，至于调用对象类的哪一个构造函数，可以在创建对象时指定。例如：

```
class A
{   ......
  public:
    A();
    A(int i);
    A(char *p);
};
A a1;                    // 调用默认构造函数。也可写成 "A a1=A();"，但不能写成 "A a1();"
A a2(1);                 // 调用A(int i)。也可写成 "A a2=A(1);" 或 "A a2=1; "
A a3("abcd");            // 调 A(char *)。也可写成 "A a3=A("abcd");" 或 "A a3="abcd"; "
A a[4];                  // 调用对象 a[0]、a[1]、a[2]、a[3] 的默认构造函数
A b[5]={A(),A(1),A("abcd"),2,"xyz"};
                         // 调用 b[0] 的 A()、b[1] 的 A(int)、b[2] 的 A(char *)、b[3] 的
                         // A(int) 和 b[4] 的 A(char *)
A *p1=new A;             // 调用默认构造函数
A *p2=new A(2);          // 调用 A(int i)
A *p3=new A("xyz");      // 调用 A(char *)
A *p4=new A[20];         // 创建动态对象数组时只能调用各个对象的默认构造函数
```

需要注意的是，在创建动态的对象数组时，只能用默认构造函数来进行初始化。另外，如果用库函数 malloc 来创建动态对象，则系统不会去调用对象类的构造函数对其初始化，因此，动态对象一般不用 malloc 来创建。

对于 6.2.2 节中定义的类 Date，我们可以为它定义一个构造函数来对 Date 类的对象进行初始化：

```
class Date
{   int year,month,day;
  public:
    Date(int y,int m, int d)
    { year = y;
      month = m;
      day = d;
    }
    ......
};
```

```
Date some_date(2004,4,15);        // 将调用上面的构造函数对 some_date 进行初始化
```

在程序中也可以通过类的构造函数来创建一些临时对象。例如：

```
A a;
......
a = A(10);                        // 创建一个临时对象并把它赋值给 a
```

上面创建了一个临时对象并调用构造函数 A(int) 对其进行初始化，然后，把该临时对象赋值给对象 a（改变对象 a 的状态）。一般来说，临时对象在包含它的表达式计算完之后就会自动消亡。

3. 成员初始化表

前面说过，对于常量数据成员和引用数据成员，不能在说明时对它们进行初始化，也不能采用赋值操作对它们进行初始化。例如，下面对 y 和 z 的初始化是错误的：

```
class A
{   int x;
    const int y=1;                // Error
    int &z=x;                     // Error
  public:
    A()
    { x = 0;                      // OK
      y = 1;                      // Error, y 是常量成员，其值不能改变
      z = &x;                     // Error, z 不是指针
    }
};
```

对于上面的初始化问题，可以在定义构造函数时，在函数头和函数体之间加入一个对数据成员进行初始化的表，称为成员初始化表（member initializer list），用于对数据成员进行初始化。例如，上面的数据成员 y 和 z 可以按下面的方式进行初始化：

```
class A
{   int x;
    const int y;
    int& z;
  public:
    A(): z(x),y(1)                // 成员初始化表
    { x = 0;
    }
};
```

当创建 A 类对象时，对象的数据成员 y 被初始化成 1、数据成员 z 被初始化成引用数据成员 x。对 x 的初始化也可以放在成员初始化表中，其效果与在构造函数体中进行赋值是一样的：

```
A(): x(0),z(x),y(1)               // 成员初始化表
{
}
```

在成员初始化表中，成员初始化的书写次序并不决定它们的初始化次序，数据成员的初始化次序由它们在类定义中的说明次序决定。例如，对于上面的类 A，其数据成员的初始化次序为：x（初始化为 0）、y（初始化为 1）和 z（初始化为引用 x）。（请读者思考：为什么在C++ 中需要对这个次序做出规定？）

6.4.2　析构函数

析构函数（destructor）是名为 "~< 类名 >" 且没有参数和返回值类型的一个特殊的成员函数。当对象消亡时，在系统收回它所占的内存空间之前，会自动调用对象类的析构函数。例如：

```
class A
{   int x;
  public:
    A();
    ~A();               // 析构函数
    ......
};
......
void f()
{ A a;                  // 调用 a 的构造函数 A()
    ......
}                       // 调用 a 的析构函数 ~A()
```

在上面的程序中，当函数 f 被调用时，将创建局部对象 a 并调用它的构造函数对其进行初始化。当函数 f 调用结束时，先调用局部对象 a 的析构函数，然后释放它所占有的空间，局部对象 a 消亡。

需要注意的是，在撤销动态对象数组时，如果没写 delete 操作中的 "[]"，则只有数组中的第一个对象的析构函数会被调用。另外，如果用库函数 free 来撤销动态对象，则系统不会去调用对象类的析构函数，因此，动态对象的撤销一般不用 free 来实现。

一般情况下，类中不需要定义析构函数，但如果对象在创建后申请了一些资源，并且在对象消亡前没有归还这些资源，则应在类中定义析构函数来在对象消亡时归还对象申请的资源。例如，对于 6.1.1 节中用链表实现的 Stack 类，由于链表中的节点是在 push 操作中由对象自己创建的，如果没有执行 pop 操作或 pop 操作的次数不够，则在 Stack 类的对象消亡时这些节点的空间是不会自动归还的，因此，需要为 Stack 类定义一个析构函数来归还对象自己申请的空间：

```
Stack::~Stack()      // Stack 类的析构函数
{ while (top != NULL)
  { Node *p=top;   top = top->next;
    delete p;
  }
}
```

下面通过一个例子来进一步体会构造函数和析构函数以及相应类的设计。

【例 6-3】 定义一个字符串类来实现字符串的基本操作。

解： C++ 语言没有提供专门的字符串类型[⊖]，字符串通常用一维字符数组来表示。用字符数组表示字符串时，对字符串的操作定义分散在程序的各个地方，有的地方通过函数来操作它，而有的地方就在字符数组中直接操作，这样做既不容易理解又容易出错。另外，C++ 的编译程序和运行系统不对数组下标进行检查，而一些下标越界错误将导致程序的灾难性后果。因此，我们可以基于数据抽象与封装思想，定义一个类来描述和操作字符串：

⊖　C++ 标准库中提供了字符串类 string，但它不属于 C++ 语言本身。

```
#include <cstring>
#include <cstdlib>
#include <iostream>
using namespace std;
class String
{   char *str;
  public:
    String()                              // 默认构造函数
    { str = NULL;
    }
    String(const char *p)                 // 带一个字符串参数的构造函数
    { str = new char[strlen(p)+1];        // 申请资源
      strcpy(str,p);
    }
    ~String()                             // 析构函数
    { delete []str;                       // 归还资源
      str = NULL;                         // 一般情况下不需要这条语句。有时需要
    }
    int length() { return strlen(str); }  // 取字符串长度
    char &char_at(int i)                  // 返回指定位置上字符的引用
    { if (i < 0 || i >= strlen(str))
      { cerr << "超出字符串范围!\n";
        exit(-1);
      }
      return str[i];
    }
    const char *get_str() { return str; } // 返回字符串指针
    // 下面两个重载函数实现字符串复制功能
    String &copy(const char *p)
    { delete []str;                       // 归还原来的资源
      str = new char[strlen(p)+1];        // 申请新的资源
      strcpy(str,p);
      return *this;
    }
    String &copy(const String &s) { return copy(s.str); }
    // 下面两个重载函数实现字符串拼接功能
    String &append(const char *p)
    { char *p1=new char[strlen(str)+strlen(p)+1];  // 申请新的资源
      strcpy(p1,str);
      strcat(p1,p);
      delete []str;                       // 归还原来的资源
      str = p1;
      return *this;
    }
    String &append(const String &s) { return append(s.str); }
    // 下面两个重载函数实现字符串比较功能
    int compare(const char *p) { return strcmp(str,p); }
    int compare(const String &s) { return strcmp(str,s.str); }
};
int main()
{ String s1;
  String s2("abcdefg");
  s1.copy("xyz");                         // 把"xyz"复制到 s1 中
  s2.append(s1);                          // 在 s2 的字符串后面添加一个由 s1 表示的子串
  for (int i=0; i<s2.length(); i++)       // 把 s2 中的小写字母变成大写字母
  { if (s2.char_at(i) >= 'a' && s2.char_at(i) <= 'z')
      s2.char_at(i) = s2.char_at(i)-'a'+'A';
  }
```

```
    if (s2.compare("ABCDEFGXYZ") == 0) cout << "OK\n";
    cout << s1.get_str() << endl << s2.get_str() << endl;
    return 0;
}
```

上面程序的运行结果如下：

```
OK
xyz
ABCDEFGXYZ
```

在创建一个对象时，系统会为该对象分配一块存储空间来存储它的数据成员，其中，对于指针类型的数据成员，系统只分配了该指针所需的空间，而并没有分配指针所指向的空间，它需要由对象自己来申请（作为资源）。同样，在对象消亡时，系统收回的只是指针成员本身的存储空间，而指针所指向的空间需要对象自己归还（作为资源）。在上面的程序中，由于在创建对象 s1 和 s2 时，系统只为数据成员 s1.str 和 s2.str 分配了空间，而它们指向的空间则需要由对象自己分配，因此，在 String 类的构造函数以及 copy 和 append 成员函数中申请了 str 所指向的空间，在析构函数中需要归还 str 所指向的空间。

另外，在上面的 String 类中，把 copy 和 append 的返回类型指定为 "String&" 并在函数中返回 "*this"，是为了能以下面的方式操作 String 类的对象 s：

```
    s.copy(...).append(...).append(...);      // 其中的一系列操作都是作用在对象 s 上的
```

析构函数一般是在对象消亡时隐式地被自动调用。但在有些情况下，我们并不撤销对象，只是归还对象所申请的资源，这时，我们可以通过显式地调用对象类的析构函数来实现。例如，要想把一个 String 类的对象 s 变成空字符串对象，则可以通过显式地调用它的析构函数来实现：

```
    s.~String();
```

因此，在前面的 String 类的析构函数中，需要把 str 指针赋值为空，以保证对象状态的正确性。

6.4.3　成员对象的初始化和消亡前处理

在创建包含成员对象的类的对象时，除了会自动调用本类的构造函数外，还会自动调用成员对象类的构造函数来对成员对象进行初始化。默认情况下是调用成员对象类的默认构造函数，如果要调用成员对象类的非默认构造函数，则需要在包含成员对象的对象类的构造函数成员初始化表中显式指出。例如，对于下面的程序：

```
class A
{   int m;
  public:
    A() { m = 0; }
    A(int m1) { m = m1; }
    ......
};
class B
{   int n;
    A a;                              // 数据成员的类型是另一个类
  public:
    B() { n = 0; }
```

```
    B(int n1) { n = n1; }
    B(int m1, int n1): a(m1) { n = n1; }
    ......
};
B b1;           //b1.n 和 b1.a.m 都初始化为 0
B b2(1);        //b2.n 初始化为 1，b2.a.m 初始化为 0
B b3(1,2);      //b3.n 初始化为 2，b3.a.m 初始化为 1
```

在上面的程序中，对象 *b1* 和 *b2* 的成员对象 *b1.a* 和 *b2.a* 均由类 A 的默认构造函数进行初始化，而对象 *b3* 的成员对象 *b3.a* 则调用类 A 带 int 型参数的构造函数进行初始化。

实际上，编译程序把成员初始化表中对成员对象的初始化描述编译成对成员对象构造函数的调用指令。在创建含有成员对象的类的对象时，首先调用本类的构造函数，但在进入本类的构造函数的函数体之前，将先调用成员对象类的构造函数，然后再执行本类的构造函数的函数体。即使成员初始化表为空，只要类中有成员对象，编译程序就会生成对成员对象构造函数的调用指令，只不过它是调用成员对象的默认构造函数而已。另外，如果类中未提供任何构造函数，但它包含成员对象，则编译程序会隐式地为之提供一个默认构造函数，其作用是调用成员对象类的构造函数。

当一个对象包含多个成员对象时，对成员对象构造函数的调用次序由成员对象在类中的说明次序来决定，与它们在成员初始化表中的说明次序无关。例如，对于下面的对象 *b*，将按照 A1、A2、A3 的次序来调用对象成员 *a1*、*a2* 和 *a3* 的构造函数：

```
......
class B
{   ......
    A1 a1;
    A2 a2;
    A3 a3;
  public:
    B(...): a2(...),a3(...),a1(...) { ...... }
};
B b(...);           // 将按 A1、A2、A3 的次序来调用对象成员 a1、a2 和 a3 的构造函数
```

当包含成员对象的对象消亡时，不仅要调用本身对象的析构函数，还要调用成员对象的析构函数，它们的调用次序是：先调用本类的析构函数，本类的析构函数的函数体执行完后，再调用成员对象类的析构函数。如果有多个成员对象，则成员对象析构函数的调用次序与它们的构造函数的调用次序正好相反。另外，对于没有提供析构函数的类，如果它有成员对象，则编译程序会隐式地为之提供一个析构函数，该析构函数的作用是调用成员对象类的析构函数。

6.4.4　拷贝构造函数

在创建一个对象时，如果用另一个同类的对象对其进行初始化，将会调用一个特殊的构造函数——拷贝构造函数（copy constructor）。拷贝构造函数的原型是：

```
<类名 >(const <类名 >&);
```

其中 const 可以省略，加上它的目的是防止在函数中修改实参对象（参见 5.6.2 节）。例如，在下面的类 A 中定义了两个构造函数，一个是默认构造函数，另一个是拷贝构造函数：

```
class A
```

```
{ ......
  public:
    A();            // 默认构造函数
    A(const A& a);  // 拷贝构造函数
};
```

一般来讲，在下面三种情况下将会调用拷贝构造函数。

1）定义对象时，例如：

```
A a1;       // 调用默认构造函数对 a1 进行初始化
A a2(a1);   // 调用拷贝构造函数用 a1 对 a2 进行初始化，也可写成 "A a2=a1;" 或 "A a2=A(a1);"
```

2）把对象作为值参数传给函数时，例如：

```
void f(A x);      // 参数类型不是指针或引用
A a;
f(a);             // 调用时将创建形参对象 x，并调用拷贝构造函数，用对象 a 对 x 进行初始化
```

3）把对象作为值返回时，例如：

```
A f()             // 返回值类型不是指针或引用
{ A a;
  ......
  return a;       // 创建一个 A 类的临时对象，并调用拷贝构造函数用对象 a 对其进行初始化
}
......
A a1;
a1 = f();         // 把函数 f 返回的临时对象赋值给对象 a1
```

在上述三种情况中，第一种情况对拷贝构造函数的调用比较明显，而后两种情况对拷贝构造函数的调用不是那么明显，应加以注意。

如果在一个类定义中没有定义拷贝构造函数，则编译程序将会为其提供一个隐式的拷贝构造函数，该拷贝构造函数的行为是：逐个成员拷贝初始化（member-wise initialization），即：对于普通数据成员，它采用常规的成员初始化操作；对于成员对象，则调用成员对象类的拷贝构造函数来实现成员对象的初始化（注意：对成员对象来说，该定义是递归的）。例如，当创建下面类 B 的对象 b2 时，其数据成员 b2.z 将用 b1.z 对其进行常规的初始化，而成员 b2.a 将用类 A 的拷贝构造函数对其进行初始化（用于初始化的对象是 b1.a）：

```
class A
{ int x,y;
  public:
    A() { x = y = 0; }
    ......
};
class B
{ int z;
    A a;
  public:
    B() { z = 0; }
    ......            // 其中没有定义拷贝构造函数
};
......
B b1;       // b1.z、b1.a.x 以及 b1.a.y 均为 0
B b2(b1);   // 把 b2.z 初始化成 b1.z；调用 A 的拷贝构造函数用 b1.a 对 b2.a 进行初始化
            // 如果 A 中没有定义拷贝构造函数，则调用 A 的隐式拷贝构造函数
```

```
// 把 b2.a.x 和 b2.a.y 分别初始化成 b1.a.x 和 b1.a.y
// 否则，由 A 的自定义拷贝构造函数决定如何对 b2.a.x 和 b2.a.y 进行初始化
```

一般情况下，编译程序提供的隐式拷贝构造函数的行为足以满足要求，类中不需要显式定义拷贝构造函数。但是，在有些情况下如果不自定义拷贝构造函数，则将会产生设计者未意识到的严重的程序错误。例如，对于下面的类 A：

```
class A
{   int x,y;
    char *p;
  public:
    A(char *str)
    { x = 0;
      y = 0;
      p = new char[strlen(str)+1];
      strcpy(p,str);
    }
    ~A() { delete []p; p = NULL; }
    ......            // 其中没有定义拷贝构造函数
};
```

当创建类 A 的两个对象时：

```
A a1("abcd");
A a2(a1);              // 调用隐式拷贝构造函数，用 a1 对 a2 进行初始化
```

系统提供的隐式拷贝构造函数将会使得 $a1$ 和 $a2$ 的成员指针 p 指向同一块内存区域：

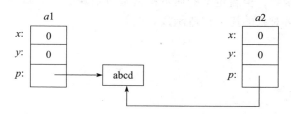

这带来的问题是：

1）如果对对象 $a1$ 操作之后修改了这块空间的内容，则对象 $a2$ 将会受到影响。如果不是设计者特意所为，这将是一个隐藏的错误；

2）当对象 $a1$ 和 $a2$ 消亡时，将分别调用它们的析构函数，这会使同一块内存区域被归还两次，从而导致程序运行异常；

3）当对象 $a1$ 和 $a2$ 中有一个消亡而另一个还没消亡时，则会出现使用已归还的空间错误。

对于上面的错误，有时很难察觉。例如，下面的程序就存在以上问题：

```
void f(A x)
{ ......
}
......
A a("abcd");
f(a);                  // 调用类 A 的隐式拷贝构造函数，它将使得 x.p 与 a.p 指向同一块内存区域
......
```

对于上面的函数调用 "f(a);"，如果函数 f 中改变了 $x.p$ 所指向的内容，则 $a.p$ 所指

向的内容也被改变了，并且调用完函数 *f* 之后，*a.p* 变成了一个"悬浮"指针，它指向一个无效的空间（对象 *x* 消亡后调用析构函数归还了这个空间），访问它指向空间的内容是危险的！另外，当对象 *a* 消亡时，调用它的析构函数还会造成该空间被二次释放的错误。

　　从上面的例子可以看出，隐式拷贝构造函数实现的是一种浅拷贝（shallow copy），对于指针成员，它只拷贝指针的值，指针指向的内容是不拷贝的。解决上面问题的办法是在类 A 中显式定义一个拷贝构造函数来实现深拷贝（deep copy），它为新对象的指针成员分配指向的空间，然后把老对象指针成员指向的内容复制过来：

```
A::A(const A& a)
{ x = a.x;
  y = a.y;
  p = new char[strlen(a.p)+1];    //另外申请一块空间供新创建的对象使用
  strcpy(p,a.p);                   //把 a.p 指向的内容复制到新对象 p 所指向的空间中
}
```

　　同理，对于例 6-3 中定义的 String 类，为了保证它的正确性，也应为它显式地定义一个拷贝构造函数：

```
String::String(const String &s)
{ str = new char[strlen(s.str)+1];    //申请资源
  strcpy(str,s.str);                  //把字符串 s 的内容复制到新字符串对象的空间中
}
```

　　需要注意的是，当类定义中包含成员对象时，系统提供的隐式拷贝构造函数会去调用成员对象的拷贝构造函数，但自定义的拷贝构造函数则默认地去调用成员对象的默认构造函数，而不是去调用成员对象的拷贝构造函数。例如：

```
class A
{ int x,y;
  public:
    A() { x = y = 0; }
    void inc() { x++; y++; }
};
class B
{ int z;
  A a;
  public:
    B() { z = 0; }
    B(const B& b) { z = b.z; }
    void inc() { z++; a.inc(); }
};
......
B b1;  /b1.z、b1.a.x 以及 b1.a.y 均初始化为 0
b1.inc();                             //b1.a.x、b1.a.y 和 b1.z 都增加了 1
B b2(b1);                             //b2.z 为 1，但 b2.a.x 和 b2.a.y 为 0
```

　　为了保证 *b2* 与 *b1* 一致，应在自定义拷贝构造函数的成员初始化表中显式地指出调用成员对象类的拷贝构造函数：

```
B(const B& b): a(b.a) { z = b.z; }
```

　　当用一个临时对象对另一个对象进行初始化时，很多编译器会对拷贝构造过程进行优化。例如，对于下面的程序：

```
class A
{   int m;
  public:
    A(int i) { m = i; }
    A(const A& a) { m = a.m; }
    ......;
};
A f(A x)
{ ......
  return A(1);      // 优化：不再创建返回值对象，直接返回临时对象 A(1)
}
int main()
{ ......
  ...f(A(0))...    // 优化：不再创建函数 f 的形参对象 x，直接把临时对象 A(0) 作为 x
  ......
}
```

在不优化的情况下，在函数 main 中调用函数 f 时，先创建一个临时对象 A(0)，再创建一个形参对象 x，调用拷贝构造函数用对象 A(0) 对其进行初始化，然后在函数 f 返回时，先创建一个临时对象 A(1)，再创建一个返回值对象，调用拷贝构造函数用 A(1) 对其进行初始化。在这个过程中，将有四个对象被创建，而从实际效果上看，只要创建两个对象就够了，因为对象 A(0) 和 A(1) 的作用就是初始化其他两个对象，初始化完之后，它们就没有用了。因此，编译程序将把 A(0) 和 x 以及 A(1) 和 f 的返回值分别合并为一个对象，这样可以提高程序的效率。

6.5　类作为模块

模块化是组织和管理大型程序的一个重要手段，它从物理上对程序中定义的实体进行分组从而形成一个个模块。模块是可以单独编写和编译的程序单位，一个模块包含接口和实现两部分。接口是指在模块中定义的可以被其他模块使用的一些程序实体的描述；实现是指在模块中定义的所有程序实体的具体实现描述。

过程式程序设计主要依据子程序来划分模块，但具体划分起来自由度相对较大。例如，可以把共同完成某个功能的若干子程序作为一个模块，也可以把使用相同数据的若干子程序作为一个模块，由于一个子程序可能参与几个功能和使用多个数据集，因此，模块的边界比较模糊。

面向对象程序设计对模块有更好的支持，它以对象类作为模块划分的依据，使得模块边界比较清晰，并且划分出的模块结构比较稳定。

6.5.1　类模块的组成

在面向对象程序中，可以把一个类当作一个模块。一个 C++ 模块一般由两个源文件构成，一个是 .h 文件，另一个是 .cpp 文件。对于一个由类构成的 C++ 模块，它的 .h 文件中存放的是类的定义，而 .cpp 文件中存放的则是类的实现（包括类的定义以及在类外实现的成员函数）。在 C++ 程序中，如果需要使用一个类模块中定义的类，则只要在相应的源文件中用编译预处理命令 #include 把该模块的 .h 文件包含进来即可。例如，对于下面由两个模块构成的 C++ 程序，其中的 module2 就是一个类模块：

```
// module1.cpp
#include "module2.h"
int main()
{ A a;
  a.f();
  a.g();
}

// module2.h
class A
{   int i,j;
    void h() { ...... }
  public:
    void f();
    void g();
};

// module2.cpp
#include "module2.h"
void A::f()
{ ......
}
void A::g()
{ ......
}
```

在上面程序中模块 module2 的实现文件 module2.cpp 中，之所以要包含自己的头文件 module2.h，是因为 C++ 编译程序在编译 module2.cpp 时需要知道类 A 的定义，否则，编译程序怎么知道类 A 中是否有成员函数 f 和 g 以及它们的函数原型是什么呢？另外，模块 module1 之所以只有 .cpp 文件而没有 .h 文件，这是因为模块 module1 不提供任何东西给外界使用，它是主模块。

需要注意的是，由于 C++ 是一种混合语言，用它既可以编写过程式程序，也可以编写面向对象的程序，因此，C++ 程序既可以有由全局变量和全局函数构成的模块，又可以有由类构成的模块。而对于一些纯面向对象语言，如 smalltalk、Eiffel、Java 等，用这些语言编写的只能是面向对象的程序，其模块只由类构成。特别地，因为 C++ 程序必须要有全局函数 main，所以用 C++ 编写的面向对象程序是不"纯"的面向对象程序！

*6.5.2 Demeter 法则

对于过程式程序设计范式，结构化程序设计技术提供了一种良好的程序设计风格（参见 3.6.1 节）。那么，良好的面向对象程序设计风格是什么呢？

大多数面向对象语言都提供了支持面向对象程序设计的机制，使用这些机制能够方便地编写出面向对象程序，但这并不表明只要使用这些面向对象语言所提供的机制就能编写出一个"好"的面向对象程序，如果不加约束地使用面向对象语言中的面向对象机制，则编写出的程序就会违背面向对象方法的初衷。

良好的程序设计风格能够降低模块之间的耦合度，在面向对象程序设计中，模块间的耦合反映在对象之间成员函数的相互调用上，要降低模块间的耦合度，应该对成员函数中能访问的对象的集合做一定的限制，并尽量使该集合为最小，这个要求被称为 Demeter 法则。

Demeter 法则（Law of Demeter）的基本思想是：一个类的成员函数除了能访问自身类

结构的直接子结构外，不能以任何方式依赖于任何其他类的结构，并且，每个成员函数只应向某个有限集合中的对象发送消息。这里，"自身类结构的直接子结构"是指本类的数据成员，如果本类的数据成员是成员对象，则成员对象类的数据成员不包含在内。

Demeter 法则可以形象地描述成："仅与你的直接朋友交谈"。例如，对于下面的程序：

```
class Student                                    // 学生类
{ ... id;
  ... name;
  ......
  void print();
};
class Class                                      // 班级类
{ ... id;
  ... name;
  Student student_list[100];                     // 类 Student 是类 Class 的直接朋友
  ......
  void print();{...student_list[i].print();...}  // OK,Student 是直接朋友
  Student& get_student(int i) { return student_list[i]; }
};
class School                                     // 学校类
{ ... id;
  ... name;
  Class class_list[300];                         // 类 Class 是类 School 的直接朋友
  ......
  void f()
  { ... id, name ...                             // OK
    ... class_list[i].id, class_list[i].name ... // Not OK, 非直接子结构
    class_list[i].print();                       // OK, Class 是直接朋友
    class_list[i].get_student(j).print();        // Not OK, 类 Student 不是直接朋友
  }
};
```

按 Demeter 法则的要求，类 School 的成员函数 f 可以访问本类的 id 和 name，但不应该访问成员对象 class_list[i] 的 id 和 name，因为它们属于类 Class，不是类 School 的直接子结构；成员函数 f 可以向成员对象 class_list[i]（属于类 Class）发送消息（class_list[i].print()），但不应该向 class_list[i].get_student(j) 返回的对象（属于类 Student）发送消息（class_list[i].get_student().print()），因为类 Student 不是类 School 的直接朋友（类 Student 在类 School 中没出现过）。

Demeter 法则存在两种具体的表达形式：类表达形式和对象表达形式。

1. Demeter 法则的类表达形式（L1）

对于类 C 中的任何成员函数 M，M 中只能向以下类的对象发送消息：

1）类 C 本身；

2）成员函数 M 的参数类；

3）M 或 M 所调用的成员函数中所创建的对象所属的类；

4）全局对象所属的类；

5）类 C 的成员对象所属的类。

2. Demeter 法则的对象表达形式（L2）

对于类 C 中的任何成员函数 M，M 中只能向以下的对象发送消息：

1）this 指向的对象；

2）成员函数 M 的参数对象；

3）*M* 或 *M* 所调用的成员函数所创建的对象；

4）全局变量中包含的对象；

5）类 C 的成员对象。

其中，L1 法则适用于静态类型的面向对象语言（如 C++），它可以在编译时检查程序是否满足法则，而 L2 法则适用于动态类型的面向对象语言（如 Smalltalk），它需要在运行时检查程序是否满足法则。

6.6　对象与类的进一步讨论

6.6.1　对常量对象的访问——常成员函数

一个对象在程序运行的不同时刻会处于不同的状态，而对象的状态是由对象所有数据成员的值来体现的，对象状态的改变往往是在对象处理了一条消息（某个成员函数被调用）之后发生的。但是，不是每条消息都会导致对象状态的改变，有些消息并不改变对象的状态，因此，我们常常把对象的成员函数分成两类：修改对象状态的成员函数和获取对象状态的成员函数。

从概念上讲，一个成员函数只要不修改对象数据成员的值，它就是一个获取对象状态的成员函数。但是，从实现的角度来讲，有时由于疏忽，在实现一个获取对象状态的成员函数时可能会无意中修改数据成员的值，这时，如果把该成员函数当作获取对象状态的成员函数来用，就会产生程序语义上的错误。

为了解决上面的问题，C++ 提供了常成员函数（const member function）机制，即在定义一个成员函数时，可以给它加上一个 const 说明，用于指出它不能修改数据成员的值，一旦有修改，编译程序将会指出错误。例如，下面类 A 中的 *f* 就是一个常成员函数，编译程序会指出在 *f* 中改变数据成员 *x* 值的错误操作"x++;"：

```
class A
{   int x,y;
  public:
    int f() const        // 常成员函数
    { x++;               // Error
      return x+y;        // OK
    }
    ......
};
```

需要注意的是，对于有些改变对象状态的操作，编译程序不会指出错误。例如对于下面的操作：

```
class A
{   int x;
    char *p;
  public:
    ......
    void f() const
    { x = 10;             // Error
      p = new char[20];  // Error
```

```
        strcpy(p,"abcd");          // 没有改变 p 的值,因此编译程序认为 OK
    }
};
```

在上面的常成员函数 f 中,虽然函数 strcpy 改变了 p 所指向的值,但它没有改变 p 的值,因此编译程序不会指出错误。通常情况下,p 所指向的值也属于对象的状态,因此,这样的问题需要程序设计者自己来把握。

在 C++ 中,常成员函数除了能防止在获取对象状态的操作中修改对象的状态之外,还起到对常量对象操作(成员函数调用)的合法性进行判断的作用,即对于常量对象,只能调用对象类中的常成员函数,从而保证常量对象不会被修改。常量对象常常用于函数的参数说明,当把一个对象传递给函数时,为了提高参数的传递效率,往往把形参定义为对象指针或引用,但为了防止函数修改实参对象,可把形参定义为常量对象指针或常量对象引用。例如,对于下面的类 A 和全局函数 func:

```
class A
{   int x,y;
  public:
    void f() const { ...... }
    void g() { ...... }
};
void func(const A *pa)          // 或 void func(const A &a)
{ pa->f();                      // OK
  pa->g();                      // Error
}
```

由于函数 func 的参数为指向常量对象的指针,因此在函数 func 中只能调用参数对象的常成员函数,从而也就保证了不会对实参对象进行修改。

从上面的介绍可以看出,成员函数加上 const 修饰符有两个作用:

1)在常成员函数定义的地方,告诉编译程序该成员函数不应该改变对象数据成员的值;

2)在使用(调用)常成员函数的地方,告诉编译程序该成员函数不会改变对象数据成员的值。

需要注意的是,当把常成员函数放在类外定义时,则函数声明和定义的地方都要加上 const:

```
class A
{ ......
  void f() const;               // 声明
};
void A::f() const               // 定义
{ ......
}
```

利用常成员函数机制,我们可以对例 6-3 中的 string 类做一些改进,把它的一些获取对象状态的成员函数说明为常成员函数:

```
class String
{   char *str;
  public:
    ......
    int length() const;
    char &char_at(int i);         // 原来的 char_at 函数
    char char_at(int i) const;    // 增加一个用于常量对象的 char_at
    const char *get_str() const;
```

```
    int compare(const char *p) const;
    int compare(const String &s) const;
};
```

在上面的 String 类中，有两个 char_at 函数，一个是原来的可用于修改字符串中某字符的操作，另一个是新增的常成员函数，用于对常量对象进行操作。这里需要说明的是，对于两个参数个数和类型完全相同的成员函数，如果一个是常成员函数，另一个是普通成员函数，那么它们名字是可以重载的（取相同的函数名）。

6.6.2 同类对象之间的数据共享——静态数据成员

对象是类的实例，类中描述的数据成员对该类的每个对象都有一个拷贝。有时，同一个类的不同对象需要共享数据。如果用全局变量来表示共享的数据，则缺乏对数据的保护，这是因为全局变量不受类的访问控制的限制，除了该类的对象可以访问它们之外，其他类的对象以及全局函数往往也能访问这些全局变量。除此之外，在采用全局变量来实现数据共享的方案中，共享的数据与对象之间缺乏显式的联系，导致程序难以理解与维护。

在 C++ 中，采用类的静态成员（static member）来解决同一个类的对象共享数据的问题。类的静态成员分为：静态数据成员和静态成员函数。

1. 静态数据成员

在类定义中，可以把一些数据成员说明成静态数据成员（static data member）。例如，下面类 A 中的 shared 就是一个静态数据成员：

```
class A
{   int x,y;
    static int shared;      // 静态数据成员声明
  public:
    A() { x = y = 0; }
    void increase_all() { x++; y++; shared++; }
    int sum_all() const { return x+y+shared; }
    ......
};
int A::shared=0;            // 静态数据成员的定义和初始化
```

需要注意的是，在类定义中给出的是静态数据成员的声明，静态数据成员的定义和初始化往往要在类的外部给出[⊖]。

与普通数据成员不同的是，类定义中的静态数据成员对于该类的所有对象只存在一个拷贝。例如，对于前面定义的类 A 和下面的对象 a1 和 a2：

```
A a1,a2;
```

它们的内存空间安排如下：

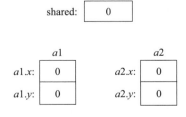

⊖ C++ 国际标准规定：static 的整型常量和枚举类型常量成员可以在类定义中进行初始化。

当通过一个对象改变了静态数据成员的值时，通过同类的其他对象可以看到这个修改。例如：

```
a1.increase_all();          // 通过对象 a1 把 shared 加 1
cout << a2.sum_all() << endl;  // 对象 a2 能知道对 shared 的修改，输出 1
```

类的静态数据成员会受到类的保护，只有该类的对象才能访问它们，程序的其他地方是不能访问它们的。另外，以静态数据成员来实现数据共享可使共享的数据与对象之间联系紧密，使程序易于理解与维护。

2. 静态成员函数

成员函数也可以定义成静态的，称为静态成员函数（static member function）。例如，在下面的类 A 定义中，set_shared 和 get_shared 就是两个静态成员函数：

```
class A
{   int x,y;
    static int shared;
  public:
    A() { x = y = 0; }
    static void set_shared(int i) { shared = i; }
    static int get_shared() { return shared; }
    ......
};
int A::shared=0;
```

需要注意的是，静态成员函数只能访问静态成员（包括静态的数据成员和静态的成员函数），并且，静态成员函数也需满足类的访问控制要求。另外，静态成员函数没有隐藏的 this 指针参数，这是因为静态成员函数是对静态数据成员进行操作，而静态数据成员是某类对象共享的，它们只有一个拷贝，因此，静态成员函数不需要知道某个具体对象。例如，要访问上面类 A 中的静态成员函数 get_shared，可以通过类 A 的对象来实现：

```
A a;
a.get_shared();
```

也可以直接通过类来完成：

```
A::get_shared();
```

在有些面向对象程序设计语言（如 Smalltalk）中，把类也看成是对象，其特征由元类（meta class）来描述。C++ 同样支持类也是对象这个观点，把类定义中的静态成员看成是属于类这个对象的，通过类名（类对象的名字）受限来访问类对象的成员。例如，用于创建动态对象的 new 操作就属于类这个对象，可以将 new 操作看作向类这个对象发送一条消息，让它创建相应类所描述的一个对象。

下面通过一个例子来进一步了解静态成员的使用。

【例 6-4】 实现对某类对象的计数功能。

解： 在程序执行的某个时刻，有时需要知道创建了多少个某类对象（还未消亡）。为了实现这个功能，我们可以在类中定义一个用来计数的静态数据成员，每创建一个该类的对象就把这个静态数据成员的值加 1，每撤销一个该类的对象就把该静态数据成员的值减 1。在程序运行的任何时刻，通过该静态数据成员，我们就可以知道某时刻该类对象的个数。

```
class A
```

```
{   static int obj_count;    //记录创建的对象个数
    ......
  public:
    A() { obj_count++; ...... }
    A(const A& a) { obj_count++; ...... }
    ~A() { obj_count--; ...... }
    static int get_num_of_objects() { return obj_count; }  //获得对象的个数
    ......
};
int A::obj_count=0;              //把创建的对象数初始化为 0
......
cout << A::get_num_of_objects() << endl; //在程序运行某时刻获得 A 类对象的个数
```

在上面的类 A 中定义了一个静态数据成员 obj_count，用于记录创建的 A 类对象数目，它被初始化为 0。每创建一个 A 类对象，就会在构造函数中把 obj_count 的值加 1，每消亡一个 A 类对象，就会在析构函数中把 obj_count 的值减 1。另外，类 A 中还定义了一个静态成员函数 get_num_of_objects，用于获得创建的、还未消亡的 A 类对象的数目，该静态成员函数可以通过类而不是 A 类对象来访问。

6.6.3　提高对象私有数据成员的访问效率——友元

根据数据封装的要求，类定义中的数据成员不能在外界直接访问，必须要通过类中定义的 public 成员函数来访问。在有些情况下，这种对数据的访问方式效率不高，为了提高在类的外部对类的数据成员的访问效率，在 C++ 的类定义中可以指定某个全局函数、某个其他类或某个其他类的某个成员函数能直接访问该类的私有（private）和受保护（protected）成员，它们分别称为友元函数、友元类和友元类成员函数，统称为友元（friend）。例如：

```
......
class A
{ ......
  friend void func();      //友元函数
  friend class B;          //友元类
  friend void C::f();      //友元类成员函数，假定 void f() 是类 C 的成员函数
};
```

友元的作用在于提高面向对象程序设计的灵活性，是数据保护和数据存取效率之间的一个折中方案。需要注意的是，某个类的友元不是该类的成员，并且，只有与该类密切相关且不适合作为该类成员的程序实体才需要说明成该类的友元。另外，友元关系具有不对称性，即假设 B 是 A 的友元，如果没有显式指出 A 是 B 的友元，则 A 不是 B 的友元；友元也不具有传递性，即假设 B 是 A 的友元、C 是 B 的友元，如果没有显式指出 C 是 A 的友元，则 C 不是 A 的友元。

下面通过一个例子来考察友元带来的好处。

【例 6-5】　用类来实现矩阵和向量类型并实现矩阵与向量相乘操作。

解： 矩阵类（Matrix）、向量类（Vector）以及实现矩阵与向量相乘操作的全局函数（multiply）定义如下：

```
#include <iostream>
#include <cstdlib>
using namespace std;
class Matrix                    //矩阵类
```

```
{   int *p_data;                              // 表示矩阵数据
    int row,col;                             // 表示矩阵的行数和列数
  public:
    Matrix(int r, int c)
    { if (r<= 0 || c <= 0)
      { cerr << " 矩阵尺寸不合法！\n";
        exit(-1);
      }
      row = r; col = c;
      p_data = new int[row*col];
    }
    ~Matrix()
    { delete []p_data;
    }
    int &element(int i, int j)        // 访问矩阵元素
    { if (i < 0 || i >= row || j < 0 || j >= col)
      { cerr << " 矩阵下标越界 \n";
        exit(-1);
      }
      return *(p_data+i*col+j);
    }
    int element(int i, int j) const    // 访问矩阵元素（为常量对象而提供）
    { if (i < 0 || i >= row || j < 0 || j >= col)
      { cerr << " 矩阵下标越界 \n";
        exit(-1);
      }
      return *(p_data+i*col+j);
    }
    int dimension_row() const         // 获得矩阵的行数
    { return row;
    }
    int dimension_column() const      // 获得矩阵的列数
    { return col;
    }
    void display() const              // 显示矩阵元素
    { int *p=p_data;
      for (int i=0; i<row; i++)
      { for (int j=0; j<col; j++)
        { cout << *p << ' ';
          p++;
        }
        cout << endl;
      }
    }
};
class Vector                          // 向量类
{   int *p_data;
    int num;
  public:
    Vector(int n)
    { if (n <= 0)
      { cerr << " 向量尺寸不合法！\n";
        exit(-1);
      }
      num = n;
      p_data = new int[num];
    }
    ~Vector()
```

```cpp
      { delete []p_data;
      }
      int &element(int i)                 // 访问向量元素
      { if (i < 0 || i >= num)
        { cerr << "向量下标越界! \n";
          exit(-1);
        }
        return p_data[i];
      }
      int element(int i) const       // 访问向量元素（为常量对象而提供）
      { if (i < 0 || i >= num)
        { cerr << "向量下标越界! \n";
          exit(-1);
        }
        return p_data[i];
      }
      int dimension() const          // 返回向量的尺寸
      { return num;
      }
      void display() const           // 显示向量元素
      { int *p=p_data;
        for (int i=0; i<num; i++,p++)
          cout << *p << ' ';
        cout << endl;
      }
};
void multiply(const Matrix &m, const Vector &v, Vector &r)// 矩阵与向量相乘
{ if (m.dimension_column() != v.dimension() ||  m.dimension_row() !=
  r.dimension())
    { cerr << "矩阵和向量的尺寸不匹配! \n";
      exit(-1);
    }
    int row=m.dimension_row(),col=m.dimension_column();
    for (int i=0; i<row; i++)
    { r.element(i) = 0;
      for (int j=0; j<col; j++)
        r.element(i) += m.element(i,j)*v.element(j);
    }
}
int main()
{ int row,column;
  cout << "请输入矩阵的行数和列数: ";
  cin >> row >> column;
  Matrix m(row,column);
  Vector v(column);
  Vector r(row);
  cout << "请输入矩阵元素: \n";
  int i,j;
  for (i=0; i<row; i++)
    for (j=0; j<column; j++)
      cin >> m.element(i,j);
  cout << "请输入向量元素: \n";
  for (i=0; i<column; i++)
    cin >> v.element(i);

  multiply(m,v,r);

  cout << "矩阵: \n";
```

```
            m.display();
            cout << " 与向量: \n";
            v.display();
            cout << " 的乘积为: \n";
            r.display();
            return 0;
        }
```

上述函数 multiply 中多次通过调用成员函数 element 访问 *m*、*v* 和 *r* 的元素，每一次调用中都要检查下标的合法性，因此效率不高。

如果把函数 multiply 作为类 **Matrix** 和 **Vector** 的友元函数，在函数 multiply 中直接存取它们的私有成员，将会大大提高效率：

```
class Vector;                              // 声明 Vector, 因为见到 Vector 的定义前需要用到它
class Matrix
{ ......
    friend void multiply(const Matrix &m, const Vector &v, Vector &r);
                                           // 这里提前用到 Vector
};
class Vector
{ ......
    friend void multiply(const Matrix &m, const Vector &v, Vector &r);
};
void multiply(const Matrix &m, const Vector &v, Vector &r)
{ if (m.col != v.num || m.row != r.num)
    { cerr << " 矩阵和向量的尺寸不匹配! \n";
      exit(-1);
    }
    int *p_m=m.p_data,*p_r=r.p_data,*p_v;
    for (int i=0; i<m.row; i++)
    { *p_r = 0;
      p_v = v.p_data;
      for (int j=0; j<m.col; j++)
      { *p_r += (*p_m)*(*p_v);
        p_m++;
        p_v++;
      }
      p_r++;
    }
}
```

*6.6.4　对象拷贝构造过程的优化——转移构造函数

当用一个即将消亡的对象去初始化另一个同类的对象时，目前的拷贝构造函数的实现效率有时是不高的。例如，对于下面的程序：

```
class A
{ char *p;
public:
    A(char *str) { p = new char[strlen(str)+1]; strcpy(p,str); }
    A(const A& x)                    // 拷贝构造函数
    { p = new char[strlen(x.p)+1];   // 申请空间
      strcpy(p,x.p);                 // 内容复制
    }
    ~A()
    { delete[]p;                     // 归还空间
```

```
      p = NULL;
   }
   ......
};
A f()
{ A t("1234");      // 创建局部对象 t（调用构造函数）
   ......
   return t;        // 创建返回值对象，用即将消亡的对象 t 对其进行初始化（调用拷贝构造函数）
                    // 然后，对象 t 消亡（调用析构函数）
}
int main()
{ ......
   ...f()...        // 使用函数 f 返回的临时对象
   ......
}
```

在函数 f 返回时将创建一个临时的返回值对象，并调用拷贝构造函数用对象 t 对其进行初始化，而在拷贝构造函数中要为该临时对象申请 p 所指向的空间并把对象 t 的内容复制到该空间中，初始化完之后，对象 t 消亡，调用析构函数归还 t 申请的空间。这里的问题是，在函数 f 中创建返回值对象时，由于对象 t 即将消亡（今后不再被使用），为什么不把对象 t 申请的空间直接带到返回值对象中来呢？这样可以避免为返回值对象申请新空间、内容复制以及归还对象 t 申请的空间所带来的开销，从而提高程序效率。

为了解决上面的问题，C++ 新国际标准提供了一种新的构造函数——转移构造函数（move constructor），可以在类中定义一个转移构造函数来实现资源的转移。例如，可以为上面的类 A 增加一个转移构造函数：

```
A(A&& x)            // 参数类型为右值引用类型 &&
{ p = x.p;          // 把参数对象 x 的成员 P 所指向的空间作为新对象 p 所指向的空间（资源转移）
   x.p = NULL;      // 使得参数对象 x 的成员 P 不再拥有原来所指向的空间
}
```

需要注意的是，转移构造函数的参数类型应为右值引用（rvalue reference，&&）类型，它是 C++ 新国际标准提供的一种新类型，该类型要求相应的实参只能是临时对象或即将消亡的对象。在类 A 中定义了上述转移构造函数后，在函数 f 中执行 "return t;" 操作时，编译程序发现 t 是一个即将消亡的对象，将会把它编译成去调用转移构造函数（而不是原来的拷贝构造函数）用对象 t 来对返回值对象进行初始化，该转移构造函数中不再为返回值对象申请 p 所指向的空间，而是直接使用对象 t 的成员 p 所指向的空间，对象 t 消亡时也不需要归还这个空间，而是等到返回值对象消亡时再归还。另外，在转移构造函数中，之所以要把参数对象 x 的成员 p 赋值为空，是为了保证实参对象 t 析构时不再归还这个空间。上面的做法一方面提高了空间利用效率，另一方面也避免了原来的内容复制工作，从而提高了程序效率。

6.7 操作符重载

6.7.1 操作符重载概述

程序设计语言提供了一系列对数据进行操作的操作符，对于这些操作符，语言往往规定了它们的操作数的类型，对于规定之外的数据类型（如类），语言提供的操作符一般不能直接对这些数据类型进行操作。如果能用语言提供的操作符对语言规定之外的数据类型直接进行操作，将提高语言的灵活性，给程序设计带来方便。

1. 操作符重载的需要性

在 C++ 提供的对基本数据类型和构造数据类型进行操作的操作符中，除了少数操作符（如赋值、成员选择、取地址等）外，C++ 并没有定义操作符对用户自定义类的操作，因此，它们是不能直接用来操作类的对象的。如果要用 C++ 的操作符（如 +、- 等）对某个类的对象进行操作，就需要针对相应的类，通过操作符重载（operator overloading）机制来增加这些操作符的功能。

为了说明操作符重载的需要性，首先来看一个例子。

【**例 6-6**】 实现复数的表示及其加法操作。

解： C++ 语言本身没有提供复数类型[⊖]，为了在程序中能够表示和处理复数，我们可以定义一个类来实现它：

```
class Complex
{   double real, imag;
  public:
    Complex(double r=0.0, double i=0.0) { real = r; imag = i; }
    void display() const            //复数显示
    { cout << real << '+' << imag << 'i';
    }
    ......                          //复数的其他操作
  };
```

为了能实现复数的加法操作，可以在上面复数类的定义中增加一个成员函数 add：

```
class Complex
{   double real, imag;
  public:
    ......
    Complex add(const Complex& x) const
    { Complex temp;
      temp.real = real+x.real;
      temp.imag = imag+x.imag;
      return temp;
    }
    ......
};
```

这样，对上面定义的复数类 Complex 的三个对象：

```
Complex a(1.0,2.0),b(3.0,4.0),c;
```

可以用下面的操作来实现复数 a 加上 b，结果赋给 c：

```
c = a.add(b);
```

实现复数的加法操作也可以不定义成员函数 add，而是定义一个全局函数 add：

```
class Complex
{   ......
    friend Complex add(const Complex& x1,const Complex& x2);
};
```

⊖ C++ 标准库中提供了 complex 类（模板），但它不属于 C++ 语言本身。

```
Complex add(const Complex& x1,const Complex& x2)
{ Complex temp;
  temp.real = x1.real+x2.real;
  temp.imag = x1.imag+x2.imag;
  return temp;
}
......
Complex a(1.0,2.0),b(3.0,4.0),c;
c = add(a,b);
```

虽然上述两种做法都能够实现复数的加法运算，但在数学上，我们习惯把复数相加写成：

```
c = a + b;
```

该写法比前面两种写法更自然、更容易理解。为了能够实现复数加法的这种数学写法，需要对操作符"+"进行重载，使得它的操作数类型可以是 Complex 类。

对操作符进行重载除了可以实现按照通常的习惯来对某个类的对象进行操作外，也能提高语言的灵活性和可扩展性，使得 C++ 操作符除了能对基本数据类型和构造数据类型的数据进行操作外，也能对类的对象进行操作。与函数名重载一样，操作符重载也是实现多态性的一种语言机制。

2. 操作符重载的方式

从数学上看，操作符实际上就是一种函数，其中，操作数是函数的参数，操作结果是函数的返回值。因此，在 C++ 中，操作符重载（operator overloading）是通过函数来实现的，即定义一个函数（称为操作符重载函数）来对某个操作符进行额外的解释（针对新的操作数类型），该函数以"operator <*某操作符*>"为函数名，函数的参数类型为 <*某操作符*> 的操作数类型，函数的返回值类型为 <*某操作符*> 的操作结果类型。

在 C++ 中，一般情况下，操作符重载既可以作为一个类的非静态的成员函数来实现（操作符 new 和 delete 除外），也可以用带有类、结构、枚举以及它们的引用类型参数的全局函数来实现。在有些情况下，操作符重载只能作为全局函数或成员函数来重载。

例如，我们可以用 C++ 的操作符重载机制针对例 6-6 中的 Complex 类定义一个名字为"operator +"的特殊函数，该函数可以作为 Complex 的成员函数来定义：

```
class Complex
{   double real, imag;
  public:
    ......
    Complex operator + (const Complex& x) const //操作符 "+" 的重载函数
    { Complex temp;
      temp.real = real+x.real;
      temp.imag = imag+x.imag;
      return temp;
    }
    ......
};
```

它也可以作为一个全局函数来定义：

```
class Complex
{ ......
  // 由于全局函数 operator+ 要访问类 Complex 的私有成员，因此要把它说明成类 Complex 的友元
```

```
    friend Complex operator + (const Complex& c1, const Complex& c2);
};
Complex operator + (const Complex& c1,const Complex& c2) // 操作符 "+" 的重载函数
{ Complex temp;
  temp.real = c1.real + c2.real;
  temp.imag = c1.imag + c2.imag;
  return temp;
}
```

定义了"operator +"这个特殊函数之后，对于例 6-6 中定义的三个 Complex 类的对象 a、b 和 c，我们就可以把复数的加法操作写成下面的数学形式了：

```
c = a + b;
```

3. 操作符重载的基本原则

在对 C++ 的操作符进行重载时，应遵循下面的基本原则。

（1）遵循已有操作符的语法

只能重载 C++ 语言中已有的操作符，不可臆造新的操作符，并且，单目操作符只能重载成单目；双目操作符只能重载成双目。另外，操作符重载后并不改变操作符原有的优先级和结合性。

（2）遵循已有操作符的语义（不是必需的）

重载操作符时应尽量遵循操作符原来的含义。如果某个操作符的已有语义对某类对象不是很适合，则不要重载它，用普通的成员函数来实现更容易理解。例如，对字符串类重载"++"和"--"操作符以实现字符串的大小写转换可能会给理解带来麻烦，而用成员函数 to_upper 和 to_lower 来实现可能更有利于理解。

（3）可重载的操作符

除了下面的五个操作符外，其他 C++ 操作符都可以重载：

"."（成员选择符），".*"（间接成员选择符），"::"（域解析符），"?:"（条件操作符），"sizeof"（数据占内存大小）

下面分别针对一般的操作符以及一些特殊操作符的重载进行详细介绍。

6.7.2　操作符重载的基本做法

操作符一般可分为双目操作符和单目操作符，它们的重载形式有所不同。

1. 双目操作符的重载

双目操作符一般可作为成员函数或全局函数来重载，下面对它们分别进行介绍，其中用"#"代表任意可以重载的双目操作符。

（1）作为成员函数重载双目操作符

作为成员函数重载双目操作符时，由于成员函数有一个隐藏的参数 this，它对应了重载操作符的第一个操作数，因此，只需再给出一个参数（作为第二个操作数）就行了，该参数的类型可以是任意的 C++ 类型（void 除外）。

双目操作符重载函数的定义格式如下：

```
class <类名>
{ ......
  <返回值类型> operator # (<类型>); // <类型> 为第二个操作数的类型
};
```

```
<返回值类型> <类名>::operator # (<类型> <参数>) { ...... }
```

双目操作符重载函数的使用格式是：

```
<类名> a;
<类型> b;
a # b
```

或

```
a.operator#(b)
```

【例 6-7】 实现复数的"等于"和"不等于"操作。

解： 可以通过针对复数类重载操作符"＝＝"和"！＝"来实现复数的"等于"和"不等于"操作。下面是程序代码：

```
class Complex
{   double real, imag;
  public:
    ......
    bool operator ==(const Complex& x) const
    { return (real == x.real) && (imag == x.imag);
    }
    bool operator !=(const Complex& x) const
    { return !(*this == x);        // 将调用重载函数 "operator ==" 来实现这里的 "==" 操作
    }
};
```

对类 Complex 重载了操作符"＝＝"和"！＝"之后，在程序中就可以用它们对复数类的对象进行"＝＝"和"！＝"操作了。例如：

```
Complex c1,c2;
......
if (c1 == c2)                      // 判断两个复数是否相等
  ......
```

需要注意的是：在复数的"等于"和"不等于"操作符重载的例子中，"！＝"的操作符重载函数是通过调用"＝＝"的操作符重载函数来实现的。这样做的好处是：当"等于"和"不等于"的含义发生变化时，只要修改"＝＝"操作符重载函数的实现就可以了，而"！＝"操作符重载函数则不需要改动。

（2）作为全局函数重载双目操作符

用全局函数来实现双目操作符重载时，操作符重载函数需要给出两个参数，其格式为：

```
<返回值类型> operator #(<类型 1> <参数 1>,<类型 2> <参数 2>) { ...... }
```

其中的 <类型 1> 和 <类型 2> 分别对应重载操作符的第一个和第二个操作数的类型，其中至少有一个为类、结构、枚举或它们的引用类型。

双目操作符重载函数的使用格式为：

```
<类型 1> a;
<类型 2> b;
a # b
```

或

```
operator#(a,b)
```

作为全局函数重载双目操作符时，如果操作符重载函数的参数类型为某个类，并且在操作符重载函数中需要访问参数类的私有成员（提高访问效率），则还需要把该操作符重载函数说明成相应类的友元。例如，对例 6-7 中的复数类 Complex 的 " == " 和 " != " 操作符也可以通过下面的全局函数来重载：

```
class Complex
{   double real, imag;
  public:
     ......
  friend bool operator ==(const Complex& c1, const Complex& c2);
  friend bool operator !=(const Complex& c1, const Complex& c2);
};
bool operator ==(const Complex& c1, const Complex& c2)
{ return (c1.real == c2.real) && (c1.imag == c2.imag);
}
bool operator !=(const Complex& c1, const Complex& c2)
{ return !(c1 == c2); // 将调用重载函数 "operator ==" 来实现这里的 "==" 操作
}
```

大部分可重载的双目操作符既可以作为成员函数也可以全局函数来重载，在有些情况下，双目操作符必须以全局函数来重载才能满足某些使用上的要求。

【例 6-8】　重载操作符 " + "，使其能够实现实数与复数的混合运算。

解：可以定义操作符 " + " 的三个重载函数分别实现复数＋复数、复数＋实数、实数＋复数运算，下面用全局函数来实现它们：

```
class Complex
{   double real, imag;
  public:
     ......
  friend Complex operator + (const Complex& c1, const Complex& c2);
  friend Complex operator + (const Complex& c, double d);
  friend Complex operator + (double d, const Complex& c);
};
Complex operator + (const Complex& c1, const Complex& c2)
{ return Complex(c1.real+c2.real,c1.imag+c2.imag);
}
Complex operator + (const Complex& c, double d)
{ return Complex(c.real+d,c.imag);
}
Complex operator + (double d, const Complex& c)
{ return Complex(d+c.real,c.imag);
}
......
Complex a(1,2),b(3,4),c1,c2,c3;
c1 = a + b;
c2 = b + 21.5;
c3 = 10.2 + a;
```

上面的操作符 " + " 重载函数中，前两个也可以用成员函数来实现，但第三个重载函数则必须用全局函数来实现，因为它的第一个操作数的类型是 double，而成员函数的第一个参数为隐藏的 this 指针，其类型为 Complex *const this，因此，不能用成员函数来实现上面的第三个重载函数。

2. 单目操作符的重载

单目操作符也可作为成员函数或全局函数来重载，下面分别介绍这两种重载形式，其中

的 "#" 代表可重载的单目操作符。

（1）作为成员函数重载单目操作符

因为成员函数已经有一个隐藏的参数 this 了，它对应着单目操作符的操作数，因此，作为成员函数重载单目操作符时不需要再给出参数了。

单目操作符重载函数的定义格式是：

```
class <类名>
{ ......
  <返回值类型> operator #();
};
<返回值类型> <类名>::operator #() { … }
```

单目操作符重载函数的使用格式为：

```
<类名> a;
#a
```

或

```
a.operator#()
```

例如，下面对复数类重载了取负数操作：

```
class Complex
{ ......
  public:
    ......
    Complex operator -() const
    { Complex temp;
      temp.real = -real;
      temp.imag = -imag;
      return temp;
    }
};
......
Complex a(1,2),b;
b = -a;                                    // 把 b 修改成 a 的负数
```

对于单目操作符，前面给出的重载函数实现的是单目操作符的前置用法，而操作符 "++" 和 "--" 有前置和后置两种用法，如果没有特别说明，操作符 "++" 和 "--" 的后置用法也采用前置用法的重载函数。为了能够区分前置及后置的 "++" 和 "--" 的重载，可另外定义带有一个 int 型参数的操作符 "++" 和 "--" 的重载函数，这样，"++" 和 "--" 的后置用法将采用这个重载函数。例如：

```
class Counter
{   int value;
  public:
    Counter() { value = 0; }
    Counter& operator ++()            // 前置的 "++" 重载函数
    { value++;                        // 对象的值增加 1
      return *this;                   // 返回值增加 1 之后的对象
    }
    const Counter operator ++(int)    // 后置的 "++" 重载函数
    { Counter temp=*this;             // 保存值增加 1 之前的对象
      ++(*this);                      // 调用前置的 "++" 重载函数来使得对象的值增加 1
```

```
        return temp;      // 返回一个临时对象，它的值与增加 1 之前的对象相同
    }
};
......
Counter a,b,c;
b = ++a;              // 使用上述类定义中不带参数的操作符 "++" 重载函数
c = a++;              // 使用上述类定义中带 int 型参数的操作符 "++" 重载函数
```

在上面的操作符"++"后置用法的重载函数中，int 参数只起到区分后置用法重载函数与前置用法重载函数的作用，一般不作为其他用途。另外，之所以把前置用法的操作符"++"重载函数的返回值类型定义为引用类型，而把后置用法的操作符"++"重载函数的返回值类型定义为值类型，是因为前置操作符"++"的结果为增加 1 之后的原对象（++*a* 的结果为增加 1 之后的 *a*），而后置操作符"++"的结果为一个临时对象，它的值与增加 1 之前的对象相同（*a*++ 的结果与增加 1 之前的 *a* 相同）。

（2）作为全局函数重载单目操作符

用全局函数实现单目操作符重载函数时，只需要指定一个参数，并且该参数的类型必须是类、结构、枚举或它们的引用类型。

单目操作符重载函数的定义格式为：

< 返回值类型 > operator #(*< 类型 > < 参数 >*) {......}

它的使用格式为：

< 类型 > a;
#a

或

```
operator#(a)
```

为了能够区分前置的"++"（"--"）和后置的"++"（"--"），也可以另外定义一个重载函数作为后置用法的重载函数，该函数需加上一个 int 型参数。例如，下面是操作符"++"的后置重载函数的原型：

< 返回值类型 > operator ++(*< 类型 > < 参数 >*, int);

6.7.3　一些特殊操作符的重载

在 C++ 中，除了用于对数据进行运算的操作符外，还有一些非运算类的操作符，如赋值操作符"="、下标操作符"[]"、类成员访问操作符"->"、动态存储分配与去配操作符 new 和 delete、函数调用操作符"()"以及类型转换操作符（通过类型名）等，这些操作符在程序中经常用到。

对于自定义类的对象，上述操作符有些可以直接使用（如赋值、类成员访问、动态存储分配与去配等，系统提供了隐式操作），有些不能直接使用（如下标操作、类型转换操作、函数调用操作等）。对于能够直接使用的操作符，系统隐式的操作有时不能满足实际要求，而对于不能直接使用的操作符，有时会给程序设计带来不便，因此，在程序中常常需要自己重载这些操作符。下面将分别对这些特殊操作符的重载进行介绍。

1. 赋值操作符"="重载

两个同类型的对象之间可以赋值，其含义是用一个对象的状态来改变另一个对象的状

态。C++ 编译程序通常会为每个类定义一个隐式的赋值操作符重载函数，其原型为：

```
A& A::operator = (const A& a);
```

它的行为是：逐个成员进行赋值操作（member-wise assignment）。对于普通成员，它采用常规的赋值操作，而对于成员对象，则调用该成员对象类的赋值操作符重载函数进行赋值操作，该定义对成员对象是递归的。需要注意的是，如果一个类中包含常量或引用成员，则系统不会为其定义隐式赋值操作符重载函数。

有时，隐式的赋值操作符 "=" 重载函数不能满足需要。例如，对于下面的类 A 和相应的赋值操作：

```
class A
{   int x,y;
    char *p;
  public:
    A() { x = y = 0; p = NULL; }
    A(const char *str)
    { p = new char[strlen(str)+1];
      strcpy(p,str);
      x = y = 0;
    }
    ~A()
    { delete []p;
      p = NULL;
    }
};
A a("xyz"),b("abcdefg");
......
a = b;                          // 隐式赋值操作
......
```

上面的隐式赋值操作会使 *a.p* 和 *b.p* 指向同一块内存区域，它除了会产生与隐式拷贝构造函数类似的问题（两个对象互相干扰以及一块空间将被归还两次，参见 6.4.4 节）以外，还会导致内存泄漏：*a.p* 原来指向的空间丢掉了（成了 "孤儿"）！

与拷贝构造类似，隐式赋值操作属于一种 "浅" 赋值，为了解决上面的问题，可以以自己定义赋值操作符重载函数来实现 "深" 赋值：

```
A& A::operator = (const A& a)
{ if (&a == this) return *this;     // 防止自身赋值，如 v=v;
  delete []p;                       // 归还原来的空间
  p = new char[strlen(a.p)+1];      // 重新申请空间
  strcpy(p,a.p);                    // 内容复制
  x = a.x; y = a.y;
  return *this;
}
```

需要注意的是，对于包含成员对象的类来说，自己定义的赋值操作符重载函数不会自动地去调用成员对象的赋值操作符重载函数，必须要在自己定义的赋值操作符重载函数中显式地指出，例如：

```
class A
{ ......
};
class B
```

```
{   A a;
    int x,y;
  public:
    ......
    B& operator = (const B& b)
    { if (&b == this) return *this;
      a = b.a;              // 调用类 A 的赋值操作符重载函数来实现成员对象的赋值
      x = b.x;
      y = b.y;
      return *this;
    }
};
```

一般来讲，需要自定义拷贝构造函数的类通常也需要自定义赋值操作符重载函数。另外，要注意拷贝构造函数和赋值操作符 "=" 重载函数的区别：

- 如果创建一个新对象时用另一个已存在的同类对象对其进行初始化，则调用拷贝构造函数；
- 对两个已存在的对象，如果用其中一个对象来改变另一个对象的状态，则调用赋值操作符重载函数。

例如：

```
A a;
A b=a;                     // 调用拷贝构造函数，它等价于：A b(a);
......
b = a;                     // 调用赋值操作符重载函数
```

在上面的程序中出现了两个操作符 "="，它们的含义是不一样的。前一个是初始化操作，它将调用拷贝构造函数，而后一个是赋值操作，它调用的是赋值操作符重载函数，这一点需要注意。

与拷贝构造函数的情况类似（参见 6.6.4 节），对于赋值操作符重载函数，当用于赋值的对象是一个临时的或即将消亡的对象时，目前的赋值操作符重载函数的实现效率有时是不高的。例如，对于下面的程序：

```
class A
{ char *p;
public:
  A(char *str) { p = new char[strlen(str)+1]; strcpy(p,str); }
  ~A() { delete[]p; p = NULL;}
  A& operator=(const A& x)
  { if (&x == this) return *this;
    delete []p;            // 归还旧空间
    p = new char[strlen(x.p)+1]; // 申请新空间
    strcpy(p,x.p);         // 内容复制
    return *this;
  }
  ......
};
A f();                     // 将返回一个类 A 的临时对象作为返回值
int main()
{ A a="abcd";
  ......
  a = f();                 // 把函数 f 返回的临时对象赋值给对象 a（调用赋值操作符重载函数），
                           // 然后，函数 f 返回的临时对象消亡（调用析构函数）
  ......
}
```

上面程序中的赋值操作"a = f();"将调用赋值操作符重载函数对 *a* 进行赋值操作，该函数中首先归还对象 *a* 申请的旧空间，然后为 *a* 申请新的空间并把函数 *f* 返回对象的内容复制到该新空间中，赋值操作完之后，函数 *f* 返回的对象消亡，调用析构函数归还其空间。问题是，函数 *f* 返回的是一个临时对象，它在赋值操作之后将消亡（今后不再被使用），为什么在赋值时不把函数 *f* 返回值对象申请的空间直接带到对象 *a* 中来呢？这样可以避免为对象 *a* 申请新空间、内容复制以及归还为函数 *f* 返回值对象申请的空间所带来的开销，提高程序效率。

C++ 新国际标准为了解决上面的问题提供了解决方案：可以在类中定义一个转移赋值操作符重载函数（move assignment operator）来实现资源的转移。例如，可以为上面的类 A 增加一个转移赋值操作符重载函数：

```
A& operator=(A&& x)        // 参数类型为右值引用
{ delete []p;              // 归还旧空间
  p = x.p;                 // 使用参数对象的空间（资源转移）
  x.p = NULL;              // 使得参数对象不再拥有空间
  return *this;
}
```

上面函数的参数类型为 C++ 新国际标准为 C++ 提供的一种新类型——右值引用（rvalue reference，&&）类型，它要求相应的实参只能是临时对象或即将消亡的对象。当编译程序发现用于赋值的对象是一个临时的或即将消亡的对象时，将会去调用转移赋值操作符重载函数来实现对象的赋值。在类 A 中定义了上述转移赋值操作符重载函数后，在函数 main 中执行"a = f();"操作时，将会去调用转移赋值操作符重载函数，该函数不再为对象 *a* 重新分配空间，而是从函数 *f* 的返回值对象中获得，这样使得该程序的执行效率大大提高！另外，在转移赋值操作符重载函数中，把参数对象 *x.p* 赋值为空，是为了使得实参对象析构时不再归还资源！

2. 数组元素访问操作符（或下标操作符）"[]"重载

对于有些类的对象，其数据成员之间具有一种线性的次序关系，这时，用类似于访问数组元素的下标操作来访问它的数据成员可能会更自然一些。在 C++ 中，可以通过重载数组元素访问操作符（[]）来实现这样的要求。例如，对于例 6-3 中定义的字符串类，我们可以通过重载数组元素访问操作符用下标形式来访问字符串中的每个字符：

```
class String
{  char *p;
  public:
    ......
    char& operator [](int i)    // 操作符 "[]" 的重载函数
    { if (i >= strlen(p) || i < 0)
      { cerr << " 下标越界错误 \n";
        exit(-1);
      }
      return p[i];
    }
};
......
String s("abcd");
for (int i=0; i<s.length(); i++)
  if (s[i] >= 'a' && s[i] <= 'z') s[i] = s[i]-'a'+'A';
```

虽然上面的字符串 *s* 也可以直接用字符数组来表示，但由于程序运行时不对访问数组元素的下标越界进行检查，因此会导致一些不易发现的程序错误，而把数组表示的数据封装在一个类中，在重载的数组元素访问操作符函数中进行下标的有效性检查，这将有利于发现程序中与数组下标越界有关的错误。

3. 动态存储分配与去配操作符 new 与 delete 重载

当用操作符 new 和 delete 来创建和撤销动态对象时，操作符 new 和 delete 将调用系统的堆内存管理来进行动态内存的分配与归还。对某个类而言，系统的堆内存管理的效率是不高的，这是因为系统的堆内存管理要考虑各种大小的堆内存的分配与归还，特别地，系统的堆内存管理会面临"碎片"问题，即，经过多次分配与归还操作之后，在系统的堆内存中可能会出现很多不连续的很小的自由空间，对于一个新的分配空间请求，有时会面临这些自由空间中每一个空间的大小都不能满足要求但它们的总和能够满足要求的问题，这时，为了能够进行存储分配，系统的堆内存管理往往要对已分配的空间进行移动以便把较小的自由空间合并为较大的自由空间，而这种存储空间的移动操作需要花费大量的时间，从而影响存储分配的效率。

对于某个类来讲，可以通过重载操作符 new 与 delete 来自己实现堆内存的管理，这样可提高堆内存的分配和归还的效率，并且，不会面临"碎片"问题。需要注意的是，操作符 new 有两个功能，即为动态对象分配空间和调用对象类的构造函数；操作符 delete 也有两个功能，即调用对象类的析构函数和释放对象的空间。对操作符 new 和 delete 进行重载时，重载的是它们的分配空间和释放空间的功能，不影响对构造函数和析构函数的调用。另外，在 C++ 中，new 和 delete 只能作为类的静态成员来重载（static 说明可以不写），因为它们属于类的操作，与具体的对象无关（用 new 创建一个对象时，该对象还不存在呢！）

下面首先介绍操作符 new 和 delete 重载的基本用法，然后通过一个例子来介绍如何自己实现堆空间的管理。

（1）重载操作符 new

操作符 new 必须作为静态的成员函数来重载，其格式为：

```
void *operator new(size_t size,…);
```

该函数的名字为 operator new，返回类型必须为 void *，第一个参数 size 是需要分配的内存空间大小，其类型为 size_t（unsigned int），其他参数可有可无。例如，下面的类 A 中重载了操作符 new：

```
#include <cstring>
#include <cstdlib>
class A
{   int x,y;
  public:
    void *operator new(size_t size)
    { void *p=malloc(size);  //申请堆空间
      memset(p,0,size);      //memset 为 C++ 标准库函数，把申请到的堆空间初始化为全 "0"
      return p;
    }
    ......
};
```

上面操作符 new 重载函数的行为与系统提供的 new 的功能差不多，区别在于它对申请来的空间进行了初始化，其好处是为一个没有定义任何构造函数的类的对象提供初始化（虽然编译程序可能会为之提供一个默认构造函数，但该默认构造函数除了负责调用成员对象类和基类的构造函数外，它不会对本类中的普通成员进行初始化）。

重载操作符 new 之后，可以按通常的方式去使用它。例如，对于下面创建的一个动态对象：

```
A *p=new A;
```

系统首先自动计算对象所需的内存大小，然后把它作为实参去调用 new 的重载函数，重载函数通过形参 size 获得所需的内存空间大小，并根据 size 去为对象分配空间，在 new 的重载函数返回分配到的内存空间地址前，会去自动调用对象类的构造函数对对象进行初始化。

除了 size 参数外，操作符 new 的重载函数也可以有其他参数，这时，动态对象的创建格式为：

```
A *p=new (…) A;
```

上面的"…"表示传给 new 重载函数的其他实参。例如，下面是操作符 new 的重载函数和用它创建的动态对象：

```
#include <cstring>
class A
{  ......
  public:
    A(int i) { ...... }
    void *operator new(size_t size,void *p)
    { return p;
    }
};
char buf[sizeof(A)];
A *p=new (buf) A(0); // 把 buf 的地址传给 new 操作符重载函数的形参 p
```

在上面创建动态对象的操作中，buf 是传给 new 操作符重载函数的第二个参数，而 0 则是传递给类 A 构造函数的参数。需要注意的是，对于上面创建的动态对象，其内存空间不是在程序的堆区分配的，而是由创建者提供的。对于这样的动态对象，如果要使其消亡，则不应该用 delete 操作，而是通过直接调用对象类的析构函数来实现：

```
p->~A();
```

如果用 delete 操作来撤销上面的动态对象，将会导致程序异常终止，这是因为系统提供的 delete 操作将会把对象的空间归还到程序的堆区中，而该对象的空间不是在程序堆区中分配的。

new 的重载函数可以有多个（参数要有所不同），并且，一旦在一个类中重载了 new，则通过 new 动态创建该类的对象时将不再调用系统提供的 new 操作来分配内存空间，而是调用自己的 new 操作符重载函数来分配空间。

（2）重载操作符 delete

一般来说，如果对某个类重载了操作符 new，则也要相应地重载操作符 delete。操作符 delete 也必须作为静态的成员函数来重载，其格式为：

```
void operator delete(void *p, size_t size);
```

该函数的名字为 operator delete，返回类型必须为 void，第一个参数 p 为对象的内存空间地址，其类型为 void *，第二个参数可有可无，如果有，则必须是 size_t 类型。需要注意的是：操作符 delete 的重载一定要与操作符 new 的重载互相配合才能正确发挥作用，即 delete 重载函数要根据 new 重载函数是如何分配空间的来归还相应的空间。

重载之后的操作符 delete 的使用格式与未重载的 delete 完全相同：

```
A *p=new A;
......
delete p;
```

当用 delete 撤销一个对象时，系统首先调用对象的析构函数，然后调用 delete 的重载函数并把该对象的地址传给它的第一个形参 p。如果 delete 的重载函数有第二个参数，则系统会把欲撤销的对象的大小传给它。

delete 的重载函数只能有一个，在某类中重载了 delete 后，通过 delete 撤销对象时将不再调用系统提供的 delete 操作，而是调用自己重载的 delete 操作。

下面通过一个例子来体会重载 new 和 delete 的实际意义所在。

【例 6-9】 重载操作符 new 与 delete 来管理某类对象的堆空间。

解：就某一个类的动态对象而言，系统的堆空间管理效率是不高的，因为要考虑程序中各种大小的空间的申请和释放，还要处理"碎片"问题。程序自己来管理堆内存可以提高程序为某类动态对象分配内存的效率，其基本思想是：在创建该类的第一个对象时，先调用系统的堆存储分配功能从系统的堆区中申请一块较大的内存空间，然后把它划分成若干个小空间（每个小空间能存储一个该类对象），并用链表形式把这些小空间链接起来，从中分配一块小空间给第一个对象。今后再创建该类的第二个对象、第三个对象……时，就不需要再调用系统堆存储分配来为对象分配空间了（除非第一次申请的大空间不够用了），而是在第一次申请来的大空间的链表中为对象分配空间。当该类的一个对象消亡时，对象的空间暂时不归还到系统堆空间中去，而是归还到申请来的大空间的链表中，等程序结束时再归还到系统堆空间中去。下面是具体做法：

```
#include <cstring>
#include <cstdlib>
const int NUM=32;
class A
{ ......                                // 类 A 的已有成员说明
  public:
    static void *operator new(size_t size);
    static void operator delete(void *p);
  private:
    static A *p_free;                    // 用于指向 A 类对象的自由空间链表的表头
    A *next;                             // 用于组织 A 类对象自由空间的链表
};
A *A::p_free=NULL;
void *A::operator new(size_t size)
{ if (p_free == NULL)                    // 第一次创建对象或上一次申请的大空间已用完
  { p_free = (A *)malloc(size*NUM);      // 申请能存储 NUM 个 A 类对象的动态数组（大空间）
    for (int i=0; i<NUM-1; i++)          // 建立自由节点链表
      p_free[i]->next = &p_free[i+1];
    p_free[NUM-1].next = NULL;
  }
  // 在自由节点链表中为当前创建的对象分配空间
```

```
    A *p=p_free;
    p_free = p_free->next;
    memset(p,0,size);        // 把对象空间初始化为全 "0"。如果类中有构造函数，这个操作可以不要
    return p;
}
void A::operator delete(void *p)
{                            // 把 p 指向的对象空间归还到自由节点链表中
    ((A *)p)->next = p_free;
    p_free = (A *)p;
}
```

当第一次创建类 A 的对象时，操作符 new 重载函数将申请一块能够存储 NUM 个 A 类对象的堆空间并建立起初始的自由节点链表（如图 6-3a 所示），每个节点大小为一个 A 类对象的大小，然后，从自由节点链表中为 A 类对象分配空间。A 类对象消亡时，对象空间也归还到这个自由节点链表中。值得注意的是，在初始状态下，自由链表中的节点在内存中是连续存储的，但经过若干次分配与释放之后，自由节点链表中的节点就可能不再是连续存储了（如图 6-3b 所示，阴影节点为已分配的空间）。

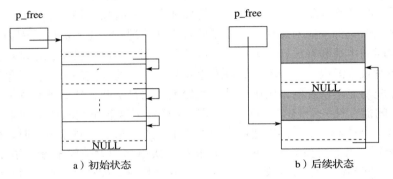

　a）初始状态　　　　　　　　　　　　b）后续状态

图 6-3　单块中的自由节点链表

当一块自由空间被分配完之后，指针 p_free 又变成了 NULL，这时，如果再创建类 A 的对象，则操作符 new 的重载函数将会再申请一块能够存储 NUM 个 A 类对象大小的堆空间并建立节点的链表，新的 A 类对象将从这个链表中分配空间。需要注意的是，经过若干次分配与释放之后，各个大块之间的自由节点最终会交织地链接在一起，如图 6-4 所示。

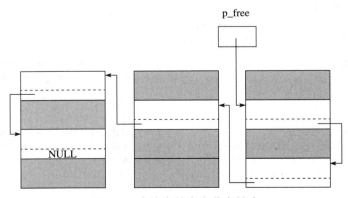

图 6-4　多块中的自由节点链表

在上面定义的类 A 中，操作符 delete 重载函数只是把对象的空间归还到自己组织的自由节点链表中，并没有考虑如何在程序结束时把申请来的这些存储块归还到堆空间中去（请读者自己考虑如何处理）。

除了单个动态对象的创建与撤销操作外，还可以对动态对象数组的创建与撤销操作进行重载，它们的操作符重载函数是：

```
void *operator new[](size_t size);
void operator delete[](void *p);
```

下面的动态对象数组的创建与撤销操作将会调用上面的重载函数：

```
A *p=new A[10];     //调用重载函数 operator new[]，其参数 size 为整个数组的大小
......
delete []p;         //调用重载函数 operator delete[]，其参数 p 为数组的首地址
```

需要注意的是，如果类（或基类和成员对象类）中有析构函数，则重载函数 operator new[] 的参数 size 得到的值将会比数组的实际空间多 4 个字节，这 4 个字节的空间中将会自动存储数组元素的个数，其目的是在进行 delete[] 操作时能够知道数组中有多少个对象，从而能针对每个对象去调用它们的析构函数。

4. 函数调用操作符"()"重载

在 C++ 中，把函数调用也作为一种操作符来看待，并且可以针对某个类来重载之，重载函数调用操作符之后，就可以把相应类的对象当作函数来使用了。例如，在下面的类 A 中重载了函数调用操作符"()"：

```
......
class A
{   int value;
  public:
    A() { value = 0; }
    A(int i) { value = i; }
    int operator () (int x)    //函数调用操作符 "()" 的重载函数
    { return x+value;
    }
};
......
A a(3);
cout << a(10) << endl;    //a(10) 将会去调用 A 中的函数调用操作符重载函数，10 作为实参
```

在上面的程序中，由于在类 A 中重载了函数调用操作符"()"，因此，可以把 A 类对象 *a* 当作一个函数来使用。*a*(10) 表示调用 *a* 作为函数名的函数，函数的参数为 10，这时，它将通过调用类 A 中的函数调用操作符重载函数，即 *a*.operator()(10)，最后输出 13。

函数调用操作符重载主要用于具有函数性质的对象——函数对象（functor），该对象通常只包含一个操作，它除了具有一般函数的行为外，还可以拥有状态，可以实现含有 static 存储类局部变量的全局函数的功能。例如，下面的函数对象 random_num 实现了例 4-7 中的随机数函数的功能：

```
class RandomNum
{   unsigned int seed;
  public:
    RandomNum(unsigned int i) { seed = i; }
    unsigned int operator ()()    //函数调用操作符重载
```

```
    { seed = (25173*seed+13849)%65536;
      return seed;
    }
};
......
RandomNum random_num(1); // 创建一个函数对象
...random_num()...        // 利用函数对象产生一个随机数
```

函数对象可作为参数传给一个函数，在该函数中把它作为函数来使用。C++ 的匿名函数（λ 表达式）实际上就是通过函数对象来实现的。对于一个 λ 表达式，系统首先隐式地定义一个类，该类的数据成员对应 λ 表达式中用到的环境变量（在类中用构造函数对它们进行初始化），该类的成员函数是按 λ 表达式实现的一个函数调用操作符重载函数；然后隐式地创建上述类的一个临时对象；最后，在使用 λ 表达式的地方用该临时对象来替代。

5. 间接类成员访问操作符 "->" 重载

"->" 为一个双目操作符，其第一个操作数为一个指向类或结构的指针，第二个操作数为第一个操作数所指向的类（或结构）的成员。可以针对某个类重载操作符 "->"，从而把该类的对象当作一个指针来用，它与普通指针的不同之处在于，用该指针对象访问另一个对象的成员时，能在访问前做一些额外的事情，因此，我们称它为 "智能指针"（smart pointer）。

操作符 "->" 重载之后，其第一个操作数不再是一个通常意义上的指针，而是一个具有指针功能的对象。请仔细体会下面的例子。

【例 6-10】 实现在程序执行的某个时刻能够获得对一个对象的访问次数。

解： 对于下面类 A：

```
class A
{   int x,y;
  public:
    void f();
    void g();
};
```

如果需要知道在下面的函数 func 中对 A 类对象 *a* 的访问次数：

```
void func(A *p)
{ ......
  p->f();
  ......
  p->g();
  ......
}
......
A a;
func(&a);
......                        // 调用完 func 后，如何知道在 func 中访问了 a 多少次
```

一种做法是重新定义 A，为其增加一个访问计数器 count：

```
class A
{   int x,y;
    int count;
  public:
    A() { count = 0; ... }
```

```
    void f() { count++; ... }
    void g() { count++; ... }
    int num_of_access() const { return count; }
};
......
A a;
func(&a);
... a.num_of_access() ...      // 获得对 a 的访问次数
```

这种做法的缺点是实现起来比较麻烦，它要求修改类 A 的定义，为类 A 的所有允许外界访问的成员函数中加上 "count++;" 操作。另外，如果类 A 中有允许外界访问的数据成员，则对数据成员的访问无法计数。

解决本例问题的另一个办法是不修改类 A，而是定义一个类 B，类 B 有一个指向 A 类对象的数据成员，在类 B 中重载操作符 "->"，使得类 B 在形式上可以被当作指针类型来用：

```
class B                        // 智能指针类
{  A *p_a;
   int count;
 public:
   B(A *p)
   { p_a = p;
     count = 0;
   }
   A *operator ->()            // 操作符 "->" 的重载函数，返回一个通常的指针
   { count++;
     return p_a;
   }
   int num_of_a_access() const
   { return count;
   }
};
......
A a;
B b(&a);                       // b 为一个智能指针，它 " 指向 "a
b->f();                        // 等价于 b.operator->()->f(); ，即访问的是 a.f()
b->g();                        // 等价于 b.operator->()->g(); ，即访问的是 a.g()
```

这样，本例的问题就可以通过把指向对象 *a* 的智能指针对象 *b* 传给函数 func 来解决：

```
void func(B &p)
{ ......
  p->f();                      // 这里的 p 是一个智能指针对象
  ......
  p->g();                      // 这里的 p 是一个智能指针对象
  ......
}
......
A a;
B b(&a);                       // b 为一个智能指针，它 " 指向 "a
func(b);
... b.num_of_a_access()...     // 获得对 a 的访问次数
```

值得注意的是，上面使用的操作符 "->" 是重载过的操作符，其第一个操作数不是一个通常的指针，而是一个具有指针功能的对象（"智能指针"），因此不能按照普通的间接访问成员操作来理解。例如，对于 *b->f()*，不能把它理解成访问指针变量 *b* 所指向的对象的成员函数 *f*，而应按照 *b.operator->()->f()* 来理解。

可以将上述对象 *a* 看作一个共享资源，通过"智能指针"来访问它，可以实现对资源访问的次数进行统计。

为了完全模拟普通指针的功能，针对智能指针类，还可以重载"*"（对象间接访问）、"[]""+""-""++""--"等操作符。例如，对于下面的智能指针类：

```
class B                        // 智能指针类
{   A *p_a;
  public:
    B(A *p) { p_a = p; }
    A *operator ->() { return p_a; }
    A& operator *()
    { return *p_a;
    }
    A& operator [](int i)
    { return p_a[i];
    }
    ......
};
```

我们可以实施下面的操作：

```
A a[10];
B b(&a[0]);                    // 智能指针，可写成 B b=&a[0];
b->f();                        // a[0].f();
(*b).f();                      // a[0].f();
b[2].f();                      // a[2].f();
......
```

6. 类型转换操作符重载

对于基本数据类型，类型转换（隐式或显式）在变量的初始化、赋值、混合类型运算、参数传递以及函数重载的绑定方面发挥了一定的作用。对于用户自定义的类，C++ 也提供了定义类型转换的机制，它通过带一个参数的构造函数和对类型转换操作符重载来实现一个类与其他类型之间的转换。

（1）带一个参数的构造函数用作类型转换

带一个参数的构造函数可以用作从一个基本数据类型或其他类到一个类的转换。例如，在复数类中增加一个参数类型为 double 的构造函数，它可以用作把一个 double 型的数据转换成 Complex 类的对象：

```
class Complex
{   double real, imag;
  public:
    Complex() { real = 0; imag = 0; }
    Complex(double r)              // 一个参数的构造函数可兼作类型转换用
    { real = r;
      imag = 0;
    }
    Complex(double r, double i) { real = r; imag = i; }
    ......
  friend Complex operator + (const Complex& x, const Complex& y);
};
Complex operator + (const Complex& x, const Complex& y)
{ Complex temp;
  temp.real = x.real+y.real;
  temp.imag = x.imag+y.imag;
```

```
        return temp;
    }
    ......
    Complex c(1,2);
    ...(c+1.7)...              // 1.7 隐式转换成一个复数对象 Complex(1.7)
    ...(2.5+c)...              // 2.5 隐式转换成一个复数对象 Complex(2.5)
```

在上面的例子中，由于可以从一个 double 类型的数据隐式转换成一个 Complex 类的对象，这样就可以减少操作符重载函数的数量，因此不必再额外定义操作符"＋"的另外两个参数类型分别为（double, const Complex&）和（const Complex&, double）的全局重载函数，就能实现 Complex 和 double 类型数据之间的混合"＋"操作。

（2）自定义类型转换

在一个类中，可以对类型转换操作符进行重载，从而可以实现从一个类到一个基本数据类型或其他类的转换。例如，在下面的类 A 中重载了类型转换操作符 int，这样就能够进行 int 型数据与 A 类对象之间的各种运算：

```
class A
{   int x,y;
   public:
      ......
      operator int() { return x+y; }    // 类型转换操作符 int 的重载函数
};
......
A a;
int i=1;
...(i+a)...               // 将调用类型转换操作符 int 的重载函数把对象 a 隐式转换成 int 型数据
```

但是，当在一个类中同时定义了具有一个参数（*t* 类型）的构造函数和 *t* 类型转换操作符重载函数时，将会产生歧义。例如：

```
class A
{   int x,y;
   public:
      A() { x =0;  y = 0; }
      A(int i) { x = i; y = 0; }
      operator int() { return x+y; }
   friend A operator +(const A &a1, const A &a2);
};
A operator +(const A &a1, const A &a2)
{ A temp;
  temp.x = a1.x + a2.x;
  temp.y = a1.y + a2.y;
  return temp;
}
......
A a;
int i=1;
...(a+i)...               // 是把 a 转换成 int 呢，还是把 i 转换成 A 呢？
```

对上面的问题，可以用显式类型转换来解决：

```
...((int)a + i)...       // 把 a 转换成 int
```

或

```
...(a + (A)i)...         // 把 i 转换成 A
```

也可以通过给类 A 的构造函数 A(int i) 加上一个修饰符 explicit 来解决：

```
class A
{ ......
  explicit A(int i) { x = i; y = 0; }
  ......
};
```

explicit 的含义是：禁止把 A(int *i*) 当作隐式类型转换符来使用。这样，上面的"a+i;"
就只有一个含义：把 *a* 转换成 int。

6.7.4　操作符重载实例——字符串类 String 的一种实现

前面介绍了操作符重载的基本内容，下面以用操作符重载实现的字符串类来结束本节的
内容。

【**例 6-11**】　字符串类的定义（用操作符重载实现基本操作）。

解：在例 6-3 中给出了用成员函数实现的字符串操作，下面给出用操作符重载实现的字
符串类的操作：

```
#include <cstring>
#include <cstdlib>
#include <iostream>
using namespace std;
class String
{   char *str;
  public:
    String()                           //默认构造函数
    { str = NULL;
    }
    String(const char *p)              //用字符数组形式的字符串来进行初始化
    { str = new char[strlen(p)+1];
      strcpy(str,p);
    }
    String(const String &s)            //拷贝构造函数
    { str = new char[strlen(s.str)+1];
      strcpy(str,s.str);
    }
    ~String()                          //析构函数
    { delete []str;
      str = NULL;
    }
    int length() const                 //计算字符串的长度
    { return strlen(str);
    }
    char &operator[](int i)            //取某位置上的字符
    { if (i < 0 || i >= strlen(str))
      { cerr << "超出字符串范围!\n";
        exit(-1);
      }
      return str[i];
    }
    char operator[](int i) const       //取某位置上的字符，用于常量对象
    { if (i < 0 || i >= strlen(str))
      { cerr << "超出字符串范围!\n";
        exit(-1);
      }
```

```
            return str[i];
        }
                                            // 类型转换操作符（char *）重载函数
        operator const char *() const       // 用于到 const char * 类型的转换
        { return str;
        }
        String &operator =(const char *p)    // 赋值操作符 = 重载函数（char *）
        { delete []str;
          str = new char[strlen(p)+1];
          strcpy(str,p);
          return *this;
        }
        String &operator =(const String &s)  // 赋值操作符 = 重载函数（String）
        { if (&s != this)
              *this = s.str;
          return *this;
        }
        String &operator +=(const char *p)   // 复合赋值操作符 += 重载函数（char *）
        { char *p1=new char[strlen(str)+strlen(p)+1];
          strcpy(p1,str);
          strcat(p1,p);
          delete []str;
          str = p1;
          return *this;
        }
        String &operator +=(const String &s) // 复合赋值操作符 += 重载函数（String）
        { *this += s.str;
          return *this;
        }
    friend bool operator ==(const String &s1, const String &s2);
    friend bool operator ==(const String &s, const char *p);
    friend bool operator ==(const char *p, const String &s);
    ......                                   // 其他关系操作符重载函数
};
bool operator ==(const String &s1,const String &s2)
{ return strcmp(s1.str,s2.str)==0;
}
bool operator ==(const String &s, const char *p)
{ return strcmp(s.str,p)==0;
}
bool operator ==(const char *p, const String &s)
{ return strcmp(p,s.str)==0;
}
String operator +(const String &s1, const String &s2)
{ String temp(s1);
  temp += s2;
  return temp;
}
String operator +(const String &s, const char *p)
{ String temp(s);
  temp += p;
  return temp;
}
String operator +(const char *p, const String &s)
{ String temp(p);
  temp += s;
  return temp;
}
```

```
int main()
{ String s1;
  String s2("abcdefg");
  String s3;
  s1 = "xyz";
  s2 += s1;
  s3 = s1+s2;
  for (int i=0; i<s2.length(); i++)
  { if (s2[i] >= 'a' && s2[i] <= 'z')
      s2[i] = s2[i]-'a'+'A';
  }
  if (s2 == "ABCDEFGXYZ") cout << "OK\n";
  cout << s1 << endl
       << s2 << endl
       << s3 << endl;
  return 0;
}
```

在上述 String 类中，对于关系运算只给出了等于（==）操作符的重载函数，请读者自己完成其他关系操作符的重载函数。另外，为了提高效率，可在 String 类中提供一个表示字符串长度的数据成员，用于记住字符串的长度，这样，在需要知道字符串长度时（如在操作符 [] 的重载函数中）就不必再去调用 strlen 来进行长度计算了。

6.8 小结

本章对面向对象程序设计以及对象与类的相关内容进行了介绍，主要知识点包括：

- 数据抽象使得数据的使用者只需要知道对数据所能实施的操作以及这些操作之间的关系，而不必知道数据的具体表示。数据封装是指把数据和对数据的操作作为一个整体来定义，并把数据的具体表示对使用者隐藏起来，对数据的访问只能通过封装体对外接口中的操作来完成。

- 面向对象程序设计是把程序构造成由若干对象组成且每个对象由一些数据以及对这些数据所能实施的操作构成，它体现了数据抽象与封装；对数据的操作是通过向包含数据的对象发送消息来实现的（调用对象的操作函数）；对象的特征（数据与操作）由相应的类来描述，一个类所描述的对象特征可以从其他的类继承。

- 与过程式程序设计相比，面向对象程序设计对程序的抽象与封装、模块化、可复用性和易维护性等有更好的支持。

- 一个类描述了一组具有相同特征的对象。类定义包含了数据成员和成员函数的描述，成员函数可以重载。

- 在 C++ 中，类成员的访问控制有三种，即 public、private 和 protected，其中，public 成员构成了类与外界的一种接口。

- 对象是类的实例。对象的操作一般是通过调用对象类的 public 成员函数来实现的。对类成员的访问除了要受到类成员访问控制的限制外，还要受到类作用域的限制，在类定义外使用类定义中的标识符时，需通过对象名或类名受限。

- 类中描述的非静态的数据成员对该类的每个对象都有一个拷贝，而成员函数对该类所有对象只有一个拷贝，成员函数通过隐含的 this 指针来访问相应的对象。

- 在对象创建时将自动调用相应类的构造函数对该类对象进行初始化。在定义对象时，如果未显式指出构造函数的调用，则调用默认的构造函数。对象消亡时，将调用对象类的析构函数归还对象所申请的尚未归还的资源（包括内存资源）。

- 对象的成员也可以是对象，称为成员对象。成员对象的初始化由成员对象类的构造函数来实现。

- 在创建对象时用另一个同类的对象对其进行初始化将会去调用对象类中的拷贝构造函数。系统提供的隐式拷贝构造函数属于一种"浅拷贝"，有时不能满足要求，需要自定义拷贝构造函数。

- 用类来划分模块可使模块边界比较清晰。对于一个由类构成的 C++ 模块，它的 .h 文件中存放的是类的定义，而 .cpp 文件中存放的则是类外定义的成员函数。Demeter 法则为面向对象程序设计提供了一种良好的程设计风格法则。

- const 成员函数只能获取对象的状态，而不能改变对象的状态。

- 类的静态成员对该类的所有对象只有一个拷贝，它们被该类的对象所共享。

- 为了提高对类的 private 成员的访问效率，可把与一个类关系密切的程序实体（全局函数、其他类或其他类的成员函数）说明成该类的友元，它们可以访问该类的所有成员。

- 利用转移构造函数和右值引用类型的参数可以实现对象拷贝构造时的资源转移，从而提高拷贝构造函数的效率。

- 操作符重载属于程序设计中的一种多态机制，它可以实现用已有的操作符来对自定义类型的数据进行操作。在 C++ 中，操作符重载函数可以作为一个类的成员函数或作为全局函数来实现。作为全局函数来实现操作符重载函数时，其参数至少要有一个具有类、结构、枚举以及它们的引用类型的参数，并且，如果在函数中需访问参数类的非 public 成员，则要把该全局的操作符重载函数说明成参数类的友元。

- 重载操作符 "＝" 可以实现特殊的对象赋值操作；重载操作符 "[]" 可以实现用下标形式访问具有线性关系的对象成员；重载操作符 new 与 delete 可以实现程序自行管理动态对象的堆空间；重载操作符 "()" 可以实现函数对象的功能；重载操作符 "->" 可以实现 "智能指针"；重载类型转换操作符可以实现类到基本数据类型的转换（基本数据类型到类的转换可以由一个参数的构造函数来实现）。

6.9 习题

1. 从概念上讲，抽象与封装有什么不同？
2. 对于一个类定义，哪些部分应放在头文件（.h）中，哪些部分放在实现文件（.cpp）中？
3. 对类成员的访问，C++ 提供了哪些访问控制？
4. 在 C++ 中，this 指针的作用是什么？
5. 构造函数成员初始化表的作用是什么？
6. 拷贝构造函数的作用是什么？哪些情况下会调用拷贝构造函数？
7. 对于一个类 A，为什么下面的构造函数不合法？

```
A(A x);
```

8. 在创建包含成员对象的类的对象时，为什么要首先初始化成员对象？

9. 何时需要定义析构函数？

10. 静态数据成员的作用是什么？如何初始化静态数据成员？

11. 类作用域与局部作用域有什么不同？

12. 在定义一个包含成员对象的类时，表示成员对象的数据成员何时定义为成员对象指针和成员对象本身？

13. 定义一个描述二维坐标系中点对象的类 Point，它具有下述成员函数：

```
(1) double r();                          // 计算极坐标的极半径
(2) double theta();                      // 计算极坐标的极角
(3) double distance(const Point& p);     // 计算与点 p 的距离
(4) Point relative(const Point& p);      // 计算相对于点 p 的坐标
(5) bool is_above_left(const Point& p);  // 判断是否在点 p 的左上方
```

14. 定义一个时间类 Time，它能表示时、分、秒，并提供以下操作：

```
(1) Time(int h, int m, int s);           // 构造函数
(2) void set(int h, int m, int s);       // 调整时间
(3) void increment();                    // 时间增加 1 秒
(4) void display();                      // 显示时间值
(5) bool equal(Time &other_time);        // 比较是否与某个时间相等
(6) bool earlier_than(Time &other_time); // 比较是否早于某个时间
```

15. 定义一个日期类 Date，它能表示年、月、日。为其设计一个成员函数 increment，该函数能把某个日期增加 1 天。

16. 为例 6-3 中的字符串类 String 增加下面的成员函数：

```
(1) bool is_substring(const char *sub_str);    // 判断 sub_str 是否为当前字符串的子串
(2) bool is_substring(const String& sub_str);  // 判断 sub_str 是否为当前字符串的子串
(3) String substring(int start, int len);      // 取从位置 start 开始、长度为 len 的子串
(4) int find_replace_str(const char *find_str, const char *replace_str);
            // 查找所有子串 find_str 并替换成 replace_str，返回替换的次数
(5) void remove_spaces();                      // 删除字符串中的空格
(6) int to_int();                              // 把由数字构成的字符串转换成 int 类型的值
(7) void to_lower_case();                      // 把字符串中的大写字母转成小写字母
```

17. 定义一个元素类型为 int、元素个数不受限制的集合类 IntSet，该类具有下面的接口：

```
class IntSet
{   ......
  public:
    IntSet();
    IntSet(const IntSet& s);
    ~IntSet();
    bool is_empty() const;                      // 判断是否为空集
    int size() const;                           // 获取元素个数
    bool is_element(int e) const;               // 判断 e 是否属于集合
    bool is_subset(const IntSet& s) const;      // 判断集合是否包含于 s
    bool is_equal(const IntSet& s) const;       // 判断集合是否相等
    bool insert(int e); // 将 e 加入集合中，成功则返回 true，失败则返回 false
    bool remove(int e); // 把 e 从集合中删除，成功则返回 true，失败则返回 false
    void display() const;                       // 显示集合中的所有元素
    IntSet union2(const IntSet& s) const;       // 计算集合的并集
    IntSet intersection2(const IntSet& s) const; // 计算集合的交集
    IntSet difference2(const IntSet& s) const;  // 计算集合的差
};
```

18. 定义一个由 int 型元素所构成的线性表类 LinearList，它有下面的成员函数：

```
bool insert(int x, int pos);   // 在位置 pos 之后插入一个元素 x。pos 为 0 时，在第一个元素之
                               // 前插入。操作成功时返回 true，否则返回 false
bool remove(int &x, int pos);  // 删除位置 pos 处的元素。操作成功时返回 true，否则返回 false
int element(int pos) const;    // 返回位置 pos 处的元素
int search(int x) const;
       // 查找值为 x 的元素，返回元素的位置（第一个元素的位置为 1）。未找到时返回 0
int length() const;            // 返回元素个数
```

19. 定义一个类 A，使得在程序中只能创建一个该类的对象，当试图创建该类的第二个对象时，返回第一个对象的指针。

20. 对于下面的类 A，如何用 C++ 的非面向对象语言成分来实现它？

```
class A
{ public:
    A() { x = y = 0; }
    A(int i, int j) { x = i; y = j; }
    void f() { h(); ...... }
    void g(int i) { x = i; ...... }
  private:
    int x,y;
    void h() { ...... }
};
```

21. 为什么要对操作符进行重载？操作符重载会带来什么问题？

22. 操作符重载的方式有哪两种形式？这两种形式有什么区别？

23. 定义一个时间类 Time，通过操作符重载实现：时间的比较（==、!=、>、>=、<、<=）、时间增加 / 减少若干秒（+=、-=）、时间增加 / 减少 1 秒（++、--）以及两个时间相差的秒数（-）。

24. 利用操作符重载给出一个完整的复数类的定义。

25. 定义一个多项式类 Polynomial，其实例为多项式 $a_0 + a_1 x + a_2 x^2 + \cdots + a_n x^n$，该类具有如下的接口：

```
class Polynomial
{   ......
public:
  Polynomial();
  Polynomial(double coefs[], int exps[], int size);
                              // 系数数组、指数数组和项数
  Polynomial(const Polynomial&);
  ~Polynomial();
  Polynomial& operator=(const Polynomial&);
  int degree() const;                     // 最高幂指数
  double evaluate(double x) const;        // 计算多项式的值
  bool operator==(const Polynomial&) const;
  bool operator!=(const Polynomial&) const;
  Polynomial operator+(const Polynomial&) const;
  Polynomial operator-(const Polynomial&) const;
  Polynomial operator*(const Polynomial&) const;
  Polynomial& operator+=(const Polynomial&);
  Polynomial& operator-=(const Polynomial&);
  Polynomial& operator*=(const Polynomial&);
};
```

26. 用操作符重载重新实现第 17 题集合类的一些操作：<=（包含于）、==（相等）、!=（不

等）、|（并集）、&（交集）、–（差集）、+=（增加元素）、–=（删除元素）等。

27. 定义一个带下标范围检查、数组整体赋值和比较（等于）功能的一维 int 型数组类：IntArray。

28. 定义一个不受计算机字长限制的整数类 INT，要求 INT 与 INT 以及 INT 与 C++ 基本数据类型 int 之间能进行 +、–、*、/ 和 = 运算，并且能通过 cout 输出 INT 类型的值。

29. 设计一种解决例 6-9 中把存储块归还到堆空间的方法。（提示：可以在每次申请存储块时多申请一个能存储一个指针的空间，用该指针把各个存储块链接起来。）

30. 定义一个数学上的分数类 Fraction，用它能实现分数之间以及分数与 double 型之间的 +、–、*、/ 等算术运算以及 <、== 等比较运算，其中，分数与 double 型数据的算术运算结果为 double 型。

31. 针对例 6-5 中的类 Matrix 和类 Vector 重载操作符 "[]"，使得能通过下标来访问矩阵和向量的元素。

32. 用函数对象实现下面函数 *f* 中用到的 λ 表达式：

```
void f()
{   int a,b,c;
    ......
    c = [a,&b](int x)->int { b++; return x+a+b; }(1);
    ......
}
```

33. 完善例 6-11 中 String 类的功能，使其能提高下面程序代码的效率：

```
String f()
{ String t("1234"); // 创建局部对象 t（调用构造函数）
    ......
    return t;           // 创建返回值对象，用即将消亡的对象 t 对其进行初始化（调用拷贝构造函数）
                        // 对象 t 消亡（调用析构函数）
}
int main()
{ String a="abcd";
    ......
    a = f();            // 把函数 f 返回的临时对象赋值给对象 a（调用赋值操作符重载函数）
                        // 函数 f 返回的临时对象消亡（调用析构函数）
    ......
}
```

第7章 类的复用——继承

随着软件越来越复杂、软件开发越来越困难，软件复用就越来越受到人们的重视。然而，目前对已有软件不加修改地直接使用是很困难的，已有软件的功能与新软件所需要的功能总是有差别的，如果要复用已有软件，就必须解决这个差别。

类是面向对象程序的主要构成单元，因此，面向对象的软件复用就主要体现在类的复用上。类的继承机制是面向对象程序设计提供的一种解决软件复用问题的途径，即在定义一个新的类时，可以先把一个或多个已有类的功能全部包含进来，然后再给出新功能的定义或对已有类的某些功能进行重定义，从而解决新软件与已有软件的差别问题。

本章介绍有关类继承的基本内容以及 C++ 对继承的支持。

7.1 继承概述

在开发一个新的软件时，如果能够把已有软件（全部或一部分）直接用到新软件中来（软件复用），不仅能够降低软件开发的工作量和成本、缩短开发周期，而且对提高软件的可靠性和保证软件质量起到一定的作用（因为已有软件已通过大量的正确性测试）。但是，把已有软件不加修改地直接用在新软件中往往是不可行的，因为新软件所需要的功能与已有软件的功能总是有差别的，如果要复用已有软件，就必须解决这个差别。源代码的剪裁是一种解决新软件与已有软件之间差别的途径，它是通过某个编辑软件对已有软件的源代码进行编辑和修改来实现的，这种做法的问题是：一方面比较麻烦，另一方面也容易出错。另外，由于种种原因，也不一定能得到已有软件的源代码。

类的继承（inheritance）机制为软件复用提供了一条可行的途径，即在定义一个新的类时，可以先把某个或某些已有类的功能包含进来，然后在新的类中再去定义新的功能或对被包含进来的功能进行重定义（修改），以解决新软件与已有软件之间的差别。另外，继承不需要已有软件的源代码，它是一种基于目标代码的复用机制。

在类继承中存在两个类，一个是基类（base class）或称父类（parent class），它是被继承的类；另一个是派生类（derived class）或称子类（child class），它是继承后得到的类。在 C++ 中，把继承分为单继承和多继承。单继承是指一个类只能有一个直接基类；多继承是指一个类可以有多个直接基类。类之间的继承关系可用图 7-1 来表示，其中，Base, Base$_1$, …, Base$_n$ 是基类，Derived 是派生类，箭头方向表示两个类之间的继承关系。

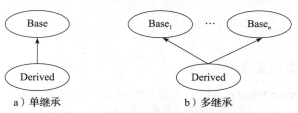

a）单继承   b）多继承

图 7-1 类之间的继承关系

派生类拥有基类的所有特征（复用基类的所有功能），并可以定义新的特征或对基类的一些特征进行重定义。

除了支持软件复用外，类的继承机制还具有以下作用。

（1）按层次对对象进行分类

类之间的单继承关系可以用于描述对象类之间概念上的层次关系，这种层次关系往往体现的是类之间的一般与特殊的关系（is-a-kind-of），其中，上层的类表示一个一般概念，而下层的类则表示一个特殊概念，它是上层类的具体化。例如，图 7-2a 给出了解决图形问题时所涉及的各种图形之间的层次关系，这样的层次结构有利于问题的描述和解决。

（2）对概念进行组合

用类之间的多继承关系可以描述对象类之间概念上的组合关系。例如，图 7-2b 给出的是组合了研究生和教师两种特征的新实体——在职研究生，这进一步给新类的设计带来了便利。

（3）支持软件的增量开发

软件的开发往往不是一次完成的，而是随着对软件功能的逐步理解和改进而不断完善的。用类之间的继承关系可以表示软件增量开发的阶段性结果，其中，派生类可以看成是基类的延续或新的版本。例如，图 7-2c 给出的是基于类继承的一个软件的三个版本 A_v1、A_v2 以及 A_v3，每个版本都是前一个版本的扩充和完善，这给软件开发和维护带来了便利。

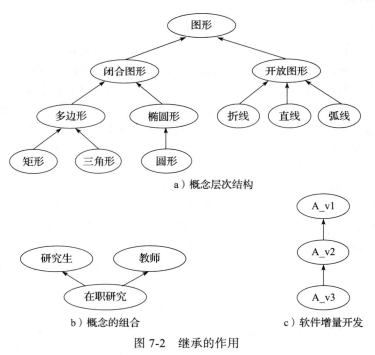

a）概念层次结构

b）概念的组合　　　　　　　　　c）软件增量开发

图 7-2　继承的作用

7.2　单继承

7.2.1　单继承派生类的定义

单继承（single inheritance）是指一个派生类只有一个直接基类。在 C++ 中，单继承派生类的定义格式如下：

```
class <派生类名>：<继承方式><基类名>
{ <成员说明表>
};
```

其中，<派生类名>为所定义的派生类的名字；<基类名>是派生类的直接基类的名字；<继承方式>可以是 public、private 和 protected，它用于说明从基类继承来的成员在派生类中对外的访问控制（将在 7.2.3 节中详细介绍），继承方式可以省略，默认为 private；<成员说明表>用于给出在派生类中新定义的成员，其中包括对基类一些成员的重定义（将在 7.3.2 节中详细介绍）。

派生类除了拥有新定义的成员外，还包含基类的所有成员（基类的构造函数、析构函数和赋值操作符重载函数除外）。例如，下面定义了两个具有单继承关系的类 A 和 B，其中，A 为基类，B 为派生类：

```
class A                  //基类
{ int x,y;
  public:
    void f();
    void g();
};
class B: public A        //派生类
{ int z;                 //新定义的数据成员
  public:
    void h();            //新定义的成员函数
};
```

对于上面的派生类 B，它除了拥有新的成员 z 和 h 外，还包含基类 A 的成员 x、y、f 和 g。对于 B 类的一个对象 b，其内存安排和操作如下：

```
B b;
......
b.f();                   //A 类中的 f
b.g();                   //A 类中的 g
b.h();                   //B 类中的 h
```

可以把派生类的对象理解成它包含了基类的一个子对象，该子对象的内存空间位于派生类对象内存空间的前部。

在定义派生类时一定要见到基类的定义，否则编译程序无法确定派生类对象需占多大内存空间以及派生类中对基类成员的访问是否合法。例如：

```
class A;                 //声明
class B: public A        //Error
{ int z;
  public:
    void h() { g(); }    //Error，编译程序不知道基类中是否有函数 g 以及函数 g 的原型
};
......
B b;                     //Error，编译无法确定 b 所需内存空间的大小
```

另外，如果没有在派生类中显式说明，则基类的友元不是派生类的友元；如果基类是另一个类的友元，而在该类中没有显式说明，则派生类也不是该类的友元。

7.2.2 在派生类中访问基类成员——protected 访问控制

在 C++ 中，派生类不能直接访问基类的私有成员，必须通过基类的非私有成员函数来

访问基类的私有成员。例如：

```
class A
{   int x;
  public:
    void f() { ... x ... }
};
class B: public A        // B 是 A 的派生类
{ public:
    void h()
    { ... x ...          // Error，x 为基类的私有成员
      f();               // OK，通过基类的 public 函数 f 访问基类的私有成员 x
    }
};
```

在派生类中定义新的成员函数或对基类成员函数进行重定义时，往往需要直接访问基类的一些 private 成员，否则新功能无法实现；而一个类的 private 成员（特别是 private 数据成员）是不允许在类的外界直接访问的，这就导致了继承与数据封装之间的矛盾。

实际上，一个类可以用来创建对象（类的实例），也可以用来定义派生类，即一个类有两种不同的用户——类的实例用户（对象的使用者）和派生类，类的实例用户通过该类的对象来使用该类的功能，而派生类则是通过继承来使用该类的功能。例如，对于上面的类 A，类 B 是它的一个用户——派生类，而下面的全局函数 g 则是它的另一个用户——实例用户：

```
void g()                 // g 属于 A 的实例用户
{ A a;
  a.f();                 // 通过 A 类对象 a 来使用类 A 的功能
  ......
}
```

在 C++ 中通过引进 protected 成员访问控制来缓解继承与数据封装之间的矛盾：在基类中声明为 protected 的成员可以被派生类使用，但不能被基类的实例用户使用。这样，一个类就存在两个对外接口，一个接口由类的 public 成员构成，它提供给实例用户使用；另一个接口由类的 public 和 protected 成员构成，该接口提供给派生类使用。例如，下面类 A 中的数据成员 x 和 y 在派生类中可用，但在函数 g 中不能使用：

```
class A
{ protected:
    int x,y;
  public:
    void f();
};
class B: public A
{ ......
    void h()
    { ... x ...          // OK
      ... y ...          // OK
      f();               // OK
    }
};
void g()
{ A a;
  ... a.x ...            // Error
  ... a.y ...            // Error
  a.f();                 // OK
}
```

引入 protected 成员访问控制后，基类的设计者必须要慎重地考虑应该把哪些成员声明为 protected。一般情况下，应该把今后不太可能发生变动的、有可能被派生类使用的、不宜对实例用户公开的成员声明为 protected。

在派生类中访问基类成员除了要受到基类成员的访问控制的限制以外，还要受到标识符作用域的限制。对基类而言，派生类成员名的作用域是嵌套在基类作用域中的，对于基类的一个成员，如果派生类中没有定义与其同名的成员，则该成员名在派生类中可见，否则，该成员名在派生类中不直接可见（被隐藏了），如果要使用之，必须用基类名受限。例如，在下面的派生类 B 中，由于新定义了成员函数 f，因此基类 A 中的 f 在 B 中不能直接访问，必须要通过基类名受限才能访问：

```
class A
{   int x,y;
  public:
    void f();
    void g() { ... x ... }
};
class B: public A
{   int z;
  public:
    void f();                 //新定义的成员函数 f
    void h()
    { f();                    //B 类中的 f
      A::f();                 //A 类中的 f
    }
};
```

即使派生类中定义了与基类同名但参数不同的成员函数，基类的同名函数在派生类中也是不直接可见的。例如，下面的派生类 B 中新定义了一个成员带 int 型参数的函数 f，即使它的参数与基类的 f 不同，也不能在 B 中直接访问它，仍然需要用基类名受限的方式来访问：

```
class B: public A
{   int z;
  public:
    void f(int);             //新定义的成员函数 f
    void h()
    { f(1);                  //OK，B 类中的 f
      f();                   //Error
      A::f();                //OK，A 类中的 f
    }
};
```

需要注意的是，上面类 B 中的 f 与类 A 中的 f 不属于函数名重载，因为它们属于不同的作用域。

也可以在派生类中使用 using 声明把基类中的某个函数名对派生类开放。例如，由于使用了 using 说明，因此，在下面的派生类 B 中就可以直接访问基类 A 中的 f 了：

```
class B: public A
{   int z;
  public:
    using A::f;              //把基类中的 f 带入派生类
    void f(int);
```

```
    void h()
    { f(1);                    //OK，B 类中的 f
      f();                     //OK，A 类中的 f，等价于 A::f();
    }
};
```

7.2.3　基类成员在派生类中对外的访问控制——继承方式

　　在 C++ 中，派生类拥有基类的所有成员。现在的问题是：基类的成员在派生类中对外的访问控制是什么？即派生类的用户能访问基类的哪些成员？这是由基类成员在基类中的访问控制和派生类的继承方式共同决定的。

　　在定义派生类时需要指出继承方式，继承方式可以是 public、private 以及 protected，如未显式指出，则默认为 private。继承方式的含义如下。

（1）public
- 基类的 public 成员在派生类中为 public 成员。
- 基类的 protected 成员在派生类中为 protected 成员。
- 基类的 private 成员在派生类中为不可直接使用的成员。

（2）private
- 基类的 public 成员在派生类中为 private 成员。
- 基类的 protected 成员在派生类中为 private 成员。
- 基类的 private 成员在派生类中为不可直接使用的成员。

（3）protected
- 基类的 public 成员在派生类中为 protected 成员。
- 基类的 protected 成员在派生类中为 protected 成员。
- 基类的 private 成员在派生类中为不可直接使用的成员。

　　派生类的继承方式将影响该派生类的实例用户和该派生类的派生类对该派生类从基类继承来的成员的访问限制。例如，在下面的程序中，派生类 B 有两个用户：派生类 C 和全局函数 func。由于类 B 的继承方式是 protected，这使得基类 A 的 *f* 和 *g* 成了派生类 B 的 protected 成员，而基类的 *h* 则是派生类 B 的不可直接访问的成员，因此，在类 B 的派生类 C 中可以访问 B 类的 *f* 和 *g*，但不能访问 *h*，而在全局函数 func 中则不能访问 B 类的所有成员（*f*、*g* 和 *h*）：

```
class A
{ public:
    void f();
  protected:
    void g();
  private:
    void h();
};
class B: protected A          //基类 A 的派生类
{ public:
    void q();
};
class C: public B             //派生类 B 的派生类
{ public:
    void r()
    { f();                    //OK，f 是 B 的 protected 成员
```

```
        g();                    // OK，g 是 B 的 protected 成员
        h();                    // Error，h 是 B 的不可直接访问的成员
    }
};
void func()                    // 派生类 B 的实例用户
{ B b;
  b.f();                        // Error，f 是 B 的 protected 成员
  b.g();                        // Error，g 是 B 的 protected 成员
  b.h();                        // Error，h 是 B 的不可直接访问的成员
}
```

继承方式的调整

在任何继承方式中，除了基类的 private 成员，其他成员都可以在派生类中调整其访问控制，调整时采用下面的格式：

[public:| protected:| private:] <基类名>::<基类成员名>;

例如，在下面的程序中，类 B 的继承方式是 private，如果没有继承方式调整，则 *f*1、*f*2、*f*3 以及 *g*1、*g*2、*g*3 在类 B 中的访问控制均为 private，但由于采用了继承方式调整，这就使得现在 *f*1 和 *g*1 在类 B 中的访问控制为 public；*f*2 和 *g*2 在类 B 中的访问控制为 protected。

```
class A
{ public:
    void f1();
    void f2();
    void f3();
  protected:
    void g1();
    void g2();
    void g3();
};
class B: private A
{ public:
    A::f1;                      // 把 f1 调整为 public
    A::g1;                      // 把 g1 调整为 public。是否允许弱化基类的访问控制要视具体的实现而定
  protected:
    A::f2;                      // 把 f2 调整为 protected
    A::g2;                      // 把 g2 调整为 protected
    ......
};
```

另外，对基类一个成员函数名的访问控制的调整，将调整基类所有具有该名的重载函数。但如果在派生类中定义了与基类同名的成员函数，则在派生类中就不能再对基类中的同名函数进行访问控制调整了。

在 C++ 中，public 继承方式有着特殊的意义：以 public 方式继承的派生类继承了基类的对外接口，可将它看作基类的子类型。所谓子类型（subtype）是指：对用类型 T 表达的所有程序 P，当用类型 S 去替换程序 P 中的类型 T 时，程序 P 的功能不变，则称类型 S 是类型 T 的子类型。子类型在程序设计中发挥着重要的作用，对 C++ 程序而言，子类型的作用主要体现在：对具有 public 继承关系的两个类，对基类对象所能实施的操作也能作用于派生类对象且在需要基类对象的地方可以用派生类对象去替代。例如，对于下面的两个类：

```
class A  // 基类
```

```
{   int x,y;
  public:
    void f() { x++; y++; }
  ......
};
class B: public A //派生类
{   int z;
  public:
    void g() { z++; }
  ......
};
```

下面的操作是合法的：

```
A a;
B b;
b.f();              // OK，基类的操作可以实施到派生类对象
A *p=&b;            // OK，基类指针变量可以指向派生类对象
a = b;              // OK，派生类对象可以赋值给基类对象（属于派生类但不属于基类的数据成员将被忽略）
......
void func1(A *p);
void func2(A &x);
void func3(A x);
func1(&b); func2(b); func3(b);   // OK，派生类对象可以作为参数传给需要基类对象的函数
```

但下面的操作是不合法的：

```
a.g();              // Error，派生类操作不能用于基类对象，a 没有 g 这个成员函数
B *q=&a;            // Error，派生类指针变量不能指向基类对象，否则将导致可能通过 q 向对象 a 发送它
                    // 不能处理的消息，如 q->g();
b = a;              // Error，基类对象不能赋值给派生类对象，否则将导致 b 中有不确定的成员数据（对
                    // 象 a 中没有这些数据）
......
void func4(B *p);
void func5(B &x);
void func6(B x);
func4(&a); func5(a); func6(a);   // Error，基类对象不能作为参数传给需要派生类对象的函数
```

7.2.4　派生类对象的初始化和消亡处理

　　派生类对象的初始化由基类和派生类共同完成，即基类的数据成员由基类的构造函数初始化，派生类的数据成员由派生类的构造函数初始化。默认情况下调用基类的默认构造函数，如果要调用基类的非默认构造函数，则必须在派生类构造函数的成员初始化表中指出。例如，对于下面的程序中的派生类对象 $b1$、$b2$ 和 $b3$：

```
class A
{   int x;
  public:
    A() { x = 0; }
    A(int i) { x = i; }
};
class B: public A
{   int y;
  public:
    B()              // 将调用 A 的默认构造函数 A()
    { y = 0; }
    B(int i)         // 将调用 A 的默认构造函数 A()
```

```
    { y = i; }
    B(int i, int j):A(i) // 将调用 A 的构造函数 A(int i)
    { y = j; }
};
......
B b1;                        // 调用 A::A() 和 B::B(), b1.x 等于 0, b1.y 等于 0
B b2(1);                     // 调用 A::A() 和 B::B(int), b2.x 等于 0, b2.y 等于 1
B b3(1,2);                   // 调用 A::A(int) 和 B::B(int,int), b3.x 等于 1, b3.y 等于 2
```

对象 $b1$ 和 $b2$ 的基类成员 $b1.x$ 和 $b2.x$ 均由类 A 的默认构造函数进行初始化，而对象 $b3$ 的基类成员 $b3.x$ 则调用类 A 带 int 型参数的构造函数进行初始化。

实际上，当创建派生类的对象时，派生类的构造函数在进入其函数体之前首先会去调用基类的构造函数，然后再执行自己的函数体。对未提供任何构造函数的派生类，编译程序会隐式地为之提供一个默认构造函数，其作用是负责调用基类的构造函数。

当派生类对象消亡时，不仅要调用派生类的析构函数，而且要调用基类的析构函数，调用次序是：先调用派生类的析构函数，派生类的析构函数的函数体执行完后，再调用基类的析构函数。对于没提供析构函数的派生类，编译程序也会隐式地为之提供一个析构函数，该析构函数的作用是负责调用基类的析构函数。

如果一个类既有基类又有成员对象类，则在创建该类对象时，该类的构造函数先调用基类的构造函数，再调用成员对象类的构造函数，最后执行自己的函数体。当该类的对象消亡时，先调用和执行自己的析构函数，然后调用成员对象类的析构函数，最后调用基类的析构函数。

对于拷贝构造函数，派生类的隐式拷贝构造函数（由编译程序提供）将会调用基类的拷贝构造函数，而派生类自定义的拷贝构造函数在默认情况下则调用基类的默认构造函数，需要时，可在派生类自定义拷贝构造函数的成员初始化表中显式地指出调用基类的拷贝构造函数。例如：

```
class A
{   int a;
  public:
    A() { a = 0; }
    A(const A& x) { a = x.a; }
    ......
};
class B: public A
{ public:
    B() {......}
    ......              // 其中没有定义拷贝构造函数，需要时将使用隐式拷贝构造函数
};
class C: public A
{ public:
    C() {......}
    C(const C&)         // 这里将会去调用 A 的默认构造函数
    {......}
    ......
};
class D: public A
{ public:
    D() {......}
    D(const D& d): A(d) // 这里将把 d 转换成 A 类对象，然后去调用 A 的拷贝构造函数
    {......}
```

```
   ......
};
B b1;        // 将调用 A() 对 b1.a 进行初始化
B b2(b1);    // 将调用 A(const A&) 用 b1.a 对 b2.a 进行初始化（调用 A 的拷贝构造函数）
C c1;        // 将调用 A() 对 c1.a 进行初始化
C c2(c1);    // 将调用 A() 对 c2.a 进行初始化（注意：调用 A 的默认构造函数，不是 A 的拷贝构造函数！）
D d1;        // 将调用 A() 对 d1.a 进行初始化
D d2(d1);    // 将调用 A(const A&) 用 d1.a 对 d2.a 进行初始化（调用 A 的拷贝构造函数）
```

另外，派生类不从基类继承赋值操作。如果派生类没有提供赋值操作符重载，则系统会为它提供一个隐式的赋值操作符重载函数，其行为是：对基类成员调用基类的赋值操作符进行赋值，对派生类的成员按逐个成员赋值。如果系统提供的隐式赋值操作不能满足要求，则要在派生类中重载赋值操作符"="。在派生类的赋值操作符重载函数的实现中需要显式地调用基类的赋值操作符来实现基类成员的赋值，例如：

```
class A
{ ......
};
class B: public A
{  ......
  public:
    B& operator =(const B& b)
    { if (&b == this) return *this;        // 防止自身赋值
      *(A*)this = b;                       // 调用基类的赋值操作符对基类成员进行赋值
      ......                               // 对派生类新定义的成员进行赋值
      return *this;
    }
};
```

在上面的赋值操作符重载函数中，为了能对基类数据成员进行赋值，它把 this 指针的类型强制转换成基类的指针，这样通过 this 指针就能得到基类的子对象，而对基类对象进行赋值操作就会去调用基类的赋值操作符函数。当然，上面对基类成员的赋值操作也可写成：

```
this->A::operator =(b);
```

7.2.5　单继承的应用实例

下面通过一个例子来介绍单继承的具体应用。

【例 7-1】　一个公司中职员类和部门经理类的设计。

解：公司部门经理属于特殊的公司职员，除了具有一般职员的特征外，还具有一些特殊的特征，如一个部门经理可以管理若干个公司职员，因此，可以把部门经理类定义成公司普通职员的派生类。下面是职员类和经理类的定义：

```
class Employee        // 普通职员类
{   String name;      // 职员的名字（String 为例 6-11 中定义的字符串类）
    int salary;       // 职员的工资
  public:
    Employee(const char *s, int n=0):name(s) { salary = n; }
    void set_salary(int n) { salary = n; }      // 重新设定职员的工资
    int get_salary() const { return salary; }   // 获取职员的工资
    ......
};
const int MAX_NUM_OF_EMPS=20;
class Manager: public Employee                   // 部门经理类
```

```
{   Employee *group[MAX_NUM_OF_EMPS];          // 被管理的职员对象（指针）数组
    int num_of_emps;                           // 被管理的职员人数
  public:
    Manager(const char *s, int n=0): Employee(s,n) // 调用基类构造函数初始化基类成员
    { num_of_emps = 0;
    }
    bool add_employee(Employee *e)             // 增加一个被管理的职员
    { int i;
      for (i=0; i<num_of_emps; i++)            // 在职员数组中搜索职员
        if (e == group[i]) return false;       // 要增加的职员已存在
      if (num_of_emps >= MAX_NUM_OF_EMPS) return false; // 管理的职员数量已满
      group[num_of_emps] = e;                  // 把增加的职员加入数组
      num_of_emps++;                           // 管理的职员数加 1
      return true;
    }
    bool remove_employee(Employee *e)          // 删除一个被管理的职员
    { int i;
      for (i=0; i<num_of_emps; i++)            // 在职员数组中搜索职员
        if (e == group[i]) break;
      if (i == num_of_emps) return false;      // 要删除的职员不存在
      for (int j=i+1; j<num_of_emps; j++)      // 把要删除的职员移出数组
        group[j-1] = group[j];
      num_of_emps--;                           // 管理的职员数减 1
      return true;
    }
    int get_num_of_emps() { return num_of_emps; }  // 获得管理的职员数量
  ......
};
......
Manager m("Mark",4000);                        // 创建一个经理对象 Mark
                                               // 显示经理 Mark 的工资
cout << "Mark's salary is " << m.get_salary() << '.' << endl;
Employee e1("Jack",1000),e2("Jane",2000);      // 创建职员对象 Jack 和 Jane
m.add_employee(&e1);                           // 把职员 Jack 纳入经理 Mark 的管理
m.add_employee(&e2);                           // 把职员 Jane 纳入经理 Mark 的管理
                                               // 显示经理 Mark 管理的人数
cout<< "Number of employees managed by Mark is "<< m.get_num_of_emps() << '.'
  << endl;
m.remove_employee(&e1);                        // 职员 Jack 脱离经理 Mark 的管理
......
```

在上面的程序中，类 Manager 除了继承 Employee 的所有成员（包括数据成员 name 和 salary 以及成员函数 set_salary 和 get_salary）外，还定义了新的成员（包括数据成员 group 和 num_of_emps 以及成员函数 add_employee、remove_employee 和 get_num_of_emps），用来实现对职员的管理。

7.3 消息（成员函数调用）的动态绑定

7.3.1 消息的多态性

由于 C++ 把以 public 方式继承的派生类看作基类的子类型，因此，在 C++ 面向对象的程序中出现了下面的多态。

● 对象标识的多态。基类的指针（或引用）可以指向（或引用）基类对象，也可以指向

（或引用）派生类对象，即一个对象标识可以标识多种类型的对象。在对象标识定义时指定的类型称为它的静态类型，而在运行时它实际标识的对象类型则称为它的动态类型。

- 消息的多态。一条可以发送到基类对象的消息，也可以发送到派生类对象，如果在基类和派生类中都给出了对这条消息的处理，那么这条消息就是多态的。

由于对象标识多态的存在，因此就产生了对多态消息的绑定问题：通过基类的指针（或引用）向它们指向（或引用）的对象发送消息时，是调用基类的成员函数还是调用派生类的成员函数来处理这条消息？例如，对于下面的程序，在函数 func1 和 func2 中，*p*->*f*() 和 *x*.*f*() 调用的是类 A 中的 *f* 还是类 B 中的 *f*？

```
class A
{   int x,y;
  public:
    void f();
};
class B: public A
{   int z;
  public:
    void f();
    void g();
};
void func1(A *p)    // 形参为类 A 的指针，实参可以是 A 类对象地址，也可以是 B 类对象地址
{ ......
  p->f();           // 调用 A::f 还是 B::f？
  ......
}
void func2(A& x)    // 形参为类 A 的引用，实参可以是 A 类对象，也可以是 B 类对象
{ ......
  x.f();            // 调用 A::f 还是 B::f？
  ......
}
......
A a;
func1(&a);          // 实参为 A 类对象的地址
func2(a);           // 实参为 A 类对象
B b;
func1(&b);          // 实参为 B 类对象的地址
func2(b);           // 实参为 B 类对象
```

上面的问题存在两种可能的解决方案。

- 采用静态绑定。在编译时刻，根据形参 *p* 和 *x* 的静态类型来决定 *f* 属于哪一个类。由于 *p* 和 *x* 的静态类型分别是 A* 和 A&，因此，在函数 func1 和 func2 中，*p*->*f*() 和 *x*.*f*() 调用的都是 A::*f*。
- 采用动态绑定。在运行时刻，根据 *p* 和 *x* 的动态类型（实际指向和引用的对象类型）来确定 *f* 属于哪一个类。因此，在 func1(&*a*) 和 func2(*a*) 的调用中，*p*->*f*() 和 *x*.*f*() 调用的是 A::*f*，而在 func1(&*b*) 和 func2(*b*) 的调用中，*p*->*f*() 和 *x*.*f*() 调用的则是 B::*f*。

C++ 默认采用的是消息的静态绑定，即在函数 func1 和 func2 中，*p*->*f*() 和 *x*.*f*() 调用的都是 A::*f*，不管 *p* 和 *x* 指向和引用的是 A 类对象还是 B 类对象。

7.3.2　虚函数与消息的动态绑定

在 C++ 中，要实现消息的动态绑定，需要在基类中把相应的消息处理函数（成员函数）

说明成虚函数（virtual function），其格式为：

```
virtual <成员函数声明>;
```

例如，为了能对上述 func1 和 func2 中的 *f* 调用进行动态绑定，就必须在基类 A 中把 *f* 声明为虚函数：

```
class A
{  ......
  public:
    virtual void f();    // 虚函数
};
```

这样，func1 和 func2 中的 *p*->*f*() 和 *x*.*f*() 就会在运行时刻根据 *p* 和 *x* 实际指向和引用的对象类型来确定调用哪一个类的 *f*。

需要注意的是，对于派生类的对象，消息的动态绑定将绑定到派生类中与基类虚函数具有相同型构的成员函数，这里的相同型构是指：派生类中定义的成员函数的名字、参数类型和个数与基类相应成员函数相同，其返回值类型或者与基类成员函数返回值类型相同，或者是基类成员函数返回值类型的派生类。如果派生类中没有与基类虚函数同型构的成员函数，即使有同名的其他成员函数，也不会进行动态绑定，仍然绑定到基类的成员函数。例如，在下面的程序中，*p*->*f*() 不会绑定到类 B 的 *f*(int)，它仍然调用类 A 的 *f*()：

```
class A
{ public:
    virtual A f();
    void g();
};
class B: public A
{ public:
    void f(int);         // 新定义的成员函数
    void h();            // 新定义的成员函数
};
......
B b;
A *p=&b;
p->f();                  // 不会绑定到 B 类的 f(int)，调用的仍然是 A 的 f
```

实际上，如果把基类的一个成员函数定义为虚函数，则派生类中与该基类成员函数同型构的成员函数是对该基类成员函数的重定义（或称覆盖，override），它们处理的消息是相同的，因此才需要动态绑定！如果基类的成员函数不是虚函数，派生类中与基类中同名的所有成员函数都不是对该基类成员函数的重定义，它们是新定义的成员函数，与基类的成员函数无关，只是隐藏（hide）了基类的同名成员函数而已。例如，在下面的程序中，由于没有把类 A 中的 *f* 定义成虚函数，因此，*p*->*f*() 不会绑定到类 B 的任何 *f*：

```
class A
{ public:
    A f();
    void g();
};
class B: public A
{ public:
    A f();               // 新定义的成员函数
    void f(int);         // 新定义的成员函数
```

```
    void h();      // 新定义的成员函数
};
......
B b;
A *p=&b;
p->f();           // 不会绑定到 B 类的任何 f，调用的仍然是 A 的 f
```

虚函数一方面能够实现消息的动态绑定，另一方面用来指出在派生类中可以对基类的哪些成员函数进行重定义，即在派生类中只能对基类中指定为虚函数的成员函数进行重定义。现在的问题是，需要把基类中哪些成员函数指定为可在派生类中重定义呢？这主要与基类的设计有关。在设计基类时，有时虽然给出了某些成员函数的实现，但实现的方法可能不是最好的，今后可能还会有更好的实现方法，这时，可把基类的这些成员函数声明成虚函数，今后由派生类重新给出实现。有的时候，在基类中根本无法给出某些成员函数的实现，它们必须由不同的派生类根据实际情况给出具体的实现，这时需要把基类的这些成员函数声明成特殊的虚函数——纯虚函数，然后，在派生类中给出对它们的实现（参见 7.3.3 节的纯虚函数和抽象类）。

在虚函数的具体使用中需要注意下面几点：
- 只有类的非静态成员函数才可以是虚函数。
- 构造函数不能是虚函数，析构函数可以（往往）是虚函数。
- 只要在基类中说明了虚函数，在派生类、派生类的派生类……中，同型构的成员函数都是虚函数（virtual 可以不写）。
- 只有通过指针或引用访问类的虚函数时才进行动态绑定。
- 类的构造函数和析构函数中对虚函数的调用不进行动态绑定。

为了能对虚函数的动态绑定有一个较好的理解，下面的程序中给出了虚函数动态绑定的一些常见情形：

```
class A
{ public:
    A() { f(); }
    ~A() { f(); }
    virtual void f();
    void g();
    void h() { f(); g(); }
};
class B: public A
{ public:
    B();
    ~B();
    void f();
    void g();
};
......
A *p;       //p 是 A 类指针

p = new A;//p 指向 A 类对象，调用 A::A() 和 A::f
p->f();     // 调用 A::f
p->g();     // 调用 A::g
p->h();     // 调用 A::h、A::f 和 A::g
delete p; //调用 A::~A() 和 A::f

p = new B;//p 指向 B 类对象，调用 B::B()、A::A() 和 A::f（基类构造函数对虚函数调用采用静态绑定）
```

```
p->f();      // 调用 B::f
p->A::f();   // 调用 A::f，对基类名受限的虚函数调用采用静态绑定
p->g();      // 调用 A::g，对非虚函数的调用采用静态绑定
p->h();      // 调用 A::h、B::f 和 A::g
delete p;    // 调用 A::~A() 和 A::f（基类析构函数对虚函数调用采用静态绑定），没有调用 B::~B()
```

对于上面的程序，有几点需要注意。

- 通过基类引用或指针访问基类的非虚成员函数或通过基类名受限来访问虚函数时，不采用动态绑定。因此，上面程序中的“p->g();”和“p->A::f();”调用的是 A::*g* 和 A::*f*。

- 在创建派生类 B 的对象时，基类 A 的构造函数中对虚函数 *f* 的调用不采用动态绑定，因为，基类构造函数先于派生类构造函数（体）执行，在基类构造函数执行时，派生类中的数据成员还未初始化，这时如果调用派生类的成员函数将会导致在未初始化的数据上进行操作，从而会产生一些不确定的结果。同理，在派生类 B 的对象消亡时，基类 A 的析构函数中对虚函数 *f* 的调用也不采用动态绑定，因为，基类析构函数后于派生类析构函数（体）执行，在基类析构函数执行时，派生类的数据成员已被析构，这时如果调用派生类的成员函数将会导致在不确定的数据上进行操作，从而也会产生一些不确定的结果。

- 由于没有把基类 A 的析构函数说明成虚函数，因此，通过基类指针 *p* 撤销派生类 B 的对象时，没有调用派生类 B 的析构函数。

利用虚函数机制，我们可以通过基类的指针或引用来访问派生类中对基类重定义的成员函数。有时，我们需要通过基类的指针或引用来访问派生类中新定义的成员函数，这时，需要采用显式类型转换把基类指针或引用转换成派生类指针或引用。例如，在下面的程序中通过基类 A 的指针 *p* 访问派生类 B 的成员函数 *g* 时，需要把 *p* 显式类型转换成派生类 B 的指针：

```
class A
{   int x;
  ......
  public:
    virtual void f();
};
class B: public A
{   int y;
  ......
  public:
    void f();
    void g() { y++; }
};
......
A *p=new B;          // OK，基类的指针可以指向派生类对象
p->f();              // OK，调用 B 的 f（因为 f 为虚函数，所以采用动态绑定）
p->g();              // Error，因为 A 中没有 g
((B *)p)->g();       // OK，调用 B 的 g
......
```

把基类指针或引用强制转换成派生类指针或引用有时是不安全的。例如，如果上面程序中的指针 *p* 指向的是 A 类对象，则下面的操作将导致不属于 A 类对象内存空间中的内容被修改：

```
A *p = new A;
((B *)p)->g();          // 通过类 B 的 y 修改了不属于 A 类对象内存空间中的值
```

为了防止上面从基类指针到派生类指针的转换所带来的不安全性问题，我们可以采用 C++ 的动态类型转换操作（dynamic_cast）来实现从基类指针到派生类指针的转换：

```
B *q=dynamic_cast<B *>(p);
if (q != NULL) q->g();
```

上面的 dynamic_cast 类型转换操作在进行类型转换时，要根据 p 实际指向的对象类型来判断转换的合法性，如果合法，则进行转换并返回转换后的对象地址；否则，返回 NULL[⊖]。因此，如果上面的 p 指向的是 A 类对象，则 q 将会得到 NULL，从而不会去调用类 B 的成员函数 g。

7.3.3　纯虚函数和抽象类

纯虚函数（pure virtual function）是指只给出函数声明而不给出实现（包括在类定义的内部和外部）的虚成员函数，其格式为：

```
virtual <成员函数声明 >=0;
```

例如，下面类 A 中的成员函数 f 就是一个纯虚函数：

```
class A // 抽象类
{ ......
  public:
    virtual int f()=0;   // 纯虚函数
    ......
};
```

包含纯虚函数的类称为抽象类（abstract class）。例如，上面的类 A 就是一个抽象类。由于抽象类包含纯虚函数，因此，抽象类不能用于创建对象，否则会面临对该对象实施没实现的操作问题。

抽象类的主要作用在于为派生类提供一个基本框架和一个公共的对外接口，派生类（或派生类的派生类，……）应对抽象基类的所有纯虚成员函数进行实现。

下面用两个例子来说明抽象类的作用。

【例 7-2】　用抽象类为各种图形类提供一个基本框架描述。

解：在例 5-13 中，我们用联合（union）类型来解决用一种类型描述多种类型数据的问题，这里，我们用抽象基类、继承以及虚函数的动态绑定来解决这个问题。

首先定义四个类 Figure、Rectangle、Circle 和 Line，它们之间的关系表示如下：

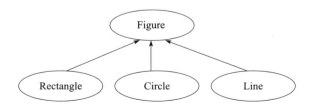

⊖　dynamic_cast 需要编译程序提供运行时刻的类型信息（RTTI）支持。如果程序中需要使用 dynamic_cast 类型转换操作，则必须在编译选项中选择允许 RTTI 支持。

其中，Figure 是一个抽象基类，其他三个类是它的派生类。另外，还定义了一个类 FiguresMgr 来对所有的图形对象进行管理。下面给出这五个类的定义：

```cpp
#include <iostream>
using namespace std;
class Figure                    // 抽象基类
{ public:
    virtual void draw() const=0;
    virtual void input_data()=0;
};
class Rectangle: public Figure
{   double left,top,right,bottom;
  public:
    void draw() const
    { ......                    // 画矩形
    }
    void input_data()
    { cout << "请输入矩形的左上角和右下角坐标 (x1,y1,x2,y2) : ";
      cin >> left >> top >> right >> bottom;
    }
    double area() const { return (bottom-top)*(right-left); }
};
const double PI=3.1416;
class Circle: public Figure
{   double x,y,r;
  public:
    void draw() const
    { ......                    // 画圆
    }
    void input_data()
    { cout << "请输入圆的圆心坐标和半径 (x,y,r) : ";
      cin >> x >> y >> r;
    }
    double area() const { return r*r*PI; }
};
class Line: public Figure
{   double x1,y1,x2,y2;
  public:
    void draw() const
    { ......                    // 画线
    }
    void input_data()
    { cout << "请输入线段的起点和终点坐标 (x1,y1,x2,y2) : ";
      cin >> x1 >> y1 >> x2 >> y2;
    }
};
const int MAX_NUM_OF_FIGURES=100;
enum FigureShape { LINE, RECTANGLE, CIRCLE };
class FiguresMgr                // 图形对象管理类
{   Figure *figures[MAX_NUM_OF_FIGURES];
    int num_of_figures;
  public:
    FiguresMgr() { num_of_figures = 0; }
    ~FiguresMgr()
    { for (int i=0; i<num_of_figures; i++)
        delete figures[i];
      num_of_figures = 0;
    }
```

```
        void display_figures()
        { for (int i=0; i<num_of_figures; i++)
            figures[i]->draw();                        // 通过动态绑定调用相应类的 draw
        }
        void input_figures_data()
        { for (num_of_figures=0; num_of_figures<MAX_NUM_OF_FIGURES;
            num_of_figures++)
          { int shape;
            do
            { cout << " 请输入图形的种类 (0: 线段, 1: 矩形, 2: 圆, -1: 结束 ): ";
              cin >> shape;
            } while (shape < -1 || shape > 2);
            if (shape == -1) break;
            switch (shape)
            { case LINE:                                // 线段
                figures[num_of_figures] = new Line; break;
              case RECTANGLE:                           // 矩形
                figures[num_of_figures] = new Rectangle; break;
              case CIRCLE:                              // 圆
                figures[num_of_figures] = new Circle; break;
            }
            figures[num_of_figures]->input_data(); // 通过动态绑定调用相应类的 input_data
          }
        }
};
FiguresMgr figures_mgr;                                 // 定义了一个 FiguresMgr 类的全局对象
int main()
{                                                       // 输入图形数据
  figures_mgr.input_figures_data();
                                                        // 输出所有图形
  figures_mgr.display_figures();
  return 0;
}
```

在这个例子中，类 Figure 并不描述一种具体的图形，只是为派生类提供了一个基本框架，这个基本框架包含两个纯虚函数 draw 和 input_data，它们的具体实现在描述具体图形的派生类 Rectangle、Circle 以及 Line 中给出，并且，这些派生类还可以定义新的功能。例如，类 Rectangle 和 Circle 除了有 draw 和 input_data 两个成员外，还有新的成员 area。

【例 7-3】 用抽象类实现一个抽象数据类型 Stack。

解： 抽象数据类型（abstract data type）是指只考虑类型的抽象性质，而不考虑该类型的实现。例如，从抽象数据类型的角度来讲，栈类型由若干具有线性关系的元素构成，它包含两个操作 push 和 pop，对于一个栈类型的数据对象 s，经过 "s.push(a).pop(x)" 操作之后，条件 "x == a" 成立，这就是栈这个抽象数据类型所包含的全部内容，至于栈的内部是用数组还是用链表来存储栈元素，这是实现问题，与抽象数据类型要描述的内容无关。

C++ 把抽象数据类型与抽象数据类型的实现两者合二为一了，它们都用类来表示，这样就带来了一个问题：对于一个用数组实现的栈类 ArrayStack 和一个用链表实现的栈类 LinkedStack，虽然从抽象数据类型的角度看，它们是相同的类型，但在 C++ 中它们却是不同的类型，那么对于一个能接受任何具有栈性质的数据（不管这些数据内部是如何实现的）的函数 f，其参数类型应该怎样表示？

```
void f(T& st);
```

对于上面的函数 f，如果把 T 写成 ArrayStack 或 LinkedStack 都会导致把其中一个类的对象排除在外。如何使得函数 *f* 既能接受 ArrayStack 类的对象，又能接受 LinkedStack 类的对象呢？

　　在 C++ 中解决上面问题的办法是给这两个类定义一个抽象的基类 Stack，在该抽象基类中提供两个纯虚函数 push 和 pop。下面给出这三个类的定义：

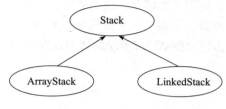

```
class Stack                     // 抽象基类
{ public:
    virtual void push(int i)=0;
    virtual void pop(int& i)=0;
};
class ArrayStack: public Stack
{   int elements[100],top;
  public:
    ArrayStack() { top = -1; }
    void push(int i) { ......}
    void pop(int& i) { ...... }
};
class LinkedStack: public Stack
{   struct Node
    { int content;
      Node *next;
    } *first;
  public:
    LinkedStack() { first = NULL; }
    void push(int i) { ......}
    void pop(int& i) { ...... }
};
```

　　这样，前面函数 *f* 的参数类型 T 就可以写成 " Stack& "，它既能接受 ArrayStack 类的对象，也能接受 LinkedStack 类的对象，在函数 *f* 中通过虚函数的动态绑定来实现对实参对象类（ArrayStack 或 LinkedStack）的 push 和 pop 的正确调用：

```
void f(Stack &st)
{ ......
  st.push(......);          // 将根据 st 所引用的对象类来确定 push 的归属
  ......
  st.pop(......);           // 将根据 st 所引用的对象类来确定 pop 的归属
  ......
}
int main()
{ ArrayStack st1;
  LinkedStack st2;
  f(st1);                   // OK
  f(st2);                   // OK
  ......
}
```

　　需要注意的是，本例中的抽象基类 Stack 与例 7-2 中的抽象基类 Figure 的作用有一点不同：Stack 是为同一个类型的不同实现给出一个抽象性描述，而 Figure 则是为不同类型的公共特征进行统一描述。

在 C++ 中，对一个类的实例用户来讲，该类的接口就是指类定义中声明为 public 的成员，编译程序能够保证实例用户只能访问这些成员。但是，由于在 C++ 中使用某个类时必须要见到该类的定义，因此，使用者能够见到该类的非 public 成员，这样就可以绕过类的访问控制而使用类的非 public 成员。例如，在下面的函数 func 中，由于它能见到类 A 的定义，因此可以通过指针的原始操作绕过类 A 对 *i* 和 *j* 的访问控制来访问它们：

```
// A.h
class A
{   int i,j;
  public:
    A();
    A(int x,int y);
    void f(int x);
};

// B.cpp
#include "A.h"
void func(A *p)
{ p->f(2);                // Ok
  p->i = 1;               // Error
  p->j = 2;               // Error
  *((int *)p) = 1;        // Ok，访问 p 所指向的对象的成员 i
  *((int *)p+1) = 2;      // Ok，访问 p 所指向的对象的成员 j
}
```

上面的问题可以通过给类 A 提供一个抽象基类来解决，用这个抽象基类把类 A 的数据表示隐藏起来：

```
// I_A.h
class I_A              // A 的抽象基类，作为 A 的对外接口
{ public:
    virtual void f(int)=0;
};

// A.cpp
#include "I_A.h"
class A: public I_A    // A 的实现
{   int i,j;
  public:
    A();
    A(int x,int y);
    void f(int x);
};
```

对类 A 的某些实例用户，不再提供原来的类 A 的定义，而只提供其抽象基类 I_A 的定义（文件 I_A.h），这样，类 A 的这些实例用户就不知道类 A 中有什么数据成员了：

```
// B.cpp
#include "I_A.h"
void func(I_A *p)
{ p->f(2);               // Ok
  ......                 // 这里不知道 p 所指向的对象有哪些数据成员，因此，无法访问它的数据成员
}
```

*7.3.4　虚函数动态绑定的一种实现

为了对虚函数的动态绑定机制有较深入的了解，下面给出虚函数动态绑定的一种实现。

对于每一个类，如果它有虚函数（包括从基类继承来的），则编译程序将会为其创建一个虚函数表（vtbl），表中记录了该类中所有虚函数的入口地址。当创建一个包含虚函数的类的对象时，在所创建对象的内存空间中有一个隐藏的指针（vptr）指向该对象所属类的虚函数表。例如，对于下面的两个类 A 和 B：

```
class A
{   int x,y;
  public:
    virtual void f();
    virtual void g();
    void h();
};
class B: public A
{   int z;
  public:
    void f();
    void h();
};
......
A a;
B b;
```

对象 *a* 和 *b* 的内存空间中除了包含它们的数据成员外，还有分别有一个指向相应类的虚函数表的指针：

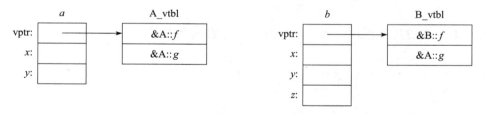

当通过引用或指针访问类的虚函数时，将会利用它们引用或指向的对象内存空间中的虚函数表指针从虚函数表中获得相应虚函数的入口地址来调用相应的函数。例如，对于下面的程序代码：

```
void f(A *p)              // 可以接收 A 和 B 类对象
{ p->h();
  p->f();
  p->g();
}
```

编译程序将把它按类似于下面的代码进行编译：

```
typedef void (*FuncPtr)(void *);   // FuncPtr 是一个指向成员函数的指针类型
typedef FuncPtr *VtblPtr;          // VtblPtr 是一个指向虚函数表的指针类型
void f(A *p)                       // 可以接收 A 和 B 类对象
{ A::h(p);
  (*(*(VtblPtr*)p))(p);
  (*(*(VtblPtr*)p)+1))(p);
}
```

7.4 多继承

7.4.1 多继承概述

在定义一个新类时，有时需要复用多个类的代码，这时如果采用单继承来实现将会面临一些问题。例如，对于下面的两个类 A 和 B：

```
class A
{   int m;
  public:
     void fa();
};
class B
{   int n;
  public:
     void fb();
};
```

现在需要定义第三个类 C，要求类 C 包含类 A 和类 B 的所有成员，另外，它还有自己新定义的成员 *r* 和 fc，如何定义类 C 呢？如果用单继承来实现，则可以先把 C 定义成从 A 继承，然后在 C 中把类 B 的 *n* 和 fb 手工复制过来：

```
class C: public A
{   int n;          // 从 B 复制过来
    int r;
  public:
     void fb();      // 从 B 复制过来
     void fc();
};
```

或者，把 C 定义成从 B 继承，然后在 C 中把类 A 的 *m* 和 fa 手工复制过来：

```
class C: public B
{   int m;          // 从 A 复制过来
    int r;
  public:
     void fa();      // 从 A 复制过来
     void fc();
};
```

不管采用上面哪一种做法都存在问题。首先会造成概念上的混乱，因为 *m* 和 *n* 本来是独立的属性，现在它们却具有了层次关系。其次，易造成代码的不一致性，由于 fa 或 fb 的代码存在于两个地方，如果对一个地方的代码（如类 A 中的 fa 或类 B 中的 fb）进行了修改，但忘了去修改另一个地方的代码（如 C 中的 fa 或 fb），这样将造成两个地方出现不一致的代码。还有，C 类只能是 A 或 B 中某一个类的子类型，C 类对象只能去替换 A 或 B 中的某一个类的对象。

如果不用继承，也可以把 A 和 B 定义成 C 的成员对象类来实现 C：

```
class C
{   A a;
    B b;
    int r;
  public:
     void fa() { a.fa(); }
```

```
    void fb() { b.fb(); }
    void fc();
};
```

这样做法的问题是无法实现 C 与 A 和 B 之间的子类型关系，在程序中不能用 C 类对象去替换任何需要 A 或 B 类对象的地方。

解决上面问题的一种比较好的办法是采用多继承，即把 C 定义成同时从 A 和 B 两个类直接继承。多继承增强了语言的表达能力，它使得语言能够自然、方便地描述问题领域中存在于对象类之间的多继承关系。

下面简单介绍 C++ 对多继承的支持。

7.4.2 多继承派生类的定义

多继承（multiple inheritance）是指一个类可以从两个或两个以上的类直接继承。在 C++ 中，多继承派生类的定义格式如下：

```
class <派生类名>: <继承方式 1><基类名 1>, <继承方式 2><基类名 2>, …
{ <成员说明表>
};
```

其中，*<基类名 1>*、*<基类名 2>* 等是派生类的直接基类，*<继承方式 1>*、*<继承方式 2>* 等表示从各个基类的继承方式，*<成员说明表>* 是派生类中新定义的成员说明。

例如，对前面提到的 C 类，就可以用下面的多继承来实现：

```
class A
{   int m;
  public:
    void fa();
};
class B
{   int n;
  public:
    void fb();
};
class C: public A, public B
{   int r;
  public:
    void fc();
};
```

对于多继承，需要说明以下几点。

1）继承方式及访问控制的规定同单继承。

2）派生类拥有所有基类的所有成员。

3）基类的声明次序决定：

● 对基类数据成员的存储安排。

● 对基类构造函数 / 析构函数的调用次序。

例如，对于上述多继承派生类 C 的一个对象 c：

```
C c;
```

对象 c 在内存空间中的布局是先 A 类的数据成员，再是 B 类的数据成员，最后是 C 类新定义的数据成员：

$$c$$

A::m	
B::n	
C::r	

创建对象 c 时，构造函数的执行次序是：

A()、B()、C()　（A() 和 B() 实际是在 C() 的成员初始化表中调用的。）

对对象 c 可以实施所有基类的操作和新定义的操作：

```
c.fa();      // OK
c.fb();      // OK
c.fc();      // OK
```

可以把以 public 继承方式定义的多继承派生类对象的地址赋给它的任何一个基类的指针，这时将会根据基类指针类型自动进行地址调整。例如，对前面多继承派生类 C 的对象 c，可以把它的地址赋值给基类 A 的指针 pa 和基类 B 的指针 pb，其中，pb 和 c.fb() 中隐藏的参数 this 将会自动调整到 B::n 的地址：

```
C c;
A *pa=&c;    // pa 指向对象 c 内存中 A::m 的位置
B *pb=&c;    // pb 指向对象 c 内存中 B::n 的位置
c.fa();      // 调用 A::fb()，其隐藏的参数 this 将指向对象 c 内存中 A::m 的位置
c.fb();      // 调用 B::fb()，其隐藏的参数 this 将指向对象 c 内存中 B::n 的位置
```

需要注意的是，由于 A 和 B 是两个相互独立的类，因此，通过 pa 只能访问到对象 c 的属于类 A 和类 C 中的内容，但不会访问到属于类 B 中的内容。同样，通过 pb 只能访问到对象 c 的属于类 B 和类 C 中的内容，但不会访问到属于类 A 中的内容。

虽然多继承给一些应用带来了方便，但也带来一系列的问题，如多继承使得语言特征复杂化、加大了编译程序的难度、使得消息绑定复杂化等，从而给正确使用多继承带来困难。因此，有些面向对象语言（如 Smalltalk、Java 等）放弃了多继承机制，而采用其他一些方法来实现多继承的功能。

下面简单介绍多继承带来的两个主要问题，一个是名冲突问题，另一个是重复继承问题。

7.4.3　名冲突

在多继承中，当多个基类中包含同名的成员时，在派生类中就会出现名冲突（name confliction）问题。例如，对于下面的类 C，由于它的两个基类中都有函数 f，这样，在类 C 中访问函数 f 就会出现二义性：

```
class A
{  ......
  public:
    void f();
    void g();
};
class B
{  ......
  public:
```

```
      void f();
      void h();
};
class C: public A, public B
{  ......
  public:
    void func()
    { f();              // Error, 是 A 的 f, 还是 B 的 f
    }
};
......
C c;
c.f();                  // Error, 是 A 的 f, 还是 B 的 f
```

在 C++ 中, 解决上面问题的办法是采用基类名受限访问:

```
......
class C: public A, public B
{  ......
  public:
    void func()
    { A::f();           // OK, 调用 A 的 f
      B::f();           // OK, 调用 B 的 f
    }
};
......
C c;
c.A::f();               // OK, 调用 A 的 f
c.B::f();               // OK, 调用 B 的 f
```

7.4.4 重复继承——虚基类

在多继承中, 如果继承的类有公共的基类, 则会出现重复继承 (repeated inheritance), 这样, 公共基类中的数据成员在多继承的派生类中就有多个拷贝。例如, 下面的类 D 从类 B 和类 C 多继承, 而类 B 和类 C 又都从类 A 继承, 因此, D 类对象 d 就拥有两个数据成员 x, 一个是从类 B 继承来的 B::x, 另一个是从类 C 继承来的 C::x:

```
class A
{  int x;
   ......
};
class B: public A {......};
class C: public A {......};
class D: public B, public C
{  ......
   void f()
   { ... B::x ...       // 访问从 B 继承来的 x
     ... C::x ...       // 访问从 C 继承来的 x
   }
};
......
D d;                    // d 有两个 x
```

通常情况下, 我们需要把这两个 x 合并为一个 x, 这时, 应把类 A 定义为类 B 和类 C 的虚基类 (virtual base class), 这样定义之后, 类 D 就只有一个成员 x 了:

```
class B: virtual public A {......};
```

```
class C: virtual public A {......};
class D: public B, public C
{ ......
  void f()
  { ... x ... }                      // 访问从 B 和 C 继承来的公共的 x
};
......
D d;                                  // d 只有一个 x
```

对于包含虚基类的类，应注意以下两点：

1）虚基类的构造函数由该类的构造函数直接调用；

2）虚基类的构造函数优先于非虚基类的构造函数执行。

例如，对于下面的类 A、B、C、D 和 E：

```
class A
{ int x;
  public:
  A(int i) { x = i; }
  ......
};
class B: virtual public A        // 包含虚基类 A
{ int y;
public:
  B(int i): A(1) { y = i; }
  ......
};
class C: virtual public A        // 包含虚基类 A
{ int z;
    public:
    C(int i): A(2) { z = i; }
    ......
};
class D: public B, public C      // 包含虚基类 A
{ int m;
public:
  D(int i, int j, int k): B(i), C(j), A(3) { m = k; }
  ......
};
class E: public D                // 包含虚基类 A
{ int n;
  public:
  E(int i, int j, int k, int l): D(i,j,k), A(4) { n = l; }
  ......
};
D d(1,2,3);                       // A 的构造函数由 D 的构造函数直接调用，d.x 被初始化为 3
E e(1,2,3,4);                     // A 的构造函数由 E 的构造函数直接调用，e.x 被初始化为 4
```

当创建 D 类对象 *d* 时，虚基类 A 的构造函数由类 D 的构造函数直接调用，在类 B 和类 C 的构造函数中就不再调用虚基类 A 的构造函数了。各个构造函数的执行次序是：

```
A(3)、B(1)、C(2)、D(1,2,3)
```

当创建 E 类对象 *e* 时，虚基类 A 的构造函数由类 E 的构造函数直接调用，在类 B、C 和 D 的构造函数中就不再调用虚基类 A 的构造函数了。各个构造函数的执行次序是：

```
A(4)、B(1)、C(2)、D(1,2,3)、E(1,2,3,4)
```

7.5 类之间的聚合 / 组合关系

在面向对象程序设计中，继承为代码复用提供了重要的支持，它使得在定义一个新的类时可以把一个或多个已有类的代码先包含进来，然后再为新类增加新的代码。但需要注意的是，继承并不是代码复用的唯一方式，有些代码复用不宜用继承来实现，因为继承除了支持代码复用外，还体现了类之间在概念上的一般与特殊关系（is-a-kind-of），如果两个类之间没有这种关系，纯粹是为了代码复用而用继承把它们关联起来，会造成概念上的混乱。例如，在飞机类复用发动机类的功能时，由于飞机并不是一种发动机，它们之间不是一般与特殊的关系，因此，就不宜用继承来实现飞机类与发动机类之间的代码复用。

除了继承关系外，类之间还存在一种整体与部分的关系（is-a-part-of），即一个类的对象包含了另一个类的对象。例如，发动机类与飞机类之间就属于整体与部分的关系，一个飞机类的对象包含了一个或多个发动机类的对象。类之间的整体与部分关系可以是聚合（aggregation）关系，也可以是组合（composition）关系，它们的不同之处在于：在聚合关系中，被包含的对象可以脱离包含它的对象独立存在，被包含的对象与包含它的对象独立创建和消亡；而在组合关系中，被包含的对象不能脱离包含它的对象独立存在，被包含的对象由包含它的对象创建并随着包含它的对象的消亡而消亡。例如，一个公司与它的员工之间是聚合关系，而一个人与他的头、手和脚之间则是组合关系。

在 C++ 中，基于聚合 / 组合关系的代码复用都是通过在一个类中把另一个类说明成该类的成员对象类来实现的，但做法上有一些差别。聚合类的成员对象一般采用对象指针表示，用于指向被包含的成员对象，被包含的成员对象是在外部创建，然后加入聚合类对象中来的；而组合类的成员对象一般直接是对象，有时也可以采用对象指针表示，但不管是什么表示形式，成员对象一定是在组合类对象内部创建并随着组合类对象消亡的。需要注意的是，当成员对象用指针来表示时，从语法上往往无法区分聚合与组合关系，而是要从相应代码的语义上来区分它们。例如，下面代码中的类 B 与类 A 是聚合关系，而类 C 与类 A 则是组合关系：

```
class A
{ ......
};
class B                    //B 与 A 是聚合关系
{ A *pm;                   // 指向成员对象
public:
  B(A *p) { pm = p; }      // 成员对象在聚合类对象外部创建，然后传入
  ~B() { pm = NULL; }      // 传入的成员对象不再是聚合类对象的成员
......
};
class C                    //C 与 A 是组合关系
{ A *pm;                   // 指向成员对象
public:
  C() { pm = new A; }      // 成员对象随组合类对象在内部创建
  ~C() { delete pm; }      // 成员对象随组合类对象消亡
......
};
......
A *pa=new A;               // 创建一个 A 类对象
B *pb=new B(pa);           // 创建一个聚合类对象，其成员对象是 pa 指向的对象
C *pc=new C;               // 创建一个组合类对象，其成员对象在组合类对象内部创建
```

```
......
delete pb;                    // 聚合类对象消亡了，其成员对象并没有消亡，还可以用在其他地方
delete pc;                    // 组合类对象与其成员对象都消亡
delete pa;                    // 聚合类对象原来的成员对象消亡
```

下面通过具体例子来看一看基于聚合／组合关系的代码复用。

【例 7-4】 利用一个线性表类来实现一个队列类。

解：线性表（linear list）由若干具有线性次序关系的元素构成，可以在线性表的任意位置对元素进行操作。下面给出了线性表类的代码示例：

```
class LinearList            // 线性表类
{ public:
    bool insert(int x, int pos);  // 在线性表中位置 pos 后面增加元素，当 pos 为 0 时，在表
                                  // 头增加元素；返回值表示操作成功或失败
    bool remove(int &x, int pos);  // 删除线性表中位置 pos 处的元素，返回值表示操作成功或失败
    int element(int pos) const;   // 返回位置 pos 处的元素
    int search(int x) const;      // 查找值为 x 的元素，返回元素的位置；未找到时返回 0
    int length() const;           // 返回元素个数
    ......
};
```

队列（queue）则是一种特殊的线性表，虽然它也由若干具有线性次序关系的元素构成，但对队列只能实施两种操作，即进队和出队，并且，进队操作是在线性表的一端加入元素，出队操作是在线性表的另一端删除一个元素，先进先出（First In First Out, FIFO）是队列的基本特性。

可以通过组合一个线性表类来实现队列类：

```
class Queue                 // 队列类
{   LinearList list;        // 把线性表类作为队列类的成员对象类
  public:
    bool en_queue(int i)    // 进队操作
    { return list.insert(i,list.length()); } // 通过调用成员对象的 insert 函数来实现进队操作
    }
    bool de_queue(int &i)   // 出队操作
    { return list.remove(i,1); }  // 通过调用成员对象的 remove 函数来实现出队操作
    }
};
```

上面的队列类中包含了一个线性表类的成员对象，通过调用该成员对象类的 insert 和 remove 成员函数来分别实现队列的进队和出队操作。

虽然队列类也可以通过下面的继承关系来实现，即把 Queue 类定义为 LinearList 类的派生类：

```
class Queue: private LinearList   // 这里的继承方式 private 可以省略
{ public:
    bool en_queue(int x)    // 元素进队
    { return insert(x,length()); }
    }
    bool de_queue(int &x)   // 元素出队
    { return remove(x,1); }
    }
};
```

但是，由于能对线性表实施的操作并不都能实施到队列上，例如，不能在队列的任意位置上

增加和删除元素，因此，这里的继承方式采用了 private 继承，使得在外部不能通过线性表类的成员函数来操作队列类的对象。在 private 继承中，派生类不继承基类的对外接口，它属于纯代码复用，基类与派生类没有子类型关系，而这实际上已经退化成组合关系了！

【例 7-5】 基于聚合关系的公司类和职员类设计。

解： 一个公司由若干职员构成，由于职员可以不依赖于公司而存在，因此公司与职员之间是聚合关系。下面是公司类和职员类的代码示例：

```cpp
class Employee                                  // 职员类
{   String name;                                // String为例 6-11 中定义的字符串类
    int salary;
  public:
    Employee(const char *s, int n=0):name(s) { salary = n; }
    void set_salary(int n) { salary = n; }
    int get_salary() const { return salary; }
  ......
};
const int MAX_NUM_OF_EMPS=1000;
class Company                                   // 公司类
{   String name;
    Employee *group[MAX_NUM_OF_EMPS];           // 职员对象（指针）数组
    int num_of_emps;                            // 职员人数
  public:
    Company(const char *s):name(s) { num_of_emps = 0; }
    ~Company() { num_of_emps = 0; }
    bool add_employee(Employee *e)              // 增加一个职员
    { int i;
      for (i=0; i<num_of_emps; i++)             // 在职员数组中搜索职员
        if (e == group[i]) return false;        // 要增加的职员已存在
      if (num_of_emps >= MAX_NUM_OF_EMPS) return false;      // 职员数量已满
      group[num_of_emps] = e;                   // 把增加的职员加入数组
      num_of_emps++;                            // 职员数加 1
      return e;
    }
    bool remove_employee(Employee *e)           // 删除一个职员
    { int i;
      for (i=0; i<num_of_emps; i++)             // 在职员数组中搜索职员
        if (e == group[i]) break;
      if (i == num_of_emps) return false;       // 要删除的职员不存在
      for (int j=i+1; j<num_of_emps; j++)       // 把删除的职员移出数组
        group[j-1] = group[j];
      num_of_emps--;                            // 职员数减 1
      return true;
    }
    int get_num_of_emps() { return num_of_emps; }
  ......
};
......
Company c1("Company_1"),c2("Company_2");   // 创建两个公司类对象 Company_1 和 Company_2
Employee e1("Jack",1000),e2("Jane",2000);  // 创建两个职员类对象 Jack 和 Jane
c1.add_employee(&e1);                       // 职员 Jack 加入公司 Company_1
c1.add_employee(&e2);                       // 职员 Jane 加入公司 Company_1
......
c1.remove_employee(&e1);                    // 职员 Jack 从公司 Company_1 离职
c2.add_employee(&e1);                       // 职员 Jack 加入公司 Company_2
......
```

由于公司类与职员类是聚合关系，因此，公司类的成员采用了职员对象指针（数组），职员在外部创建，通过公司类的成员函数 add_employee 加入公司类的指针数组中；当一个职员离职时，通过公司类的成员函数 remove_employee 把该职员从公司类的指针数组中移出，这时，该职员对象并没有消亡，他还可以转入其他公司。

从纯代码复用的角度来讲，聚合 / 组合有时比继承要好，它可避免继承与封装之间的矛盾：封装的目的是隐藏实现细节，而继承却需要知道基类的实现细节，否则，派生类的一些功能可能无法实现（特别是在对基类的一些功能进行重定义时）。另外，在聚合 / 组合方式的代码复用中，一个类只需要考虑一个对外接口（类的实例用户接口，由 public 成员构成）就行了，不必额外再为派生类设计接口（由 protected 成员构成），这样可以简化类的设计。在基于对象的程序设计模型中，代码复用就是采用聚合 / 组合来实现的。

一般来说，继承的代码复用功能常常可以用组合来实现。例如，对于下面以继承方式实现的代码复用：

```
class A
{   ......
  public:
    void f();
    void g();
};
class B: public A
{   ......
  public:
    void h();
    ......
};
```

可以采用下面的组合方式来实现：

```
class B
{   ......
    A a;   //定义一个类 A 的成员对象
  public:
    void f() { a.f(); }
    void g() { a.g(); }
    void h();
    ......
};
```

不过，继承机制更容易实现类之间的子类型关系。

7.6 小结

本章对类的复用机制——类继承的相关内容进行了介绍，主要知识点包括：

- 继承是指在定义一个新的类时，首先把一个或多个已有类的功能全部包含进来，然后再给出新功能的定义或对已有类的功能重新定义。在 C++ 中，被继承的类称为基类，从其他类继承的类称为派生类。
- 继承为软件复用提供了一种手段。C++ 支持单继承和多继承。单继承是指一个类只能有一个直接基类；多继承是指一个类可以有多个直接基类。
- 继承与封装存在矛盾，在 C++ 中通过增加一个 protected 类成员访问控制来缓解这个矛盾，即一个类的 protected 成员可以被派生类访问，但不能被该类的实例（对象）用户访问。protected 类成员访问控制的引进使得类有两种接口：实例用户接口（public 成员）和派生类接口（public 加上 protected 成员）。

- 类的继承方式决定了派生类的实例用户和派生类的派生类对基类成员的访问权限。public 继承方式用来实现类之间的子类型关系，而 protected 和 private 继承则用于纯粹的代码复用。

- 在继承关系中，由于派生类可以对基类的成员函数进行重新定义，因此就产生了面向对象程序设计的一种特有的多态：一个公共的消息集对基类和派生类存在不同的解释。由于基类的指针或引用可以指向或引用派生类对象，因此通过指针或引用来访问对象的成员函数时需要动态绑定。C++ 默认的消息绑定方式为静态绑定，如需要动态绑定，则要把基类的、在派生类中需要重新定义的成员函数说明成虚函数。

- 只给出函数声明而没给出实现的虚成员函数称为纯虚函数，包含纯虚函数的类称为抽象类。抽象类可为派生类提供一个基本框架和公共的对外接口，派生类（或派生类的派生类，……）应对抽象基类的所有纯虚成员函数进行实现。

- 在多继承中有两个问题需要解决：名冲突和重复继承。在 C++ 中，解决名冲突的办法是用基类名受限；解决重复继承问题的手段是采用虚基类。

- 除了继承关系外，类之间还存在一种整体与部分的关系（is-a-part-of），它可分为聚合关系与组合关系。在聚合关系中，被包含的对象与包含它的对象独立创建和消亡，被包含的对象可以脱离包含它的对象独立存在；在组合关系中，被包含的对象不能脱离包含它的对象独立存在，被包含的对象由包含它的对象创建并随着包含它的对象的消亡而消亡。从代码复用的角度来说，聚合 / 组合有时比继承更好，它可以避免继承与封装之间的矛盾。

7.7　习题

1. 在 C++ 中，protected 类成员访问控制的作用是什么？
2. 在 C++ 中，继承方式的作用是什么？ public 继承方式有什么特殊之处？
3. 在 C++ 中，虚函数的作用是什么？
4. 在多继承中，什么情况下会出现二义性？怎样消除二义性？
5. 写出下面程序的运行结果：

```cpp
#include <iostream>
using namespace std;
class A
{   int m;
  public:
    A() { cout << "in A's default constructor\n"; }
    A(const A&) { cout << "in A's copy constructor\n"; }
    ~A() { cout << "in A's destructor\n"; }
};
class B
{   int x,y;
  public:
    B() { cout << "in B's default constructor\n"; }
    B(const B&) { cout << "in B's copy constructor\n"; }
    ~B() { cout << "in B's destructor\n"; }
};
```

```
class C: public B
{   int z;
    A a;
  public:
    C() { cout << "in C's default constructor\n"; }
    C(const C&) { cout << "in C's copy constructor\n"; }
    ~C() { cout << "in C's destructor\n"; }
};
void func1(C x)
{ cout << "In func1\n";
}
void func2(C&x)
{ cout << "In func2\n";
}
int main()
{ cout << "------Section 1------\n";
  C c;
  cout << "------Section 2------\n";
  func1(c);
  cout << "------Section 3------\n";
  func2(c);
  cout << "------Section 4------\n";
  return 0;
}
```

6. 写出下面程序的运行结果：

```
#include <iostream>
using namespace std;
class A
{   int x,y;
  public:
    A() { cout << "in A's default constructor\n"; f(); }
    A(const A&) { cout << "in A's copy constructor\n"; f(); }
    ~A() { cout << "in A's destructor\n"; }
    virtual void f() { cout << "in A's f\n"; }
    void g() { cout << "in A's g\n"; }
    void h() { f(); g(); }
};
class B: public A
{   int z;
  public:
    B() { cout << "in B's default constructor\n"; }
    B(const B&) { cout << "in B's copy constructor\n"; }
    ~B() { cout << "in B's destructor\n"; }
    void f() { cout << "in B's f\n"; }
    void g() { cout << "in B's g\n"; }
};
void func1(A x)
{ x.f();
  x.g();
  x.h();
}
void func2(A &x)
{ x.f();
  x.g();
  x.h();
}
int main()
```

```
{ cout << "------Section 1------\n";
  A a;
  A *p=new B;
  cout << "------Section 2------\n";
  func1(a);
  cout << "------Section 3------\n";
  func1(*p);
  cout << "------Section 4------\n";
  func2(a);
  cout << "------Section 5------\n";
  func2(*p);
  cout << "------Section 6------\n";
  delete p;
  cout << "------Section 7------\n";
  return 0;
}
```

7. 利用习题 6.9 的第 14 题中的时间类 Time，定义一个带时区的时间类 ExtTime。除了构造函数和时间调整函数外，ExtTime 的其他功能与 Time 类似。

8. 利用习题 6.9 的第 18 题中的 LinearList 类定义一个栈类。

9. 利用习题 6.9 的第 14、15 题中的时间类 Time 和日期类 Date，定义一个带日期的时间类 TimeWithDate，对该类对象能进行比较、增加（增加值为秒数）、相减（结果为秒数）等操作。

10. 有两个队列类 MaxQueue 和 MinQueue，前者每次是队列中最大的元素出队，后者是队列中最小的元素出队。要使对于需要队列对象的地方，上述两个队列类的对象都适用，如何处理？

11. 基于聚合 / 组合关系来设计三个相关联的类——学生类、课程类和学校类，其中，每个学校拥有一批注册的学生和一批课程，每个课程拥有一批选课的学生。课程类应包括学生选课和退课等基本操作；学校类包括应包含学生注册、毕业、退学以及增加课程和删除课程等基本操作。

12. 如何定义两个类 A 和 B（B 是 A 的派生类），使得在程序中能够创建一个与指针变量 p（类型为 A*）所指向的对象是同类的对象？

13. 如何重载赋值操作符 "="，使得下面的函数 f 对 A 类及其派生类 B 的对象都适合？

```
void f(A &a1, A &a2)
{ ......
  a1 = a2;          // 对 A 类和 B 类对象都能赋值
  ......
}
```

14. 下面的设计有什么问题？如何解决？

```
class Rectangle    // 矩形类
{ public:
    Rectangle(double w, double h): width(w), height(h) {}
    void set_width(double w) { width = w; }
    void set_height(double h) { height = h; }
    double get_width() const { return width; }
    double get_height() const { return height; }
    double area() const { return width*height; }
    void print() const { cout << width << " " << height << endl; }
  private:
```

```
    double width;                       // 宽
    double height;                      // 高
};
class Square: public Rectangle        // 正方形类
{ public:
    Square(double s): Rectangle(s,s) {}
    void set_side(double s)            // 设置边长
    { set_width(s);
      set_height(s);
    }
    double get_side() const            // 获取边长
    { return get_width();
    }
};
```

第 8 章　输入 / 输出

输入 / 输出是程序的重要组成部分，程序运行所需要的数据往往要从外设（如键盘、磁盘等）得到，程序的运行结果通常也要输出到外设（如显示器、打印机、磁盘等）中去。本章将通过 C++ 对输入 / 输出操作的支持来介绍程序设计中如何进行输入 / 输出操作。

8.1　输入 / 输出概述

输入 / 输出（Input/Output，I/O）是一个最不容易规范化的语言机制，它的具体实现往往会因操作系统和计算机硬件的不同而有所不同，也就是说它是与平台相关的。在 C++ 中，输入 / 输出不是语言定义的成分，而是由具体的实现（编译程序）作为标准库的功能来提供。C++ 的设计者对输入 / 输出提出了一种方案，虽然它不属于 C++ 语言定义的范畴，但大多数的 C++ 编译程序都实现了该方案，并且，它也被 C++ 国际标准所采纳。

在 C++ 中，输入 / 输出是一种基于字节流（stream）的操作：在进行输入操作时，可把输入的数据看成逐个字节地从外设流入到计算机内部（内存）；在进行输出操作时，则把输出的数据看成逐个字节地从内部流出到外设。为了方便使用，在 C++ 的标准库中，除了提供基于字节的输入 / 输出操作外，还提供了基于 C++ 基本数据类型数据的输入 / 输出操作，在这些操作内部自动实现字节流与基本数据类型之间的转换。另外，在 C++ 程序中也可以对标准库中的一些操作进行重载，使其能对自定义类型的数据进行输入 / 输出操作。

C++ 标准库分别以过程式和面向对象两种方式提供了输入 / 输出功能。

- 过程式输入 / 输出是通过使用从 C 语言保留下来的函数库中的输入 / 输出函数来进行输入 / 输出。例如，函数库中的函数 scanf 可用于键盘的输入，函数 printf 则用于显示器的输出。

- 面向对象输入 / 输出通过使用 C++ 的 I/O 类库中的类和对象来进行输入 / 输出。例如，I/O 类库中的对象 cin 可用来实现键盘的输入，cout 可用于实现显示器的输出。

另外，在 C++ 程序中，除了使用 C++ 标准库来实现输入 / 输出功能外，还可以采用其他方式进行输入 / 输出。例如，Visual C++ 提供的 MFC 基础类中包含了具有输入 / 输出功能的类且大多数操作系统的应用程序接口（API）中都提供了输入 / 输出功能。但需要注意的是，以非 C++ 标准库方式进行输入 / 输出不利于 C++ 程序的移植。本教程只介绍 C++ 标准库对输入 / 输出的支持，其他方式的输入 / 输出不在本教程所介绍的范围内。

输入 / 输出操作可分为面向控制台的 I/O、面向文件的 I/O 以及面向字符串变量的 I/O。

- 面向控制台的 I/O 是指从标准输入设备（如键盘）获得数据以及把程序结果从标准输出设备（如显示器）输出。

- 面向文件的 I/O 是指从外存（如磁盘）获得数据以及把程序结果保存到外存中。

- 面向字符串变量的 I/O 是指从程序中的字符串变量中获得数据以及把程序结果保存到字符串变量中。

下面分别对上述三类输入 / 输出功能进行介绍。

8.2　面向控制台的输入 / 输出

控制台 I/O 是指从计算机系统的标准输入设备输入程序所需要的数据以及把程序的计算结果输出到计算机系统的标准输出设备，其中，标准输入设备通常是指键盘，标准输出设备通常是指显示器。

在 C++ 中，控制台输入 / 输出可通过两种途径来实现，一种是用 C++ 的标准函数库中的输入 / 输出函数来实现，另一种是用 C++ 的 I/O 类库中的 I/O 类来实现。下面分别对这两种实现方式进行介绍。

8.2.1　基于函数库的控制台输入 / 输出

基于函数库的控制台输入 / 输出是 C 语言标准库提供的功能，C++ 保留了这些功能。

1. 控制台输出

在 C++ 的标准函数库中提供了下面的控制台输出函数（在头文件 cstdio 或 stdio.h 中声明）：

```
// 把 ch 中的字符输出到标准输出设备，函数返回输出的字符或返回 EOF（操作失败）
int putchar(int ch);

// 把 p 所指向的字符串输出到标准输出设备，函数返回一个非负整数或返回 EOF（操作失败）
int puts(const char *p);

// 提供对基本类型数据的输出操作，函数返回输出的字符个数或返回负数（操作失败）
int printf(const char *format [,<参数表>]);
```

在控制台输出函数中，printf 是最常用的函数，它可以实现对基本数据类型的输出。函数 printf 的参数 format 指向的是一个用于指出输出格式的字符串，< 参数表 > 中的参数为要输出的表达式。格式字符串中包含两类字符，即普通字符和控制字符，普通字符将直接输出到标准输出设备上，而控制字符则用于指定 < 参数表 > 中数据的类型和输出格式，控制字符以符号"%"开始，后面跟上一个或多个类型符号（表 8-1 给出了一些常用的控制字符和它们所对应的数据类型及输出格式）。

表 8-1　printf 的常用格式控制字符及其含义

控制字符	数据类型	输出格式
%c	int	字符
%d	int	有符号十进制整数
%o	unsigned int	无符号八进制整数
%u	unsigned int	无符号十进制整数
%x	unsigned int	无符号十六进制数（abcdef）
%X	unsigned int	无符号十六进制数（ABCDEF）
%e	double	指数形式：[-]*d.dddd* e[+/-]*ddd*
%E	double	指数形式：[-]*d.dddd* E[+/-]*ddd*
%f	double	小数形式：[-]*dddd.dddd*
%s	char *	字符串
%%		字符：'%'

例如，在下面的 printf 调用中，格式字符串中的"%d"和"%f"是两个控制字符，它们表示把参数表中的变量 i 和 j 分别作为 int 型和 double 型数据按有符号十进制整数和十进制小数格式进行输出：

```
int i=18;
double j=123.4;
printf("i=%d, j=%f\n",i,j);
```

结果为：

```
i=18, j=123.400000
```

另外，对于"%d"，可以在 d 之前加上一个 l 或 h 表示按 long int 或 short int 类型输出；对于"%o""%u""%x"和"%X"，可以在 o、u、x 和 X 之前加上一个 l 或 h 表示按 unsigned long int 或 unsigned short int 类型输出。

在调用函数 printf 时，编译程序会隐式地对提供给 <参数表> 的实参的类型进行整型提升转换（参见 2.4.7 节）并把 float 类型转换成 double 类型。

值得注意的是，在使用函数 printf 时，如果 <参数表> 中参数的类型和个数与格式字符串中指定的数据类型和个数不一致，则往往得不到正确的输出结果。例如，下面的输出操作将得不到正确的结果：

```
int x=-2;
double y=12.3;
printf("x=%u,y=%d",x,y);      // 把 x 和 y 内存中的内容按 unsigned int 和 int 类型来输出
printf("x=%d,y=%f",x);        // 正确输出了 x 的值，但同时又输出了一个随机的 double 类型的值
printf("x=%d",x,y);           // 只输出了 x 的值，没输出 y 的值
```

2. 控制台输入

在 C++ 的标准函数库中提供了下面的控制台输入函数（在头文件 cstdio 或 stdio.h 中声明）：

```
// 从键盘输入一个字符，返回输入的字符或返回 EOF（操作失败）
int getchar();

// 从键盘输入一个字符串并把它放入 p 所指向的内存空间，成功时返回 p，否则，返回 NULL
char *gets(char *p);

// 对基本类型的数据进行输入，返回实际输入并保存的数据个数或返回 EOF（操作失败）
int scanf(const char *format [,<参数表>]);
```

在控制台输入函数中，scanf 是最常用的函数，它可以实现对基本数据类型的输入。函数 scanf 的参数 format 指向一个格式字符串，<参数表> 中的参数为用于保存输入数据的变量的地址。scanf 格式字符串的作用与 printf 基本相同，与 printf 不同的是：scanf 格式字符串中的普通字符不是作为输出，而是用于与输入字符进行匹配，即在输入时，除了输入控制字符所规定的数据外，还需要输入格式字符串中的普通字符。另外，对于函数 scanf，控制字符"%e""%E"和"%f"要求相应的数据为 float 类型，可以用"%le""%lE"和"%lf"来指定 double 类型的数据。例如，对于下面的输入操作：

```
int i;
double j;
scanf("i=%d,j=%lf",&i,&j);
```

输入可以为：

```
i=10,j=123.4
```

在上面的输入中，10 和 123.4 是真正需要的数据，它们分别保存在变量 i 和 j 中，而输入的其他字符则用于与格式字符串中的普通字符进行匹配。

在用函数 scanf 输入某个指定类型的数据时，除了用 "%c" 指定的类型外，首先都要跳过输入中的空白符，然后对输入的字符进行识别，识别过程中遇到空白符或不属于指定类型数据可包含的字符时结束。例如，对于下面的输入操作：

```
int i;
double j;
char k;
scanf("%d%lf%c",&i,&j,&k);
```

输入可以为：

```
10 ⊔ 123.4x
```

在上面的输入操作中，变量 i、j 和 k 分别得到 10、123.4 和 x。需要注意的是，输入 x 之前不能有空格，否则，由于格式串中指定的类型为 "%c"，它输入时不跳过空白符，因此，变量 k 就会得到空格而不是 x。

用 "%s" 指出的字符串类型的数据，会自动在读入的字符串后面加上一个 '\0'。由于输入过程中碰到空白符就结束了，如果要输入一个包含空格的字符串，则相应的格式控制字符 "%s" 应写成 "%[...]"，并把允许在输入字符串中出现的字符逐个在方括号中 "..." 处列出，其中对于字母和数字，可以用符号 "–" 来表示范围。例如，对于下面的 scanf 调用，s 将获得键盘中输入的由字母、数字及空格所构成的字符串。

```
char s[10];
scanf("%[a-zA-Z0-9 ⊔ ]",s);
```

另外，为了控制读入的字符串的长度，可在控制字符中指定输入字符的最大个数。例如，下面的 scanf 将把输入中的前 9 个字符以及一个 '\0' 放入字符数组 s 中：

```
scanf("%9s",s);
```

值得注意的是，与函数 printf 一样，在使用函数 scanf 时，如果格式字符串中指定的数据类型和个数与 <参数表> 中数据的类型和个数不一致，则往往得不到正确的输入结果。例如，下面的输入操作将得不到正确的结果：

```
int x;
double y;
scanf("x=%d,y=%d",&x,&y);    // x 能得到正确的输入值，但 y 得不到正确的输入值
scanf("x=%d",&x,&y);         // x 得到了输入的值，但 y 没有得到输入的值，它还是原来的值
```

前面介绍的输入函数是带输入缓存的，输入的数据先放在系统的一个缓冲区内，只有当用户键入回车时程序才能获得输入的数据。有些平台上的 C++ 实现中还提供了一些不带输入缓存的函数，使用这些函数，程序能及时地响应用户的键盘输入。例如，下面两个输入单个字符的函数就是不带缓存的，它们不必等待输入回车就能得到输入的字符：

```
int getch();                 // 不带缓存的字符输入，输入的字符不会在显示器上显示
```

```
int getche();        // 不带缓存的字符输入，输入的字符会在显示器上显示出来
```

上面的函数可实现下面程序的功能：

```
printf("Press any key to continue:");
getch();             // 输入任意键后就立即继续执行
```

8.2.2　基于 I/O 类库的控制台输入 / 输出

用库函数 scanf 和 printf 来实现输入 / 输出时存在若干问题。首先，printf 和 scanf 是 C 语言标准库中的函数，它们的参数个数是可变的，而可变参数会破坏语言的强类型特点，使编译程序不能进行严格的参数类型检查。其次，函数 scanf 和 printf 必须要在格式串中指出输入 / 输出的数据的类型，这样做不仅麻烦，而且容易出错，这是因为编译程序把 scanf 和 printf 作为两个普通的函数来看待，一般不会去检查格式串中指定的数据类型与实际所提供的数据的类型之间是否一致，格式串的内容由这两个函数在执行时自己来解释[⊖]。另外，函数 scanf 和 printf 只能对基本数据类型的数据进行输入 / 输出，它们不能对用户定义类型的数据进行输入 / 输出。

为了解决 C 语言库函数 scanf 和 printf 的上述问题，C++ 通过 I/O 类库提供了更加方便和安全的输入 / 输出操作，并且，这些操作可以很容易地扩充到对用户自定义类型数据的输入 / 输出。I/O 类库提供一些 I/O 类来实现各种输入 / 输出操作，图 8-1 描述了 C++ 的 I/O 类库中主要的类以及它们之间的关系，其中，istream 和 ostream 实现了面向控制台的输入 / 输出功能，ifstream、ofstream 以及 fstream 实现了面向文件的输入 / 输出功能，istrstream、ostrstream 以及 strstream 实现了面向字符串变量的输入 / 输出功能。

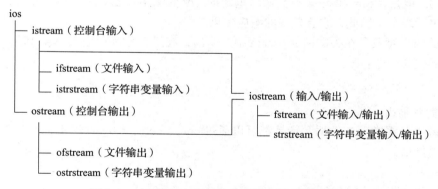

图 8-1　I/O 类库中主要的类以及它们之间的关系

在使用 I/O 类库进行输入 / 输出时，首先要创建某个 I/O 类的对象，然后，调用该对象类的成员函数进行基于字节流的输入 / 输出操作。在 I/O 类库中，还针对 istream 类和 ostream 类以及它们的派生类分别重载了操作符" >> "和操作符" << "，可以用于对基本数据类型的数据进行输入和输出，这里，" >> "称为"抽取"操作，" << "称为"插入"操作。例如，下面的程序可以实现基本数据类型的输入 / 输出：

```
istream in(...);  // 创建一个输入对象 in
```

```
    in >> x;                              // 输入数据给变量 x
    in >> y;                              // 输入数据给变量 y
```

或者

```
    in >> x >> y;                         // 把多个输入操作写在一个表达式中
    ......
    ostream out(...);                     // 创建一个输出对象 out
    out << e1;                            // 把表达式 e1 的值输出
    out << e2;                            // 把表达式 e2 的值输出
```

或者

```
    out << e1 << e2;                      // 把多个输出操作写在一个表达式中
```

采用上述方式进行输入 / 输出的好处是，不需要在输入 / 输出操作中额外指定数据的类型和个数，而是由编译程序根据变量和表达式的类型和个数来决定输入 / 输出数据的类型和个数，这样可避免与类型和个数相关的错误。另外，我们还可以进一步重载操作符 " >>" 和 " <<"，以便除了对基本数据类型进行输入 / 输出外，还可以通过 I/O 类的对象对用户自定义类型的数据进行输入 / 输出操作。

针对控制台的输入 / 输出，在 I/O 类库中预定义了四个 I/O 对象 cin、cout、cerr 以及 clog，利用这些对象可以直接进行控制台的输入 / 输出，而不需要再自己创建对象。其中，cin 属于 istream 类的对象，它对应着计算机系统的标准输入设备（通常为键盘）；cout、cerr 以及 clog 属于 ostream 类的对象，cout 用于输出程序的正常运行结果，而 cerr 和 clog 则用于输出程序错误信息和运行日志信息，通常情况下它们都对应着计算机系统的标准输出设备（如显示器），但是，cerr 和 clog 不受输出重定向（改变输出设备）的影响，并且，cerr 不对输出信息进行缓存，因此，它有较快的响应效果。

上面的四个对象是在头文件 iostream 中声明的，在进行控制台输入 / 输出时，程序中需要有下面的包含命令：

```
    #include <iostream>
```

1. 控制台输出

任何基本数据类型的数据和指针都可以通过 cout、cerr、clog 对象和插入操作符 " <<" 进行输出。例如：

```
    #include <iostream>
    using namespace std;
    ......
    int x;
    float f;
    char ch;
    int *p=&x;
    ......
    cout << x ;                           // 输出 x 的值
    cout << f;                            // 输出 f 的值
    cout << ch;                           // 输出 ch 的值
    cout << "hello";                      // 输出字符串 "hello"
    cout << p;                            // 输出变量 p 的值，即变量 x 的地址
```

或

```
    cout << x << f << ch << "hello"<< p;  // 可以写在一个语句中
```

对于指针的输出有一个特例：输出指向字符的指针时，并不输出指针的值，而是输出它指向的字符串。例如：

```
const char *p= "abcd";
cout << p;                      // 输出字符串 "abcd" 而不是字符串 "abcd" 的首地址
cout << (void *)p;              // 输出字符串 "abcd" 的首地址，即变量 p 的值
```

为了对输出格式进行进一步的控制，可以通过输出一些操纵符（manipulator）来实现，例如：

```
#include <iostream>
#include <iomanip>              // 操纵符声明的头文件
using namespace std;
......
int x=10;
cout << hex << x << endl;       // 以十六进制输出 x 的值，然后换行
```

上面程序中的 hex、endl 就是操纵符，它们分别用于控制后续的整型数据按十六进制输出和输出一个换行。

表 8-2 列出了常用的一些输出操纵符，其中，对于浮点数（float、double 和 long double），当输出格式设置为 ios::scientific 或 ios::fixed 时，精度设置操纵符 setprecision 用于设置浮点数小数点后面的位数；当输出格式为自动方式时（既没有设置为 ios::scientific 也没有设置为 ios::fixed，或者两者都设置了），操纵符 setprecision 用于设置浮点数有效数字的个数，这时将根据要输出的浮点数的实际有效数字自动选择小数形式或指数形式（小数形式优先）。初始状态下，输出格式为自动方式，输出精度为 6 位有效数字。

表 8-2　常用的输出操纵符

操纵符	含　义
endl	输出换行符，并执行 flush 操作
flush	使输出缓存中的内容立即输出
dec	以十进制输出
oct	以八进制输出
hex	以十六进制输出
setprecision(int n)	设置浮点数的精度（由输出格式决定是有效数字的个数还是小数点后数字的位数）
setiosflags(long flags)/ resetiosflags(long flags)	设置 / 重置浮点数的输出格式，flags 的取值可以是 ios::scientific（以指数形式显示浮点数）、ios::fixed（以小数形式显示浮点数）等

下面的例子给出了输出格式和精度的关系：

```
double d=1234.56789;
cout << d << endl                       // 输出 1234.57，6 位有效数字
    << setprecision(3)
    << d << endl                        // 输出 1.23e+003，3 位有效数字
    << setprecision(7)
    << d << endl                        // 输出 1234.568，7 位有效数字
    << setiosflags(ios::scientific)     // 设置 ios::scientific 输出格式
    << d << endl                        // 输出 1.2345679e+003，小数点后面 7 位数字
    << resetiosflags(ios::scientific)   // 取消 ios::scientific 输出格式
    << setiosflags(ios::fixed)          // 设置 ios::fixed 输出格式
    << d << endl;                       // 输出 1234.5678900，小数点后面 7 位数字
```

另外，除了通过插入操作符 "<<" 进行输出外，还可以用 ostream 类提供的一些基于字节流的成员函数来进行输出。下面是 ostream 类中常用的基于字节流的成员函数：

```
// 输出一个字符（字节）
ostream& ostream::put(char ch);

// 输出 p 所指向的内存空间中 count 个字节
ostream& ostream::write(const char *p,int count);
```

由于输出操作往往是带缓存的，因此输出的内容不一定能立即在输出设备上出现，如果要立即输出缓存中的内容，可以用输出操纵符 flush 来实现：

```
cout << i << j << flush;          // 使变量 i 和 j 的值立即显示在标准输出设备上
```

2. 控制台输入

任何基本数据类型的数据都可以通过 cin 对象和抽取操作符 ">>" 来进行输入。例如：

```
#include <iostream>
using namespace std;
......
int x;
double y;
char str[10];
cin >> x; cin >> y; cin >> str;
```

或

```
cin >> x >> y >> str;
```

用户在输入时，各个数据之间用空白符分开，最后输入一个回车符。输入操作在输入一个数据时会首先跳过之前的空白符，然后根据数据的类型从输入中识别所需数据，直到出现该类型不允许的字符或空白符时结束。另外，也可以通过一些操纵符来控制输入的行为，例如，下面的操纵符 setw 用于指定输入字符的最大个数：

```
cin >> setw(10) >> str;    // 把输入的字符串和一个 '\0' 放入 str 中，最多输入 9 个字符
```

除了抽取操作符 ">>" 外，还可以使用 istream 类的基于字节流的成员函数来进行输入。下面是 istream 类中常用的基于字节流的成员函数：

```
// 输入一个字符（字节）
istream& istream::get(char &ch);

// 输入一个字符串，直到输入了 count-1 个字符或遇到 delim 指定的字符为止，并自动加上一个 '\0' 字符
istream& istream::getline(char *p, int count, char delim='\n');

// 读入 count 个字节至 p 所指向的内存空间中
istream& istream::read(char *p,int count);
```

特别地，用抽取操作符 ">>" 是无法读入空白符的，这时，可用上述成员函数来实现空白符的读入。例如，下面的操作就可以读入包含空格的字符串：

```
char str[10];
cin.getline(str,10); // 遇到回车时结束，读入的字符串中包含空格，超出 9 个字符的部分将被舍去
```

另外，用 cin 的输入操作是带输入缓存的，只有当用户键入回车时，输入的数据才会放入程序的变量中。

需要注意的是，基于类库的输入 / 输出操作在操作过程中有可能遇到问题（如没有正确输入数据等），因此，在操作后可以通过下面的函数来判断操作是否成功：

```
bool ios::fail();          // 返回 true 表示操作失败
```

8.2.3 抽取操作符 ">>" 和插入操作符 "<<" 的重载

为了能用抽取操作符 ">>" 和插入操作符 "<<" 对自定义类的对象进行输入 / 输出操作，就需要针对自定义的类进一步重载这两个操作符。下面以插入操作符 "<<" 的重载为例，介绍如何重载 "<<" 和 ">>" 操作符，使得它们能用来对自定义类的对象进行输入 / 输出。

对于下面的类 A：

```
class A
{   int x,y;
  public:
      ......
};
```

如果需要用插入操作符 "<<" 来输出类 A 的对象，则应针对类 A 重载操作符 "<<"：

```
ostream& operator << (ostream& out, const A &a)
{ out << a.x << ',' << a.y;
  return out;
}
```

由于上面的重载操作符函数需要访问类 A 的私有成员，因此，要把该全局函数说明成类 A 的友元：

```
class A
{   int x,y;
  public:
      ......
    friend ostream& operator << (ostream& out, const A &a);
};
```

这样，对于类 A 的对象就能用操作符 "<<" 直接进行输出了：

```
A a;
cout << a;
```

上面的操作符 "<<" 重载函数的返回值类型定义为引用类型，是为了能够进行下面的连续输出操作：

```
A a,b;
cout << a << endl << b << endl;
```

对于 A 的派生类 B：

```
class B: public A
{   double z;
  ......
};
```

如果没有针对类 B 重载插入操作符 "<<"，则 B 类对象的输出按 A 类对象进行：

```
B b;
cout << b << endl;        // 只显示 b.x 和 b.y，而没有显示 b.z
```

由于上面的输出操作调用了类 A 的操作符 "<<" 重载函数，因此它只输出了对象 b 属于类 A 的成员。解决这个问题的一种方案是再针对类 B 重载插入操作符 "<<"：

```
class B: public A
{   double z;
  public:
    ......
    friend ostream& operator << (ostream&,const B&);
};
ostream& operator << (ostream& out, const B& b)
{ out << (A&)b << ',' << b.z;
  return out;
}
......
B b;
cout << b << endl;          // 显示b.x、b.y 和 b.z
```

虽然上面的方案解决了直接输出 B 类对象的问题，但解决不了下面的间接输出 B 类对象的问题：

```
A *p=new B;
cout << *p;                  // 调用的是针对类 A 的插入操作符 "<<" 重载函数
```

解决这个问题的办法是在类 A 中定义一个虚函数 display，并在派生类中对它进行重定义，然后，在针对类 A 重载的操作符 "<<" 重载函数中调用 display 来输出，它将根据对象的类型动态绑定到相应类的 display：

```
class A
{   int x,y;
  public:
    ......
    virtual void display(ostream& out) const
    { out << x << ',' << y ;
    }
};
class B: public A
{   double z;
  public:
    ......
    void display(ostream& out) const
    { A::display(out);
      out << ',' << z ;
    }
};
ostream& operator << (ostream& out, const A& a)
{ a.display(out);            // 动态绑定到 A 类或 B 类对象的 display
  return out;
}
```

在这种方案中，只需针对类 A 给出插入操作符 "<<" 的重载函数且派生类中只需给出 display 的重定义即可。

8.3   面向文件的输入 / 输出

程序运行结果有时需要永久性地保存起来以供其他程序或本程序下一次运行时使用，程序运行所需要的数据也常常要从其他程序或本程序上一次运行所保存的数据中获得。用于永久性保存数据的设备称为外部存储器（外存），如磁盘、磁带、光盘等，在外存中一般以文件形式来组织数据，每个文件都有一个名字（文件名），操作系统一般采用树形的目录结构来管理外存中的文件。

8.3.1　文件概述

在 C++ 中，把文件看作由一系列字节所构成的字节串，对文件中数据的读／写（输入／输出）操作通常是逐个字节顺序进行的，因此称为流式文件。

在文件中，数据的存储方式有两种。

（1）文本方式（text）

文本方式一般用于存储具有"行"结构的文字数据，文本文件中只包含可显示字符和有限的几个控制字符（如 '\r'、'\n'、'\t' 等）的编码，可以用记事本等软件打开文件并查看文件中的内容。源代码程序以及纯文本格式的文字数据一般以文本方式存储。

（2）二进制方式（binary）

二进制方式一般用于存储任意结构的数据，二进制文件中可以包含任意的没有显式含义的二进制字节，数据的格式和含义由使用它的应用程序来解释。目标代码程序以及一些非文字数据一般以二进制方式存储。

为了进一步区分两种存储方式，我们用一个例子来说明。对于一个整数 1234567，可以用两种方式把它保存到文件中。

- 文本方式：依次把 1、2、3、4、5、6、7 这七个字符的编码（如 ASCII 码）写入文件（共 7 个字节）。
- 二进制方式：把整数 1234567 的 int 型机内表示（如补码）分解成若干字节（如果整数内部表示为 32 位，则为 4 个字节）写入文件。

在对文件数据进行读／写前，首先要打开文件，把程序内部一个表示文件的变量／对象与外部的一个具体文件联系起来，并在内存中建立读／写缓冲区，以提高访问外存的效率。每个打开的文件都有一个隐藏的读／写位置指针，它指向文件的当前读／写位置，在进行读／写操作时，每读入／写出一个字节，文件的读／写位置指针会自动往后移动一个字节的位置。文件全部读／写操作完毕之后，通常需要关闭文件，以便归还打开文件时申请的内存资源，对于写操作，还会把暂存在内存缓冲区中的内容写入到外存的文件中去。

需要注意的是，以不同方式存储的文件要以相应的方式打开它们，并且，对它们的读／写操作也是有区别的，在 C++ 的标准库中为不同方式存储的文件提供了不同的读／写操作。

8.3.2　基于函数库的文件输入／输出

C++ 从 C 语言标准库保留下来的输入／输出函数库中包含了对文件进行输入／输出操作的函数，在使用它们的程序中应有下面的文件包含命令：

```
#include <cstdio> // 或 #include <stdio.h>
```

1. 文件的输出操作

（1）打开文件

打开外部文件输出数据可以用函数 fopen 来实现：

```
FILE *fopen(const char *filename, const char *mode ); // 打开文件
```

其中，*filename* 是要打开的外部文件名；*mode* 表示打开方式，它可以是：

- w：打开一个外部文件用于写操作，如果外部文件已存在，则先把它的内容清除；否则，先创建该外部文件。
- a：打开一个外部文件用于添加（从文件末尾）操作。如果外部文件不存在，则先创建该外部文件。

以 w 方式打开文件时，文件位置指针指向文件的头部；以 a 方式打开文件时，文件位置指针指向文件的尾部。另外，在打开方式 w 或 a 的后面还可以加上 b，用于指出以二进制方式打开文件进行输出（默认打开方式为文本方式）。对以文本方式打开的文件，当输出的字符为 '\n' 时，在某些平台上（如 DOS 和 Windows 平台）将自动转换成 '\r' 和 '\n' 两个字符写入外部文件。一般来说，以文本方式组织的文件要用文本方式打开，以二进制方式组织的文件要用二进制方式打开。

文件打开成功后，fopen 将返回一个非空的"FILE*"类型的指针，该指针指向与打开的文件有关的一些信息（如文件的内存缓冲区等），在今后的文件输出操作函数中将用到该指针。如果文件打开失败，则函数 fopen 返回空指针。例如：

```
FILE *fp=fopen("d:\\data\\file1.txt","w");
if (fp == NULL)
{ printf(" 文件打开失败 \n");
  exit(-1);
}
......                                               // 进行文件输出操作
```

（2）输出操作

文件打开成功后就可以向文件中写入数据了。向文件中写入数据的函数主要有以下几个：

```
// 输出一个字符，返回 EOF 表示出错，否则返回输出的字符
int fputc(int c, FILE *stream );

// 输出一个字符串，返回 EOF 表示出错，否则返回一个非负整数
int fputs(const char *string, FILE *stream );

// 输出基本类型数据，返回负数表示出错，否则返回输出的字符数
int fprintf(FILE *stream, const char *format [, argument ]...);

// 按字节输出数据。参数 size 为字节块的尺寸；count 为字节块的个数。返回实际输出的字节块的个数，
// 如果它小于 count，则表示出错
size_t fwrite(const void *buffer,size_t size,size_t count,FILE *stream);
```

在上面的函数中，都有一个"FILE *"类型的指针参数，该指针参数是由 fopen 成功打开文件时返回的。前 3 个函数主要用于以文本方式输出数据，而第 4 个函数则是以二进制方式输出数据。函数 fprintf 的功能与 printf 类似，只不过它是把数据输出到外部文件而不是标准输出设备。

（3）关闭文件

文件输出操作结束后一般需要执行关闭文件操作。下面的函数可用来关闭文件：

```
int fclose(FILE *stream);                            // 关闭文件
```

上面的函数返回 0 表示成功。

下面通过例子来了解文件的输出过程。

【例 8-1】 从键盘输入一批学生的成绩信息并把它们以文本格式存入外部文件 scores.txt。

解: 假设每个学生的成绩信息包括学号、姓名、选课数和各门课的成绩。在输入时，以输入学号 "E" 结束。在本例中，以文本格式来组织文件中的数据。

```cpp
#include <cstdio>
using namespace std;
int main()
{ FILE *fp=fopen("d:\\scores.txt","w");              // 以文本方式打开文件用于输出
  if (fp == NULL)                                     // 判断文件打开是否成功
  { printf(" 打开文件失败！\n");
    return -1;
  }
  char id[11],name[9];                                // 用于存放从键盘输入的学号和姓名
  int num_of_courses,score;                           // 用于记住选课数和成绩
  printf(" 请输入学号、姓名、选课数及各门课成绩（以学号为 'E' 结束）: \n");
  scanf("%10s",id);                                   // 读入第一个学生的学号
  while (id[0] != 'E')                                // 判断输入是否结束
  { scanf("%8s",name);                                // 读入姓名
    scanf("%d",&num_of_courses);                      // 读入选课数
    fprintf(fp,"%s %s %d",id,name,num_of_courses);    // 把学号、姓名和选课数
                                                      // 输出到文件
    for (int i=0; i<num_of_courses; i++)              // 循环读入各门课的成绩并输出到文件
    { scanf("%d",&score);
      fprintf(fp,"%d",score);
    }
    fputc('\n',fp);                                   // 输出一个换行符到文件
    scanf("%10s",id);                                 // 读入下一个学生的学号
  }
  fclose(fp);
  return 0;
}
```

上面程序的输入格式为:

请输入学号、姓名、选课数及各门课成绩（以学号为 'E' 结束）:
<u>001 ⊔张三⊔ 4 ⊔ 70 ⊔ 80 ⊔ 85 ⊔ 90</u>↙
<u>002 ⊔李四⊔ 5 ⊔ 85 ⊔ 60 ⊔ 75 ⊔ 90 ⊔ 80</u>↙
‥‥‥‥
<u>E</u>↙

【例 8-2】 从键盘读入一批学生的信息并把它们以二进制格式存入外部文件 students. dat。

解: 假设学生信息包括学号、姓名、性别、出生日期、出生地和专业。在输入时，以输入学号 "E" 结束。本例以二进制格式组织文件中的数据。

```cpp
#include <cstdio>
using namespace std;
enum Sex { MALE, FEMALE };
struct Date
{ int year;
  int month;
  int day;
};
```

```
enum Major { MATHEMATICS, PHYSICS, CHEMISTRY, COMPUTER, GEOGRAPHY,
             ASTRONOMY, ENGLISH, CHINESE, PHILOSOPHY};
struct Student
{ char id[11];
  char name[9];
  Sex sex;
  Date birth_date;
  char birth_place[40];
  Major major;
};
int main()
{ FILE *fp=fopen("d:\\students.dat","wb");   // 以二进制方式打开文件用于输出
  if (fp == NULL)                            // 判断文件打开是否成功
  { printf("打开文件失败! \n");
    return -1;
  }
  Student st;
  printf("请输入学号、姓名、性别、出生日期、出生地和专业 (以学号为 'E' 结束): \n");
  scanf("%10s",st.id);                       // 读入第一个学生的学号
  while (st.id[0] != 'E')
  { ......        // 读入姓名、性别、出生日期、出生地和专业到变量 st 中
    fwrite(&st,sizeof(st),1,fp);             // 以二进制格式输出变量 st 的值到文件
    scanf("%10s",st.id);                     // 读入下一个学生的学号
  }
  fclose(fp);                                // 关闭文件
  return 0;
}
```

2. 文件的输入操作

（1）打开文件

打开外部文件输入数据要用下面的函数 fopen 来实现：

```
FILE *fp=fopen( const char *filename, const char *mode );
```

其中，*filename* 是要打开的外部文件名；*mode* 是打开方式，它可以是 r，表示打开一个外部文件用于读操作，这时，外部文件必须存在，否则打开文件失败。

另外，在 r 的后面还可以加上 b，指出是以二进制方式打开文件进行输入（默认打开方式为文本方式）。对以文本方式打开的文件，进行输入操作时，外部文件中连续的两个字符 '\r' 和 '\n' 将自动转换成一个字符 '\n'（在某些平台上）。读入字符 0x1A（Ctrl+Z）时表示文件结束。

文件打开成功后，fopen 将返回一个非空的"FILE*"类型的指针，该指针将用于今后的文件输入操作函数。文件打开失败时，fopen 返回空指针。文件打开成功后，文件位置指针指向文件头。

（2）输入操作

从文件中输入数据的函数主要有以下几个：

```
// 输入一个字符，返回 EOF 表示出错，否则返回字符的编码
int fgetc(FILE *stream );

// 输入一个字符串，函数正常结束时返回 string 的值，否则返回 NULL
char *fgets(char *string,int n, FILE *stream );

// 输入基本类型的数据，返回 EOF 表示出错，否则返回值表示读入并存储的数据个数
```

```
int fscanf(FILE *stream, const char *format [, argument ]...);
```

```
// 按字节输入数据。参数 size 为字节块的尺寸；count 为字节块的个数
// 返回值表示实际读入的字节块的个数，如果它小于 count 则表示出错
size_t fread(const void *buffer,size_t size,size_t count,FILE *stream);
```

```
// 判断文件结束。当文件位置指针在文件末尾时，继续进行读操作将会使得 feof 返回非零 (true)
int feof(FILE *stream);
```

在上面的函数中，前 3 个函数主要用于以文本方式输入数据，而第 4 个函数则是以二进制方式输入数据。函数 fscanf 的功能与 scanf 类似，只不过它是从外部文件而不是标准输入设备输入数据。需要注意的是，当从文件中读取数据时，必须要知道文件的存储格式，包括数据的类型和存储方式（文本方式或二进制方式）等，否则无法正确读入数据。例如，对于下面的 int 型数据：

```
int i=1234567;
```

如果它是以下面的方式写入文件的：

```
fprintf(fp,"%d",i);                    // 产生文本格式的数据文件
```

则读出该数据时，应采用相应的输入方式：

```
fscanf(fp,"%d",&i);
```

而如果它是以下面的方式写入文件的：

```
fwrite(&i,sizeof(i),1,fp);             // 产生二进制格式的数据文件
```

则读出该数据时，应采用下面的输入方式：

```
fread(&i,sizeof(i),1,fp);
```

（3）关闭文件
文件操作结束时应关闭打开的文件：

```
int fclose(FILE *stream);
```

上面的函数返回 0 表示成功。

【例 8-3】 从例 8-1 输出的文件中读入数据，计算每个学生的平均成绩并输出到显示器。

解： 例 8-1 程序输出的文件是以文本方式组织的，因此，读入该文件数据时也要以文本方式进行。

```
#include <cstdio>
using namespace std;
int main()
{ FILE *fp=fopen("d:\\scores.txt","r");  // 以文本方式打开文件用于输入
  if (fp == NULL)                        // 判断文件打开是否成功
  { printf(" 打开文件失败! \n");
    return -1;
  }
  char id[11],name[9];
  int num_of_courses,score,total;
  fscanf(fp,"%10s",id);                  // 读入第一个学生的学号
  while (!feof(fp))                      // 判断文件结束标记
  { fscanf(fp,"%8s",name);               // 读入姓名
```

```
    fscanf(fp,"%d",&num_of_courses);              // 读入选课数
    total = 0;
    for (int i=0;i<num_of_courses;i++)            // 循环读入各门课成绩并将其加到 total 中
    { fscanf(fp,"%d",&score);
      total += score;
    }
    printf("%s,%s,%d\n",id,name,total/num_of_courses); // 输出结果
    fscanf(fp,"%10s",id);                         // 读入下一个学生的学号
  }
  fclose(fp);                                     // 关闭文件
  return 0;
}
```

【例 8-4】 从例 8-2 输出的文件中读入数据，统计男生的人数。

解： 例 8-2 程序输出的文件是以二进制方式组织的，因此，读入该文件数据时也要以二进制方式进行。

```
#include <cstdio>
using namespace std;
...... // 省略了 Sex、Date、Major 以及 Student 的定义（参见例 8-2）
int main()
{ FILE *fp=fopen("d:\\students.dat","rb");    // 以二进制方式打开文件用于输入
  if (fp == NULL)                             // 判断文件打开是否成功
  { printf(" 打开文件失败！\n");
    return -1;
  }
  Student st;
  int count=0;
  fread(&st,sizeof(st),1,fp);                 // 读入第一个学生的信息
  while (!feof(fp))
  { if (st.sex == MALE) count++;
    fread(&st,sizeof(st),1,fp);               // 读入下一个学生的信息
  }
  printf(" 男生的人数是: %d\n",count);
  fclose(fp);
  return 0;
}
```

3. 文件的输入 / 输出操作

以 w 或 a 方式打开的文件只能对其进行输出操作；以 r 方式打开的文件只能对其进行输入操作。如果需要一个文件既能用于输出又能用于输入（读写方式），则应采用下面的方式打开该文件：

```
FILE *fopen( const char *filename, const char *mode );
```

其中，*mode* 可以是：
- r+：打开一个外部文件用于读 / 写操作。文件必须存在。
- w+：打开一个外部文件用于读 / 写操作。如果文件不存在，则首先创建一个空文件，否则，首先清空已有文件中的内容。
- a+：打开一个外部文件用于读 / 添加操作。如果文件不存在，则首先创建一个空文件。以这种方式打开的文件，输出操作总是在文件尾进行。

另外，在 r+、w+ 或 a+ 的后面还可以加上 t 或 b，以区别文本或二进制方式打开文件。

一般来说，以读 / 写方式打开的文件，数据的读 / 写操作往往要与下面将要介绍的 fseek

操作配合使用。

4. 随机输入 / 输出

一般情况下，文件的读 / 写操作是顺序进行的，即在进行输入操作时，如果要读入文件中的第 n 个字节，则首先必须读入前 $n-1$ 个字节；在进行输出操作时，如果要输出第 n 个字节，则也首先必须输出前 $n-1$ 个字节。在有些情况下，这样做会给文件访问带来麻烦并会降低文件访问的效率。

前面说过，每个打开的文件都有一个位置指针，指向当前读 / 写位置，每读入或写出一个字符，文件的位置指针都会自动往后移动一个位置。除了自动移动文件位置指针外，文件位置指针也可以用一个函数 fseek 来显式地指定：

```
int fseek(FILE *stream,long offset,int origin); // 显式地指定位置指针的位置
```

其中，*origin* 指出参考位置，它可以是 SEEK_CUR（当前位置）、SEEK_END（文件末尾）或 SEEK_SET（文件头）；*offset* 为移动的字节数（偏移量），它可以为正值（向后移动）或负值（向前移动）。例如：

```
fseek(fp,10,SEEK_SET);          // 位置指针移至第 11 个字节处
fseek(fp,10,SEEK_CUR);          // 位置指针移向后移动 10 个字节（以当前位置为基准）
fseek(fp,-10,SEEK_END);         // 位置指针移至倒数第 10 个字节处
```

fseek 的返回值为 0 时表示移动成功，否则表示失败。文件位置指针的当前位置可以通过下面的函数 ftell 来获得：

```
long ftell( FILE *stream );     // 返回位置指针的位置
```

【**例 8-5**】　读入例 8-2 生成的文件（students.dat）中第二个学生的信息，把该学生的专业修改成 COMPUTER，然后把修改后的学生信息写回文件中。

解： 本例给出对文件进行随机读 / 写操作的实例。通过 fseek 操作在文件中定位到第二个学生信息，然后进行信息的读取、修改和输出操作。

```
#include <cstdio>
using namespace std;
...... // 省略了 Sex、Date、Major 以及 Student 的定义（参见例 8-2）
int main()
{ FILE *fp=fopen("d:\\students.dat","r+b");      // 以二进制方式打开文件用于输入 / 输出
  if (fp == NULL)                                // 判断文件打开是否成功
  { printf(" 打开文件失败! \n");
    return -1;
  }
  Student st;
  if (fseek(fp,sizeof(st),SEEK_SET) == 0)        // 文件位置指针指向第二个学生数据
  { fread(&st,sizeof(st),1,fp);            // 读入第二个学生数据，文件位置指针移至下一个学生数据
    st.major = COMPUTER;                    // 修改第二个学生数据的专业
    fseek(fp,-sizeof(st),SEEK_CUR);        // 文件位置指针指回第二个学生数据
    fwrite(&st,sizeof(st),1,fp);           // 将修改后的第二个学生数据写回文件
  }
  fclose(fp);                              // 关闭文件
  return 0;
}
```

8.3.3　基于 I/O 类库的文件输入 / 输出

除了用库函数进行文件输入 / 输出外，还可以利用 C++ 的 I/O 类库进行文件的输入 / 输

出。在利用 I/O 类库中的类进行外部文件的输入 / 输出时，程序中需要下面的包含命令：

```
#include <iostream>
#include <fstream>
```

1. 文件的输出操作

首先创建一个 ofstream 类（ostream 类的派生类）的对象，使之与某个外部文件建立联系。建立 ofstream 类的对象与外部文件联系的方式有两种：直接方式和间接方式。直接方式是在创建 ofstream 类的对象时指出外部文件名和打开方式，例如：

```
ofstream out_file(<文件名>,<打开方式>);
```

间接方式是在创建 ofstream 类的对象之后，调用 ofstream 的一个成员函数 open 来指出与外部文件的联系。例如：

```
ofstream out_file;
out_file.open(<文件名>,<打开方式>);
```

其中，<文件名> 表示文件对象 out_file 对应的外部文件名，<打开方式> 可以是：

- ios::out，含义与 fopen 的打开方式 w 相同，ios::out 是打开方式的默认值；
- ios::app，含义与 fopen 的打开方式 a 相同。

另外，<打开方式> 还可以是上面的值与 ios::binary 按位或（|）操作的结果，它表示按二进制方式打开文件。默认的打开方式是文本方式。

由于种种原因，打开文件操作可能失败，因此，打开文件时应判断打开是否成功，只有文件打开成功后才能对文件进行操作。判断文件是否成功打开可以采用以下方式：

```
if (!out_file)      // 或 out_file.fail()，或 !out_file.is_open()
{......              // 失败
}
```

文件成功打开后，可以使用插入操作符 "<<" 或 ofstream 类的一些成员函数（包括从 ostream 继承的）来进行文件输出操作，例如：

```
int x;
double y;
......
ofstream out_file("d:\\myfile.txt",ios::out);
if (!out_file) exit(-1);
out_file << x << '' << y << endl;    // 以文本方式输出数据
```

或

```
ofstream out_file("d:\\myfile.dat",ios::out|ios::binary);
if (!out_file) exit(-1);
out_file.write((char *)&x,sizeof(x)); // 以二进制方式输出数据
out_file.write((char *)&y,sizeof(y)); // 以二进制方式输出数据
```

文件输出操作结束时，要使用 ofstream 的一个成员函数 close 关闭文件：

```
out_file.close();
```

【例 8-6】 用 I/O 类库的类实现例 8-1 的程序功能。

解： 例 8-1 是用库函数来实现文本文件的输出的，在本例中，我们将用 I/O 类库来实现相同的功能。这里用类 StudentScores 来描述学生的成绩数据，通过重载操作符 "<<" 和

"＞＞"来实现对 StudentScores 类的数据的输入 / 输出操作。

```
#include <iostream>
#include <fstream>
#include <iomanip>
using namespace std;

const int MAX_NUM_OF_COURSES=30;
const int MAX_ID_LEN=10;
const int MAX_NAME_LEN=8;
class StudentScores
{ public:
    StudentScores() { initialized = false; }
    bool data_is_ok() const { return initialized; }
  private:
    int scores[MAX_NUM_OF_COURSES],num_of_courses;
    char id[MAX_ID_LEN+1],name[MAX_NAME_LEN+1];
    bool initialized;                      // 表示学生成绩数据是否被成功读入
  friend istream &operator >>(istream &in, StudentScores &x);
  friend ostream &operator <<(ostream &out, const StudentScores &x);
};
istream &operator >>(istream &in, StudentScores &x)
{ if (&in == &cin)                         // 从键盘输入时需要给出提示
    cout << "请输入学号、姓名、选课数及各门课成绩（以学号为 'E' 结束）: \n";
  in >> setw(11) >> x.id;                  // 读入学号
  if (in.eof() || x.id[0] == 'E')          // 判断结束标记
  { x.initialized= false;
    return in;
  }
  in >> setw(9) >> x.name;                 // 读入姓名
  in >> x.num_of_courses;                  // 读入选课数
  if (x.num_of_courses > MAX_NUM_OF_COURSES)
  { x.initialized= false;
    return in;
  }
  for (int i=0; i<x.num_of_courses; i++)   // 循环读入各门课成绩
    in >>x.scores[i];
  x.initialized = true;
  return in;
}
ostream &operator <<(ostream &out, const StudentScores &x)
{ out << x.id << ' '                       // 输出学号
      << x.name << ' '                     // 输出姓名
      << x.num_of_courses;                 // 输出选课数
  for (int i=0; i<x.num_of_courses; i++)   // 循环输出各门课的成绩
    out << ' ' << x.scores[i];
  return out;
}
int main()
{ ofstream out_file("d:\\scores.txt",ios::out); // 以文本方式打开文件用于输出
  if (!out_file)                           // 判断文件打开是否成功
  { cerr << "打开文件失败! \n";
    return -1;
  }
  StudentScores st;
  cin >> st;                               // 从标准输入设备读入第一个学生的选课信息
  while (st.data_is_ok())                  // 判断输入是否结束
  { out_file << st << endl;                // 向文件中写入学生选课信息
```

```
    cin >> st;                              // 从标准输入设备读入下一个学生的选课信息
  }
  out_file.close();                         // 关闭文件
  return 0;
}
```

值得注意的是，对 ostream 和 istream 重载的插入操作符"<<"和抽取操作符">>"
也能用于 ofstream 和 ifstream 类的对象，这是因为 ofstream 和 ifstream 分别是 ostream 和
istream 的派生类。在本例中，重载的抽取操作符">>"被用于标准输入对象 cin，而重载的
插入操作符"<<"则被用于文件输出对象 out_file。在例 8-7 中将看到：本例中重载的抽取
操作符">>"还可用于文件输入对象 in_file，因此，本例中重载抽取操作符">>"时考虑
到了对文件输入对象的操作。

2. 文件的输入操作

首先创建一个 ifstream 类（istream 类的派生类）的对象，并与外部文件建立联系。例如：

```
ifstream in_file(<文件名>,<打开方式>);      // 以直接方式建立与外部文件的联系
```

或

```
ifstream in_file;
in_file.open(<文件名>,<打开方式>);          // 以间接方式建立与外部文件的联系
```

其中，<文件名>是对象 in_file 对应的外部文件名，<打开方式>默认是 ios::in，它
的含义与 fopen 的打开方式 r 相同，也可以把它与 ios::binary 通过按位或（|）操作实现二进
制打开方式（默认为文本方式）。

在进行输入操作前也必须对文件打开是否成功进行判断，判断方式与输出文件对象相
同。文件成功打开后，可以使用抽取操作符">>"或 ifstream 类的一些成员函数（包括从
istream 继承的）来进行输入操作。例如：

```
int x;
double y;
......
ifstream in_file("D:\\myfile.txt",ios::in);
if (!in_file) exit(-1);
in_file >> x >> y;                          // 以文本方式输入数据
```

或

```
ifstream in_file("D:\\myfile.dat",ios::in|ios::binary);
if (!in_file) exit(-1);
in_file.read((char *)&x,sizeof(x));         // 以二进制方式输入数据
in_file.read((char *)&y,sizeof(y));         // 以二进制方式输入数据
```

在读取数据过程中有时需要判断是否正确读入了数据（尤其是在文件末尾处）。判断是
否正确读入数据可以调用 ios 类的成员函数 fail 来实现：

```
bool ios::fail() const;
```

该函数返回 true 表示文件读入操作失败；返回 false 表示操作成功。
输入操作结束后，应使用 close 关闭文件：

```
in_file.close();
```

【例 8-7】 用 I/O 类库中的类实现例 8-3 中程序的功能。

解： 例 8-3 的程序是用库函数来实现文本文件数据的输入的，下面利用 I/O 类来实现相同的功能：

```cpp
#include <iostream>
#include <fstream>
#include <iomanip>
using namespace std;
const int MAX_NUM_OF_COURSES=30;
const int MAX_ID_LEN=10;
const int MAX_NAME_LEN=8;
class StudentScores
{ public:
    StudentScores() { initialized = false; }
    bool data_is_ok() { return initialized; }
    const char *get_id() const { return id; }
    const char *get_name() const { return name; }
    int average_score() const
    { int total=0;
      for (int i=0; i<num_of_courses; i++)
          total += scores[i];
      return total/num_of_courses;
    }
  private:
    int scores[MAX_NUM_OF_COURSES],num_of_courses;
    char id[MAX_ID_LEN+1],name[MAX_NAME_LEN+1];
    bool initialized;
  friend istream &operator >>(istream &in, StudentScores &x);
  friend ostream &operator <<(ostream &out, StudentScores &x);
};
......//操作符 ">>" 和 "<<" 的重载与例 8-6 完全相同
int main()
{ ifstream in_file("d:\\scores.txt",ios::in);   // 以文本方式打开文件用于输入
  if (!in_file)                                 // 判断文件打开是否成功
  { cerr << "打开文件失败! \n";
    return -1;
  }
  cout  << "学号, 姓名, 平均成绩: \n";
  StudentScores st;
  in_file >> st;
  while (st.data_is_ok())
  { cout  << st.get_id() << ','
          << st.get_name() << ','
          << st.average_score() << endl;
    in_file >> st;
  }
  in_file.close();                              // 关闭文件
  return 0;
}
```

3. 文件的输入 / 输出与随机存取操作

如果要打开一个既能读入数据也能输出数据的文件，则需要创建一个 fstream 类的对象（类 fstream 是类 iostream 的派生类）。在创建 fstream 类的对象并建立与外部文件的联系时，文件打开方式应为 ios::in|ios::out（可写在文件任意位置）或 ios::in|ios::app（只能写在文件末尾），例如，下面打开的文件既能读入又能写出数据：

```
fstream io_file("d:\\test.txt",ios::in|ios::out);
```

一般来说，以读写方式打开的文件主要用于随机读写文件中的内容。为了能够随机读写文件中的数据，必须显示地指出读写的位置。对于以输入方式打开的文件，可用下面的操作来指定文件内部指针位置：

```
istream& istream::seekg(<位置>);                 // 指定绝对位置
istream& istream::seekg(<偏移量>,<参照位置>);      // 指定相对位置
streampos istream::tellg();                      // 获得指针位置
```

对于输出文件，可用下面的操作来指定文件内部指针位置：

```
ostream& ostream::seekp(<位置>);                 // 指定绝对位置
ostream& ostream::seekp(<偏移量>,<参照位置>);      // 指定相对位置
streampos ostream::tellp();                      // 获得指针位置
```

在上面的函数中，<参照位置>可以是 ios::beg（文件头）、ios::cur（当前位置）和 ios::end（文件尾）。

【例 8-8】 根据学号在例 8-2 的程序所生成的数据文件（students.dat）中查找某个学生信息并修改该学生的专业。

解： 为了描述对随机存取文件数据的操作，本例定义了一个类 StudentsFile，它包含一个 fstream 类的成员对象，并且提供了一个查找函数 find 和一个随机输出函数 put_at，函数 find 通过顺序读取文件中的数据来查找指定学号的学生；函数 put_at 用于修改文件中指定位置上的数据。

```
#include <iostream>
#include <fstream>
#include <iomanip>
#include <cstring>
using namespace std;
...... // 这里省略了 Student、Date、Sex 以及 Major 的定义（参见例 8-2）
class StudentsFile
{ public:
    StudentsFile(const char filename[])
    { io_file.open(filename,ios::in|ios::out|ios::binary);
    }
    ~StudentsFile()
    { io_file.close();
    }
    bool is_open() const { return io_file.is_open(); }
    int find(char id[],Student &st)              // 查找学号为 id 的学生
    { int index=0;
      io_file.seekg(0);
      io_file.read((char *)&st,sizeof(st));      // 读入第一个学生的数据
      while (!io_file.eof())                     // 循环查找学号为 id 的学生
      { if (strcmp(st.id,id) == 0)
          return index;                          // 返回找到的学生在文件中的位置
        index++;
        io_file.read((char *)&st,sizeof(st));    // 读入下一个学生的数据
      }
      return -1;                                 // 没找到则返回 -1
    }
    bool put_at(int index,Student &st)           // 更新文件中指定位置上的学生信息
    { io_file.seekp(index*sizeof(st));           // 文件位置指针定位
      if (io_file.fail()) return false;
```

```
            io_file.write((char *)&st,sizeof(st));  //写入数据
            return !io_file.fail();
        }
    private:
        fstream io_file;                              //用于文件输入／输出的成员对象
};
int main()
{ StudentsFile students_file("d:\\students.dat");
    if (!students_file.is_open())
    { cerr << "文件打开失败！";
        return -1;
    }
    char id[11];
    int major;
    cout << "请输入要查找的学生的学号：";
    cin >> setw(11) >> id;
    cout << "请输入要改成的专业 \n"
        << "(0:MATHEMATICS,1:PHYSICS,2:CHEMISTRY,3:COMPUTER,\n"
        << "4:GEOGRAPHY,5:ASTRONOMY,6:ENGLISH,7:CHINESE,8:CHINESE): ";
    cin >> major;
    Student st;
    int i=students_file.find(id,st);
    if (i == -1)
    { cout << "\n 没找到学号为 " << id << " 的学生。\n";
        return -1;
    }
    else
    { st.major = (Major)major;                        //修改找到的学生的专业
        students_file.put_at(i,st);
        cout << "\n 学号为 " << id << " 的学生信息已更新。\n";
    }
    return 0;
}
```

8.4　面向字符串变量的输入／输出

　　有时，程序中的有些数据并不直接输出到标准输出设备或文件，而是需要保存在程序中的某个字符串变量中；程序中有些数据有时也不直接从标准输入设备或文件中获得，而是需要从程序中的某个字符串变量中获得。这时，可以采用 C++ 标准库的基于字符串变量的输入／输出功能。

　　基于字符串变量的输入／输出功能的库函数主要是 sscanf 和 sprintf：

```
int sprintf(char *buffer,const char *format [,argument] ... );
int sscanf(const char *buffer,const char *format [,argument ] ... );
```

　　与文件输入／输出不同的是：这里的输入源和输出目标不是文件，而是内存中的一个区域（缓存区）buffer。例如，下面的输出操作是把 int 型变量 x 的值转换成一个字符串存入字符数组 a 中：

```
int x;
char a[10];
......  //x 通过某种途径得到了值
sprintf(a,"%d",x);
```

　　对于基于 I/O 类库的字符串变量输入／输出操作，首先需要创建类 istrstream、ostrstream

或 strstream$^\ominus$的一个对象，然后可以用与基于 I/O 类库的文件输入 / 输出类似的操作进行基于字符串变量的输入 / 输出。

对于 ostrstream 类（在 I/O 流库中定义，是 ostream 类的派生类）的对象，其创建形式如下：

```
#include <iostream>
#include <strstream>
using namespace std;

ostrstream str_buf;
```

或

```
char buf[100];
ostrstream str_buf(buf,100);
```

上面对象 str_buf 的第一种创建形式（默认构造）采用可动态扩充的内部缓冲，而第二种形式则采用程序提供的缓存 buf。

使用插入操作符"<<"或 ostrstream 类的其他操作可以进行基于 str_buf 对象的输出操作。例如：

```
int x,y;
......                          // 通过某种途径使变量 x 和 y 获得了值
str_buf << x << y << endl;
```

使用 ostrstream 类的成员函数 str 可获取 str_buf 中字符串缓存的首地址，例如：

```
char *p=str_buf.str();
```

这样，通过 *p* 就能得到输出到 str_buf 对象中的内容了。

对于 istrstream 类（在 I/O 流库中定义，是 istream 类的派生类）的对象，其创建形式是：

```
#include <iostream>
#include <strstream>
using namespace std;
char buf[100];
......                          // 通过某种途径在 buf 中存放了一些字符
istrstream str_buf(buf);
```

或

```
istrstream str_buf(buf,100);
```

如果 str_buf 对象的构造没有给出长度（上面的第一种形式），则认为它的缓存中的内容以 '\0' 结束。

使用抽取操作符">>"或 istrstream 类的其他操作可以进行基于 str_buf 对象的输入操作。例如：

```
int x,y;
str_buf >> x >> y;             // 从对象 str_buf 中获得两个 int 型的值给变量 x 和 y
```

$\ominus$　由于这三个类的实现采用了 C 语言的字符串处理，存在不安全性，因此，它们逐渐被 C++ 标准库中的 istringstream、ostringstream 和 stringstream（在头文件 sstream 中声明）所替代。

8.5 小结

本章对程序的输入 / 输出功能进行了介绍，主要知识点包括：

- 输入 / 输出是程序不可缺少的一部分。在 C++ 中，输入 / 输出功能是以标准库的形式来提供的。
- 输入 / 输出操作分为控制台 I/O、文件 I/O 以及字符串 I/O。在 C++ 标准库中，输入 / 输出操作以两种形式提供：函数库和类库。
- 利用 I/O 类库可以对输入 / 输出功能进行扩充，通过重载插入操作符 "<<" 和抽取操作符 ">>"，程序能够很方便地对用户自定义类型的数据进行输入 / 输出操作。
- 文件的组织有两种形式：文本文件和二进制文件。文本文件中只包含可显示字符和有限的几个控制字符（如 '\r'、'\n'、'\t' 等）；而二进制文件中可以包含任意的二进制字节。
- 在进行文件输入 / 输出操作时首先要打开文件，使得程序中表示文件的变量与外部的某个文件建立关联。文件操作结束后要关闭文件，把暂存在内存缓冲区中的内容写入文件中，并归还打开文件时申请的内存资源。
- 文件操作的基本方式主要有：顺序读 / 写以及添加。另外，可以通过显式指定文件位置指针的位置来实现对文件的随机读 / 写。

8.6 习题

1. 编写一个拷贝程序，把一个文件中的内容复制到另一个文件中去。
2. 编写一个程序，统计一个文本文件的行数。
3. 编写一个通讯录输入 / 输出程序。该程序从键盘输入通讯录，然后把它保存到文件中。通讯录的内容包括序号、姓名、单位以及电话。要求在程序中把通讯录设计为一个类，通过重载操作符 "<<" 和 ">>" 来实现通讯录的输入 / 输出。
4. 用文本文件保存例 8-2 中的学生信息。
5. 从键盘读入一批图形信息，然后把它们保存到文件中。
6. 从上一题保存的图形文件中读入图形信息并以某种方式把它们输出到显示器。
7. 统计一个文本文件中某个字符串的出现次数，把该字符串的出现次数及出现的各个位置输出到显示器。
8. 某个文本文件中保存有一批学生的 8 门课成绩信息。文件是按行组织的，每一行包括一个学生的学号、姓名以及 8 门课成绩。读入这些数据并计算各人的平均成绩，然后按平均成绩由大到小把所有学生的学号、姓名及平均成绩输出到另一个文件中。
9. 一个文件中存储了一批英语单词（每行一个），编写一个程序把该文件中的英语单词按词典次序排序。

第9章 异常处理

在进行程序设计时，有时会设计出这样的一些程序：在一般情况下，这些程序不会出错，但在一些特殊情况下，这些程序就不能正确运行。为了使程序在各种极端情况下能够正确运行，提高程序的鲁棒性，就需要在程序中对各种异常（极端）情况进行充分考虑并给出相应的处理。

本章将通过 C++ 提供的异常处理机制来介绍程序中对异常情况的处理技术。

9.1 异常处理概述

9.1.1 什么是异常

程序的错误通常包括语法错误、逻辑错误和运行异常。

- 语法错误是指程序的书写不符合语言的语法规则，这类错误可由编译程序发现。
- 逻辑错误（或语义错误）是指程序设计不当造成程序没有完成预期的功能，这类错误可以通过对程序进行静态分析和动态测试来发现。
- 运行异常（exception）是指程序设计时对程序运行环境考虑不周而造成的程序运行错误。

在程序运行环境正常的情况下，导致运行异常的错误是不会出现的，程序异常错误往往是由于程序设计者对程序运行环境的一些特殊情况考虑不周所造成的。

例如，对于下面的程序片段：

```
......
ifstream file("D:\\mydata.dat");    // 打开文件
int x;
file >> x;                          // 从文件中读取数据，可能由于文件打开失败而无法正确读取
......
```

要打开的文件可能不存在或其他原因会造成打开文件失败，而从一个打开失败的文件中读取数据就会导致运行异常错误。这个错误是设计者考虑不周造成的，设计者可能认为这个文件一定存在（是该程序在之前某个时刻生成的数据文件），但如果该程序在一个多任务的环境中运行，则在该程序生成数据文件之后、重新打开并使用它之前，这个文件就有可能被运行的其他程序删除！

再例如，对于下面的程序片段：

```
int *p=new int;                     // 动态分配空间，可能失败
*p = 10;
```

由于内存可能不足会造成 new 操作失败，因此 p 可能为空（不指向任何内存空间），而给一个空指针所指向的空间赋值就会导致运行异常错误。这个错误也是由于设计者考虑不

周、认为内存不会申请不到而造成的。

造成异常的情况还有很多。例如，在程序中有一个用于存储用户输入数据的数组变量，其元素个数为 N，在程序运行时，如果用户输入的数据个数小于或等于 N，则程序能够正常运行，但如果用户输入的数据个数大于 N，而程序中又没有考虑到这个问题，则程序就会出错。还有，对于一个计算两个数相除的程序，如果用户输入了一个 0 作为除数，而程序中没考虑到这种情况，则也会造成程序运行异常。

导致程序运行异常的情况是可以预料的，但却是无法避免的。为了保证程序的鲁棒性，必须在程序中对它们进行预见性处理。程序的鲁棒性（或称健壮性，robustness）是指程序在各种极端情况下能够正确运行的程度。在程序中，对各种可预见的异常情况进行处理称为异常处理（exception handling）。

9.1.2　异常处理的基本手段

处理异常的方式通常有两种，一种是在发现异常的地方处理异常（就地处理）；另一种在发现异常的地方不处理异常，而是把发现的异常交给程序其他地方来处理（异地处理）。下面分别对这两种异常处理方式进行介绍。

1. 异常的就地处理

程序中处理异常的一种策略是在发现错误的地方就地处理。例如，在下面的程序中，在打开文件时发现错误便立即给出异常处理：

```
......
ifstream file("D:\\mydata.dat");
if (file.fail())
{ ......            // 异常处理
}
else
{ int x;
  file >> x;        // 从文件中读取数据
  ......
}
```

在进行就地异常处理时，通常会调用 C++ 标准库中的函数 exit 或 abort 终止程序的运行。exit 与 abort 在头文件 cstdlib（或 stdlib.h）中声明，它们的区别是：abort 立即终止程序的执行，不做任何的善后处理工作；而 exit 在终止程序的运行前，会做关闭被程序打开的文件、调用全局对象和 static 存储类的局部对象的析构函数（注意：不要在这些对象的析构函数中调用 exit）等工作。

2. 异常的异地处理

异常的就地处理有时是不合适的，这是因为，一方面，调用函数 exit 和 abort 处理异常的办法过于简单，并且有些程序的性质决定了这些程序不能这么做，如实时控制程序；另一方面，发现异常的地方有时不知道该如何处理这个异常，而需要由调用的函数来处理。也就是说，发现异常的函数和处理异常的函数可以不是同一个函数。例如，在下面的程序片段中：

```
int f(char *filename)
{ ifstream file(filename);
  if (file.fail())
  { return -1;      // 把错误情况告诉调用者
  }
```

```
    else
    { int x;
      file >> x;       // 从文件中读取数据
      ......
    }
    ......
    return 0;
}
int main()
{ char str[100];
  ......
  int rc=f(str);
  if (rc == -1)
  { ......          // 异常处理
  }
  else
  { ......          // 正常情况
  }
  ......
}
```

函数 *f* 不知道如何处理这个异常，它用到的文件名 filename 可能是在调用 *f* 的函数中通过某种方式（如用户输入）得到的，当函数 *f* 发现文件不存在时返回 –1，让调用者处理这个问题，如调用者重新获得文件名，然后再调用 *f*。

程序设计语言中如果没有专门的异常处理机制，要想实现异常错误的异地处理有时是比较麻烦的，并且，也会使程序结构非常不清楚。例如，被调函数通过返回不同的值来告诉调用函数有关被调函数的执行情况（正常或异常），调用函数根据被调函数的返回值做出不同的处理（继续执行、处理异常或返回到调用函数的调用函数进行异常处理）。上面做法的问题是，首先，它会使程序对正常执行过程的描述和对异常问题的处理交织在一起，程序的易读性会变差；其次，对一个原来没有返回值的被调函数，为了反映调用是否正常，往往要把它定义为有返回值，用于返回它的执行情况，这有时会破坏程序的逻辑性；最后，对一个正常执行后必须返回一个计算结果的函数，调用者有时无法根据这个计算结果来判断函数调用是否成功，这时，需要采用其他方式来解决，如增加指针或引用类型的参数来返回函数的计算结果，而函数的返回值则用来反映函数的运行情况。

C++ 为异常错误的异地处理提供了较好的解决方案。

9.2　C++ 异常处理机制

C++ 提供了一种以结构化的形式来描述异常处理过程的机制。该异常处理机制能够把程序的正常处理逻辑和异常处理逻辑分开表示，使程序的异常处理结构比较清晰，并且，它能较好地解决异常错误的异地处理问题。

9.2.1　try、throw 和 catch 语句

C++ 异常处理机制的主要思想是：把有可能遭遇异常的一系列操作（语句或函数调用）构成一个 try 语句。如果 try 语句中的某个操作在执行中发现了异常，则通过执行一个 throw 语句抛掷（产生）一个异常对象。抛掷的异常对象将由能够处理这个异常的地方通过 catch 语句来捕获和处理。

1. try 语句

try 语句的作用是启动异常处理机制。其格式为：

```
try
{ <语句序列>
}
```

在上述 <语句序列> 中可以有函数调用。例如，在调用函数 f 的函数中，可把对 f 的调用放在一个 try 语句中：

```
try
{ f(filename);
}
```

2. throw 语句

throw 语句用于在发现异常情况时抛掷（产生）异常对象。其格式为：

```
throw <表达式>;
```

其中的 <表达式> 为任意类型的 C++ 表达式（void 除外）。执行 throw 语句后，接在其后的语句将不再继续执行，而是转向异常处理（由下面的 catch 语句给出）。例如，在函数 f 中打开文件失败时可用 throw 产生一个异常对象：

```
void f(char *filename)
{ ifstream file(filename);
  if (file.fail())
  { throw filename; // 产生异常对象
  }
  ......
}
```

3. catch 语句

catch 语句用于捕获 throw 抛掷的异常对象并处理相应的异常。其格式为：

```
catch (<类型>[<变量>])
{ <语句序列>
}
```

其中，<类型> 用于指出要捕获的异常对象的类型，它与抛掷的异常对象的类型进行精确匹配；<变量> 用于存储异常对象，它可以省略，省略时表明 catch 语句只关心异常对象的类型，而不考虑具体的异常对象。

catch 语句块要紧接在某个 try 语句的后面。例如：

```
char filename[100];
cout << "请输入文件名: " << endl;
cin >> filename;
try
{ f(filename);
}
catch (char *str)
{ cout << str <<" 不存在 !"<< endl;
  cout <<" 请重新输入文件名: "<< endl;
  cin >> filename;
  f(filename);
}
```

在上面的程序中，如果在函数 f 的调用过程中抛掷了类型为 char* 的异常对象，则程序将转到 try 语句块后面的 catch 语句执行。一个 try 语句块的后面可以跟多个 catch 语句块，用于捕获不同类型的异常对象并对其进行处理。例如：

```
void f()
{ ......
  ...throw 1;
  ......
  ...throw 1.0;
  ......
  ...throw "abcd";
  .......
}
int main()
{ ......
  try
  { f();
  }
  catch (int)      // 处理函数 f 中的 throw 1;
  { < 语句序列 1>
  }
  catch (double)   // 处理函数 f 中的 throw 1.0
  { < 语句序列 2>
  }
  catch (char *)   // 处理函数 f 中的 throw "abcd"
  { < 语句序列 3>
  }
  < 非 catch 语句 >
  ......
}
```

关于 try、throw 和 catch，需要注意以下几点。

1）在 try 语句块的 < 语句序列 > 执行中如果没有抛掷（throw）异常对象，则其后的 catch 语句不执行，而是继续执行 try 语句块之后的非 catch 语句。

2）在 try 语句块的 < 语句序列 > 执行中，如果抛掷（throw）了异常对象：

- 如果该 try 语句块之后有能够捕获该异常对象的 catch 语句，则执行该 catch 语句中的 < 语句序列 >，然后继续执行该 catch 语句之后的非 catch 语句；
- 如果该 try 语句块之后没有能够捕获该异常对象的 catch 语句，则由函数调用链上的上一层函数中 try 语句块的 catch 来捕获。（参见 9.2.2 节）

3）如果抛掷异常对象的 throw 语句不是由程序中的某个 try 语句块中的 < 语句序列 > 调用的，则抛掷的异常不会被程序中的 catch 捕获，它将由系统进行标准的异常处理。

9.2.2　异常的嵌套处理

try 语句是可以嵌套的。当内层的 try 语句在执行中产生了异常，则首先在内层 try 语句块之后的 catch 语句序列中查找与之匹配的处理，如果内层不存在能捕获相应异常的 catch，则逐步向外层进行查找。如果到了函数调用链的最顶端（函数 main）也没有能捕获该异常对象的 catch 语句，则调用系统的 terminate 函数进行标准的异常处理。默认情况下，terminate 函数将会去调用 abort 函数。例如，对于下面的函数 f、g、h 和 main，其中，main 调用 f、f 调用 g、g 调用 h，在 h 中可能会抛掷三种异常对象：

```
void h()
```

```
{ ......
  ... throw 1;            // 由 g 捕获并处理
  ......
  ... throw "abcd";       // 由 f 捕获并处理
  ......
  ... throw 1.0;          // 由系统的异常处理捕获并处理
  ......
}
void g()
{ try
  { h();
  }
  catch (int)
  { ......
  }
}
void f()
{ try
  { g();
  }
  catch (char *)
  { ......
  }
}
int main()
{ f();
  ......
}
```

在上面程序的函数 h 中，抛掷的异常对象 1 将由函数 g 中的 catch(int) 进行处理；抛掷的异常对象 "abcd" 则由函数 f 中的 catch(char *) 来处理；而抛掷的异常对象 1.0 则由系统进行标准异常处理。

【例 9-1】 一种处理两个数相除时除数为 0 的异常错误的办法。

解： 下面的程序从键盘输入两个数并计算它们的商。程序中对除数为 0 的异常情况进行了处理。

```
#include <iostream>
using namespace std;
int divide(int x, int y)
{ if (y == 0) throw 0;
  return x/y;
}
void f()
{ int a,b;
  try
  { cout << "请输入两个数: ";
    cin >> a >> b;
    int r=divide(a,b);
    cout << a << "除以" << b << "的商为: "<< r << endl;
  }
  catch(int)
  { cout << "除数不能为 0, 请重新输入两个数: ";
    cin >> a >> b;
    int r=divide(a,b);
    cout << a << "除以" << b << "的商为: "<< r << endl;
  }
}
```

```
int main()
{ try
  { f();
  }
  catch (int)
  { cout << "请重新运行本程序！"<< endl;
  }
  return 0;
}
```

对于上面的程序，当输入为下面的值时：

请输入两个数：3 0↙

程序运行中将显示：

除数不能为 0，请重新输入两个数：4 0↙

输入 4 和 0 后，程序显示：

请重新运行本程序！

9.3 基于断言的程序调试

一个处于开发阶段的程序可能含有很多错误，其中包括异常错误。为了发现和找出这些错误，我们往往会在程序中的某些地方加上一些输出语句，把一些调试信息（如变量的值）输出到显示器，从而达到对程序进行跟踪的目的。在这种调试方式下，必须对输出的值做一定的分析才能知道程序是否有错，并且程序中带有很多的调试信息，在开发结束后，提交程序时去掉调试信息有时是一件很烦琐的工作，因为需要找到程序中所有带有调试信息的地方，漏掉一个都是不合适的。

实际上，在调试程序时输出程序中的某些变量或表达式的值，其目的是确认程序输出的这些值与预期的值是否相符，而这一点可以通过在程序中一些关键或容易出错的位置插入一些相关的断言来表达。断言（assertion）是一个逻辑表达式，它描述了程序执行到断言处应满足的条件，如果条件满足则程序继续执行下去，否则程序执行异常终止。

C++ 标准库提供的宏 assert（在头文件 cassert 或 assert.h 中定义）可以用来实现断言机制。宏 assert 要求一个关系 / 逻辑表达式作为其参数，当 assert 执行时，如果提供的表达式的值为 false，则它会显示出相应的表达式、它所在的源文件名以及所在的行号等诊断信息，然后调用库函数 abort 终止程序的运行；当表达式的值为 true 时，程序继续执行。例如，下面的宏 assert 调用表示程序执行到该宏调用处变量 x 的值应等于 1：

```
assert(x == 1);
```

当程序执行到该调用处，如果 x 的值不等于 1，则会显示下面的信息并终止程序的运行：

```
Assertion failed: x == 1, file XXX, line YYY
```

其中的 XXX 表示相应调用所在的源文件名，YYY 表示调用所在的源程序中的行号。

在程序测试阶段，assert 可以用来帮助程序设计者发现程序的逻辑错误，也可以用来发现一些异常错误，从而提醒程序设计者在程序中加入异常处理。例如，下面的程序片段就是利用 assert 来发现程序异常错误的：

```
......
ifstream file("D:\\mydata.dat");
assert(!file.fail());    // 一旦文件打开失败，该 assert 就会终止程序的运行
int x;
file >> x;               // 从文件中读取数据
......
```

宏 assert 是通过条件编译预处理命令来实现的（参见附录 D 中的 C++ 编译预处理命令），其实现细节大致如下：

```
// cassert 或 assert.h
......
#ifdef  NDEBUG
#define assert(exp)   ((void)0)
#else
#define assert(exp)   ((exp)?(void)0:<输出诊断信息并调用库函数 abort>)
#endif
......
```

需要注意的是，宏 assert 只有在宏名 NDEBUG 没有定义时才有效，这时程序一般处于开发、测试阶段。程序开发结束并提交时，应该让宏名 NDEBUG 有定义，然后重新编译程序，这样，assert 就不再有效了。

9.4 小结

本章对程序的异常处理机制进行了介绍，主要知识点包括：
- 导致程序异常的情况可以预料但无法避免，为了提高程序的鲁棒性，程序需要对各种可能导致程序异常的情况进行处理。
- 程序的异常错误有时需要异地处理。
- C++ 的异常处理机制由 try、throw 和 catch 三种语句构成，它们实现了一种结构化的异常处理过程。
- 异常处理可以嵌套。
- 断言机制可以用来发现程序运行中的错误，从而保证程序的正确性。在 C++ 中，断言可以用标准库中的宏 assert 来实现。

9.5 习题

1. 程序的错误包括哪几种？它们分别是什么原因造成的？试举例说明。
2. C++ 提供的异常处理机制的好处是什么？
3. 在本教程给出的示例程序中，有些程序的鲁棒性是不好的。请找几个这样的程序并加以改进。
4. 定义一个具有数组性质的类，对该类重载操作符"[]"实现数组元素的访问。要求：在操作符"[]"重载函数中对下标进行检查，越界时抛掷一个异常对象。
5. 如何对本章例 9-1 中的程序进行修改，使该程序能够一直运行到用户输入正确的数据为止？
6. 如果一个函数以抛掷异常对象来通知函数的运行情况，那么，该函数的接口说明应包括哪些内容？
7. 如果不用 C++ 的异常处理机制，那么，如何处理在构造函数中发现的异常？

第 10 章 基于泛型的程序设计

函数、类以及类继承为程序代码的复用提供了基本手段。在程序设计中还存在另外一种代码复用途径——泛型（类属类型），利用它可以给一段代码设置一些取值为类型的参数（注意，这些参数的值是类型，而不是某种类型的数据），在程序中可以通过给这些参数提供一些类型来得到针对不同类型的代码。带有类型参数的一段代码实际上代表了一类代码，从而可实现代码的复用。

在 C++ 中，能带有类型参数的代码可以是函数和类，它们常常用模板来实现。另外，C++ 基于模板提供了一个标准模板库（STL），它除了支持基于泛型的程序设计外，还对函数式程序设计提供支持。本章介绍 C++ 对泛型机制的支持以及基于 STL 的编程。

10.1 泛型概述

在程序设计中经常会用到这样的程序实体：这些程序实体的实现和所完成的功能基本相同，不同的地方仅在于它们所涉及的数据的类型不同。例如，下面的函数都是对一个数组中的元素进行排序，并且采用了相同的排序算法，但它们所操作的数组的元素类型不同：

```
void int_sort(int x[],int num);      // 对一组 int 型的数据进行排序
void double_sort(double x[],int num); // 对一组 double 型的数据进行排序
void A_sort(A x[],int num);          // 对一组 A 类型的数据（对象）进行排序
```

再例如，下面的类都用于描述栈类型的对象，内部实现都采用数组来存储栈元素，但元素类型不同：

```
class IntStack                        // 栈元素的类型为 int
{   int buf[100];
  public:
     ......
     void push(int);
     void pop(int&);
};
class DoubleStack                     // 栈元素的类型为 double
{   double buf[100];
  public:
     ......
     void push(double);
     void pop(double&);
};
class AStack                          // 栈元素的类型为 A
{   A buf[100];
  public:
     ......
     void push(A);
     void pop(A&);
};
```

对于上面的函数和类，如果能只用一个函数和一个类来描述它们，则将大大简化程序设计的工作，并能实现程序代码的复用。

在程序设计中，一个程序实体能对多种类型的数据进行操作或描述的特性称为类属性（generics），具有类属性的程序实体通常有类属函数和类属类。类属函数是指一个函数能对不同类型的数据（参数）完成相同的操作；类属类是指一个类的成员类型可变但操作不变。基于具有类属性的程序实体进行程序设计的技术称为泛型程序设计（generic programming），它为软件复用提供了另一条途径。

在 C++ 中，泛型通常采用模板来实现，并且通过标准模板库 STL 来支持基于泛型的程序设计。

10.2 模板

模板（template）是一段程序代码，它带有类型参数，在程序中可以通过给这些参数提供一些类型来得到针对不同类型的具体代码。

10.2.1 函数模板

在动态类型语言中，由于定义函数时不需要指定参数的类型，每个函数都能接受多种类型的数据，因此，所有函数都是类属函数。而在静态类型语言中，由于函数参数的类型必须要在程序中明确指定，因此，所有函数都是非类属的。

C++ 是一种静态类型语言，要实现类属函数必须采用其他手段。C++ 提供了多种实现类属函数的途径，其中包括带参数的宏定义、通用指针类型参数以及函数模板。由于宏定义虽然能实现类属函数的效果，但它毕竟不是函数，而是在编译之前的文字替换，因此，这里不把宏定义作为类属函数来考虑。

下面重点介绍 C++ 中用指针类型参数和函数模板实现的类属函数。

1. 用通用指针类型参数实现类属函数

我们通过一个例子来介绍如何用指针参数来实现类属函数。

【例 10-1】 用通用指针参数实现类属的排序函数。

解：一个排序函数要能对任意的数组进行排序，它一般需要知道数组的首地址、数组元素的个数、每个数组元素的尺寸（所占内存的字节数）以及如何比较两个数组元素的大小。因此，我们设计了排序函数框架。其中，先定义了一个 void * 类型的形参 base，使得它能接受任意数组的首地址；然后定义了两个 unsigned int 类型的形参 num 和 element_size，分别用于获得数组元素的个数和每个元素所占内存的大小（字节数）；最后定义了一个函数指针类型的形参 element_cmp，它从调用者处获得一个函数（称为回调函数，callback function），该函数用于比较两个数组元素的大小。该排序函数的框架如下：

```
typedef unsigned char byte;              //byte为字节类型
void sort(void *base,                    //需排序的数据首地址
          unsigned int num,              //数据元素的个数
          unsigned int element_size,     //每个数据元素所占内存的大小
          bool (*element_cmp)(const void *, const void *))
                                         //比较两个数组元素大小的函数指针，由调用者提供
{ /*
    不论采用何种排序算法，一般都需要对数组进行以下操作：
```

1）取第 i 个元素（i 可以从 0 到 num-1），可以由下面的公式计算第 i 个元素的首地址：
```
(byte*)base+i*element_size
```

2）比较第 i 个和第 j 个元素的大小（i 和 j 可以从 0 到 num-1）。可以先计算出第 i 个和第 j 个元素的首地址，然后调用 element_cmp 指向的函数来比较这两个地址上的元素的大小：
```
(*element_cmp)((byte *)base+i*element_size,(byte *)base+j*element_size)
```

3）交换第 i 个和第 j 个元素的位置（i 和 j 可以从 0 到 num-1）。可以先计算出第 i 个和第 j 个元素的首地址，然后逐个字节交换这两个地址上的元素：
```
byte *p1=(byte *)base+i*element_size,
      *p2=(byte *)base+j*element_size;
for (int k=0; k<element_size; k++)
{ byte temp=p1[k];
  p1[k] = p2[k];
  p2[k] = temp;
}
*/
}
```

下面的程序片段利用上面定义的排序函数分别对 int、double 以及 A 类型的数组进行排序：

```
bool int_lese_than(const void *p1, const void *p2)    // 比较 int 类型元素的大小
{ if (*(int *)p1 < *(int *)p2)
    return true;
  else
    return false;
}
bool double_lese_than(const void *p1, const void *p2)    // 比较 double 类型元素的大小
{ if (*(double *)p1 < *(double *)p2)
    return true;
  else
    return false;
}
bool A_lese_than(const void *p1, const void *p2)    // 比较 A 类元素的大小
{ if (*(A *)p1 < *(A *)p2)                           // 类 A 需重载操作符 "<"
    return true;
  else
    return false;
}
......
int a[100];
sort(a,100,sizeof(int),int_lese_than);               // 对 int 类型数组进行排序
double b[200];
sort(b,200,sizeof(double),double_lese_than);         // 对 double 类型数组进行排序
A c[300];
sort(c,300,sizeof(A),A_lese_than);                   // 对 A 类型数组进行排序
```

用通用指针参数实现类属函数的不足之处在于：除了数组首地址和数组元素个数外，还需要定义额外的参数（元素的尺寸和比较函数）并且要进行大量的指针运算，这不仅实现起来比较麻烦，而且程序易读性差、容易出错。另外，用指针实现类属函数也不利于编译程序进行类型检查。

2. 用函数模板实现类属函数

在 C++ 中，实现类属函数的另外一种方法是使用函数模板。函数模板（function template）是指带有类型参数的函数定义，其格式如下：

```
template <class T1, class T2, ...>      // 关键词 class 也可以写成 typename
<返回值类型 ><函数名 >(<参数表 >)
{ ......
}
```

其中，$T1$、$T2$ 等是函数模板的参数，它们的取值为某个类型，使用函数模板定义的函数时需要为 $T1$、$T2$ 提供具体的类型；<*返回值类型* >、<*参数表* > 中的参数类型以及函数体中的局部变量的类型可以是 $T1$、$T2$ 等。

通过函数模板机制可以很方便地实现类属函数。

【例 10-2】 用模板实现类属的排序函数。

解：下面是用模板实现类属排序函数的一个框架。

```
template <class T>                         // T 为元素类型
void sort(T elements[], unsigned int num)
{ /*
取第 i 个元素 (i 可以从 0 到 num-1):
  elements[i]

比较第 i 个和第 j 个元素的大小 (i 和 j 可以从 0 到 num-1):
  elements[i] < elements[j]

交换第 i 个和第 j 个元素的位置 (i 和 j 可以从 0 到 num-1):
  T temp=elements[i];
  elements[i] = elements[j];
  elements[j] = temp;
  */
}
......
int a[100];
sort(a,100);                               // 对 int 类型数组进行排序
double b[200];
sort(b,200);                               // 对 double 类型数组进行排序
A c[300];   // 类 A 中需重载操作符 "<"，需要时还应自定义拷贝构造函数和重载操作符 "="
sort(c,300);                               // 对 A 类型数组进行排序
```

3. 函数模板的实例化

实际上，函数模板定义了一系列重载的函数，要使用函数模板所定义的函数（称为模板函数），首先必须要对函数模板进行实例化（生成具体的函数，instantiation）。函数模板的实例化通常是隐式的，即编译程序会根据调用时实参的类型自动把函数模板实例化为具体的函数，这个确定函数模板实例的过程称为模板实参推演（template argument deduction）。例如，对于例 10-2 中的函数模板 sort，编译程序将根据调用时的参数类型分别把它实例化成下面的三个具体函数：

```
void sort(int elements[], unsigned int count) { ...... }
void sort(double elements[], unsigned int count) { ...... }
void sort(A elements[], unsigned int count) { ...... }
```

有时，编译程序无法根据调用时的实参类型来确定所调用的模板函数，这时，需要在程序中显式地实例化函数模板，即在调用模板函数时显式地向函数模板提供具体的类型参数。例如：

```
template <class T>
T max(T a, T b)
```

```
{ return a>b?a:b;
}
......
int x,y;
double m,n;
...max(x,y)...                 // 调用模板函数 int max(int a,int b)
...max(m,n)...                 // 调用模板函数 double max(double a,double b)
...max(x,m)...                 // 调用什么
```

对于上面的函数调用 max(*x*,*m*)，可以采用下面的方式之一来处理：

- 对 *x* 或 *m* 进行显式类型转换：

```
...max((double)x,m)...         // 或 ...max(x,(int)m)...
```

- 显式实例化：

```
...max<double>(x,m)...         // 或 ...max<int>(x,m)...
```

除了类型参数外，模板也可以带有非类型参数。例如：

```
template <class T, int size>   // size 为一个 int 型的普通参数
void f(T a)
{ T temp[size];
  ......
}
int main()
{ f<int,10>(1);                // 调用模板函数 f(int a)，该函数体中的 size 为 10
  ......
}
```

在上面的程序中，函数模板 *f* 除了带有类型参数 *T* 外，还带有一个 int 型的参数 size，并且，在调用模板函数 *f* 时对函数模板进行了显式实例化 "f<int,10>"，这是因为，如果用隐式实例化去调用模板函数 *f*(1)，则编译程序无法确定模板参数 size 的值。

有时，为了弥补函数模板所缺乏的灵活性，需要把函数模板与函数重载结合起来使用，例如，对于前面的函数模板 max 和调用 max(*x*,*m*) 时的实例化问题，也可以通过另外定义一个 max 的重载函数来解决：

```
double max(int a,double b)
{ return a>b?a:b;
}
```

10.2.2　类模板

如果一个类定义中用到的类型可变但操作不变，则该类称为类属类。在 C++ 中，类属类一般用类模板实现。类模板（class template）是指带有类型参数的类定义，其格式为：

```
template <class T1,class T2,...>     // 关键词 class 也可以写成 typename
class <类名>
{ <类成员声明>
};
```

其中，*T1*、*T2* 等为类模板的参数，它们的取值为某个类型，使用类模板定义的类时需要为 *T1*、*T2* 提供具体的类型；在 <类成员声明> 中可以用 *T1*、*T2* 所表示的类型。如果类成员在类的外部定义，则应该采用下面的形式：

```
template <class T1,class T2,...>
<返回值类型> <类名> <T1,T2,...>::<成员函数名>(<参数表>) { ...... }
```

【例 10-3】 定义一个可以表示各种类型元素的类属栈类。

解：下面定义了一个可以表示各种类型的栈模板：

```
template <class T>
class Stack
{   T buffer[100];
    int top;
  public:
    Stack() { top = -1; }
    void push(const T &x);
    void pop(T &x);
};
template <class T>
void Stack <T>::push(const T &x) { ...... }

template <class T>
void Stack <T>::pop(T &x) { ...... }
......
Stack<int> st1;          //创建一个元素为 int 型的栈对象
int x;
st1.push(10);
st1.pop(x);
Stack<double> st2;       //创建一个元素为 double 型的栈对象
double y;
st2.push(1.2);
st2.pop(y);
Stack<A> st3;            //创建一个元素为 A 类型的栈对象（A 为定义的一个类）
A a,b;
st3.push(a);
st3.pop(b);
```

与函数模板类似，类模板实际定义了若干个类，在使用这些类之前，编译程序将对类模板进行实例化。值得注意的是：类模板的实例化需要在程序中显式地指出。例如，在例 10-3 中采用了下面的显式实例化：

```
Stack<int> st1;          //实例化一个元素为 int 型的栈类
Stack<double> st2;       //实例化一个元素为 double 型的栈类
Stack<A> st3;            //实例化一个元素为 A 类型的栈类
```

值得注意的是：类模板中的静态成员仅属于实例化后的类（模板类），不同类模板实例之间不共享类模板中的静态成员。例如：

```
template <class T>
class A
{   static int x;
    T y;
    ......
};
template <class T> int A<T>::x=0;
......
A<int> a1,a2;            // a1 和 a2 共享一个 x
A<double> a3,a4;         // a3 和 a4 共享另一个 x
```

除了类型参数外，类模板也可以包括非类型参数。

【例 10-4 】 定义一个能表示不同大小的栈模板。

解： 下面的类模板能够实现对不同元素类型和元素个数的栈对象进行描述。

```
template <class T, int size>
class Stack
{   T buffer[size];
    int top;
  public:
    Stack() { top = -1; }
    void push(const T &x);
    void pop(T &x);
};
template <class T,int size>
void Stack <T,size>::push(const T &x) { ...... }

template <class T, int size>
void Stack <T,size>::pop(T &x) { ...... }
......
Stack<int,100> st1;        // 创建一个最多由 100 个 int 型元素所构成的栈对象
Stack<double,200> st2;     // 创建一个最多由 200 个 double 型元素所构成的栈对象
```

10.2.3 模板的复用

模板可以实现一种特殊的多态，称为参数化多态。模板是一段带有类型参数的代码，给该参数提供不同的类型就能得到多个不同的代码，即一段代码有多种解释。使用一个模板之前首先要对其进行实例化（用一个具体的类型去替代模板的类型参数），而实例化是在编译时进行的，一定要见到相应的源代码，否则无法进行实例化！因此，模板属于源代码复用。函数模板的实例化可以是隐式的，也可以是显式的；而类模板的实例化则是显式进行的。

一个模板可以有很多的实例，但是，是否实例化该模板的某个实例要由使用情况来决定。在 C++ 中，由于源文件（模块）是分别编译的，因此如果在一个源文件中定义和实现了一个模板，但在该源文件中未用到该模板的某个实例，则在相应的目标文件中，编译程序不会生成该模板相应实例的代码。

例如，在下面的代码中，在源文件 file1 中要使用在源文件 file2 中定义和实现的一个模板的某个实例，而在源文件 file2 中未使用该实例，则源文件 file1 无法使用该实例。

```
// file1.cpp
#include "file2.h"
int main()
{ S<float> s1;              // 实例化 "S<float>" 并创建该类的一个对象 s1
  s1.f();                   // 调用 void S<float>::f()

  S<int> s2;               // 实例化 "S<int>" 并创建该类的一个对象 s2
  s2.f();                  // Error, 链接程序将指出 "void S<int>::f()" 不存在

  sub();

  return 0;
}

// file2.h
template <class T>          // 类模板 S 的定义
class S
{   T a;
  public:
```

```
     void f();
};
extern void sub();

// file2.cpp
#include "file2.h"
template <class T>          // 类模板 S 中 f 的实现
void S<T>::f()
{ ......
}
void sub()
{ S<float> x;               // 实例化 "S<float>" 并创建该类的一个对象 x
  x.f();                    // 实例化 void S<float>::f() 并调用之
}
```

在上面的程序中，由于类模板 S 中 *f* 的实现在源文件 file2.cpp 中，而该源文件只用到它的一个实例 "S<float>::f()"，因此，在 file2.cpp 的编译结果中只有这个实例，这样，源文件 file1.cpp 中需要使用的实例 "S<int>::f()" 就不存在了，从而导致链接时的错误。

解决上述问题的通常做法是把模板的定义和实现都放在某个头文件中，在需要使用模板的源文件中包含该头文件即可。例如：

```
// file.h
template <class T>          // 类模板 S 的定义
class S
{   T a;
  public:
    void f();
};
template <class T>          // 类模板 S 中 f 的实现
void S<T>::f()
{ ......
}

// file1.cpp
#include "file.h"
#include "file2.h"
int main()
{ S<float> s1;              // 实例化 "S<float>" 并创建该类的一个对象 s1
  s1.f();                   // 实例化 void S<float>::f() 并调用之

  S<int> s2;                // 实例化 "S<int>" 并创建该类的一个对象 s2
  s2.f();                   // 实例化 void S<int>::f() 并调用之

  sub();

  return 0;
}

// file2.h
extern void sub();

// file2.cpp
#include "file.h"
void sub()
{ S<float> x;               // 实例化 "S<float>" 并创建该类的一个对象 x
  x.f(); // 实例化 void S<float>::f() 并调用之
}
```

一般来说，要正常使用模板，就必须要见到该模板的完整源代码。不过，上面的源代码复用存在一个问题：如果两个源文件中都有对同一个模板的相同实例的使用，这样，在两个源文件的编译结果中都将有相应实例的实现代码，如何消除重复的实例呢？一般有两种解决方案。

1）由程序开发环境来解决。编译程序在编译某个含有模板定义的源文件时，将在开发环境中记下该源文件使用到的所有模板实例，当编译程序编译另一个源文件时，如果发现这个源文件中使用的某个模板实例已经存在了，则不再生成这个模板实例。

2）由链接程序来解决。链接程序在对目标文件进行链接时，把多余的实例舍弃。至于舍弃哪一个实例，则由具体的实现来解释。

10.3　基于 STL 的编程

10.3.1　STL 概述

除了从 C 标准库保留下来的一些功能外，C++ 标准库还提供了很多新的功能，这些功能大都以函数模板和类模板的形式出现，它们构成了 C++ 的标准模板库（Standard Template Library，STL）。STL 支持一种抽象的程序设计模式，其中隐藏了一些低级的程序设计元素，如数组、链表以及循环等，这使得程序设计者可以把主要精力放在程序的功能上而不是琐碎的实现细节上。另外，STL 还为用 C++ 进行函数式程序设计提供了支持。

STL 主要包含一些容器类模板、算法函数模板以及迭代器类模板。容器用于存储序列化的数据，是由同类型的元素所构成的长度可变的元素序列，如向量、集合、栈以及队列等，它们通过类模板来实现。算法用于对容器中的序列元素进行一些常用的操作，如求和、统计、排序、查找等，它们通过函数模板来实现。迭代器用于访问容器中的元素，它们由具有抽象指针功能的类模板来实现。对于一个容器，我们可以创建一些迭代器并使它们关联到容器中的某些元素（如第一个或最后一个元素），通过对迭代器进行"++"和"−−"等操作来实现对容器中元素的遍历；通过对迭代器进行"*"（间接访问）和"–>"（间接成员访问）操作来访问容器中的元素。为了提高算法与容器之间的相互独立性，在 STL 中，算法的参数不是容器，而是容器的迭代器，在算法中通过迭代器来访问和遍历容器中的元素。迭代器起到了容器和算法之间的桥梁作用，它使得一个算法可以作用于多种容器，从而保证了算法的通用性。

下面通过一个例子来介绍基于 STL 的编程思想。

【例 10-5】　利用 STL，从键盘输入一系列正整数，计算其中的最大元素、最小元素、所有元素的和并对元素进行排序。

解：对于该问题，可用 STL 中的一个容器来存储输入的数据，然后用迭代器来指向和遍历容器中的数据，最后用 STL 中的一些通用算法来实现计算和排序。程序如下：

```
#include <iostream>
#include <vector>
#include <algorithm>
#include <numeric>
using namespace std;
void display(int x) { cout << ' ' << x; return; };
```

```
int main()
{ vector<int> v;                // 创建一个 vector 类容器对象 v, 其元素为 int 型

  // 生成容器 v 中的元素
  int x;
  cin >> x;
  while (x > 0)                 // 循环向容器 v 中增加正的 int 型元素
  { v.push_back(x);            // 向容器 v 的尾部增加一个元素
    cin >> x;
  }

  cout << "Max = " << *max_element(v.begin(),v.end()) << endl;
                              // 利用算法 max_element 计算并输出容器 v 中的最大元素

  cout << "Min = " << *min_element(v.begin(),v.end()) << endl;
                              // 利用算法 min_element 计算并输出容器 v 中的最小元素

  cout << "Sum = " << accumulate(v.begin(),v.end(),0) << endl;
                              // 利用算法 accumulate 计算并输出容器 v 中所有元素的和

  sort(v.begin(),v.end());                 // 利用算法 sort 对容器 v 中的元素进行排序

  cout << "Sorted result is:\n";           // 输出排序结果
  for_each(v.begin(),v.end(),display);
  cout << endl;

  return 0;
}
```

在上面的程序中，vector 是一个容器类模板，模板参数为容器中元素的类型。*v* 是 vector 类型的一个容器，用于存储由 int 型元素所构成的序列数据；push_back 是 vector 的一个成员函数，用于向容器 *v* 的尾部增加元素；*v*.begin() 和 *v*.end() 是容器 *v* 的两个迭代器，它们分别指向 *v* 的第一个元素的位置和最后一个元素的下一个位置。max_element、min_element、accumulate、sort 以及 for_each 为算法模板，其中，max_element 计算容器 *v* 中的最大元素，min_element 计算容器 *v* 中的最小元素，accumulate 计算容器 *v* 中所有元素之和，sort 对容器 *v* 中的元素进行排序，for_each 对容器 *v* 中的每个元素依次调用一个自定义函数 display 来显示它们。

在基于 STL 的编程中，程序设计者不需要关心容器中的元素是采用什么结构（数组或链表）来组织的，遍历容器中的元素时也不需要显式地采用循环控制，以便程序设计能从一些琐碎的细节中摆脱出来。

下面对 STL 中的容器、迭代器以及算法的具体内容进行简单介绍。

10.3.2　容器

容器（container）是长度可变的同类型元素所构成的序列。STL 中包含很多种容器，虽然这些容器提供了一些相同的操作，但由于它们采用了不同的内部实现方法，因此，不同的容器往往适用于不同的应用场合。容器由类模板实现，模板的参数是容器中元素的类型。下面是一些常用的容器。

- vector<*元素类型*>：用于需要快速访问任意位置上的元素以及主要在元素序列的尾部增加 / 删除元素的场合，内部采用动态数组实现。（在头文件 vector 中定义。）

- list<*元素类型*>：用于需要经常在元素序列中任意位置上插入／删除元素的场合，内部采用双向链表实现。（在头文件 list 中定义。）
- deque<*元素类型*>：用于主要在元素序列的两端增加／删除元素以及需要快速访问任意位置上的元素的场合，内部采用分段的连续空间结构实现。（在头文件 deque 中定义。）
- stack<*元素类型*>：用于仅在元素序列的尾部增加／删除元素的场合，一般基于 deque 来实现。（在头文件 stack 中定义。）
- queue<*元素类型*>：用于仅在元素序列的尾部增加、头部删除元素的场合，一般基于 deque 来实现。（在头文件 queue 中定义。）
- priority_queue<*元素类型*>：它与 queue 的操作类似，不同之处在于，每次增加元素之后，它将对元素位置进行调整，使头部元素总是最大的，也就是说，每次删除的总是最大（优先级最高）的元素，一般基于 vector 和 heap 结构来实现。（在头文件 queue 中定义。）
- map<*关键字类型,值类型*> 和 multimap<*关键字类型,值类型*>：用于需要根据关键字对容器元素进行检索的场合。容器中的每个元素由关键字和值构成，其类型为一个结构类型模板 pair<*关键字类型,值类型*>，该结构有两个成员——first 和 second，关键字对应 first 成员，值对应 second 成员。对于 map，不同元素的关键字不能相同；对于 multimap，不同元素的关键字可以相同。在 map 和 multimap 容器中，元素是根据其关键字排序的，内部常常用某种树形结构来实现。（在头文件 map 中定义。）
- set<*元素类型*> 和 multiset<*元素类型*>：它们分别是 map 和 multimap 的特例，在 set 和 multiset 中，每个元素只有关键字而没有值，或者说关键字与值合二为一了。（在头文件 set 中定义。）
- basic_string<*字符类型*>：提供了一系列与字符串相关的操作。string 和 wstring 是 basic_string 的两个实例——basic_string<char> 和 basic_string<wchar_t>，分别对应着 char 和 unicode 字符串。（在头文件 string 中定义。）

上述容器类模板提供了一些成员函数来实现容器的一些基本操作，其中包括向容器中增加元素、从容器中删除元素、获取指定位置的元素以及获取容器首／尾元素的迭代器等。需要注意的是，上面的容器 stack、queue 以及 priority_queue 是作为容器的适配器来实现的，对它们的操作有一定的限制，如不支持通过迭代器访问元素、不能用 STL 的算法来操作它们。有关容器类成员函数的详细列表请参见附录 E。

另外，在使用容器时，如果容器的元素类型是一个类，则可能需要针对元素类定义拷贝构造函数和赋值操作符重载函数，因为在对容器进行的操作中可能会创建新的元素（对象）或进行元素间的赋值。另外，可能还需要针对元素类重载小于操作符（<），以适应容器需要对元素进行比较的操作。

下面给出一些使用 STL 容器的例子。

【例 10-6】 利用 STL 的容器 vector 来实现例 10-5 的功能（排序功能除外）。

解：在 C++ 的基础编程中，我们通常直接用数组来存储序列元素，但数组有一个缺点，数组的大小要预先设定。用 STL 中的 vector 来存储序列元素的好处是不必预先设定元素的个数，存储空间能自动扩充。下面是程序代码：

```
#include <iostream>
#include <vector>
using namespace std;
int main()
{ vector<int> v;                    // 创建一个 vector 类容器对象 v, 其元素为 int 型
  // 生成容器 v 中的元素
  int x;
  cin >> x;
  while (x > 0)                     // 循环向容器 v 中增加正的 int 型元素
  { v.push_back(x);                 // 向容器 v 的尾部增加一个元素
    cin >> x;
  }
  int sum=0,max,min;
  max = min = v[0];                 // 容器 vector 中重载了操作符 "[]"
  for (int i=0; i<v.size(); i++)    // 遍历容器元素
  { sum += v[i];
    if (v[i] < min) min = v[i];
    else if (v[i] > max) max = v[i];
  }
  cout << "sum=" << sum << ",max=" << max <<",min=" << min << endl;
  return 0;
}
```

在上面遍历容器元素的循环中，$v.size()$ 是容器中当前元素的个数，$v[i]$ 表示容器中第 i 个元素（容器 vector 中重载了操作符 "[]"）。这个循环也可以用 C++ 新标准中提供的基于带范围的 for 语句来实现：

```
for (int n: v)                      // 遍历容器元素
{ sum += n;
  if (n < min) min = n;
  else if (n > max) max = n;
}
```

以上语句的好处是不需要知道容器的大小，也不要显式写出循环控制的细节，编译程序会自动实现。

【例 10-7】 利用 STL 的容器 map 来实现一个电话号码簿的功能。

解： 电话号码簿是由一系列的姓名和相应的电话号码构成的，可以通过姓名去查找相应的电话号码。我们可以用一个 map 容器来实现电话号码簿的存储和相关操作，map 容器提供了通过关键字来查找元素的操作，这里的关键字是姓名。程序如下：

```
#include <iostream>
#include <map>
#include <string>
using namespace std;
int main()
{ map<string,int> phone_book;       // 创建一个 map 类容器 phone_book, 用于存储电话号码簿

  // 创建电话号码簿
  pair<string,int> item;            // pair<string,int> 是容器 phone_book 的元素类型
  item.first = "wang"; item.second = 12345678;
  phone_book.insert(item);          // 在容器 phone_book 中增加一个元素
  item.first = "li"; item.second = 87654321;
  phone_book.insert(item);          // 在容器 phone_book 中增加一个元素
  item.first = "zhang"; item.second = 56781234;
  phone_book.insert(item);          // 在容器 phone_book 中增加一个元素
```

```
......
// 输出电话号码簿
cout << " 电话号码簿的信息如下：\n";
for (pair<string, int> item: phone_book) // 用基于范围的 for 遍历容器 phone_book
  cout << item.first << ": " << item.second << endl; // 输出元素的姓名和电话号码

// 查找某个人的电话号码
string name;
cout << " 请输入要查询号码的姓名：";
cin >> name;
map<string, int>::const_iterator it; // 创建一个指向 phone_book 元素的迭代器
it = phone_book.find(name);              // 在 phone_book 中查找姓名为 name 的元素
if (it == phone_book.end())             // 判断是否找到
  cout << name << ": not found\n";      // 未找到
else
  cout << it->first << ": " << it->second << endl; // 找到

return 0;
}
```

在上面的程序中，phone_book 是一个 map 容器，元素类型为结构 pair<string, int>。该结构有两个成员 first 和 second，这里：first 表示姓名（关键字），类型是 string；second 表示电话号码（值），类型为 int。insert 用于向 phone_book 中添加一个电话号码信息（名字和电话号码）。程序采用了一个基于范围的 for 语句来输出 phone_book 中的所有元素。find 用于在 phone_book 中查找姓名为 name 的元素，返回的是一个指向元素位置的迭代器，如果找到，则返回找到的元素位置，否则返回 phone_book 的末尾位置。

由于 map 容器也重载了操作符 "[]"，因此，在上面的程序中，向 phone_book 中添加元素也可以采用下面的下标操作来实现：

```
phone_book["wang"] = 12345678;          // 通过下标操作向 phone_book 中加入元素
phone_book["li"] = 87654321;
phone_book["zhang"] = 56781234;
```

在上面的操作中，下标为关键字，如果容器中没有含相应关键字的元素，则创建一个新元素，该元素的关键字和值由下标和赋值操作右边的内容构成；否则，用赋值操作右边的内容去修改已存在的元素的值。

10.3.3 迭代器

迭代器（iterator）实现抽象的指针（智能指针）功能，它们指向容器中的元素，用于对容器中的元素进行访问和遍历。在 STL 中，迭代器是作为类模板来实现的（与迭代器相关的类型定义在头文件 iterator 中给出），可分为以下几种。

- 输出迭代器（output iterator）：只能用于修改它所指向的容器元素。能通过它进行元素间接访问操作（*），但该操作只能出现在赋值操作的左边（*< *输出迭代器* > = …）。另外，还可对它进行 ++ 操作。
- 输入迭代器（input iterator）：只能用于读取它所指向的容器元素。能通过它进行元素间接访问操作（*），但该操作只能出现在赋值操作的右边（… = *< *输入迭代器* >）。另外，还可以通过它进行元素成员间接访问（->）以及对它进行 ++、==、!= 操作。

- 前向迭代器（forward iterator）：具有输出迭代器和输入迭代器的所有功能。
- 双向迭代器（bidirectional iterator）：具有前向迭代器的所有功能，另外，还可以对它进行 -- 操作，以实现双向遍历容器元素的功能。
- 随机访问迭代器（random-access iterator）：具有双向迭代器的所有功能，另外，还可以通过它进行随机访问元素操作（[]）以及对它进行 +、-、+=、-=、<、>、<=、>= 操作。

上面几种迭代器之间存在着如图 10-1 所示的相容关系，其中，箭头的含义是：在需要箭头左边迭代器的地方可以用箭头右边的迭代器去替代。

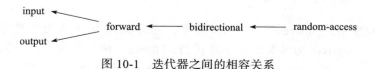

图 10-1 迭代器之间的相容关系

大多数容器类都有相应的迭代器，但迭代器的种类有所不同，对于 vector、deque 以及 basic_string 容器类，它们的迭代器是随机访问迭代器，而对于 list、map/multimap 以及 set/multiset，它们的迭代器则是双向迭代器。需要注意的是，queue、stack 和 priority_queue 不支持迭代器！

除了上面 5 种基本迭代器外，STL 还提供了一些迭代器的适配器，用于一些特殊的操作。例如，下面是两个常用的迭代器适配器：

- 反向迭代器（reverse iterator）：用于对容器元素从尾到头进行反向遍历。需要注意的是，对反向迭代器，++ 操作是向容器首部移动，-- 操作是向容器尾部移动。
- 插入迭代器（insert iterator）：用于在容器中指定位置插入元素。

下面通过一个例子来介绍迭代器的操作。

【例 10-8】 利用 STL 的容器 list 和迭代器来实现例 5-9 的求解约瑟夫问题。

解： 对于这个问题，可以用一个 list 类的容器来存储小孩的编号（作为容器的元素），用一个迭代器来指向容器中的元素，通过对该迭代器实施 ++ 操作来实现报数功能。程序如下：

```
#include <iostream>
#include <list>
using namespace std;
int main()
{ int m,n;                             //m用于存储要报的数，n用于存储小孩个数
  cout << "请输入小孩的个数和要报的数: ";
  cin >> n >> m;

  //构建圈子
  list<int> children;                  //children是用于存储小孩编号的容器
  for (int i=0; i<n; i++)              //循环创建容器元素
    children.push_back(i);            //把i(小孩的编号)从容器尾部放入容器

  //开始报数
  list<int>::iterator current;        //current为指向容器元素的迭代器
  current = children.begin();         //把current初始化成指向容器的第一个元素
  while (children.size() > 1)         //只要容器元素个数大于1，就执行循环
  { for (int count=1; count<m; count++)  //报数，循环m-1次
```

```
      { current++;                               // current 指向下一个元素
        if (current == children.end())           // 如果 current 指向的是容器末尾
          current = children.begin();            // current 指向第一个元素
      }
      // 循环结束时，current 指向将要离开圈子的小孩
      current = children.erase(current);         // 小孩离开圈子，current 指向下一个元素
      if (current == children.end())             // 如果 current 指向的是容器末尾
        current = children.begin();              // current 指向第一个元素
   } // 循环结束时，current 指向容器中剩下的唯一一个元素，即胜利者

   cout << "The winner is No." << *current << "\n";  // 输出胜利者的编号
   return 0;
 }
```

在上面的程序中，children 是一个 list 容器，通过 push_back 函数从容器的末尾把小孩编号加入容器中；current 为容器的一个迭代器，用 begin 函数获得容器中第一个元素的位置，++ 操作实现迭代器 current 在容器中遍历；用 size 函数判断容器中剩余元素的个数；用 end 函数判断迭代器是否到达容器的尾部；用 erase 函数删除容器中的元素；用对迭代器的"*"操作获得容器元素的值（小孩的编号）。

本例也可以用其他容器类来实现。例如，只要把上面程序中的 list 全部替换成 vector，其他部分不变，也能实现所需的功能。本例之所以用 list 来实现，是因为程序中需要经常在容器的任意位置上删除元素，而 list 容器的双向链表结构比较适合这个操作，其他的容器类（如 vector）虽然也能实现这个操作，但效率不高。

需要注意的是，在基于 STL 编程中，一般不会直接对迭代器进行操作，而是把它们传给算法，在算法的内部进行迭代器的操作。

10.3.4   算法

除了容器类模板本身提供的操作外，对容器的大部分操作是通过 STL 提供的一系列通用算法（algorithm）来进行的。在 STL 中，算法是通过函数模板来实现的，可分为以下几类。

- 调序算法：按某个要求来改变容器中元素的次序。
- 编辑算法：对容器元素进行复制、替换、删除、赋值等操作。
- 查找算法：在容器中查找元素或子元素序列。
- 算术算法：对容器内的元素进行求和、求内积和、求差等操作。
- 集合算法：实现集合的基本运算。（该类算法要求容器内的元素已排序。）
- 堆算法：实现基于堆结构的容器元素操作。（具有堆结构的容器的主要特点是第一个元素最大。）
- 元素遍历算法：依次访问容器中某范围内的每个元素，并对每个元素调用某个指定的操作函数来对其进行操作。

除了算术算法在头文件 numeric 中定义外，其他算法都在头文件 algorithm 中定义。有关 STL 中每一类算法的详细列表请参见附录 E。

在 STL 中，为了提高算法的通用性以及算法与容器之间的相互独立性，算法的参数不是容器，而是容器的迭代器，在算法中通过迭代器来遍历和访问容器中的元素。虽然容器各不相同，但只要它们的迭代器与算法所需的迭代器相容，就可以传给算法，这样使得算法不依赖于具体的容器，提高了算法的通用性。需要注意的是，由于容器 stack、queue 以及

priority_queue 是作为适配器提供的，它们不支持迭代器，因此不能用 STL 中的算法来操作它们。

在 STL 中，一个算法能接受的迭代器类型通常会体现在算法模板参数的名字上。例如，对于下面的算法模板 copy：

```
template <class InIt, class OutIt>  // InIt 表示输入迭代，OutIt 表示输出迭代器
OutIt copy(InIt src_first, InIt src_last, OutIt dst_first)
{ ......
}
```

模板参数 InIt 表示该算法的参数 src_first 和 src_last 是输入迭代器，算法只读取它们指向的元素；模板参数 OutIt 表示该算法的参数 dst_first 是输出迭代器，算法会修改它指向的元素。算法的以上参数也可以接受与模板参数相容的其他迭代器。

使用算法对容器中的元素进行操作时，一般需要指出要操作的元素范围。一个范围一般由两个迭代器来表示，其中第一个迭代器指向范围中第一个元素的位置，第二个迭代器指向范围中最后一个元素的下一个位置。需要注意的是，一个操作范围内的两个迭代器必须属于同一个容器。有的算法在一个范围内操作，有的算法需要在两个或两个以上范围内操作。当操作需要两个或两个以上范围时，如果没有专门指出，这些范围可以在同一个容器中，也可以在不同的容器中，并且，通常第二个范围只要提供一个迭代器（首元素）就可以了，范围大小与第一个范围相同。例如，对于前面的算法 copy，其含义是把由 src_first 和 src_last 两个迭代器指出的范围内的元素复制到迭代器 dst_first 指出的位置上去，这里的两个范围可以属于同一个容器，也可以属于不同的容器。对于一些带有目标范围的操作（范围内的元素要被修改或增加），目标范围中已有元素的个数一般不能小于源范围规定的元素个数，如果操作需要在目标范围内增加元素，则目标范围的迭代器要用某个插入迭代器。例如，下面 copy 操作的目标范围采用了一个插入迭代器：

```
vector<int> v1,v2;
......                                          // 向容器 v1 中放了元素
copy(v1.begin(),v1.end(),back_inserter(v2));    // 把容器 v1 中的元素复制到容器 v2 中
```

另外，有些算法还要求使用者提供一个函数或函数对象作为自定义的操作条件（称作"谓词"），该函数或函数对象的参数类型为容器的元素类型，返回值类型为 bool。这里的谓词可以是一元的（需要一个元素作为参数），也可以是二元的（需要两个元素作为参数）。例如，下面的算法 count_if 需要一个一元谓词作为统计的条件，该谓词的参数为容器的元素：

```
size_t count_if(InIt first, InIt last, Pred cond);
bool f(int x) { return x > 0; }                 // 一元谓词为统计的条件，参数为元素
vector<int> v;
......                                          // 向容器中放置元素
cout << count_if(v.begin(),v.end(),f);          // 统计 v 中正数的个数
```

而下面算法 sort 的第二个重载则需要一个二元谓词作为排序的条件：

```
void sort(RanIt first, RanIt last);              // 默认按 "<" 排序
void sort(RanIt first, RanIt last, BinPred comp);// 按 comp 返回 true 规定的次序排序
bool greater(int x1, int x2) { return x1>x2; }   // 二元谓词为排序条件，参数为两个元素
vector<int> v;
......                                          // 向容器中放置元素
sort(v.begin(),v.end());                         // 从小到大排序
```

```
sort(v.begin(),v.end(),greater);                    // 从大到小排序
```

　　还有，有些算法需要使用者提供一个函数或函数对象作为自定义操作，其参数和返回值类型由相应的算法决定。这里的操作可以是一元的（需要一个参数），也可以是二元的（需要两个参数）。例如，下面的算法 for_each 需要一个一元操作：

```
Fun for_each(InIt first, InIt last, Fun f);
void f(int x) { cout << ' ' << x; }                 // 一元操作输出一个元素
vector<ints> v;
......                                               // 向容器中放置元素
for_each(v.begin(),v.end(),f);                       // 对 v 中的每个元素调用函数 f 进行操作
```

而下面算法 accumulate 的第二个重载则需要一个二元操作：

```
T accumulate(InIt first, InIt last, T val);      // 默认是所有元素与 val 的和
T accumulate(InIt first, InIt last, T val, BinOp op); // 由 op 决定累积的含义：
               // 设元素为 e₁, e₂, ..., eₙ, 则 t₁=op(val,e₁);t₂=op(t₁,e₂);
               // ... tₙ=op(tₙ₋₁,eₙ);算法返回值为 tₙ
int f(int partial, int x) { return partial*x; }  // 二元操作：部分结果与当前元素的乘积
vector<ints> v;
......                                            // 向容器中放置元素
cout << accumulate(v.begin(),v.end(),0);         // 所有元素和
cout << accumulate(v.begin(),v.end(),1,f);       // 所有元素的乘积
```

　　大部分 STL 算法都是遍历指定容器中某个范围内的元素，对满足条件的元素执行某项操作。算法的内部实现往往隐含着循环操作，但这对使用者是隐藏的，使用者只需要提供容器的迭代器、操作条件以及可能的自定义操作，而算法的控制逻辑则由算法内部实现，这体现了一种抽象的编程模式。

　　下面通过一个例子来介绍基于 STL 算法的编程。

　　【例 10-9】 利用 STL 中的算法实现对学生信息进行统计和排序的功能。

　　解： 下面的程序实现对学生信息进行统计和排序的功能。

```
#include <iostream>
#include <vector>
#include <algorithm>
#include <string>
using namespace std;
enum Sex { MALE, FEMALE };
enum Major { MATHEMATICS, PHYSICS, CHEMISTRY, COMPUTER, GEOGRAPHY, ASTRONOMY,
  ENGLISH, CHINESE, PHILOSOPHY};
class Student
{   int no;
    string name;
    Sex sex;
    int age;
    string birth_place;
    Major major;
  public:
    Student(int no1, char *name1, Sex sex1, int age1, char *birth_place1,
      Major major1):
        name(name1),birth_place(birth_place1)
    { no = no1; sex = sex1;  age = age1; major = major1;
    }
    int get_no() const { return no; }
    string get_name() const { return name; }
```

```
        Sex get_sex() const{ return sex; }
        int get_age() const { return age; }
        Major get_major() const { return major; }
        string get_birth_place() const { return birth_place; }
        void display() const
        { cout << no << ", " << name << ", "
               << (sex==MALE?"male":"female") << ", "
               << age << ", " << birth_place << ", ";
          switch (major)
          { case MATHEMATICS:        cout << "Mathematics"; break;
            case PHYSICS:            cout << "Physics"; break;
            case CHEMISTRY:          cout << "Chemistry "; break;
            case COMPUTER:           cout << "Computer"; break;
            case GEOGRAPHY:          cout << "Geography"; break;
            case ASTRONOMY:          cout << "Astronomy"; break;
            case ENGLISH:            cout << "English"; break;
            case CHINESE:            cout << "Chinese"; break;
            case PHILOSOPHY:         cout << "Philosophy"; break;
          }
          cout << endl;
        }
};
bool match_major_and_sex(Student &st)              // 判断 st 是否为计算机专业的女生
{ return st.get_major() == COMPUTER && st.get_sex() == FEMALE;
}
bool match_birth_place(Student &st)               // 判断 st 的出生地是否为 "南京"
{ return (st.get_birth_place()).find(" 南京 ") != string::npos ;
}
bool compare_no(Student &st1, Student &st2)       // 比较 st1 和 st2 的学号
{ return st1.get_no() < st2.get_no();
}
void display_student_info(Student &st)            // 显示 st 的信息
{ st.display();
}
int main()
{ vector<Student> students;                        // 创建存放学生信息的容器 students

  // 获得所有学生的数据，将其存储在容器 students 中
  students.push_back(Student(2,"zhang",FEMALE,18," 江苏南京 ",COMPUTER));
  students.push_back(Student(5,"li",MALE,19," 北京 ",PHILOSOPHY));
  students.push_back(Student(1,"wang",FEMALE,18," 南京 ",COMPUTER));
  students.push_back(Student(4,"qian",MALE,17," 上海 ",PHILOSOPHY));
  students.push_back(Student(3,"zhao",MALE,18," 江苏南京 ",COMPUTER));
  ......

  // 统计计算机专业女生的人数
  cout << " 计算机专业女生的人数是: "
       << count_if(students.begin(),students.end(),match_major_and_sex)
       << endl;

  // 统计出生地为南京的学生人数
  cout << " 出生地为 \" 南京 \" 的学生人数是: "
       << count_if(students.begin(),students.end(),match_birth_place)
       << endl;

  // 按学号由小到大对 students 的元素进行排序
  sort(students.begin(),students.end(),compare_no);

  // 按学号由小到大输出所有学生的信息
```

```
    cout << "按学号排序后的学生信息：\n";
    for_each(students.begin(),students.end(),display_student_info);

    return 0;
}
```

在上面的程序中，match_major_and_sex 和 match_birth_place 这两个条件函数有一定的局限性，它们只能用于判断"计算机专业女生"和"出生地为南京"这两个条件。如果要判断是否是"物理专业女生"和"出生地为北京"，就需要再写两个条件函数，这样，势必导致要写的条件函数太多。这个问题可用函数对象来解决。例如，可以设计下面两个重载了函数调用操作符"()"的类 MatchMajorAndSex 和 MatchBirthPlace：

```
class MatchMajorAndSex
{   Major major;
    Sex sex;
  public:
    MatchMajorAndSex(Major m,Sex s)
    { major = m;
      sex = s;
    }
    bool operator ()(Student& st)
    { return st.get_major() == major && st.get_sex() == sex;
    }
};
class MatchBirthPlace
{   string birth_place;
  public:
    MatchBirthPlace(char *bp) { birth_place = bp; }
    bool operator ()(Student &st) //判断 st 的出生地是否为 birth_place
    { return (st.get_birth_place()).find(birth_place) != string::npos ;
    }
};
```

有了这两个类，"统计计算机专业女生的人数"和"统计出生地为南京的学生人数"这两个操作就可以写成：

```
    count_if(students.begin(),students.end(),MatchMajorAndSex(COMPUTER,FEMALE))
```

和

```
    count_if(students.begin(),students.end(),MatchBirthPlace(" 南京 "))
```

其中，MatchMajorAndSex(COMPUTER,FEMALE) 和 MatchBirthPlace("南京") 将创建两个临时的函数对象，count_if 将把它们当作函数来看待，去调用它们的函数调用操作符重载函数。

如果还要"统计物理专业女生的人数"和"统计出生地为北京的学生人数"，则不需要再增加新的条件函数，只要写出下面的操作即可：

```
    count_if(students.begin(),students.end(),MatchMajorAndSex(PHYSICS,FEMALE))
```

和

```
    count_if(students.begin(),students.end(),MatchBirthPlace(" 北京 "))
```

如果采用 λ 表达式，则解决方案将更加简洁，既不需要预先定义额外的函数，也不需要定义函数对象类，就能实现所要求的功能：

```
// 统计计算机专业女生的人数
cout << "计算机专业女生的人数是: "
     << count_if(students.begin(),students.end(),[](Student &st) { return
        st.get_major() == COMPUTER && st.get_sex() == FEMALE; })
     << endl;

// 统计出生地为南京的学生人数
cout << "出生地为 \" 南京 \" 的学生人数是: "
     << count_if(students.begin(),students.end(),[](Student &st) { return (st.
        get_birth_place()).find(" 南京 ") != string::npos;})
     << endl;

// 按学号由小到大对 students 的元素进行排序
sort(students.begin(),students.end(),[](Student &st1,Student &st2){ return
     st1.get_no()<st2.get_no();});

// 按学号由小到大输出所有学生的信息
cout << "按学号排序后的学生信息: \n";
for_each(students.begin(),students.end(),[](Student &st){ st.display(); cout <<
         endl;});
```

上面介绍了 STL 的基本内容，有关基于 STL 编程的进一步内容，请参考相关书籍。

10.4　函数式程序设计概述

　　程序设计存在多种范式，其中过程式与面向对象程序设计是使用较广泛的两种程序设计范式，它们适合用来解决大部分的实际应用问题。过程式与面向对象程序设计属于命令式程序设计范式，它们需要对"如何做"进行描述，即通过给出具体的操作步骤（语句序列）和状态的变化（对变量的赋值）来实现计算过程。它们与冯·诺依曼体系结构的计算模型相一致，即通过执行一个指令序列，不断地改变代表机器状态的存储单元的值来实现计算。

　　除了命令式程序设计范式外，还有一类是声明式程序设计范式，它只需要对"做什么"进行描述，而不需要给出具体的操作步骤，"如何做"由实现系统自动完成。声明式程序设计有良好的数学理论支持，易于保证程序的正确性，并且设计出的程序比较精练，具有潜在的并行性。声明式程序设计范式的典型代表有函数式程序设计和逻辑式程序设计，本节将简单介绍函数式程序设计的基本内容。在 C++ 中，函数式程序设计主要通过 STL 来实现。

10.4.1　什么是函数式程序设计

　　函数式程序设计（functional programming）是指把程序组织成一组数学函数，计算过程体现为一系列基于函数应用（把函数作用于数据）的表达式计算，其中函数也被作为值（数据）来看待，即函数的参数和返回值也可以是函数。函数式程序设计基于的理论是递归函数理论和 lambda 演算。

　　函数式程序设计具有下面的基本特征。

- "纯"函数：以相同的参数调用一个函数总得到相同的值，即函数的计算结果仅依赖于输入的参数值（引用透明），并且函数没有副作用，除了产生计算结果之外，它不会改变其他任何内容。

- 没有状态：计算体现为数据之间的映射，它不改变已有数据，而是产生新的数据，没有表示状态的变量和相应的赋值操作。
- 函数也是值：函数的参数和返回值都可以是函数，即函数可以是高阶函数。
- 递归是主要的控制结构：重复操作采用函数的递归调用来实现，而不是采用迭代（循环）来实现。
- 表达式的惰性（延迟）求值：一个表达式可以在需要它的值的时候才进行计算。
- 潜在的并行性：由于程序没有状态以及函数的引用透明和无副作用等特点，一些操作可以并行执行。

支持函数式程序设计的语言有很多，其中包括一些纯函数式语言（如 Common Lisp、Scheme、Clojure、Racket、Erlang、OCaml、Haskell、F# 等），以及一些对函数式程序设计提供支持的语言（如 Perl、PHP、C# 3.0、Java 8、Python、C++11 及以后的版本等）。

C++ 是一种多范式语言，它除了支持过程式和面向对象程序设计范式外，也支持函数式程序设计。在 C++ 中，函数式程序设计主要通过 STL 来实现。

下面通过几个例子来介绍函数式程序设计的基本思想。

【例 10-10】 用函数式程序设计计算一系列数的和。

解： 对于下面求一系列数的和的问题：

$$a_1 + a_2 + a_3 + \ldots + a_N$$

如果采用传统的命令式程序设计来求解，则需要显式地给出具体的操作步骤和程序状态的变化，一般需要通过循环对求和的数进行遍历，把每个数加到一个求和变量上：

```
int a[N]={a₁, a₂, a₃,..., aN},sum=0;
for (int i=0; i<N; i++) sum += a[i];    //具体的操作步骤
cout << sum;
```

上面程序的潜在问题在于：如果 sum 未初始化或循环控制写错了，都将会导致程序错误。而采用函数式程序设计，则一般只需要给出求和的数学定义：

$$\text{sum}_n = a_n + \text{sum}_{n-1}$$

不需要给出具体操作步骤，可以采用下面的递归函数来表示：

```
int sum(int x[], int n)               //对 n 个数求和
{ if (n==1) return x[0];              //如果求和的数只有一个，则结果就是这个数
  else return x[n-1]+sum(x,n-1);      //否则，结果为最后一个数加上剩余的 n-1 个数
}
int a[N]={a₁, a₂, a₃,..., aN};
cout << sum(a,N);
```

另外，求和的函数式程序也可以利用 STL 的算法来实现：

```
vector<int> v={a₁, a₂, a₃,..., aN};
cout << accumulate(v.begin(),v.end(),0);
```

只需要给出求和的数的范围和初始值，不需要给出具体操作步骤，函数 accumulate 自己完成求和控制，甚至可以实现并行操作。

【例 10-11】 用函数式程序设计计算一系列数中偶数的个数。

解： 如果采用传统的命令式程序设计来解决这个问题，则需要通过显式的循环来遍历所有的数，用一个变量对偶数进行计数：

```
int a[N] = {a₁, a₂, a₃,..., aₙ},count=0;
for (int i=0; i<N; i++) if (a[i]%2 == 0) count++; //具体的操作步骤
cout << count;
```

而采用函数式程序设计，不需要给出具体计算步骤，只要给出一个操作范围和一个条件函数，把它们作为参数传给一个高阶的统计函数即可：

```
bool f(int x) { return x%2 == 0; }      //条件函数
......
vector<int> v={a₁, a₂, a₃,..., aₙ};
cout << count_if(v.begin(),v.end(),f);  //高阶函数，对指定范围内满足条件 f 的数进行计数
```

上面的条件函数也可以直接用 λ 表达式来表示：

```
cout << count_if(v.begin(),v.end(),[](int x) { return x%2==0;});
```

【例 10-12】　用函数式程序设计计算字符串的逆序。

解：对于下面的字符串逆序问题：

```
"abcd" --> "dcba"
```

如果采用传统的命令式程序设计，需要给出具体的操作步骤，如通过循环从数组两端逐步向中间交换首尾元素的值：

```
void reverse(char str[])              //子程序，体现过程抽象
{ int len=strlen(str);
  for (int i=0; i<len/2; i++)         //循环控制
  { char t=str[i];
    str[i] = str[len-i-1]; str[len-i-1] = t;  //改变数据的值
  }
}
```

而采用函数式程序设计，则只需要给出逆序的定义：

"去掉第一个字符后的字符串的逆序" + "第一个字符"

这个问题可用递归函数来解决，计算步骤由递归函数的执行机制来实现：

```
string reverse(string str)            //数学意义下的函数
{ if (len(str) == 1)
    return str;                       //字符串中只有一个字符，直接返回这个字符串
  else
    return concat(reverse(substr(str,1,len(str)-1)),substr(str,0,1));
}
```

在上面的程序中，用到了另外两个函数：

```
substr(s,pos,len);                    //取 s 中从位置 pos 开始长度为 len 的子串
concat(s1,s2);                        //把 s1 和 s2 两个字符串拼接起来（s1 在前，s2 在后）
```

需要注意的是，不是写成函数就是函数式程序设计！在上面的命令式解决方案中，虽然也用到了函数，但不是数学意义下的函数，只是一个子程序而已，它没有返回值，计算结果是通过改变参数的值得到的。而函数式解决方案中的函数则是纯数学意义下的函数，它不改变已有数据（函数参数）的值，计算结果以新数据（函数返回值）的形式出现。

10.4.2　函数式程序设计中的常用操作

函数式程序设计会用到很多技术，本节只介绍函数式程序设计中常用的三个基本操作，

它们分别针对重复操作控制、高阶函数的使用以及基于已有函数生成新的函数。

1. 递归

在函数式程序设计中，重复操作不采用迭代（循环）方式来实现，而是采用递归。例如，对于求第 *n* 个 Fibonacci 数的问题，命令式程序设计往往采用下面的循环操作来解决：

```
int fib_1=1,fib_2=1,n=10;
for (int i=3; i<=n; i++)                 // 求第 10 个 Fibonacci 数
{ int temp=fib_1+fib_2;
  fib_1 = fib_2; fib_2 = temp;
}
cout << fib_2 << endl;                    // 输出第 10 个 Fibonacci 数
```

而函数式程序设计采用的则是下面的递归操作：

```
int fib(int n)
{ if (n == 1 || n == 2)
    return 1;
  else
    return fib(n-2)+fib(n-1);
}
cout << fib(10) << endl;                  // 求解并输出第 10 个 Fibonacci 数
```

再例如，对于求两个数的最大公约数问题，命令式程序设计往往采用下面的循环来实现：

```
int gcd(int x, int y)
{ int d=(x<=y)?x:y;                       //d 取 x 和 y 中的较小者
  if (d == 0) return (x>y)?x:y;           // 较小者为 0，则较大者为最大公约数
  for ( ; d>1; d--)  //d 从较小者开始，不断用它去除两个数，每次减 1，直到 d 为 1
    if (x%d == 0 && y%d == 0) break; //d 能同时整除两个数，退出循环，d 为最大公约数
  return  d;
}
```

而函数式程序设计采用的则是下面的递归操作：

```
int gcd(int x, int y)
{ if (y == 0)
    return x;
  else
    return gcd(y,x%y);
}
```

由于递归是通过多次函数调用来实现的，执行效率往往不高，并且会面临栈空间不足的问题（栈溢出），因此，在函数式程序设计中常采用一种称为尾递归的技术，即把递归调用作为函数的最后一步操作，递归调用完之后函数执行就结束了，不再有其他操作。例如，上面的 gcd 就是一个尾递归函数，而 fib 不是尾递归函数，因为它需要两次递归调用，并且在递归调用完之后，还需要对两次递归调用的结果进行求和操作。当然，对于上面的递归函数 fib，我们可以把它写成与下面等价的尾递归形式：

```
int fib(int n, int a, int b)     // 求第 n 个 Fibonacci 数，a 和 b 分别为第一和第二个数
{ if (n == 1)
    return a;
  else
    return fib(n-1,b,a+b);       // 求第 n-1 个 Fibonacci 数，b 和 a+b 分别为第一和第二个数
}
```

```
cout << fib(10,1,1) << endl;    // 求解并输出第 10 个 Fibonacci 数
```

尾递归函数的好处在于，编译程序能对其进行优化。在尾递归函数中，由于递归调用是本次函数执行的最后一步操作，递归调用完后就不再使用本次执行的栈空间内容了，因此，在递归调用时可以不必再额外分配栈空间，而是直接使用本次执行的栈空间，这样就不存在由于递归层次过深造成的栈溢出问题。实际上，我们可以很容易地把尾递归函数转换成相应的迭代形式。例如，对于下面的尾递归函数 *f*：

```
T f(T1 x1, T2 x2, ...)
{ ......
  ... return f(m1,m2,...);    // 递归调用，参数 m1、m2 等是由 x1、x2 等构成的表达式
  ......
  ... return f(n1,n2,...);    // 递归调用，参数 n1、n2 等是由 x1、x2 等构成的表达式
  ......
}
```

可以把它自动转换成与下面等价的迭代形式：

```
T f(T1 x1, T2 x2, ...)
{ T1 t1; T2 t2; ...             // 临时变量
  while (true)
  { ......
    ... { t1 = m1; t2 = m2; ... x1 = t1; x2 = t2; ... continue;}
    ......
    ... { t1 = n1; t2 = n2; ... x1 = t1; x2 = t2; ... continue;}
    ......
  }
}
```

在上面的转换中，为什么不直接写成"x1=m1; x2=m2;..."和"x1=n1; x2=n2;..."，而是要引入 *t1*、*t2* 等临时变量来过渡一下呢？请读者自己考虑。

2. 过滤／映射／归约

在函数式程序设计中，重复操作一般用递归来实现，但递归的执行效率往往不高。虽然迭代操作执行效率高，但它面临命令式程序设计的一系列问题，不符合函数式程序设计的基本思想。因此，对于一些固定模式的重复操作，在函数式程序设计中往往采用高阶函数来实现，使用者只需要提供操作条件和需要的重复操作，而重复操作的控制则由高阶函数内部来实现，可以采用迭代来实现，但实现细节对使用者是隐藏的，对外体现的还是函数式程序设计思想。

下面介绍在函数式程序设计中如何以高阶函数的形式来实现三个常见的固定模式的重复操作，这三个操作包括过滤、映射和归约。

（1）过滤（filter）

过滤是指把一个集合中满足某条件的元素挑选出来，构成一个新的集合。例如，下面求某整数集合中的所有正整数就属于过滤操作：

```
vector <int> nums={1,-2,7,0,3}, positives;
copy_if(nums.begin(),nums.end(),back_inserter(positives),
     [](int x){return x>0;}); // 把 nums 中大于 0 的元素放入 positives 中
for_each(positives.begin(),positives.end(),[](int x){ cout << x << ','; });
```

上面的 **copy_if** 是一个高阶函数，它遍历容器 nums 中的元素，把满足指定条件（由参数给出的函数来判断）的元素放入新容器 positives 中。

（2）映射（map）

映射是指对一个集合中的每个元素分别进行某个操作，把对每个元素的操作结果放到一个新集合中。例如，下面求某整数集合中各个整数的平方就属于映射操作：

```
vector <int> nums={1,-2,7,0,3}, squares(nums.size());
transform(nums.begin(),nums.end(),squares.begin(),
          [](int x){return x*x;});   // 把 nums 中每个元素的平方放入 squares 中
for_each(squares.begin(), squares.end(),[](int x){ cout << x << ','; });
```

上面的 transform 是一个高阶函数，它遍历容器 nums 中的元素，对每个元素分别实施一个操作（由参数给出的函数来实现），然后把对每个元素的操作结果放入新容器 squares 中。

（3）归约（reduce）

归约是指对一个集合中的所有元素进行某个操作，对当前元素的操作要用到对上一个元素的操作结果，最后得到一个值。例如，下面计算某整数集合中所有整数的和就属于一种归约操作：

```
vector <int> nums={1,-2,7,0,3};
int sum = accumulate(nums.begin(),nums.end(),0,[](int a,int x) {return a+x;});
cout << sum;
```

上面的 accumulate 是一个高阶函数，它遍历容器 nums 中的元素，对所有元素实施一个二元操作，该操作的第一个参数为上一次操作的结果（第一次操作，该值为 0），第二个参数为当前元素，最后的操作结果为对最后一个元素操作之后的结果。

需要注意的是，在 copy_if、transform 以及 accumulate 的内部可以采用迭代和并发机制来实现高效的重复操作控制，但它们对使用者是透明的，使用者仍然以函数式程序设计方式来使用它们。

过滤、映射以及归约三个操作也可以配合起来使用，以实现一个较大的功能。例如，下面的程序运用过滤、映射、归约操作来输出例 10-9 中所有女生的名字（需要排序）和平均年龄：

```
vector<Student> students,students_2;
copy_if(students.begin(),students.end(),back_inserter(students_2),
        [](Student &st) { return st.get_sex() == FEMALE; });
vector<string> names(students_2.size());
transform(students_2.begin(),students_2.end(),names.begin(),
          [](Student &st) { return st.get_name(); });
sort(names.begin(),names.end());
for_each(names.begin(),names.end(),[](string& s) { cout << s << endl; });
cout << accumulate(students_2.begin(),students_2.end(),0,
          [](int a,Student &st) { return a+st.get_age();})/students_2.size();
```

3. 偏函数应用（partial function application）和柯里化（currying）

在函数式程序设计中，往往会基于某个函数来生成新的函数，以完成一些特殊的功能。偏函数应用和柯里化是基于已有函数来生成新函数的常用操作。

（1）偏函数应用

对于一个多参数的函数，在某些应用场景下，它的一些参数往往取某个固定的值。例如，对于下面的 print 函数：

```
void print(int n,int base); // 按 base 指定的进制形式输出整数 n
```

由于大部分情况下函数 print 都是按十进制来输出的，即它的参数 base 通常为 10，因此，针对这样的函数，可以通过固定它的某些参数的值来生成一个新函数（称为偏函数应用或部分函数应用），该新函数不包含原函数中已固定值的参数，通过新函数来使用原来的函数就可以省去一些参数的传递。例如，基于上面的函数 print，可以生成下面的新函数 print10，它只有一个参数，该参数为函数 print 的第一个参数，函数 print 的第二个参数在 print10 中固定为 10：

```
#include <functional>
using namespace std;
function<void(int)> print10=[](int n) { return print(n,10); }; //由 print 生成 print10
print10(23);                          // 把 23 按十进制输出，相当于 print(23,10);
```

上面程序中的 function 是 STL 中定义的一个用来表示函数类型的通用的类模板，用于指出 print10 的类型（一个 int 型参数，返回值类型为 void）。在 C++ 新国际标准中，函数 print10 的类型也可以用类型自动推断功能 auto 来实现：

```
auto print10=[](int n){ return print(n,10);}; // 根据初始化的值自动确定 print10 的类型
```

另外，上面程序中的函数 print10 也可以通过 STL 的算法 bind 以一种更通用的方式来实现：

```
#include <functional>
using namespace std;
using namespace std::placeholders; //_1, _2, ... 的定义所在的名字空间
auto print10=bind(print,_1,10);     // 把 print 的第二个参数固定为 10
print10(23);                        // 相当于 print(23,10);
```

算法 bind 可以实现对任意函数的任意参数的值进行绑定，其中，用下划线加上一个数字的特殊名称（在名字空间 std::placeholders 中定义）来表示未绑定值的参数，数字表示与原函数对应的参数在新函数的参数表中的位置（参见附录 E）。

偏函数应用可缩小函数的适用范围，提高函数的针对性。例如，可以基于下面的函数 add(x, y) 生成两个特殊的函数 add1 和 add10，它们分别实现加 1 和加 10 的功能：

```
#include <functional>
using namespace std;
using namespace std::placeholders; //_1, _2, ... 的定义所在的名字空间
int add(int x,int y)
{ return x+y;
}
auto add1=bind(add,_1,1);            // 得到一个加 1 的函数
auto add10=bind(add,_1,10);          // 得到一个加 10 的函数
......
b = add1(a);                         //b 为 a 的值加 1
c = add10(a);                        //c 为 a 的值加 10
```

（2）柯里化

柯里化（currying）是以数学家和逻辑学家 Haskell Curry 的名字来命名的，是指把一个多参数的函数变换成一系列单参数的函数，它们分别接收原函数的第一个参数、第二个参数……在数学上，柯里化的意义在于对单参数函数的研究模型可以用到多参数函数上；对程序设计而言，柯里化的意义在于不必把一个多参数的函数所需要的参数同时提供给它，可以逐步提供。例如，通过柯里化可以把下面的多参数函数 add(x,y) 变成单参数函数 add_curried（参数为函数 add 的参数 x），该函数返回另一个单参数函数（参数为函数 add 的参数 y）：

```
#include <functional>
using namespace std;
int add(int x,int y)
{ return x+y;
}
auto add_curried(int x)          // 该函数接收函数 add 的参数 x
{ return [x](int y)->int { return add(x,y); }; // 返回一个接收函数 add 的参数 y 的函数
}
......
cout << add(1,2);                // 对原函数的调用，结果为 3
cout << add_curried(1)(2);       // 对柯里化后的函数的链式调用，结果为 3
```

利用函数的柯里化，也可以缩小函数的适用范围，提高函数的针对性。例如，利用上面的 add_curried，我们也可以实现前面的函数 add1 和 add10：

```
auto add1=add_curried(1);        // 得到一个加 1 的函数
auto add10=add_curried(10);      // 得到一个加 10 的函数
......
b = add1(a);                     // b 为 a 的值加 1
c = add10(a);                    // c 为 a 的值加 10
```

虽然偏函数应用和柯里化都能实现类似的功能，但它们是有区别的。偏函数应用是通过固定原函数的一些参数值来得到一个参数个数较少的函数，对该函数的调用将得到一个具体的值；而柯里化则是把原函数转换成由一系列单参数的函数构成的函数链，对柯里化后的函数调用将得到函数链上的下一个函数，对函数链上最后一个函数的调用才会得到具体的值。另外，偏函数应用可以按任意次序绑定原函数的参数值，而柯里化只能依次绑定原函数的参数值。

10.5　小结

本章对基于泛型的程序设计技术进行了介绍，主要知识点包括：

- 在程序设计中，一个程序实体能对多种类型的数据进行操作或描述的特性称为类属性，基于具有类属性的程序实体进行程序设计的技术称为类属程序设计（或泛型程序设计）。
- 能具有类属性的程序实体通常有类属函数和类属类。在 C++ 中，类属函数和类属类一般用模板实现。
- 对于用模板实现的类属函数和类属类，在使用它们之前要进行实例化。函数模板可以进行隐式实例化，也可以进行显式实例化；类模板必须进行显式实例化。
- 模板除了带有类型参数外，还可以有非类型参数。
- 模板是一种源代码复用机制。一般来说，使用一个模板的模块必须要见到该模板的完整定义。
- 在 STL 中，容器用于存储数据元素，它是元素的序列；算法用于对容器的元素进行操作；迭代器实现了抽象的指针功能，它指向容器类的元素，用于对容器中的数据元素进行遍历和访问。迭代器起到了容器和算法之间的桥梁作用。
- 函数式程序设计是一种声明式程序设计范式，它把程序组织成一组数学函数，计算过程体现为一系列基于函数应用的表达式计算。

10.6　习题

1. 分别用指针类型参数和函数模板实现类属的选择排序函数。（选择排序算法参见例 5-10。）
2. 用类模板定义一个类属的队列类。
3. 用 STL 的容器 vector 和算法 sort 实现习题 5.8 中第 18 题的功能。
4. 用 STL 的容器 map 和算法 find_if 实现例 5-11 的名表表示和查找功能。
5. 用 STL 的容器 vector 和算法 partition 实现快速排序功能。
6. 用 STL 实现习题 6.9 中第 17 题集合类 IntSet 的功能。
7. 对于元素为 int 型的容器，用 STL 的算法 for_each 计算该容器中所有大于某个值的元素的和。
8. 利用 C++ 标准模板库（STL）的容器类 vector 实现对一批学生信息的统计、管理功能：

    1）从文件（students.txt）中读入如下信息：学号、姓名、性别、专业、年龄。其中每个学生一行，⊔表示空格符，↙表示换行符，读入信息后将其放入容器：

     13122004 ⊔张三⊔ M ⊔计算机⊔ 20↙
     13124002 ⊔李四⊔ F ⊔物理⊔ 19↙
     ……
     13226009 ⊔李四⊔ F ⊔数学⊔ 21↙

    2）计算并返回平均年龄。
    3）分别统计"计算机专业的人数""数学专业的人数""物理专业女生的人数"并输出到显示器。
    4）分别按学号、姓名、专业对学生信息进行排序并把排序后的学生信息输出到显示器。
    5）把"计算机"专业的学生信息按 1）所示的格式写入文件（students_computer.txt）。
    要求：除了 1），其他问题不允许显式地使用循环。

9. 把 10.4.2 节中尾递归形式的函数 gcd 自动转换成等价的迭代形式。
10. 采用过滤、映射和归约操作实现例 10-9 中对年龄小于 18 岁的学生出生地的显示（需排序）并计算他们的平均年龄。
11. 偏函数应用与带默认值参数的函数声明有什么区别？
12. 基于下面的函数 display_message：

```
void display_message(string level, string message){ cout << level << ':' << message
<< endl; }
```

    分别采用偏函数应用和柯里化来实现下面的三个函数：

```
void normal_message(string message);  // 等价于 display_message("normal",message);
void warning_message(string message); // 等价于 display_message("warning",message);
void error_message(string message);   // 等价于 display_message("error",message);
```

13. 针对下面的函数 product 生成它的柯里化函数 product_curried：

```
double product(double x, double y, double z) { return x*y*z; }
```

第 11 章　事件驱动的程序设计

本章基于 Windows 应用程序的设计以及微软 MFC 基础类库所支持的"文档 – 视"结构介绍事件（消息）驱动的程序设计以及基于应用框架的程序复用技术。

11.1　事件驱动程序设计概述

Microsoft Windows 是微软公司开发的一种基于图形用户界面（Graphical User Interface，GUI）的多任务操作系统（multi-task operating system）。在 Windows 系统中可以同时运行多个应用程序，每个应用程序通过各自的"窗口"（window）与用户进行交互，用户通过鼠标的单击 / 双击 / 拖放、菜单选择以及键盘输入来进行操作。

Windows 应用程序可分为单文档、多文档和对话框三种基本类型。

（1）单文档应用程序

单文档（single document）应用程序是指同时只能对一个文档中的数据进行操作的应用程序。在基于单文档的程序中，必须首先结束当前文档的所有操作之后，才能进行下一个文档的操作。例如，记事本就是一个典型的单文档应用程序。

（2）多文档应用程序

多文档（multiple documents）应用程序是指同时可以对多个文档中的数据进行操作的应用程序。在基于多文档的应用程序中，不必等到一个文档的所有操作结束，就可以对其他文档进行操作，对不同文档的操作是在不同的子窗口中进行的。例如，VC++ 集成开发环境就是一个典型的多文档应用程序。

（3）对话框应用程序

基于对话框（dialog box）的应用程序是指以对话框形式操作一个文档数据的应用程序。对文档数据的操作以"单选""多选""列表"等各种"控件"（control）来实现与用户的交互，程序以按"确定"或"取消"等按钮来结束。例如，系统设置就是一个典型的基于对话框的应用程序。

Windows 应用程序的基本结构是一种基于消息驱动（message-driven）或事件驱动（event-driven）的结构，程序的任何一个动作都是在发生了某个事件从而接收到一条消息（message）后产生的。例如，当用户从键盘输入时，程序会接收到 WM_KEYDOWN/WM_KEYUP 消息；当用户的键盘输入对应一个可显示字符时，程序会接收到一条 WM_CHAR 消息；当用户在程序的窗口中按下或释放鼠标器的左键时，程序会收到 WM_LBUTTONDOWN/WM_LBUTTONUP 消息；当用户选择了程序窗口中的某个菜单项时，程序会收到 WM_COMMAND 消息；当程序窗口内容需要刷新（重新显示）时，程序会收到 WM_PAINT 消息；等等。每条消息都可以带有参数，对于不同的消息，其参数的含义是不同的。例如，对于 WM_KEYDOWN/WM_KEYUP 消息，其参数是相应键的扫描码（在键盘中的位置编号）；对于 WM_CHAR 消息，其参数是相应键所对应字符的编码（如 ASCII 编码）；对于 WM_

LBUTTONDOWN/WM_LBUTTONUP 消息，其参数是鼠标在程序窗口中的坐标位置；对于 WM_COMMAND 消息，其参数为相应菜单项的标识；等等。

　　大部分的消息都关联到某个窗口，而每个窗口都有一个消息处理函数或称窗口过程（window procedure）。每个应用程序都有一个消息队列（message queue），Windows 系统会把属于各个应用程序的消息放入各自的消息队列，应用程序不断从自己的消息队列中获取消息并调用相应的窗口消息处理函数来处理获得的消息。这个"取消息 – 处理消息"的过程称为消息循环（message loop），它一直到用户以某种方式（如关闭应用程序的主窗口）结束程序运行时终止。图 11-1 给出了 Windows 应用程序的基本框架。

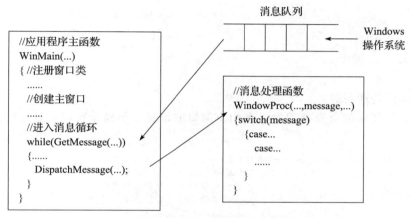

图 11-1　Windows 应用程序的基本框架

1. 主函数

每个 Windows 应用程序都必须提供一个主函数 WinMain，程序的执行从 WinMain 开始。WinMain 的主要功能是注册窗口类、创建应用程序的主窗口、进入消息循环。

- 注册窗口类：向 Windows 系统报告本应用将创建哪些种类的窗口，包括窗口的基本风格、消息处理函数、图标、光标、背景颜色、菜单以及窗口类的名字等。程序中用到的每种（不是每个）窗口都需要注册。
- 创建应用程序的主窗口：根据相应的窗口类创建并显示应用程序的主窗口，应用程序中的其他窗口等到需要时再创建。
- 进入消息循环：实现重复地从应用的消息队列中取消息，并把消息发送到相应的窗口（调用相应窗口的消息处理函数）。当程序获取到关闭程序主窗口的消息时，消息循环结束。

下面是 WinMain 的基本框架：

```
#include <windows.h>                          // Windows 所提供的功能的声明文件

// 窗口的消息处理函数
LRESULT CALLBACK WindowProc(HWND hWnd,UINT message,WPARAM wParam,LPARAM lParam);

// Windows 应用程序的主函数
int APIENTRY WinMain(HINSTANCE hInstance,        // 本实例标识（Handle）
                     HINSTANCE hPrevInstance,    // 上一个实例标识
                     LPSTR lpCmdLine,            // 命令行参数
```

```
                           int   nCmdShow                    // 主窗口的初始显示方式
                           )
{ // 注册窗口类
  RegisterClass(..., WindowProc,...,"my_window_class");
  ......
  // 创建并显示主窗口
  HWND hWnd;
  hWnd = CreateWindow("my_window_class",...,x,y,width,height,...);
  ShowWindow(hWnd,nCmdShow);
  ......
  // 消息循环，直到接收到 WM_QUIT 消息
  while (GetMessage(&msg, NULL, 0, 0))          // 从消息队列中取消息
  { ......
    DispatchMessage(&msg);                      // 把消息发送到相应的窗口
  }

  return msg.wParam;
}
```

2. 窗口消息处理函数

窗口消息处理函数负责处理发送到相应窗口的消息。下面是窗口消息处理函数的典型框架：

```
LRESULT CALLBACK WindowProc(HWND hWnd,        // 窗口标识
                            UINT message,      // 消息标识
                            WPARAM wParam,     // 消息的参数 1
                            LPARAM lParam      // 消息的参数 2
                            )
{ switch (message)
  { case WM_KEYDOWN:                            // 键盘某键被按下消息
      ...wParam...                              // wParam 是按键在键盘上的位置（扫描码）
      ......
    case WM_CHAR:                               // 字符键消息
      ...wParam...                              // wParam 是按键对应字符的编码
      ......
    case WM_COMMAND:                            // 菜单选取消息
      switch (wParam)                           // wParam 是菜单项的标识
      { ......
      }
      ......
    case WM_LBUTTONDOWN:                        // 鼠标左键按下消息
      ...lParam...                              // lParam 是鼠标在窗口中的位置
      ......
    case WM_PAINT:                              // 窗口刷新消息
      ......
    case WM_CLOSE:                              // 关闭窗口消息
      DestroyWindow(hWnd);                      // 撤销窗口
      break;
    case WM_DESTROY:                            // 撤销窗口消息
      PostQuitMessage(0);                       // 向本应用的消息队列中放入 WM_QUIT 消息
      break;
    default:                                    // 由系统进行默认的消息处理
      return DefWindowProc(hWnd, message, wParam, lParam);
  }
  return 0;
}
```

需要注意的是，由于消息处理函数在处理一条消息时可能会主动产生一些消息，而这些

消息并不放入消息队列，系统会直接调用该消息处理函数来处理这些消息，因此导致函数体的一次执行还未结束，另一次执行就开始的现象。因此，窗口消息处理函数应该是一个可再入函数（reentrant function），即函数需要的数据要通过参数来传递，函数不能有 static 存储类的局部变量。另外，在函数中访问全局变量也可能导致函数不可再入。

为了方便使用系统提供的功能，Windows 系统提供了一系列函数和类型，这些函数和类型构成了 Windows 的应用程序接口（Application Interface，API），它们的声明或定义大多数都在头文件 windows.h 中给出。

11.2　面向对象的事件驱动程序设计

基于 Windows API 的事件驱动程序设计属于过程式程序设计范式，通过调用 API 函数编写程序的粒度太细、太烦琐，开发效率不高。如何以更大粒度的程序元素（如类 / 对象）来开发事件驱动的应用程序呢？在 11.1 节中介绍的基于消息驱动的 Windows 应用程序基本结构中，隐含着一些面向对象的程序设计思想。例如，一个窗口类描述了一类窗口的共同特征（其中包括该类窗口的消息处理函数）；每个窗口都可被看作一个对象，在用 CreateWindow 创建一个窗口时需指出它所属的窗口类；属于某窗口的消息由相应窗口类的消息处理函数来处理；等等。但是，上述面向对象特征不是很明显，整个程序中看不出有哪些类和对象，没有显式的类定义和对象创建过程。

11.2.1　Windows 应用程序中的对象及微软基础类库

对于一个 Windows 应用程序来说，可以把它看成由下面的对象构成。

1）窗口对象。每个窗口都是一个对象，它们用于展示程序中的数据以及处理 Windows 应用程序中与窗口相关的消息。在一个 Windows 应用程序中，其用户界面上会有若干种窗口，这些窗口除了具有一些共同的特点（如放大 / 缩小、移动位置以及处理窗口消息等）之外，还有各自的特殊功能，它们之间往往存在一般与特殊、整体与部分的关系。例如，对一个多文档的应用程序而言，其界面上存在主窗口和子窗口，它们除了具有窗口的基本功能之外，主窗口还具有管理子窗口的功能（如控制子窗口的显示位置等），子窗口则具有数据操作和显示功能。

2）文档对象。程序数据也是对象，常称为文档对象。在对数据的操作过程中，窗口对象负责与用户进行交互（如通过鼠标选择要操作的数据元素、接收用户的键盘输入等），文档对象则用于实现对数据的具体操作和管理（如根据窗口的交互信息对文档中的数据元素进行修改等）。文档对象与窗口对象之间可以存在一对多的关系，即一个文档对象中的数据可以在不同的窗口中以不同的形式进行显示和操作。

3）应用程序对象。整个应用程序是一个对象，它负责管理属于它的窗口对象和文档对象并实现消息循环等。应用程序对象与它的窗口对象及文档对象之间构成了整体与部分的关系。

对于每一个 Windows 应用，应用程序对象和主窗口对象都只有一个，而子窗口对象和文档对象则可以有多个，它们在程序运行的不同时刻创建。例如，对于一个多文档的 Windows 应用程序，在程序开始运行时，首先创建应用程序对象，然后，由应用程序对象来创建主窗口对象；在程序运行过程中，根据用户的要求（如选择菜单项"文件 | 打开"）再相

继创建各个文档对象以及相应的子窗口对象。图 11-2 显示了一个多文档应用中包含的主要对象。

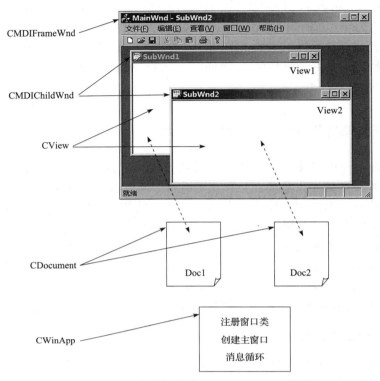

图 11-2　一个多文档应用程序中包含的对象以及它们所属的 MFC 基类

如何为上述对象设计相应的类呢？ MFC（Microsoft Foundation Class library，微软基础类库）是微软公司提供的支持以面向对象范式进行 Windows 应用程序开发的一个类库（class library），库中的类封装了 Windows 应用程序中各类对象的基本功能，每个应用程序通过继承这些类来实现各自的特殊功能。另外，MFC 还提供了一种基于"文档 - 视"软件结构的面向对象程序框架。

MFC 提供的类主要包括以下几种。

（1）窗口类

为了对 Windows 应用中的各种窗口对象进行管理，MFC 提供了以下的窗口类。

- 基本窗口类（CWnd）。CWnd 类提供了窗口的基本功能，包括一般的消息处理、窗口大小和位置管理、菜单管理、坐标系管理、滚动条管理、剪贴板管理、窗口状态管理、窗口间位置关系管理等。CWnd 类是其他窗口类的基类，在 CWnd 类中，许多功能都被声明为虚函数，由派生类提供对它们的进一步实现。
- 框架窗口类（CFrameWnd、CMDIFrameWnd 和 CMDIChildWnd）。框架窗口是一种窗口，它提供对标题栏、控制栏、菜单栏、工具栏、状态栏以及属于它的子窗口和视窗口等的管理功能。框架窗口类包括 CFrameWnd、CMDIFrameWnd 和 CMDIChildWnd，其中，CFrameWnd 提供了单文档应用主窗口的基本功能，CMDIFrameWnd 提供了多文档应用主窗口的基本功能，CMDIChildWnd 提供了多文档应用子窗口的基本功能。

- 视类（CView）。程序数据的显示功能以及操作数据时与用户的交互功能一般不直接在框架窗口中实现，而是通过一类特殊的窗口——视窗口（简称视，view）来完成。视窗口位于单文档应用主窗口（CFrameWnd）和多文档应用子窗口（CMDIChildWnd）的客户区（可显示区）。CView 封装了视窗口的基本功能，其中包括接收用户的输入、显示程序文档数据以及实现对相应文档数据进行操作所需要的交互功能等。
- 对话框类（CDialog）。对话框是一种特殊的窗口，它是 Windows 应用程序与用户进行交互的一种重要手段，用于获取用户的输入信息。每个对话框都包含一些对话框控件（如按钮、列表框、单选 / 多选框等），这些控件属于对话框对象的成员对象。CDialog 类封装了对话框的基本功能，它构成了所有对话框的基类。

（2）文档类（CDocument）

为了对程序要处理的数据进行管理，MFC 提供了 CDocument 类（文档类），文档类的对象用于存放和管理程序要处理的数据以及实现数据的序列化（数据存入磁盘和从磁盘中取出）。一个 CDocument 类的对象至少要对应一个 CView 类的对象，即 CDocument 对象中的数据要在相应的 CView 对象中显示和操作。

（3）应用框架类

为了对程序结构进行管理，MFC 提供了文档模板类和应用类。

- 文档模板类（CDocTemplate、CSingleDocTemplate 和 CMultiDocTemplate）。文档模板用于支持基于"文档 – 视"结构的应用框架，实现对由文档、视窗口和框架窗口这三个对象所构成的对象组的管理功能。文档模板的基类为 CDocTemplate，它是一个抽象类，主要功能由其派生类 CSingleDocTemplate（单文档模板类）和 CMultiDocTemplate（多文档模板类）来实现。
- 应用类（CWinApp）。CWinApp 提供了对 Windows 应用程序的各个部分进行组合和管理的功能，其中包括对主窗口和文档模板的管理以及实现消息循环等。

图 11-2 描述了在一个多文档应用程序中各对象所属的 MFC 基类。其中，主窗口对象 MainWnd 属于 CMDIFrameWnd 类；子窗口对象 SubWnd1 和 SubWnd2 属于 CMDIChildWnd 类；视对象 View1 和 View2 属于 CView 类；文档对象 Doc1 和 Doc2 属于 CDocumen 类；对象组（SubWnd1,View1,Doc1）和（SubWnd2,View2,Doc2）属于 CMultiDocTemplate 类（图中未表示出来）；整个应用程序对象属于 CWinApp 类。

（4）绘图类

为了实现在窗口中显示数据的功能，MFC 提供了绘图环境类和绘图工具类。

- 绘图环境类（CDC）。CDC 类实现了 Windows 应用程序中的绘图功能。在进行绘图时，首先要创建一个 CDC 类或其派生类的对象，同时要指出它所对应的窗口对象（通常为 CView 类对象），绘图操作将在相应窗口中进行；然后创建一些用于绘图的工具并把它们加入 CDC 类的对象中；最后调用 CDC 类提供的一些成员函数进行绘图。绘图函数主要有文本输出、几何图形（线、矩形、椭圆等）输出等。
- 绘图工具类。绘图时需要用到一些绘图工具，如笔、字体、刷子、字符颜色（前景色 / 背景色）等。在 MFC 中提供了相应的绘图工具类，其中包括 CPen、CFont、CBrush 等。

（5）文件输入 / 输出类（CFile 和 CArchive）

我们往往要从磁盘文件中读取文档中的数据或将文档中的数据保存到磁盘文件中，除了可以使用 C++ 标准库的文件操作功能外，还可以使用 MFC 提供的文件操作功能，这主要通过 CFile 类和 CArchive 类来实现，其中，CFile 类实现了基于字节流的文件 I/O 功能，而 CArchive 类则通过重载操作符"<<"和">>"实现了对基本数据类型和基于 MFC 类的对象的文件输入/输出操作。

（6）常用数据类型类

MFC 中还提供了一些表示常用数据类型的类，其中包括表示几何信息的类，如 CPoint（点坐标）、CRect（矩形信息）、CSize（矩形的宽度/高度、点之间的偏移量等）。另外，MFC 还提供了一个字符串类 CString，其基本功能类似于本教材介绍的 String 类。

有关上述类的详细介绍可参考附录 F 和其他相关书籍。

11.2.2 基于"文档－视"结构的应用框架

MFC 除了提供了一些以面向对象方式开发 Windows 应用程序所需的类以外，还提供了一种基于"文档－视"结构的应用框架。应用框架（application framework）是一种通用的、可复用的应用程序结构，该结构规定了程序应包含哪些组件以及这些组件之间的关系，它封装了程序处理流程的控制逻辑。在一个应用框架中，各个组件以及它们之间的关系是固定的，应用的开发者通过给各组件添加具体的业务代码来实现不同的应用。复用应用框架使得应用开发的速度更快、质量更高、成本更低。

应用框架可以有多种，基于 MFC 的"文档－视"结构的应用框架是其中之一。在"文档－视"结构中，文档用于存储和管理程序中的数据，而视则用于显示文档数据以及实现对文档数据进行操作时与用户的交互功能，从而把数据的内部表示与外部的操作和展示分离开来，使得程序便于设计与维护，并且可以很容易地实现对同一个文档数据以不同的方式进行显示和操作，例如，对于存放在某个文档中的一批统计数据，可以在若干个视中分别用表格、直方图、圆饼图等形式来显示。

基于"文档－视"结构的应用框架主要由 CDocument、CView、CFrameWnd（包括 CMDIFrameWnd 和 CMDIChildWnd）、CDocTemplate（包括 CSingleDocTemplate 和 CMultiDocTemplate）以及 CWinApp 等类构成，在程序运行时，应用框架逐步创建这些类的对象并建立它们之间的关系。下面是一个基于"文档－视"结构的多文档应用框架的控制逻辑。

1）框架首先创建一个 CWinApp 类的应用对象，然后：
- 调用 CWinApp 类的成员函数 InitInstance 对应用对象进行初始化：
  - 创建一个 CMultiDocTemplate 类的文档模板对象并调用 CWinApp 类的成员函数 AddDocTemplate 把它加入应用对象中。
  - 创建一个 CMDIFrameWnd 类的主框架窗口对象并把它记录在应用对象的数据成员 m_pMainWnd 中。
- 调用 CWinApp 类的成员函数 Run，进入消息循环。

2）当用户选择菜单项"文件|打开"后，框架将调用 CWinApp 类的成员函数 OnFileOpen：
- 显示打开文件对话框，让用户选择要打开的文件。
- 根据文档模板创建三个对象，即文档（CDocument）、子框架窗口（CMDIChildWnd）和视（CView），并建立它们之间的关联。
- 调用 CDocument 的成员函数 OnOpenDocument 从磁盘文件读取数据：
  - 创建一个 CArchive 类的文件对象。

- 以文件对象作为参数调用 CDocument 的成员函数 Serialize 从磁盘读入数据并将其存放在文档对象中。（属于业务代码）
- 调用对应 CView 类的成员函数 OnInitialUpdate 通知相应的视对象进行数据显示，这时，CView 类的成员函数 OnUpdate 将会被调用，它会向视对象发送 WM_PAINT 消息。
- 视对象收到 WM_PAINT 消息后将调用 CView 的成员函数 OnDraw 显示文档中的数据。（属于业务代码）

3）视对象与文档对象之间的交互：
- 通过 CView 类的成员函数 GetDocument 可获得与视对象对应的文档对象。
- 通过 CDocument 类的成员函数 GetFirstViewPosition 和 GetNextView 可获得与文档对象对应的视对象（可以有多个）。
- 文档数据修改后，可以通过 CDocument 类的成员函数 SetModifiedFlag 设置文档修改标记为 true，并调用 CDocument 类的成员函数 UpdateAllViews 通知与文档对象对应的视对象刷新显示，这时，CView 类的成员函数 OnUpdate 和 OnDraw 将会被调用。

4）当用户选择菜单项"文件 | 保存"后，框架将会调用 CDocument 的成员函数 OnSave-Document 把文档数据保存到磁盘中：
- 创建一个 CArchive 类的对象。
- 以 CArchive 类的对象作为参数调用 CDocument 的成员函数 Serialize 把文档中的数据写入磁盘。（属于业务代码）
- 调用 CDocument 的成员函数 SetModifiedFlag 设置文档修改标记为 false。

5）用户选择菜单项"文件 | 关闭"后，框架将会：
- 调用 CDocument 的成员函数 OnFileClose：
  - 调用 CDocument 的成员函数 IsModified 判断（根据文档修改标记）文档是否被修改，如果被修改，提示用户保存数据，然后按菜单项"文件 | 保存"处理。
  - 调用 CDocument 的成员函数 OnCloseDocument 撤销与文档对象对应的视和子框架窗口。
- 撤销文档对象。

6）用户选择菜单项"文件 | 退出"或关闭主窗口后，框架将会：
- 向应用的主窗口（CMDIFrameWnd 类的框架窗口）发送一条 WM_CLOSE 消息。
- 主窗口收到 WM_CLOSE：
  - 关闭所有打开的文档以及相应的视和子框架窗口（按"文件 | 关闭"处理）。
  - 撤销主窗口。
  - 向应用发送一条 WM_QUIT 消息。
- 在 CWinApp 类的成员函数 Run 的消息循环中收到 WM_QUIT 消息后：
  - 退出消息循环。
  - 调用 CWinApp 类的成员函数 ExitInstance 做程序退出前的处理。

微软的 Visual C++ 提供了一个应用向导（Application Wizard）工具，它能够帮助设计者自动建立一些典型的基于 MFC 的通用 Windows 应用程序框架，在这些应用框架中，应用向导自动加入了一些必需的功能代码（包括上述对象的创建和操作所需要的代码），程序设计者只要增加与具体应用相关的专门代码就可实现各个程序特有的功能。例如，对于一个基于 MFC 的多文档的应用程序（假设名字为 My），应用向导会自动为它建立 5 个类，即

CMyApp、CMainFrame、CChildFrame、CMyView 和 CMyDoc，它们分别是 CWinApp、CMDIFrameWnd、CMDIChildWnd、CView 和 CDocument 的派生类，应用向导分别为这些类编写了一些必要的代码，其中包括在应用程序中定义一个 CMyApp 类的全局对象 theApp，以保证该对象在执行 WinMain 之前就被创建了。

为了突出程序的"纯"面向对象特征，通过应用向导建立的基于 MFC 的应用程序框架中隐藏了 Windows 应用程序的主函数 WinMain。在隐藏的 WinMain 中将会调用全局对象 theApp 的成员函数 InitInstance 对应用程序进行初始化；在调用成功之后将继续调用 theApp 对象的成员函数 Run 进入消息循环；消息循环结束之后，将会调用 theApp 的成员函数 ExitInstance 进行程序结束前的处理。

另外，用 MFC 类来设计 Windows 应用程序时，程序中的类通常是相应 MFC 类的派生类（因为要增加功能），而为这些类增加成员函数（如对 Windows 消息进行处理的函数以及对基类进行重定义的函数等）也是一件很麻烦的事情。为了能够方便地对应用框架中从 MFC 继承来的类进行维护，Visual C++ 还提供了一个类向导（Class Wizard），利用这个工具，程序设计者可以很方便地为应用程序中基于 MFC 的类增加 / 删除成员以及增加新的基于 MFC 的类。

11.3　小结

本章对事件驱动的程序设计进行了介绍，主要知识点包括：
- 基于消息驱动程序的任何一个动作都是在发生了某个事件从而接收到一条消息后产生的。
- MFC 是微软公司支持以面向对象方式进行 Windows 应用程序开发的基础类库。
- "文档 – 视"结构是 MFC 支持的一种软件结构，它强调数据的内部表示形式与数据的外部展现形式相互独立。
- 应用框架为程序设计带来了方便。

11.4　习题

1. 事件驱动的程序流程控制与传统的程序流程控制有什么不同？
2. "文档 – 视"结构有什么好处？
3. 应用框架的好处是什么？它有什么缺点？
4. 利用 Visual C++ 的应用向导创建一个基于 Win32 的 Windows 应用程序，查看其中的 WinMain 函数和消息处理过程，并尝试增加自己的功能代码。
5. 利用 Visual C++ 的应用向导创建一个基于 MFC 和"文档 – 视"结构的多文档 Windows 应用程序，查看其中自动加入的主要类的内容，并尝试增加自己的功能代码。
6. 利用 MFC 实现一个简单的图形编辑系统。要求：
   （1）用对话框实现图形数据的输入。
   （2）用"视"类实现图形的显示。
   （3）用"文档"类实现图形数据的内部存储。

（4）用文档类的成员函数 Serialize 实现图形数据的文件输入 / 输出。

7. 基于 MFC 的"文档 – 视"结构实现一个简单的学生信息管理系统，它的功能包括学生信息的增加、修改、删除，以及用文件保存学生信息和从文件中读取学生信息。一个学生的信息包括学号、姓名、性别、出生日期、出生地以及专业。要求：

（1）用对话框实现学生信息的输入。

（2）用"视"类实现学生信息的显示。（可按学号或姓名排序显示。）

（3）用"文档"类实现学生信息的内部存储。

（4）用文档类的成员函数 Serialize 和 Archive 类实现学生信息的文件输入 / 输出。

附　　录

附录 A　ASCII 字符集及其编码

下表中列出了 ASCII 字符集中的可显示字符及一些常用控制字符的编码。编码字节以十六进制表示，横向数字表示高位、纵向数字表示低位。例如，空格的 ASCII 编码是 0x20。

低位	高位							
	0	1	2	3	4	5	6	7
0			空格	0	@	P		p
1			!	1	A	Q	a	q
2			"	2	B	R	b	r
3			#	3	C	S	c	s
4			$	4	D	T	d	t
5			%	5	E	U	e	u
6			&	6	F	V	f	v
7	响铃		'	7	G	W	g	w
8	退格		(	8	H	X	h	x
9	横向制表		)	9	I	Y	i	y
A	换行		*	:	J	Z	j	z
B	纵向制表	ESC	+	;	K	[	k	{
C	换页		,	<	L	\	l		
D	回车		–	=	M	]	m	}
E			.	>	N	^	n	~
F			/	?	O	_	o	

附录 B　IEEE 754 浮点数的内部表示

IEEE 给出了浮点数内部表示的一个标准（IEEE 754），它把实数表示成 $a \times 2^b$，其中的 a 称为尾数（Mantissa），b 称为指数（Exponent）。在实数的内存空间中存储的是尾数和指数两部分，它们均采用二进制表示。存储实数前首先需要对其进行规格化，即把尾数调整为 1.xxx... 形式，其中的整数位"1"和小数点不存储。

IEEE 标准中与 C++ 的 float 类型所对应的数据存储格式为：

第一字节	第二字节	第三字节	第四字节
SEEEEEEE	EMMMMMMM	MMMMMMMM	MMMMMMMM

其中，S 是符号，0 为正，1 为负；EEEEEEEE（8 位）为 127+ 指数；MMM...MMM（23 位）为去掉整数位"1"和小数点后的尾数。例如，12.5 的 float 格式存储形式如下：

$$12.5 = (1100.1)_2$$
$$= (1.1001)_2 \times 2^3$$
$$= 01000001\ 01001000\ 00000000\ 00000000$$

再例如，-0.25 的 float 格式存储形式如下：

$$-0.25 = -(0.01)_2$$
$$= -(1.0)_2 \times 2^{-2}$$
$$= 10111110\ 10000000\ 00000000\ 00000000$$

EEEEEEEE 的范围是（十六进制）：00 ～ FE。当它为 00 时，则 float 内部表示的数据（绝对值）解释为 $0.MMM...MMM \times 2^{-126}$，用以表示一些绝对值非常小的 float 型的数。

IEEE 标准中与 C++ 的 double 类型所对应的数据存储格式为：

第一字节	第二字节	第三字节	第四字节	第五字节	第六字节	第七字节	第八字节
SEEEEEEE	EEEEMMMM	MMMMMMMM	MMMMMMMM	MMMMMMMM	MMMMMMMM	MMMMMMMM	MMMMMMMM

其中，S 是符号，0 为正，1 为负；EEEEEEEEEEE（11 位）为 1023+ 指数；MMM...MMM（52 位）为去掉整数位"1"和小数点后的尾数。例如，12.5 的 double 格式存储形式如下：

$$12.5 = (1100.1)_2$$
$$= (1.1001)_2 \times 2^3$$
$$= 01000000\ 00101001\ 00000000\ 00000000\ 00000000\ 00000000\ 00000000\ 00000000$$

再例如，-0.25 的 double 格式存储形式如下：

$$-0.25 = -(0.01)_2$$
$$= -(1.0)_2 \times 2^{-2}$$
$$= 10111111\ 11010000\ 00000000\ 00000000\ 00000000\ 00000000\ 00000000\ 00000000$$

EEEEEEEEEEE 的范围是（十六进制）：000 ～ 7FE。当它为 000 时，则 double 内部表示的数据（绝对值）解释为 $0.MMM...MMM \times 2^{-1022}$，用以表示一些绝对值非常小的 double 型的数。

附录 C   C++ 标准函数库中的常用函数

1. 在标准库的头文件 cmath（或 math.h）中声明的一些数学函数

```
double fabs( double x );                      // double 型的绝对值
double sin( double x );                       // 正弦函数（x 为弧度）
double cos( double x );                       // 余弦函数（x 为弧度）
double tan( double x );                       // 正切函数（x 为弧度）
double asin( double x );                      // 反正弦函数（返回值为弧度）
double acos( double x );                      // 反余弦函数（返回值为弧度）
double atan( double x );                      // 反正切函数（返回值为弧度）
double ceil( double x );                      // 不小于 x 的最小整数（返回值为以 double 表示的整型数）
double floor( double x );                     // 不大于 x 的最大整数（返回值为以 double 表示的整型数）
double log( double x );                       // 自然对数
double log10( double x );                     // 以 10 为底的对数
double sqrt( double x );                      // 平方根
double pow( double x, double y );             // x 的 y 次幂
```

上述函数存在针对 float 和 long double 类型参数的重载。

2. 在标准库的头文件 cstring（或 string.h）中声明的一些字符串处理函数

（1）计算字符串的长度（字符个数）

```
unsigned int strlen(const char s[]);
```

函数 strlen 计算字符数组中字符的个数（不包括 '\0'）。

（2）字符串复制

```
char *strcpy(char dst[],const char src[]);
char *strncpy(char dst[],const char src[],int n);
```

函数 strcpy 把参数 src 表示的字符串复制到参数 dst 指定的字符数组中并自动在 dst 中加上一个 '\0'，dst 中原来的字符串将会被覆盖。当 src 中的字符串长度大于 dst 所对应的实参中的字符数组的大小时，函数 strcpy 的结果是有问题的！

如果程序中不能保证 src 的长度小于或等于 dst 的长度，则应采用 strncpy 来进行字符串复制。函数 strncpy 最多把 src 中的 n 个字符复制到 dst 中，当 src 中的字符个数小于 n 时，则函数 strncpy 会在 dst 的后面加上一个 '\0'，否则，只复制 n 个字符到 dst，dst 的后面不加 '\0'。

上述两个函数均返回 dst 的内存首地址。

（3）字符串拼接

```
char *strcat(char dst[],const char src[]);
char *strncat(char dst[],const char src[],int n);
```

这两个函数的含义是把 src 表示的字符串拼接到 dst 中原来字符串的后面，其他规定与字符串复制函数相同。

（4）字符串比较

```
int  strcmp(const char s1[],const char s2[]);
```

```
int   strncmp(const char s1[],const char s2[],int n);
```

上面两个函数用于比较两个字符串的大小。返回值为 0 表示两个字符串相等；返回负数表示 s2 大；返回正数表示 s1 大。这两个函数的区别是：函数 strncmp 最多比较 n 个字符。

字符串比较操作的一般含义是：从两个字符串的第一个字符开始依次比较它们的相应字符的编码，直到：

- 一个字符串中的相应字符的编码大于另一个字符串中的相应字符的编码，则编码大的字符所在的字符串大，如 "ACD" 大于 "ABCDEF"；
- 一个字符串中的字符比较完了，而另一个字符串中还有字符，则还有字符的字符串大，如 "ABCD" 大于 "ABC"；
- 两个字符串中的字符都比较完了，并且每个字符都相同，则两个字符串相等，如 "ABC" 等于 "ABC"。

3. 在标准库的头文件 cstdlib（或 stdlib.h）中声明的一些函数

```
int abs( int n );                    // int 型的绝对值
long labs( long n );                 // long int 型的绝对值
int rand( );                         // 生成一个伪随机数
void srand( unsigned int seed );     // 为 rand 设置种子的值
void exit( int status );             // 终止整个 C++ 程序的执行，status 用于指出终止的原因，一般来说，
                                     // status 取 0 表示程序正常终止
void abort( ); // 终止整个 C++ 程序的执行，它与 exit 的主要区别是，它不做 " 关闭文件 " 等
                // 一些 " 善后 " 处理工作，这将会导致程序写到文件中的一些数据丢失
double atof( const char string[] );  // 把字符串转换成 double 型
int atoi( const char string[] );     // 把字符串转换成 int 型
long atol( const char string[] );    // 把字符串转换成 long int 型
```

4. 在标准库的头文件 cctype（或 ctype.h）中声明的一些函数

```
int isdigit( int c );       // 判断 c 是否为数字，返回非零则是，返回 0 则不是
int isalpha( int c );       // 判断 c 是否为字母，返回非零则是，返回 0 则不是
int isalnum( int c );       // 判断 c 是否为字母或数字，返回非零则是，返回 0 则不是
int isupper( int c );       // 判断 c 是否为大写字母，返回非零则是，返回 0 则不是
int islower( int c );       // 判断 c 是否为小写字母，返回非零则是，返回 0 则不是
int tolower( int c );       // 如果 c 是大写字母，则返回相应的小写字母，否则返回 c
int toupper( int c );       // 如果 c 是小写字母，则返回相应的大写字母，否则返回 c
```

附录 D　C++ 编译预处理命令

C++ 的编译程序中包含一个编译预处理程序（preprocessor），用于在编译前对 C++ 源程序中的一些编译预处理命令进行处理，这些编译预处理命令不是 C++ 程序所要完成的功能，而是 C++ 的编译预处理程序在编译之前要做的事，用于对后续的编译给出一些指导。

C++ 编译预处理命令主要有文件包含命令（#include）、宏定义（#define）命令以及条件编译命令。下面分别对它们进行介绍。

1. 文件包含命令

文件包含命令（#include）的格式为：

```
#include < 文件名 >
```

或

```
#include " 文件名 "
```

在编译前，C++ 的编译预处理系统将把文件包含命令指定的文件中的内容插入到该命令所在的位置，作为程序的一部分供编译。当文件名用尖括号（<>）括起来时，表示在系统指定的目录下寻找指定文件；当文件名用双引号（"）括起来时，表示先在包含 #include 命令的源文件所在的目录下查找指定文件，然后再在系统指定的目录下寻找指定文件。

文件包含命令的作用是支持在多模块程序结构中对其他模块中定义的实体进行声明。需要注意的是，如果在一个源文件中重复包含（直接或间接）某个 .h 文件，就有可能会造成对一些程序实体的重复声明或定义，引起错误。例如，对下面的 module1.h 文件：

```
//module1.h
......  //module1 中的程序实体的声明或定义
```

如果在一个源文件中多次包含上面的 module1.h 文件，则会导致对 module1 中的程序实体的重复声明或定义。对于这个问题，我们可以通过 C++ 的条件编译预处理命令来解决：

```
//module1.h
#ifndef MODULE1
#define MODULE1
......  //module1 中的程序实体的声明或定义
#endif
```

这样，如果在一个源文件中多次包含上面的 module1.h 文件，编译程序也只会对第一次包含的内容进行编译，由于宏名 MODULE1 已被定义，因此其余各次包含的内容不会再被编译。所以，重复包含该头文件多次不会造成重复声明或定义的问题。

2. 宏定义命令

宏（macro）定义有 4 种格式。

（1）#define ␣ < 宏名 > ␣ < 文字串 >

在编译前，编译预处理系统将把程序文本中以 < 宏名 > 作为单词出现的地方用 < 文字

串 > 进行替换，主要用于符号常量的定义。例如，对于下面的宏定义：

```
#define PI 3.14
```

程序中所有以 PI 为标识符的单词均被替换成 3.14。值得注意的是：字符串常量以及注释中的 PI 不会被替换。当然，像 SPICE 这样的标识符中的 PI 也不会被替换。

宏定义是纯粹的文字替换，从 < 宏名 > 之后的第一个非空白字符开始一直到本行结束的所有文字（尾部的空格不算）都是要替换成的文字。例如，下面定义的符号常量 PI 多了一个分号 ";"，这将会造成替换后的编译错误：

```
#define PI 3.14;
......
c=2*PI*r;                   //替换成"c=2*3.14;*r;"，从而导致编译错误
```

（2）#define ⊔ < 宏名 >(< 参数表 >) ⊔ < 文字串 >

在编译前，编译预处理系统将把程序文本中出现 < 宏名 > 的地方（称为宏调用）用 < 文字串 > 进行替换，并且，在 < 文字串 > 中出现的由 < 参数表 > 列出的参数（相当于形参）将被替换成使用该 < 宏名 > 的地方所提供的参数（相当于实参）。这种宏定义主要用于解决对小函数调用效率不高的问题。例如，下面定义了一个求两个数中最大者的宏：

```
#define max(a,b)  a>b?a:b
```

对于下面程序中的宏调用 max(x,y)：

```
#define max(a,b)  a>b?a:b
int main()
{ int x,y;
  ......
  ... max(x,y) ...          //替换成 ... x>y?x:y ...
  ......
}
```

编译预处理系统在编译前首先用 "a>b?a:b" 对 "max(x,y)" 进行文字替换，并把其中的 *a* 和 *b* 换成 *x* 和 *y*，然后进行编译。这样，就避免了函数调用所需要的开销。

在书写时，< 宏名 > 与 < 参数表 > 的左括号之间不能有空格。如果一个宏定义在一行中写不下，则在本行最后用续行符（"\"后跟一个回车）转到下一行。另外，为了保证替换后的表达式在逻辑上正确，必要时应在宏定义中加上一些括号，否则可能会出现一些意想不到的问题。例如，用上面的宏定义 max 计算下面的表达式时就会出现问题：

```
10+max(x,y)+z
```

因为，编译预处理系统将把它替换成：

```
10+x>y?x:y+z
```

根据操作符优先级的规定，它的含义是 ((10+x)>y)?x:(y+z)，很显然，这与我们预期的要求不符。因此，前面的 max 宏定义是不可靠的，应该把它定义成：

```
#define max(a,b)  (((a)>(b))?(a):(b))
```

这样才能得到预期的结果：

```
10+(((x)>(y))?(x):(y))+z
```

再例如，对下面求两个数乘积的宏定义：

```
#define multiply(a,b) a*b
```

用它计算下面的表达式时也会出现问题：

```
multiply(x+y,m-n)
```

因为，编译预处理系统将把它替换成：

```
x+y*m-n
```

这也不是我们所预期的，multiply 的正确定义应该是：

```
#define multiply(a,b) ((a)*(b))
```

（3）#define ⊔ < 宏名 >

告诉编译程序该 < 宏名 > 已被定义，其作用是作为条件编译中的编译条件。注意，对于这种格式的宏定义，编译预处理程序并不对程序文本中出现的 < 宏名 > 做任何的替换。

（4）#undef ⊔ < 宏名 >

取消某个 < 宏名 > 的定义，编译预处理程序对其后用到 < 宏名 > 的地方不再进行替换，并且在条件编译的条件中用到它时，它是无定义的。

3. 条件编译命令

条件编译命令的常用格式是：

```
#ifdef <宏名 >| #ifndef  <宏名 >
  <代码 1>
[#else
  <代码 2>]
#endif
```

上述条件编译命令的含义是：如果 < 宏名 > 有定义（#ifdef）或无定义（#ifndef），则编译 < 代码 1>，否则编译 < 代码 2>，其中，#else 分支可以省略。例如，下面的条件编译命令将根据宏名 ABC 是否有定义来决定编译哪一段代码：

```
<代码 1>    // 必须编译的代码
#ifdef ABC
  <代码 2> // 如果宏名 ABC 有定义，则编译
#else
  <代码 3> // 如果宏名 ABC 没有定义，则编译
#endif
<代码 4>    // 必须编译的代码
```

条件编译命令的另一种格式是：

```
#if <常量表达式 1> / #ifdef <宏名 > / #ifndef <宏名 >
  <代码 1>
#elif <常量表达式 2>
  <代码 2>
......
#elif <常量表达式 n>
  <代码 n>
[#else
  <代码 n+1>]
#endif
```

　　上述条件编译命令的含义是：如果 < *常量表达式 1* > 的值为非零（#if），或者 < *宏名* > 有定义（#ifdef），或者 < *宏名* > 无定义（#ifndef），则编译 < *代码 1* >，否则，如果 < *常量表达式 2* > 为非零值，则编译 < *代码 2* >，……，否则如果有 #else，则编译 < *代码 n+1* >，否则什么都不编译。其中的 < *常量表达式 i* > 为整型常量表达式，其操作数只能是宏定义的符号常量、字面常量或 "defined(< *宏名* >)"。对于 "defined(< *宏名* >)"，当 < *宏名* > 有定义时，其值为 1，否则为 0。

　　当条件编译命令通过判断某个宏名是否被定义来选择编译的代码时，用于条件判断中的宏应该在哪里定义呢？一种办法是在源文件中条件编译命令之前定义，例如：

```
<代码 1>              // 必须编译的代码
#define ABC           // 使宏名 ABC 有定义
#ifdef ABC
  <代码 2>            // 由于宏名 ABC 有定义，则编译
#else
  <代码 3>            // 由于宏名 ABC 没有定义，则不编译
#endif
<代码 4>              // 必须编译的代码
```

　　对于上面的程序，< *代码 1* >、< *代码 2* > 和 < *代码 4* > 将被编译，< *代码 3* > 不会被编译。上述做法的问题是：如果要编译 < *代码 3* >（不编译 < *代码 2* >），则需要修改源程序中用于指示条件编译的宏定义（把 "#define ABC" 去掉）。解决定义条件编译所需要的宏名的另一种做法是：在 C++ 编译命令（或集成开发环境）中加入一个宏定义选项。例如，在下面 Visual C++ 的编译命令中加入了一个宏定义选项 –D ABC，它使得宏名 ABC 有定义：

```
cl <源文件 1> <源文件 2> ... -D ABC ...
```

或者在 Visual C++ 的集成开发环境的 Preprocessor definitions 中添加要定义的宏名 ABC。这样，当需要依据某个宏名是否有定义来决定要编译的代码时，就不必在程序中定义相应的宏名了。关于编译选项的具体用法，可参照各个 C++ 编译程序的用户手册。

　　条件编译命令主要用于能在不同环境（如 Windows 和 UNIX、调试和发布环境等）中运行的程序的编写。在不同的环境中实现某些功能的代码是不一样的，解决这个问题的一种办法是：针对不同的环境编写多个具有同样功能的程序。但是，由于程序中大部分的代码是与环境无关的，这样，就会在多个程序（运行于不同的环境）之间产生大量的重复代码。代码重复一方面增加了程序设计者的工作量，另一方面也会给程序的维护带来困难，容易造成不一致问题。因此，为了适应不同的环境而编写多个完成同样功能的程序有时不是一个好的解决办法。

　　对于上述问题的另一种解决办法是：在同一个程序中，对与环境有关的代码分别进行编写，而与环境无关的代码只编写一次。在编译时，由编译程序根据不同的环境来选择对程序中相应的与环境有关的代码进行编译，这样就能避免代码重复的问题。C++ 通过提供条件编译命令来支持这种解决办法。例如：

```
#if defined(WINDOWS)
  ......  // 适合于 Windows 环境的代码
#elif defined(UNIX)
  ......  // 适合于 UNIX 环境的代码
#elif defined(MAC_OS)
  ......  // 适合于 MAC_OS 环境的代码
```

```
#else
    ......    // 适合于其他环境的代码
#endif
    ......    // 适合于各种环境的公共代码
```

对于上面的程序，C++ 编译程序将会根据用户指定的运行环境（Windows、UNIX、MAC_OS）来选择编译相应的代码。

再例如，下面的代码只有在程序的调试版本中才会编译：

```
#ifdef DEBUG
    ......    // 调试信息，主要由输出操作构成
#endif
```

附录 E C++ 标准模板库常用功能

1. 容器类及其操作（成员函数）

C++ 标准模板库（STL）中的容器包括：

- vector（在头文件 vector 中定义）；
- list（在头文件 list 中定义）；
- deque（在头文件 deque 中定义）；
- stack（在头文件 stack 中定义）；
- queue（在头文件 queue 中定义）；
- priority_queue（在头文件 queue 中定义）；
- map 和 multimap（在头文件 map 中定义）；
- set 和 multiset（在头文件 set 中定义）；
- basic_string，包括 string 和 wstring（在头文件 string 中定义）。

以下是容器的常用操作（其中，T 为元素类型，size_type 相当于 unsigned int）。

- `void push_front(const T& x);` 和 `void pop_front();`
  分别在容器的头部增加和删除一个元素。适用于 list 和 deque。
- `void push_back(const T& x);` 和 `void pop_back();`
  分别在容器的尾部增加和删除一个元素。适用于 vector、list 和 deque。
- `void push(const T& x);`
  在容器的尾部增加一个元素。适用于 stack、queue 和 priority_queue。
- `void pop();`
  在容器的尾部（适用于 stack）或头部（适用于 queue 和 priority_queue）删除一个元素。
- `T& front();` 和 `const T& front() const;`
  获取容器中第一个元素的引用。适用于 vector、list、deque 和 queue。
- `T& back();` 和 `const T& back() const;`
  获取容器中最后一个元素的引用。适用于 vector、list、deque 和 queue。
- `T& top();` 和 `const T& top() const;`
  获取容器尾部（适用于 stack）或头部元素（适用于 priority_queue）的引用。
- `T& at(size_type pos);` 和 `const T& at(size_type pos) const;`
  获取容器中某位置 pos（序号）上元素的引用，并进行越界检查。适用于 vector、deque 和 basic_string。
- `T& operator[](size_type pos);` 和 `const T& operator[](size_type pos) const;`
  获取容器中某位置 pos（序号）上的元素。适用于 vector、deque 和 basic_string。

- `ValueType& operator[](const KeyType& key);`
  获取容器中某个关键字所关联的值的引用。适用于 map。
- `iterator erase(iterator pos);` 和 `iterator erase(iterator first,iterator last);`
  分别在容器中删除指定位置 pos（迭代器）上的一个和某范围内的多个元素。适用于 vector、list、deque、map/multimap、set/multiset 以及 basic_string。
- `iterator insert(iterator pos,const T& x);`
  `void insert(iterator pos,InputIt first,InputIt last);`
  分别在容器中的指定位置 pos（迭代器）插入一个和多个元素。适用于 vector、list 和 deque。
- `iterator insert(const T& x);`
  `void insert(InputIt first,InputIt last);`
  分别在容器中插入一个和多个元素。适用于 map/multimap 和 set/multiset。
- `iterator find(const T& key);` 和 `const_iterator find(const T& key) const;`
  根据关键字在容器中查找某个元素，返回指向元素的迭代器（找到）或最后一个元素的下一个位置（未找到）。适用于 map/multimap 和 set/multiset。
- `size_type size() const;`
  获取容器中元素的个数。适用于所有容器。
- `size_type max_size() const;`
  获取容器中所允许的元素最大个数。适用于除 stack、queue 和 priority_queue 以外的所有容器。
- `void resize(size_type n, T x=T());`
  改变容器中元素的个数。当元素增加时，新元素用 *x* 初始化。适用于 vector、list、deque 以及 basic_string。
- `bool empty() const;`
  判断容器是否为空。适用于所有容器。

2. 容器类 string 的一些特殊操作

- `string& assign(const string& s);`
  `string& assign(const char *p);`
  字符串赋值，把参数字符串赋值给 this，返回 this。
- `string& append(const string& s);`
  `string& append(const char *p);`
  在字符串末尾拼接子串，把参数字符串拼接到 this 上，返回 this。
- `int compare(const string& s);`
  `int compare(const char *p);`
  字符串比较，返回负数表示 this 小，返回 0 表示相等，返回正数表示 this 大。
- `size_type find(const string& s, size_type pos);`
  `size_type find(const char *p, size_type pos);`
  从 this 的某位置（pos）开始查找参数字符串（子串），返回 this 中的位置或 npos。

- `string& insert(size_type pos, const string& s);`
  `string& insert(size_type pos, const char *p);`
  在 this 的某位置 pos 插入参数字符串（子串），返回 this。
- `string& replace(size_type pos, size_type num, const string& s);`
  `string& replace(size_type pos, size_type num, const char *p);`
  把 this 从某位置（pos）开始的一个长度为 num 的子串用参数字符串替换，返回 this。
- `string substr(size_type pos, size_type count);`
  获取 this 从某一位置（pos）开始的不大于某长度（count）的子串。
- `string& operator = (const string& s);`
  `string& operator = (const char *p);`
  `string& operator = (char ch);`
  用于字符串赋值，它们被作为成员函数重载的操作符，功能与 assign 相同。
- `string& operator += (const string& s);`
  `string& operator += (const char *p);`
  `string& operator += (char ch);`
  用于字符串拼接，它们被作为成员函数重载的操作符，功能与 append 相同。
- `bool operator == (const string& s1, const string& s2);`
  `bool operator == (const string& s, const char *p);`
  `bool operator == (const char *p, const string& s);`
  `......` // !=、>、<、>=、<= 的重载函数与上面类似
  用于字符串的比较：==、!=、>、<、>=、<=。它们被作为全局函数重载的操作符。
- `string operator + (const string& s1, const string& s2);`
  `string operator + (const string& s, const char *p);`
  `string operator + (const char *p, const string& s);`
  用于字符串的拼接，返回拼接结果。它们被作为全局函数重载的操作符。

3. 迭代器

在 STL 中定义了一些与迭代器相关的类型。

- iterator 和 const_iterator
  容器的正向迭代器类型：++ 操作是往容器的尾部移动，-- 操作是往容器的首部移动。
- reverse_iterator 和 const_reverse_iterator
  容器的反向迭代器类型：++ 操作是往容器的首部移动，-- 操作是往容器的尾部移动。
- back_insert_iterator、front_insert_iterator 和 insert_iterator
  容器的插入迭代器类型，用于在容器中插入元素，其中 back_insert_iterator 用于在尾部插入元素（容器要支持 push_back 操作），front_insert_iterator 用于在首部插入元素（容器要支持 push_front 操作），insert_iterator 用于在任意指定位置插入元素（容器要支持 insert 操作）。

通过下面的操作可以获得容器的某些迭代器。

- `iterator begin();` 和 `const_iterator begin() const;`

它们是容器的成员函数，用于获取指向容器中第一个元素的正向迭代器。适用于除 queue、priority_queue 和 stack 以外的所有容器。

- `iterator end();` 和 `const_iterator end() const;`

它们是容器的成员函数，用于获取指向容器中最后一个元素的下一个位置的正向迭代器。适用于除 queue、priority_queue 和 stack 以外的所有容器。

- `reverse_iterator rbegin();` 和 `const_ reverse_iterator rbegin() const;`

它们是容器的成员函数，用于获取指向容器中反向元素序列的第一个元素（原序列的最后一个元素）的反向迭代器。适用于除 queue、priority_queue 和 stack 以外的所有容器。

- `reverse_iterator rend();` 和 `const_ reverse_iterator rend() const;`

它们是容器的成员函数，用于获取指向容器中反向元素序列的最后一个元素的下一个位置（原序列的第一个元素的前一个位置）的反向迭代器。适用于除 queue、priority_queue 和 stack 以外的所有容器。

- `back_inserter`、`front_inserter` 和 `inserter`

它们是三个参数为容器的全局函数，其中，back_inserter 用于获取容器的 back_insert_iterator 类型迭代器，front_inserter 用于获取容器的 front_insert_iterator 类型迭代器，inserter 用于获取容器的 insert_iterator 类型迭代器。

与迭代器相关的类型和操作在头文件 iterator 中定义。

4. 算法

在以下算法的参数类型中，RanIt 表示随机访问迭代器，BidIt 表示双向迭代器，FwdIt 表示前向迭代器，InIt 表示输入迭代器，OutIt 表示输出迭代器。Pred 表示一元"谓词"函数，BinPred 表示二元"谓词"函数，Op 或 Fun 表示一元操作函数，BinOp 或 BinFun 表示二元操作函数。上述参数类型均为算法的模板参数，为简化起见，下面列出各算法时不再加上模板描述。

除了算术算法在头文件 numeric 中定义外，其他算法都在头文件 algorithm 中定义。

（1）调序算法

调序算法用于实现按某个要求来更改容器中元素的次序。主要包括：

- `void sort(RanIt first, RanIt last);`
  `void sort(RanIt first, RanIt last, BinPred comp);`
  把指定范围内的元素按 "<" 关系或按 comp 返回 true 所规定的次序进行排序。

- `void reverse(BidIt first, BidIt last);`
  把指定范围内的元素颠倒次序。

- `void random_shuffle(RanIt first, RanIt last);`
  按随机次序重排指定范围内的元素。

- `BidIt partition(BidIt first, BidIt last, Pred cond);`
  按是否满足某个条件（cond）把指定范围内的元素重排成两个部分，满足条件的元素放在前面的部分，不满足条件的放在后面的部分。返回指向后面部分中第一个元素的迭代器。

- `void rotate(FwdIt first, FwdIt middle, FwdIt last);`
  交换相邻的两个范围内的元素。需要三个迭代器，分别指向头元素、分隔元素以及尾元素。它可以实现元素的循环移位。

- `bool prev_permutation(BidIt first, BidIt last);`
  `bool next_permutation(BidIt first, BidIt last);`
  对一个范围内的元素按各种排列组合重排元素的次序，每次得到一种排列。返回 true 表示成功得到一个排列。

（2）编辑算法

编辑算法用于实现对容器元素的复制、替换、删除、交换、合并、赋值等操作。主要包括：

- `OutIt copy(InIt src_first, InIt src_last, OutIt dst_first);`
  `BidIt2 copy_backward(BidIt1 src_first, BidIt1 src_last, BidIt2 dst_last);`
  `OutIt copy_if(InIt src_first,InIt src_last,OutIt dst_first,Pred cond);`
  把一个范围内的所有或满足条件 cond 的元素复制到另一个范围中去。copy 和 copy_if 从源范围的头开始复制，返回目标范围内最后一个元素的下一个位置，该算法要求源范围内的尾元素不能落在目标范围内；copy_backward 从源范围的尾开始复制，返回目标范围内第一个元素的位置，该算法要求源范围内的头元素不能落在目标范围内。

- `void replace(FwdIt first, FwdIt last, const T& val, const T& v_new);`
  `void replace_if(FwdIt first, FwdIt last, Pred cond, const T& v_new);`
  把一个范围内与某值（val）相同或满足某个条件（cond）的元素替换成某个指定的值（v_new）。

- `FwdIt remove(FwdIt first, FwdIt last, const T& val);`
  `FwdIt remove_if(FwdIt first, FwdIt last, Pred cond);`
  把一个范围内与某值（val）相同或满足某个条件（cond）的元素从该范围内删除。返回删除元素后的新范围后面第一个元素的迭代器。

- `FwdIt unique(FwdIt first, FwdIt last);`
  `FwdIt unique(FwdIt first, FwdIt last, BinPred equal);`
  删除一个范围内相邻的重复元素。返回指向新范围中最后一个元素的下一个位置的迭代器。默认的重复条件为 "==" 关系，equal 用于对重复条件进行重新解释。

- `void swap(T& x, T& y);`
  `FwdIt2 swap_ranges(FwdIt1 first1, FwdIt1 last1, FwdIt2 first2);`
  交换两个容器或两个相同大小的范围内的元素，后者返回第二个范围内最后一个元素的下一个位置。

- `OutIt merge(InIt1 first1, InIt1 last1, InIt2 first2, InIt2 last2, OutIt first3);`
  把分别按 "<" 排好序的两个范围内的元素合并到第三个范围内，并保证第三个范围内的元素也是排好序的。第三个范围不能与前两个范围交叉并且大小一定要能够放得下合并后的元素。返回第三个范围中最后一个元素的下一个位置。

- `OutIt transform(InIt src_first, InIt src_last,OutIt dst_first, Op f1);`

```
OutIt transform(InIt1 src_first1, InIt1 src_last1,InIt2 src_
first2,OutIt dst_first, BinOp f2);
```
把源范围 [src_first,src_last) 内的每个元素通过一元操作 f1 映射到 dst_first 开始的目标范围中去，或把源范围 [src_first1,src_last1) 内的每个元素与 src_first2 开始的源范围内的相应元素通过二元操作 f2 映射到 dst_first 开始的目标范围中去，返回目标范围中最后一个元素的下一个位置。注意，目标范围中已有元素的个数一定不能小于源范围指出的元素个数！

- `void fill(FwdIt first, FwdIt last, const T& val);`
  把一个范围内的所有元素赋值成某个值（val）。

（3）查找算法

查找算法用于在容器中查找元素或子元素序列等。主要包括：

- `InIt find(InIt first, InIt last, const T& val);`
  `InIt find_if(InIt first, InIt last, Pred cond);`
  查找一个范围内与某个值（val）相同 / 满足某个条件（cond）的第一个元素，返回指向该元素的迭代器（值为范围末尾时表示未找到）。

- `size_t count(InIt first, InIt last, const T& val);`
  `size_t count_if(InIt first, InIt last, Pred cond);`
  统计一个范围内与某个值（val）相同 / 满足某个条件（cond）的元素个数，返回元素个数。

- `FwdIt max_element(FwdIt first, FwdIt last);`
  `FwdIt max_element(FwdIt first, FwdIt last, BinPred less);`
  `FwdIt min_element(FwdIt first, FwdIt last);`
  `FwdIt min_element(FwdIt first, FwdIt last, BinPred less);`
  在一个范围内查找最大 / 最小元素，返回指向第一个最大 / 最小元素的迭代器。两个元素的大小默认用 "<" 关系实现，less 用于重新解释 "<" 关系。

- `FwdIt1 search(FwdIt1 first1, FwdIt1 last1, FwdIt2 first2, FwdIt2 last2);`
  `FwdIt1 search(FwdIt1 first1, FwdIt1 last1, FwdIt2 first2, FwdIt2 last2, BinPred equal);`
  在一个范围内查找子元素序列等。返回第二个元素序列在第一个范围内第一次出现的位置（值为范围末尾时表示未找到）。默认情况下，两个元素是否相等是通过 "==" 关系实现的，equal 用于对相等进行重新解释。

- `bool binary_search(FwdIt first, FwdIt last, const T& val);`
  `bool binary_search(FwdIt first, FwdIt last, const T& val, BinPred less);`
  采用二分法判断在已排序的容器中某个范围内是否有与某个值（val）相同的元素，返回 true 或 false。两个元素 e1 和 e2 是否相同是用 "!(e1<e2) && !(e2<e1)" 来判断的，less 用于对 "<" 进行重新解释。

（4）算术算法

算术算法用于对容器内的元素进行求和、求内积和、求差等操作。主要包括：

- `T accumulate(InIt first, InIt last, T val);`
  `T accumulate(InIt first, InIt last, T val, BinOp op);`
  计算一个范围内的所有元素与一个初始值 val 的"和",返回这个"和",默认的"和"就是"+"。例如,对于元素序列 1、2、3、4、5,以及初始值 10,默认的"和"为 25。op 是一个二元操作,用于对"和"操作进行重新解释,在对范围内的每个元素求"和"时都要调用它。op 的第一个参数为上一次调用 op 的结果(第一次为 val),第二个参数为范围内的当前元素,返回值为增加了一个元素后的"和"。

- `OutIt partial_sum(InIt src_first, InIt src_last, OutIt dst_first);`
  `OutIt partial_sum(InIt src_first, InIt src_last, OutIt dst_first, BinOp op);`
  分别计算一个范围内每个元素与它之前所有元素的"和"(默认的"和"就是"+"),得到一个"部分和"序列,并把这个"部分和"序列存储到一个目标范围内,返回指向目标范围中末尾元素下一个位置的迭代器。例如,对于序列 1、2、3、4、5,其"部分和"序列为 1、3、6、10、15。op 是一个二元操作,用于对"和"进行重新解释,范围内的每个元素都要去调用它。op 的第一个参数为前一个"部分和"(第一个"部分和"就是第一个元素),第二个参数为范围内的当前元素,返回值为增加了当前元素后的"部分和"。

- `T inner_product(InIt1 first1, InIt1 last1, InIt2 first2, T val);`
  `T inner_product(InIt1 first1, InIt1 last1, InIt2 first2, T val, BinOp1 op1, BinOp2 op2);`
  计算分别来自两个范围的元素的"内积"(默认的"内积"就是"×")与一个初始值的"和"(默认的"和"就是"+"),返回这个"内积和"。例如,对于序列 1、2、3、4 和序列 5、6、7、8 以及初始值 10,内积和为 80。op1 用于对"和"进行重新解释;op2 用于对"内积"进行重新解释。

- `OutIt adjacent_difference(InIt src_first, InIt src_last, OutIt dst_first);`
  `OutIt adjacent_difference(InIt src_first, InIt src_last, OutIt dst_first, BinOp op);`
  计算一个范围内所有相邻元素的"差"(默认情况下就是减),把这个相邻"差"的序列写入一个目标范围中去,返回目标范围内相邻"差"序列中最后一个元素的下一个位置。例如,对于序列 1、2、3、4,相邻"差"序列为 1、1、1、1。op 用于对"差"进行重新解释。

（5）集合算法

集合算法用于实现集合的运算。算法要求容器内的元素已按"<"关系排序,并且在判断两个元素 e1 和 e2 是否相同时,不是通过"e1==e2"是否成立来实现的,而是通过判断它们是否满足"!(e1<e2) && !(e2<e1)"来实现的。集合算法主要包括:

- `bool includes(InIt1 first1,InIt1 last1,InIt2 first2,InIt2 last2);`
  `bool includes(InIt1 first1,InIt1 last1,InIt2 first2,InIt2 last2, BinPred less);`
  判断一个范围([first2,last2))内的所有元素是否出现在另一个范围([first1,last1))

内，该算法可实现集合的包含运算。less 用于对 "<" 进行重新解释。

- OutIt set_union(InIt1 first1,InIt1 last1,InIt2 first2,InIt2 last2,OutIt x);
  OutIt set_union(InIt1 first1,InIt1 last1,InIt2 first2,InIt2 last2,OutIt x,BinPred less);
  把所有至少属于两个范围中的一个范围的元素存储到一个目标范围（x）中，返回指向目标范围中末尾元素下一个位置的迭代器。该算法可实现集合的并集运算。less 用于对 "<" 进行重新解释。

- OutIt set_intersection(InIt1 first1, InIt1 last1,InIt2 first2, InIt2 last2, OutIt x);
  OutIt set_intersection(InIt1 first1,InIt1 last1,InIt2 first2, InIt2 last2,OutIt x,BinPred less);
  把所有同时属于两个范围的元素存储到一个目标范围（x）中，返回指向目标范围中末尾元素下一个位置的迭代器。该算法可实现集合的交集运算。less 用于对 "<" 进行重新解释。

- OutIt set_difference(InIt1 first1,InIt1 last1,InIt2 first2, InIt2 last2,OutIt x);
  OutIt set_difference(InIt1 first1,InIt1 last1,InIt2 first2, InIt2 last2,OutIt x,BinPred less);
  把所有属于第一个范围但不属于第二个范围的元素存储到一个目标范围（x）中，返回指向目标范围中末尾元素下一个位置的迭代器。该算法可实现集合的差集运算。less 用于对 "<" 进行重新解释。

- OutIt set_symmetric_difference(InIt1 first1,InIt1 last1,InIt2 first2,InIt2 last2,OutIt x);
  OutIt set_symmetric_difference(InIt1 first1,InIt1 last1,InIt2 first2,InIt2 last2,OutIt x, BinPred less);
  把所有仅属于两个范围中的一个范围的元素存储到一个目标范围（x）中，返回指向目标范围中末尾元素下一个位置的迭代器。该算法可实现集合的对称差运算。less 用于对 "<" 进行重新解释。

（6）堆算法

堆算法用于实现按堆结构存储和操作容器中的元素，具有堆结构的容器的主要特点是：第一个元素为最大，并且增加和删除元素速度很快（对数级时间复杂度）。堆结构用于 priority_queue 容器的实现，主要包括：

- void make_heap(RanIt first, RanIt last);
  void make_heap(RanIt first, RanIt last, BinPred less);
  把一个范围内的元素按堆结构排列。less 用于对 "<" 进行重新解释。

- void pop_heap(RanIt first, RanIt last);
  void pop_heap(RanIt first, RanIt last, BinPred less);
  把一个范围（满足堆结构）内的第一个元素（最大）从该范围内移出，把其放到该范围的最后，然后对剩下的元素重建堆结构。less 用于对 "<" 进行重新解释。

- `void push_heap(RanIt first, RanIt last);`
  `void push_heap(RanIt first, RanIt last, BinPred less);`
  把一个范围（除最后一个元素外，其余元素满足堆结构）内的最后一个元素加入堆结构。less 用于对"＜"进行重新解释。
- `void sort_heap(RanIt first, RanIt last);`
  `void sort_heap(RanIt first, RanIt last, BinPred less);`
  对按堆结构排列的一个范围内的元素进行排序。该算法速度很快。less 用于对"＜"进行重新解释。

（7）元素遍历操作算法 for_each

- `Fun for_each(InIt first, InIt last, Fun f);`
  算法依次访问一个范围内的每个元素，并对每个元素调用某个指定的操作函数或函数对象 f（f 的参数类型为元素类型或元素的引用类型），返回 f。

5. 函数对象相关

在 STL 中还定义了一些与函数对象相关的模板，用来实现函数对象类型的定义和对函数对象的操作，它们在头文件 functional 中定义。下面给出两个常用的模板。

- `function< 函数类型 >`
  function 是一个类模板，它基于"函数类型"定义一个函数对象类，其中，"函数类型"的形式为：

  < 返回值类型 >(< 参数类型 1>,< 参数类型 2>,...,< 参数类型 n>)

  例如，下面定义了一个返回值类型为 int 且有两个 int 型参数的函数对象 f：

  ```
  function<int(int,int)> f; // f 是一个函数对象
  ```

- `Fty2 bind(Fty1 fn, T1 t1, T2 t2, ..., TN tN);`
  bind 是一个函数模板，它用于给一个 N 元函数（或函数对象）的某些参数绑定固定的值，返回一个由未绑定值的参数所构成的新函数。fn 为一个带 N 个参数的函数（或函数对象），$t1 \sim tN$ 是为函数 fn 指定的参数值，其中的 ti 可以是绑定的值，也可以是未绑定的值。对未绑定的值用下划线加上一个数字的特殊名称（在名字空间 std::placeholders 中定义）来表示，其中，数字表示与原函数对应的参数在新函数的参数表中的位置。
  例如，下面是对函数 f 的参数进行绑定得到的函数 $f1$、$f2$ 和 $f3$：

  ```
  #include <functional>
  using namespace std;
  using namespace std::placeholders; //_1、_2……的定义所在的名字空间
  void f(int x, double y, char z) { ...... }
  ......
  auto f1=bind(f,10,_1,_2);// 把 f 的第一个参数 x 绑定为 10，f1 的两个参数对应 f 的 y 和 z
  auto f2=bind(f,10,12.3,_1);// 把 f 的第一、第二个参数绑定为 10 和 12.3，f2 的参数对应
                            // f 的 z
  auto f3=bind(f,_2,_1,'A');// 把 f 的第三个参数绑定为 'A'，f3 的两个参数对应 f 的 y 和 x
  f1(3.5,'B');              // 相当于 f(10,3.5,'B')
  f2('C');                 // 相当于 f(10,12.3,'C')
  f3(2.4,8);               // 相当于 f(8,2.4,'A')
  ```

附录 F　MFC 常用类的功能

1. CView（视类）

CView 类描述了一类特殊的窗口——视（view），视窗口位于单文档应用主窗口和多文档应用子窗口的客户区（可显示区）。CView 类提供了程序数据的显示功能和对数据进行操作时与用户的交互功能。一个 CView 类的对象通常要对应一个 CDocument 类的对象。

CView 的主要成员如下。

```
CDocument *m_pDocument;                          // 指向相应的文档对象
CDocument *GetDocument( ) const;                 // 获得对应的文档对象
virtual void OnInitialUpdate( );                 // 视对象创建时被调用
virtual void OnUpdate(CView* pSender,LPARAM lHint,CObject* pHint );
                    // 文档对象的数据发生改变时调用该函数刷新相应的视对象
virtual void OnDraw(CDC* pDC )=0;                 // 处理窗口刷新消息 WM_PAINT
                                                 // 利用 CDC 类的绘图函数可实现文档数据的显示
```

在 MFC 中，为了方便使用，还提供了 CView 类的一些派生类，如 CScrollView 类（带滚动功能的视）、CEditView 类（具有编辑功能的视）、CFormView 类（具有表格功能的视）以及 CHtmlView 类（具有 Web 浏览功能的视）等。

2. CDocument（文档类）

CDocument 类的对象用于存放和管理程序中的数据，它与 CView 类一起构成了 MFC 所支持的"文档 – 视"软件体系结构。

CDocument 的主要成员如下。

```
void AddView(CView* pView);        // 给文档对象增加一个关联的 CView 类的对象
void RemoveView(CView* pView);     // 使一个 CView 类的对象脱离与文档对象的关联
virtual POSITION GetFirstViewPosition() const;// 获取关联的第一个 CView 对象的位置
virtual CView* GetNextView(POSITION& rPosition ) const;
                    // 获取指定位置的 CView 对象，rPosition 自动往后移动一个位置
void UpdateAllViews(CView* pSender,LPARAM lHint=0L,CObject* pHint=NULL);
                    // 向关联的 CView 对象发送刷新消息
                    // 当 pSender 为 NULL 时，向关联的所有 CView 对象发送刷新消息
void SetModifiedFlag(BOOL bModified=TRUE);        // 设置文档修改标记
BOOL IsModified( );                               // 判断文档是否被修改
virtual BOOL OnSaveDocument( LPCTSTR lpszPathName );
                    // 把文档中数据保存到文件名为 lpszPathName 的文件中去
virtual BOOL OnOpenDocument( LPCTSTR lpszPathName );
                    // 从文件名为 lpszPathName 的文件中读取文档数据
virtual BOOL OnNewDocument( );                    // 对文档数据进行初始化
virtual void OnCloseDocument( );                  // 关闭文档
virtual void Serialize( CArchive& ar );           // 用于文档数据的磁盘文件读写
```

3. CWinApp（应用程序类）

CWinApp 提供了对 Windows 应用程序的各个部分进行组合和管理的功能，包括对属于本应用程序的各个窗口和文档模板的管理以及实现消息循环。

CWinApp 类的主要成员函数如下。

```
virtual BOOL InitInstance();        // 应用程序初始化,包括注册窗口类、创建/显示主窗口等
virtual int Run();                  // 实现了消息循环
virtual int ExitInstance();         // 应用程序结束处理,由 Run 调用
virtual CWnd *GetMainWnd( );        // 获得主窗口对象指针
void AddDocTemplate(CDocTemplate* pTemplate );
                    // 把一个文档模板加入到 CWinApp 类的对象中
POSITION GetFirstDocTemplatePosition( ) const;
                    // 获取第一个文档模板位置
CDocTemplate* GetNextDocTemplate( POSITION& pos ) const;
                    // 获取 pos 指定的文档模板对象,pos 自动往后移一个位置
afx_msg void OnFileNew( );          // 提供对"File|New"菜单消息的处理功能
afx_msg void OnFileOpen( );         // 提供对"File|Open"菜单消息的处理功能
```

4. CDocTemplate（文档模板类）

CDocTemplate 用于支持 MFC 的"文档 – 视"结构。类 CDocTemplate 用于管理一个或多个由三个对象所构成的对象组,这三个对象的类分别为 CDocument、CView 和 CFrameWnd（或 CChildFrameWnd）。CDocTemplate 为抽象类,它的功能由其派生类 CSingleDocTemplate 和 CMultiDocTemplate 来实现。

CDocTemplate 类的主要成员函数如下。

```
CDocTemplate( UINT nIDResource,
              CRuntimeClass* pDocClass,
              CRuntimeClass* pFrameClass,
              CRuntimeClass* pViewClass );
          // CDocTemplate 类的构造函数。它获得文档、视和框架窗口类的信息
virtual CDocument *CreateNewDocument( );
          // 创建一个新文档对象以及相应的视和框架窗口对象
virtual POSITION GetFirstDocPosition( ) const = 0;
          // 获取第一个文档对象的位置(适合于多文档应用)
virtual CDocument *GetNextDoc( POSITION& rPos ) const = 0;
          // 获取由文档位置 rPos 指定的文档对象,rPos 自动往后移动一个位置(适合于多文档应用)
```

CWinAppp 类的成员函数 OnFileNew 和 OnFileOpen 将利用文档模板对象来创建三个对象:文档、视和框架窗口。

5. CDialog（对话框类）

CDialog 类构成了所有对话框类的基类,它实现了对话框的基本功能。程序中需要打开对话框时,首先要创建一个对话框类的对象,然后调用该类的成员函数 DoModal。例如:

```
CMyDlg dlg;                  // 创建一个对话框类的对象 dlg
dlg.m_... = ...;             // 通过 dlg 的成员变量设置对话框中各个控件的初始内容
......
if (dlg.DoModal() == IDOK)   // 显示对话框,返回值可以为 IDOK 或 IDCANCEL
{ ... = dlg.m_...;           // 获取对话框控件中的内容
  ......
}
```

一个对话框往往需要对应一个对话框模板,对话框模板主要描述对话框及其控件的物理特征,包括对话框的标识和尺寸,以及对话框中各个控件的标识、类型、尺寸与位置等。对话框模板可以用普通的文本编辑器来生成,也可以用 Visual C++ 提供的资源编辑器（Resource Editor）以可视化的方式来进行设计。对话框模板作为 Windows 应用程序的资源存储在相应的资源文件（.rc）中,资源将会作为 Windows 应用程序的一部分被链接到应用程

序的目标文件中。

为了方便使用，MFC 还预定义了一些标准的对话框类来实现常用对话框的功能。

- CFileDialog：文件打开 / 保存对话框。
- CFontDialog：字体选择对话框。
- CColorDialog：颜色选择对话框。
- CPrintDialog：打印设置对话框。
- CFindReplaceDialog：查找 / 替换对话框。

另外，MFC 还提供了显示提示信息的消息框（message box，一种对话框），用于显示一些需要用户响应的重要信息，其中包括 OK、Cancel 等按钮。消息框的功能主要由全局函数 AfxMessageBox 和 CWnd 类的成员函数 MessageBox 来实现。

6. CDC

CDC 类用于实现 Windows 应用程序中的绘图功能。进行绘图时，首先要创建一个 CDC 类或其派生类的对象，该对象将包含绘图时所需要的各种元素，如字体、颜色、刷子等。在创建 CDC 类或其派生类的对象时需指出它所对应的窗口对象，绘图操作将在相应窗口中进行。例如，下面创建一个 CClientDC 类（为 CDC 的派生类，用于在一个窗口的客户区绘图）的对象：

```
CClientDC dc(pWnd); // pWnd 为类 CWnd 或其派生类的某个对象的指针
```

CDC 类提供了如下一些用于绘图的成员函数。

（1）文本输出

```
// 下面的两个函数在指定的位置显示字符串。参数 lpszString 指向一个字符串
// nCount 为字符串中字符的个数, str 为 CString 类的一个字符串对象
virtual BOOL TextOut(int x,int y,LPCTSTR lpszString,int nCount);
BOOL TextOut(int x,int y,const CString& str);

// 下面的两个函数在指定的矩形区域中显示字符串。其中，参数 lpRect 指向一个 RECT 结构
// 该结构描述了矩形的左上角和右下角的坐标，参数 nFormat 可以取 DT_LEFT（左对齐）、
  // DT_CENTER（居中）、DT_RIGHT（右对齐）等值
virtual int DrawText(LPCTSTR lpszString,int nCount, LPRECT lpRect,UINT nFormat);
int DrawText(const CString& str,LPRECT lpRect,UINT nFormat);
```

（2）几何图形输出

```
// 下面的两个函数用于定线段的起点坐标
CPoint MoveTo( int x, int y );
CPoint MoveTo( POINT point );

// 下面的两个函数从起点坐标开始画线直到指定的终点坐标
BOOL LineTo( POINT point );
BOOL LineTo( int x, int y );

// 下面的两个函数用于画矩形
BOOL Rectangle( int x1, int y1, int x2, int y2 );
BOOL Rectangle( LPCRECT lpRect );

// 下面的两个函数用于画椭圆，参数为外接矩形
BOOL Ellipse( int x1, int y1, int x2, int y2 );
BOOL Ellipse( LPCRECT lpRect );
......
```

绘图时需要用到的一些绘图工具，如笔、字体、刷子、字符的前景色 / 背景色等，这些元素可以用 MFC 类库中的绘图对象类 CPen、CFont 和 CBrush 等来创建：

```
// 画笔类，构造函数的参数为笔型、笔宽以及颜色。笔型可以是 PS_SOLID、PS_DASH、PS_DOT 等；笔宽
// 为像素点数；颜色用 RGB(n1,n2,n3) 表示，n1、n2、n3 为红、绿、蓝的颜色值 (0 ~ 255)
CPen( int nPenStyle, int nWidth, COLORREF crColor );

// 字体类，先创建一个默认构造的 CFont 类的对象，然后调用该类的 CreatePointFont 或其他一些成
// 员函数继续完成字体的构造。CreatePointFont 中的参数 nPointSize 表示字体高度的像素点数；
// lpszFaceName 表示字体名；pDC 表示 CDC 类对象指针
CFont();
BOOL CFont::CreatePointFont( int nPointSize,
                             LPCTSTR lpszFaceName,
                             CDC* pDC = NULL );

// 刷子类，crColor 为刷子的颜色
CBrush( COLORREF crColor );
```

创建的绘图对象必须要用下面的 CDC 类的成员函数 SelectObject 把它们加入 CDC 对象中，它们才会对绘图函数产生作用：

```
// 选择笔，返回 CDC 类的对象中原来的笔的指针
CPen* SelectObject( CPen* pPen );

// 选择刷子，返回 CDC 类的对象中原来的刷子的指针
CBrush* SelectObject( CBrush* pBrush );

// 选择字体，返回 CDC 类的对象中原来的字体的指针
virtual CFont* SelectObject( CFont* pFont );

// 选择系统的绘图元素，nIndex 可以是 BLACK_BRUSH、WHITE_BRUSH、BLACK_PEN 等
virtual CGdiObject* SelectStockObject(int nIndex);
```

显示文本的颜色可以用下面的 CDC 类的成员函数来设置：

```
virtual COLORREF SetTextColor( COLORREF crColor );    // 设置字符颜色
virtual COLORREF SetBkColor( COLORREF crColor );      // 设置字符背景颜色
```

下面是在 CView 类的成员函数 OnDraw 中绘图过程的实例（在调用 OnDraw 时，系统已自动创建了一个相应的 CDC 对象，并把它的地址作为参数传给 OnDraw，因此，在 OnDraw 中绘图时不需要再创建 CDC 对象）：

```
void CMyView::OnDraw(CDC* pDC)
{ COLORREF old_text_color=pDC->SetTextColor(RGB(255,0,0));
                                            // 把字符颜色设置成 "红" 色
  COLORREF old_bk_color=pDC->SetBkColor(RGB(0,255,0));
                                            // 把字符背景颜色设置成 "绿" 色
  pDC->TextOut(0,0,"hello");                 // 在位置 (0,0) 处显示字符串 "hello"
  CBrush brush(RGB(0,0,255)),*old_brush;     // 创建一个蓝色的刷子
  old_brush = pDC->SelectObject(&brush);     // 把新刷子选进 CDC 类的对象，
                                            // 原来的刷子由 old_brush 指向
  pDC->Rectangle(0,50,100,150);             // 画一个内部为蓝色的矩形，
                                            // 左上角坐标为 (0,50)，右下角坐标为 (100,150)
  pDC->SetTextColor(old_text_color);        // 把原来的字符颜色选回到 CDC 类的对象中
  pDC->SetBkColor(old_bk_color);            // 把原来的字符背景颜色选回到 CDC 类的对象中
  pDC->SelectObject(old_brush);             // 把原来的刷子选回到 CDC 类的对象中 (必须要做)
}
```

7. CFile

CFile 实现了基于字节流的文件 I/O 功能。CFile 的主要成员函数如下。

```
CFile();
CFile(LPCTSTR lpszFileName,UINT nOpenFlags);
virtual BOOL Open ( LPCTSTR lpszFileName, UINT nOpenFlags);
virtual UINT Read( void* lpBuf, UINT nCount );
virtual void Write( const void* lpBuf, UINT nCount );
virtual void Flush( );
virtual LONG Seek( LONG lOff, UINT nFrom );
virtual void Close( );
```

在上面的函数中，nOpenFlages 是打开方式，可以取 CFile::modeRead、CFile::modeReadWrite、CFile::modeWrite、CFile::typeText 或 CFile::typeBinary 等或它们的按位或 "|" 操作，nFrom 是读取位置，可以取 CFile::begin、CFile::current 或 CFile::end。

8. CArchive

CArchive 实现了对基本数据类型和基于 MFC 类的对象的文件输入 / 输出操作。在一个 CArchive 对象中包含了一个 CFile 对象。它除了能按 CFile 提供的功能进行输入 / 输出外，还重载了操作符 "<<" 和 ">>"。

CArchive 的主要成员函数如下。

```
CArchive( CFile* pFile, UINT nMode, int nBufSize = 4096, void* lpBuf = NULL );
BOOL IsLoading( ) const;        // 返回 true 表示相应 CArchive 对象是用于输入的
BOOL IsStoring( ) const;        // 返回 true 表示相应 CArchive 对象是用于输出的
CArchive& operator << (...);    // 用于基本数据类型和基于 MFC 的类对象的输出
CArchive& operator >> (...);    // 用于基本数据类型和基于 MFC 的类对象的输入
```

在文档对象的成员函数 OnSaveDocument 或 OnOpenDocument 被调用时，它们会创建一个 CArchive 类的对象，然后把这个对象作为参数去调用文档对象的成员函数 Serialize，在这个成员函数中，程序可以通过 CArchive 类的成员函数 IsStoring 来判断是进行文件的输出操作还是进行文件的输入操作。